国家出版基金资助项目
"十三五"国家重点图书出版规划项目
智能制造与机器人理论及技术研究丛书

总主编 丁汉 孙容磊

航天智能制造技术与装备

孟 光 郭立杰 程 辉◎编著

HANGTIAN ZHINENG ZHIZAO JISHU YU ZHUANGBEI

华中科技大学出版社
http://www.hustp.com
中国·武汉

内 容 简 介

本书响应"中国制造 2025"战略,围绕智能制造在航天装备制造中的应用,就信息技术与航天制造技术的融合展开了讨论,并介绍了航天制造关键环节智能化与装备智能化的技术内涵和方法,探讨了智能制造给航天制造带来的挑战和机遇。

本书共分为 14 章。第 1 章介绍了航天产业发展历程、航天制造的特点,以及航天智能制造技术、装备的发展与航天制造的关系;第 2 章介绍了智能制造给航天制造带来的冲击;第 3、4 章分别介绍了数字化、新一代信息技术推动下的航天制造;第 5~13 章介绍了航天产品关键工艺中涉及的智能技术和智能装备;第 14 章介绍了航天智能生产线与智能车间案例。

本书适合从事航天复杂产品数字化、智能化制造和装备工作的专业技术人员使用,可供高等院校相关专业的师生参考。

图书在版编目(CIP)数据

航天智能制造技术与装备/孟光,郭立杰,程辉编著 . —武汉:华中科技大学出版社,2020.5
(智能制造与机器人理论及技术研究丛书)
ISBN 978-7-5680-6082-0

Ⅰ.①航…　Ⅱ.①孟…　②郭…　③程…　Ⅲ.①智能技术-应用-航天器-航天工程-工程技术　Ⅳ.①V47

中国版本图书馆 CIP 数据核字(2020)第 057890 号

航天智能制造技术与装备　　　　　　　　　　　　　孟　光　郭立杰　程　辉编著
Hangtian Zhineng Zhizao Jishu yu Zhuangbei

策划编辑:万亚军
责任编辑:邓　薇
封面设计:原色设计
责任监印:周治超
出版发行:华中科技大学出版社(中国·武汉)　　　　电话:(027)81321913
　　　　　武汉市东湖新技术开发区华工科技园　　　　邮编:430223
录　　排:华中科技大学惠友文印中心
印　　刷:湖北新华印务有限公司
开　　本:710mm×1000mm　1/16
印　　张:28.25
字　　数:537 千字
版　　次:2020 年 5 月第 1 版第 1 次印刷
定　　价:138.00 元

目录

第 1 章
航天产业发展历程及需求

1.1　航天产品介绍

1.1.1　运载火箭

运载火箭系统是将各种空间飞行器从地球运送到预定空间轨道的运输工具。它携带全部推进剂,不依靠外界工作介质产生推力,所以既能在大气层内飞行,也可以在大气层外飞行。

运载火箭一般由箭体结构、动力系统、控制系统、飞行测量系统,以及附加系统组成。下面以某型号运载火箭(见图 1-1)为例,对运载火箭各组成部分进行介绍。

1. 箭体结构

箭体结构是火箭各个受力和支承结构件的总称,包含整流罩、推进剂贮箱、仪器舱、箱间段、级间段、发动机机架和尾段、尾翼等。

箭体结构的功能是安装连接有效载荷、仪器设备、推进系统,贮存推进剂,承受地面操作和飞行中的各种载荷,并维持良好的外形以保证火箭的完整。其特点是形状结构复杂,必须同时具备可靠的整体力学性能和较小的质量。

2. 动力系统

动力系统的功能是产生推力,为推动火箭提供能源。以液体火箭为例,其动力系统包括火箭发动机及推进剂输送系统两部分。一般采用泵式推进剂,液体火箭发动机按要求的流量和压力将推进剂泵入推力室,使之燃烧而产生推力。

3. 控制系统

控制系统的作用是控制火箭姿态,使其按预定轨道稳定飞行,并控制火箭发动机关机,使火箭达到预定的速度,从而将有效载荷送入轨道。控制系统由制导、姿控和综合三部分组成,含有大量机电产品、半导体产品和软件产品。

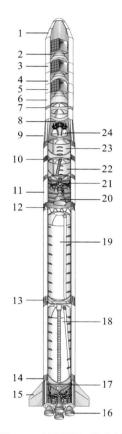

图 1-1　某型号运载火箭

1—卫星整流罩；2—适配器；3—过渡舱
C；4—过渡舱 F；5—过渡舱 E；6—过渡舱
D；7—三级过渡段；8—三级发动机舱；
9—二、三级级间段；10—二级箱间段；
11，12—级间杆系；13—一级箱间段；
14—后过渡段；15—尾翼；16—一级发动
机；17—尾段；18—一级燃料箱；19—一
级氧化剂箱；20—二级主发动机；21—二
级游动发动机；22—二级燃料箱；23—二
级氧化剂箱；24—三级发动机

4. 飞行测量系统

飞行测量系统的作用是测量火箭飞行过程中的各种关键参数，并判断其是否安全飞行，包括遥测及外测系统。

遥测系统的作用是对火箭飞行中各系统的工作参数及环境参数进行测量，并将这些参数值通过远距离无线电传输和回收装置送回地面，为评定火箭各分系统工作状态、分析故障、鉴定和改进火箭性能提供依据。

外测系统是外弹道测量系统的简称，其作用是利用光、电波等对火箭进行跟踪并测量其飞行运动参数。

5. 附加系统

附加系统是一些比较独立的、不可缺少的箭上小系统的统称。这些小系统包含瞄准系统、垂直度调整系统、推进剂加注液位测量系统、空调系统等。

航天运输技术的要求日益复杂、市场竞争日益激烈、太空探索任务的拓展及商业发射任务量剧增，这些对运载火箭发射成本、发射周期、机动性、可靠性及运载能力提出了新的要求。无毒无污染运载火箭、重型运载火箭及可回收重复使用运输系统是未来运载火箭主要发展方向。

1.1.2　空间飞行器

1. 人造地球卫星

人造地球卫星是指环绕地球运行（至少一圈）的无人航天器，简称人造卫星或卫星。它依靠运载火箭或其他新型运载工具的推力，到达大气层外层空间，并获得第一宇宙速度，在地球引力的作用下，依靠惯性沿轨道绕地球运行。

按照基本功能划分，卫星分为有效载荷和卫星平台两部分。前者是指卫星上直接完成特定任务的仪器、设备或系统，是卫星的核心部分。后者是为了支持和保障有效载荷正常运行的组合体,主要由结构与机构、热控制分系统、电源、姿态与轨道控制分系统、推进分系统、测控分系统、数据管理分系统、总体电路、返回分系统等组成。

由于卫星自身工作环境和运载条件的特殊性,对其产品结构件的质量、强度、刚度、稳定性和热物理特性,以及电子产品的器件等级要求很高,多采用冗余设计,产品制造难度大;其环境模拟试验、功能试验、系统间协调试验和飞行试验等涉及的规模和投入都非常巨大。

2. 载人飞船

载人飞船是指由航天员驾驶和乘坐,保障航天员在太空执行航天活动并返回地面的航天器。典型的载人飞船由航天员座舱、轨道舱、服务舱、气闸舱和对接机构组成。载人飞船具有 3 个特有的分系统,其生产和制造过程能够体现更为综合的技术能力。图 1-2 所示为我国自行研制的神舟飞船。

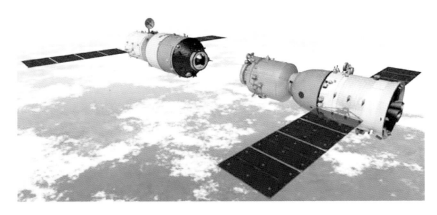

图 1-2 神舟飞船

1)环境控制与生命保障分系统

环境控制与生命保障分系统可以在飞船密封舱内为航天员创造一个接近地面大气的生存环境,为航天员生命活动提供必需的物质条件和安全保障条件,在飞船其他各有关分系统的支持和配合下,保障航天员的身体健康、工作效率和生命安全。

2)仪表与照明分系统

仪表与照明分系统是航天员与飞船的"人机接口界面",可以为航天员提供一个了解飞船各飞行阶段有关分系统设备工作状态的窗口,并为航天员驾驶飞船提供了工作平台,为航天员在轨期间的舱内工作、生活、出舱活动和交会对接提供照明。

3) 应急救生分系统

应急救生分系统用于保障航天员生命安全。在载人飞船飞行任务中,从航天员进舱,经飞船发射入轨、在轨运行、返回着陆,至航天员出舱为止,一旦发生危及航天员安全的险情,应急救生分系统就会在船、箭和地面的配合下,实施既定的救生程序和措施。

3. 空间站

空间站是一种在近地轨道长时间运行,可供多名航天员巡访、长期工作和生活的载人航天器,由结构与机构、推进系统、制导/导航与控制系统、测控和通信系统、电源与供配电系统、环境控制与生命保障系统、乘员系统、对接机构、仪表与照明系统等组成。空间站体积较大、结构复杂、功能较多,具备人能够生活的基本设施,能满足航天员开展不同领域的太空科研项目研究的要求;不具备返回地球的能力,但可以使用载人飞船或货运飞船与地面进行人员或货物的传输。

中国空间站包括天和核心舱、问天实验舱、梦天实验舱、载人飞船和货运飞船五个模块。各飞行器均为独立的飞行器,可以组合成多种形态的空间组合体,在核心舱统一调度下协同工作,完成各项任务。核心舱又分为节点舱、生活控制舱和资源舱,全长约 16.6 m,最大直径约 4.2 m,发射质量 20~22 t,主要任务是为航天员提供居住环境,支持飞船和扩展模块对接停靠,是空间站的管理和控制中心。实验舱分为问天实验舱和梦天实验舱,两实验舱全长均近 18 m,最大直径均约 4.2 m,发射质量均为 20~22 t,以应用实验任务为主,与核心舱对接后形成组合体,可开展长期在轨驻留的空间应用和新技术试验,并对核心舱平台功能予以备份和增强。载人飞船是空间站的地面后勤保障系统,最大直径约 3.35 m,发射质量不大于 9 t,主要任务是补给空间站的能源、备品备件,以及运送航天员、空间科学实验设备和用品。未来还将单独发射一个十几吨的巡天光学舱,与空间站保持共轨飞行状态,并计划在光学舱里架设一套口径为 2 m 的望远镜,其分辨率与哈勃望远镜相当,视场角是哈勃望远镜的 300 多倍,可以对 40% 以上的天区(约 17500 平方度天区)进行观测。

4. 月球及深空探测器

月球及深空探测器又称空间探测器,是指为了了解太阳系的起源、演变和现状,通过对太阳系内各行星进行比较研究以进一步认识地球环境的形成和演变,探索生命的起源和演变,对月球及月球以外的天体和空间进行探测的航天器。

空间探测器由运载火箭送入太空,它可飞近月球或行星进行近距离观测,或着陆进行实地考察,或采集样品进行研究分析。空间探测器按探测对象分为月球探测器、行星和行星际探测器、小天体探测器等。空间探测器具备自主导航和核动力能力,适应空间长期飞行。为满足在严酷的空间环境条件或在行星表面着陆、行走要求,空间探测器需要采用特殊形式、防护的结构与机构。

空间探测器是在人造地球卫星技术基础上发展起来的,但是与人造地球卫星比较,空间探测器对控制和导航、通信系统和电源系统技术有复杂的要求。空间探测器进行空间探测的主要方式有:从月球或行星近旁飞过,进行近距离探测;成为月球或行星的卫星,进行长期的反复观测;在月球或行星表面着陆,进行实地考察,或取样返回地球;深空飞行,进行长期考察。

1.1.3 其他航天产品

1. 航天飞机

在一次性运载火箭快速发展的同时,世界各国也正在积极研究更为廉价和可靠的可重复使用的运载器、运载工具,并进行了大量的技术攻关和验证。航天飞机是由美国最先研制的一种可重复使用的航天器运载工具,能够往返于地球与宇宙空间来执行航天器的发射任务及空间运输任务。它能够将各种卫星直接发送到近地轨道,也可将卫星先送上近地轨道,然后再从这个轨道上将其发射进入高轨道。

航天飞机一般设计成由火箭提供推力的飞机,它返回地面时可以像飞机一样水平着陆。航天飞机同时综合了航天技术与航空技术,可多次重复使用,它能够对在空间执行任务的航天器进行观测、修理及回收,等等。航天飞机的基本组成主要包括轨道器、外挂助推器等。

从哥伦比亚号到阿特兰蒂斯号,航天飞机执行了大量的航天发射及运输任务,取得了一系列令人瞩目的成就,但航天飞机为什么在使用了30年后就提前退役,值得人们深刻反思。在研制航天飞机初期,美国设想航天飞机会像飞机一样具有低成本和高可靠性等特点,并在航天飞机问世之前,为其预想了五大优越性,包括功能强、发射成本低、更安全、更舒适和发射间隔短。但关于航天飞机的许多设想并没有真正实现,它在成本和安全性方面非但没有优势,反倒存在劣势,加上政策上的转变,它最终提前退出了太空舞台。

航天飞机虽然用途广泛,且可重复使用,但其制造、维护成本仍然很高,而且风险很大。要想实现具备真正的低成本、高可靠性和完全可重复使用等特点的航天器运载工具,还需要对航天技术进行不断的探索和研究。

2. 空天飞机

空天飞机是一种将运载火箭、航空器及航天器综合在一起的飞行器,又称航空航天飞机。它是一种兼顾大气层内和大气层外航行的可重复使用的飞行器。空天飞机可以同飞机一样从地面水平起飞,也可以由大型飞机载带到空中发射起飞,并可以实现高超声速飞行,在完成任务返回时,也可以同飞机一样降落在水平地面上。

从理论上来说,可重复使用的空天飞机与一次性使用的运载火箭相比成本会更低。空天飞机在完成任务后可以水平降落到机场跑道,不需要进行海上搜救,再次执行飞行任务时只需要重新加注燃料即可。空天飞机能够实现完全重复使用,且能够大幅度地降低发射成本。

虽然设想中的空天飞机似乎完美无缺,但研发和制造空天飞机的技术难度比研发和制造航天飞机更大。目前国际上空天飞机的研制还处于预研阶段,还须解决许多复杂的生产工艺技术问题,如防热耐高温结构材料问题、复杂结构设计制造问题和高超声速条件下的发动机问题等。

1.2　国外航天产业发展及启示

从全球范围来看,美国目前仍保持着航天竞争力的领先地位,在政府支持、人力资源和产业等方面均处于绝对优势。欧洲各国航天竞争力也在不断提升,欧洲的航天制度(包括民用和军用航天)已经法制化,而且欧洲会继续加强其多国(跨国)公司联合的市场结构特色。俄罗斯则仍是航天发射活动最多的国家,其还通过在发射平台和基础结构方面的战略投资促进了自身航天产业的复苏,基本完成了对其国内主要航天企业的整合,尤其强调要进入民用航天领域的竞争。

目前,国际航天产业已经形成了比较大的经济规模,靠通信、对地观测和定位服务创收的商业卫星服务仍是商业航天发展的最主要推动力量,这些服务的效益不断刺激着航天产业的增长,并为社会和经济带来了附加效益。美国、日本和法国等国家已经靠航天产业取得了丰厚的利润,俄罗斯也利用一些商业发射获得了一些收益,而中国则仅在商业发射、卫星出口这些方面有一些回报,航天产业化的道路还很漫长。

1.2.1　美国航天产业发展

发展军民两用技术一直是近现代以来各国国防科技政策强调的重要内容,但只有冷战结束后的美国才真正把发展军民两用技术提高到了战略核心的地位。20世纪90年代以来,面对新的国际和国内形势,美国政府出台了振兴经济的一揽子计划,其中一部分基本内容是实施军民结合战略,提高工业竞争力。通过实施军民结合战略,美国将其部分军事研发经费交由中小企业,将研发下一代军事技术重点转向中小企业,将一部分国立实验室委托私人企业管理,积极推行军转民技术投资计划,为民用研究提供经费。

美国在针对国际形势和经济发展的需要调整国家安全战略后,针对国防科技工业的未来发展提出了军民一体化战略,积极推动军民两用技术产业的发展,营造由美国国防部主导,军政部门协同推进的军民两用技术产业化政策环境和体制机制。通过制定一系列战略规划、白皮书和一些新修订的法案,强化了技术转移与应用的功能,逐步提升了技术双向转移的绩效,使得技术转移法制化,奠定了军民两用技术产业化的法律基础。

在航天科技应用产业的公共政策方面,1996 年美国白宫公布了冷战结束后的第一个国家航天政策文件,新政策文件首次把增强经济竞争力列入美国航天活动的总目标。该文件指出,美国商业航天政策的基本目标是支持和增强美国在航天活动中的经济竞争力,同时保护美国国家安全和外交利益。扩大美国商业航天活动为美国创造了巨大的经济效益,并且使美国政府获得了更加广泛的航天产品和服务。

随着其航天科技及商业化发展,在美国率先形成了包括卫星服务业、地面设备制造业、卫星制造业、运载器制造与发射服务业、卫星遥感业及物流业六大部类的航天产业。2004 年,美国航天产业创造产值达 980 亿美元,从业人数达 55 万,工资总额达 250.5 亿美元。在美国,为航天产品提供配套服务的公司有 1000 多家,涉及信息服务业、制造业、房地产与租赁业等 14 个产业,航天产业的迅速发展对其关联产业产生了明显的拉动作用。

航天预算是航天政策的具体体现。冷战时期,受国防需求的牵引,美国的航天预算一直维持在较高的水平,曾一度高至 GDP(国内生产总值)的 1.05%;冷战结束后,国防需求锐减,航天投资逐渐回落,占 GDP 的比例从 1991 年的 0.5% 降到 2003 年的 0.29%,但民用航天投资比例有所加大。2003 年美国的航天预算达到 328 亿美元,其中军用航天预算为 175 亿美元,民用航天预算为 153 亿美元。到 2006 年,美国军用和民用航天的投资比率趋近 95%,军民用航天投入平稳增长。2018 年,美国政府对航天领域的投资预算约为 409 亿美元,在全球市场中占比 58%,居世界首位。

目前从各方面来衡量,美国都是当之无愧的航天第一大国。航天技术民用化是促使美国航天事业长期蓬勃发展的重要原因。如果说包括俄罗斯在内的其他国家的航天事业还处于探索研究期,那么美国的航天事业已经进入了"产出期"。航天技术不仅是美国军事、科技实力的重要组成部分,而且已开始产生巨大的直接经济利益。根据美国国内数据估计,美国航天事业迄今已经创造了 2 万亿美元财富,估计在 2020 年可达到其 GDP 的 10%~15%。

1.2.2　俄罗斯航天产业发展

在苏联解体以后,俄罗斯继承了苏联大部分航天产业的科研设计机构和工业企业,保留了规模巨大的航天工业的基础,以及雄厚的科研、生产、试验和应用能力。苏联解体后,俄罗斯政府进入了艰难的转轨时期,给航天产业的财政拨款锐减,许多在苏联时期已列入航天计划的研制和生产项目被取消或推迟,俄罗斯航天产业受到巨大的影响。但苏联航天产业的庞大规模和坚实的基础,使俄罗斯至今仍然保持着实力仅次于美国、在许多领域仍可以与美国并驾齐驱的航天工业强国的地位。

继美国提出航天技术产业化的构思之后,俄罗斯也对其航天战略进行了较大调整。俄罗斯总结了苏联时期军民技术分离发展带来的教训,非常重视优先发展军民两用技术。1996 年 11 月底公布的修订后的《俄罗斯联邦航天活动法》明确规定了发展军民两用技术的条款。俄罗斯航天发展战略由集中主要力量发展军用航天转向军用航天、民用航天、商业航天同时发展。俄罗斯希望用先进的航天技术带动民用技术的发展,扩大航天科技工业获利途径,促进航天事业和国民经济协调发展。

俄罗斯政府坚持不懈地采取各种措施推行航天技术军转民工作,并根据实际情况逐渐进行调整。俄罗斯政府充分认识到,在市场经济条件下航天技术产业对于国家经济发展具有重要战略意义。大多数原来用于军备竞赛的航天高科技都可以军民两用。利用航天技术应用产业,可以增强国家经济实力,摆脱经济困境和加强国防能力,这已经成为俄罗斯航天科技行业人们的共识。因此,俄罗斯的航天政策具有鲜明的应用产业特征,政府的航天基本战略就侧重于航天技术产业的应用,力图通过技术的优势将航天工业产品和商业发射服务打入国际市场,从而稳定国内航天科研队伍和骨干生产单位。俄罗斯非常重视航天工业的发展,在经费有限、航天工业发展规模缩小的情况下,突出保证国家航天重点项目的实施和发展,继续保持重点航天技术在世界的领先地位,鼓励航天产品的出口,积极开展国际航天合作。俄罗斯已同美国、欧洲各国、中国、印度、日本、韩国、以色列等国签署一系列航天合作协议,合作领域涉及联合研制开发新型空间站、各种推进火箭,以及出售遥感照片、太空服等。

1.2.3　欧盟航天产业发展

欧盟(EU)在当今世界政治、经济格局中具有举足轻重的地位。欧洲航天产业经过近 50 年的发展,在世界航天技术应用产业中取得了国际地位和领先优势。在多国协调基础上建立目标明确统一的产业政策成为促进欧洲航天产业发展的重要举措。

由于欧盟并不是一个完整意义上的国家,甚至连联邦国家都算不上,因此相对其他航天技术应用产业大国而言,其航天产业的发展具有更大的难度。欧盟的航天技术应用产业政策走向主要决定权在法国、德国、意大利等欧洲大国的手中。从欧盟航天技术产业发展的历史进程来看,如果欧洲各国,尤其是主要航天大国的利益和战略目标不能协调一致,欧盟航天技术产业发展就会面临障碍,甚至停滞。为适应欧盟特有的政治环境及避免重复建设,欧盟建立了新的管理机制和运行程序,确保对各成员国政府和各投资方的资源的协调,加速在航天领域的全面发展。

欧洲航天工业在冷战后期美俄主导军事和民用航天的情况下,选择了商业航天之路,航天"商业化"曾一度成为欧盟航天产业最大特色。如德、法等国的航天局在发现航天技术产品和业务有望赢利的时候,便鼓励研究机构将这些业务转给航天公司进行商业性开发运营,进而逐步将其推向国内外市场。金融危机爆发后,在欧洲各国财政状况普遍紧张的现实条件下,为了更好地实现航天资源在全球的高效配置,欧洲各国选择了与美、俄、日等国在国际空间站等项目上开展密切合作。目前总体而言,欧洲商业航天的立法体系,以及航天私营企业的企业家精神、创新能力、国际竞争力等都明显弱于美国。

欧洲航天局(European Space Agency,ESA)、欧盟委员会,以及欧盟各国航天局、各国国防部、产业界,都注意到了进一步协调航天战略、避免重复、更有效地发展航天事业的重要性。对此,ESA 在 2016 年财年预算中,总额增加了18.4%,达到 52.50 亿欧元(主要来自 ESA 各成员国 37.40 亿欧元和项目合作伙伴 15.10 亿欧元两大部分),增加的预算主要用于"伽利略"导航卫星系统和"哥白尼"对地观测两大欧洲联合旗舰项目的实施。2016 年 10 月 26 日,欧盟委员会发布《欧洲航天战略》,明确了推进航天应用、强化航天能力、确保航天自主、提升航天地位四大战略目标;突出强调推进欧洲航天一体化,加强军民航天活动统筹。该战略强调通过泛欧航天合作来落实目标,必须加强欧盟委员会、欧盟各成员国、ESA、欧洲全球导航卫星系统管理局、欧洲气象卫星应用组织、工业界、科研机构、用户之间的紧密合作。欧盟还将拓展与欧洲环境署等政府机构的航天服务合作;同时,为推进军民两用航天计划发展,还必须加强与欧盟对外行动署、欧洲防御局、欧盟卫星中心、ESA 及其成员国的合作。总之,在欧洲一体化遭受巨大打击的背景下,欧盟出台《欧洲航天战略》,强调将进一步整合航天力量、深化泛欧航天合作,并与 ESA 签署了《关于欧洲太空未来共同愿景和目标的联合声明》,提出进一步深化合作,彰显了欧洲加速推进航天一体化的决心。

1.2.4 国际航天产业发展的启示

美国等航天产业发达国家的航天产业的突出特点是,其是在市场经济体制下建立和发展的。市场经济对航天工业的发展产生了重要影响,使得所有有利于生产力提升的先进技术能够和航天产业自然结合,这在市场、政策、规模、军转民等方面对我国航天产业的发展均有较大的启示作用。

以市场为导向的航天产业发展,可以促使航天产业形成自我发展的能力,使一系列航天高新技术加快在国防上应用的同时,迅速地实现商品化、产业化、国际化。优胜劣汰的竞争机制,能够促使航天企业不断在充分提高劳动生产率、技术水平和产品质量上"做文章"。在这一过程中,资源也随之更多地流向劳动生产率高的企业,从而使带有特殊性的航天产业也能实现资源的有效配置。由于航天技术日新月异,航天竞争日趋激烈,因此一些实力相对较弱的航天企业逐渐力不从心,而实力较强的航天企业则有机会整合资源,扩大企业的规模,进一步形成规模效应,增强了竞争能力,这些都由市场机制引导。

当前,随着世界航天的不断发展,商业航天正逐渐成为航天产业发展的新支柱,并正与公共航天、军事航天一起,成为航天的重要组成部分,世界主要航天国家从政策、法律、资金、机构、人才、技术全方位助力商业航天的发展。美国在 1988 年、2006 年和 2010 年的《美国国家航天政策》中多次提出或进一步明确鼓励商业航天发展的指导方针,指出要吸纳和增加私营部门参与美国政府航天系统及基础设施的设计与开发,强调积极探索采用有创造力的、非传统的举措来采购商业航天产品和服务。2015 年,美国又出台了《商业航天政策》《商业地理空间情报战略》《美国商业航天发射竞争力法》(H. R. 2262)等,促进了其航天产业在商业航天发射、卫星遥感等领域的发展。2018 年 5 月 24 日,特朗普签署了"第 2 号航天政策指令"(简称 2 号指令),目的是确保政府监管有助于促进经济增长,尽量减少管控体系对纳税人、投资者和私营企业造成的不确定性,并保持美国在商业航天领域的领导地位。英国 2015 年发布了其首部《国家航天政策》,指出其未来目标是成为欧洲商业航天及有关空间领域技术的中心,并在世界航天领域中占据更大市场份额;2018 年 3 月 15 日,英国通过《航天工业法案》,允许民用公司使用英国太空中心的高超声速飞行器和高速点对点发射器,以促进空间技术的商业开发。欧洲航天局局长沃尔纳自 2015 年以来,多次提到"太空 4.0"概念,指出在"太空 4.0"时代,政府主导的计划、私营企业参与的项目、太空旅游业将相互交叉融合,新兴主体大量参与,航天产业商业化趋势明显。

技术创新对于商业航天的发展也至关重要,技术原始创新、集成创新及多项技术融合应用都是商业航天持续发展的重要推动力。近年来,国外商业航天企业发展迅速,新概念、新技术层出不穷,取得了诸多开创性研究成果。3D 打印、大数据、云计算等一大批新兴技术的发展,也直接或间接地助推了商业航天的发展。

另一方面,商业航天已经形成良性竞争的上下游产业链。火箭发射环节,诞生了 SpaceX、轨道 ATK 两大"新贵",均已成功完成多轮火箭发射,为美国国家航空航天局(National Aeronautics and Space Administration,NASA)多次完成向国际空间站运货的任务,打破了波音公司、洛克希德·马丁公司(全称洛克希德·马丁空间系统公司,Lockheed Martin Space Systems Company)等在美国太空发射领域的垄断;在卫星制造领域,诞生了包括数字地球、尖顶、行星、行星资源等在内的一系列公司;在卫星图像数据处理领域,则活跃着轨道洞察、美丽大地等公司。

与此同时,各国都对航天企业采取了相应的优惠政策和扶植、鼓励措施,包括:为私营航天企业提供生产设备,提供预付款,推行投资减税制度,采取有利于航天企业的计酬办法,签订成本补偿合同等。例如,美国国家航空航天局对参与航天产业开发的公司给予部分资助,这些公司可以自由使用 NASA 的专利权;NASA 允许航天企业使用 NASA 的设施,收费优惠,并提供其他服务。又如,2018 年 3 月 20 日,日本宣布了支持航天创企发展的"一揽子计划",以支持其航天初创企业发展,该计划包括设立 1000 亿日元(约 9.4 亿美元)的支持基金,预计初期每家初创企业大概可以拿到 10 万美元的资助。再如,英国通过工业战略向航天产业投入 1.5 亿英镑,用于火箭发动机、卫星和太空飞船的研发,以促进航天产业的发展。

而在军转民领域,各国政府一方面积极促进航天企业充分利用剩余的生产能力,生产各种民用产品,另一方面采取一系列措施促进航天科研成果向民用部门转移,其中包括:妥善处理保密与推广的关系,适时逐步地将部分航天高技术成果解密;鼓励军界与航天工业界合作研究、生产军民两用产品;实行人才交流,带动技术转移;等等。例如,美国政府责令长期从事航天研究的联邦实验室将现有预算的 10%~20%投入与工业界合资兴办的民用企业,以帮助民用企业进行高技术创新。

相较国际一线航天产业发展经验,结合我国航天产业目前的发展实际可知,我国航天产业的发展还存在诸多问题,如:技术能力亟须提升,产业发展水平不足,管理能力和市场意识有待提高,等等。

航天产业作为我国的高科技支柱产业之一,在半个多世纪的发展历程中取得了辉煌的成就。然而,在雄心勃勃地迈向产业化发展道路的同时,我们还应当把视线再次投向航天制造业,冷静地审视航天基础产业及航天制造企业的发展状况。对照与世界航天发达国家制造业的差距,我们应积极研究先进制造技术,如并行工程、精益生产、敏捷制造、网络制造、柔性制造、单元制造,以及以增材制造(又称3D打印、快速成形(rapid prototyping,RP))为代表的一系列先进生产技术,了解它们的本质,并将这些技术在我国航天制造企业中的应用水平,从初级阶段逐步发展过渡到与我们的航天制造质量和速度相匹配的高级阶段。因此,从某种程度上来说,寻找和发展与我国航天产业现状相匹配的产业技术手段和能力,是我国航天当前和今后一段时期内面临的一项关乎航天事业全局和未来发展的紧迫而艰巨的战略任务。

1.3　中国航天产业的发展

1.3.1　中国航天产业发展历程

中国的航天事业是在导弹工业的基础上发展起来的。1956年2月,钱学森向中央提交了《建立我国国防航空工业的意见书》,对当时处于空白的中国航天科技提出了系统建议;同年10月,中国第一个导弹技术研究机构——国防部第五研究院正式成立,从此拉开了中国航天事业发展的序幕。1958年4月,中国第一座导弹发射试验基地和酒泉卫星发射基地开始建设。1958年,在毛泽东"我们也要搞人造卫星"的号召下,中国开始研制"长征一号"运载火箭和"东方红一号"人造卫星,并于1970年4月24日成功发射自主研发的"东方红一号"人造卫星,中国成为继苏联、美国、法国、日本之后,世界上第五个能够独立研制和发射人造卫星的国家。第一颗人造卫星的成功发射,在中国航天史上具有划时代的意义。

1975年11月26日长征二号运载火箭首次成功发射返回式卫星,卫星于11月29日按预定计划返回地面,中国成为继苏联、美国之后,世界上第三个掌握卫星回收技术的国家。在此之后,我国航天事业的发展进入了一个新的历史时期。1980年5月,我国向太平洋预定海域发射的第一枚运载火箭获得圆满成功;1984年4月,"东方红二号"试验通信卫星发射成功,这是我国航天事业的又一重大胜利,标志着我国航天技术有了新的飞跃。这次试验通信卫星的研制和发射,表明中国成为世界上第五个能够独立研制和发射静止轨道卫星的国家,第三个掌握先进低温火箭技术的国家。

迄今为止,我国已向太空发射多颗气象卫星、通信卫星等,也多次为世界上其他国家提供商业发射服务。中国研制的各种功能应用卫星,在提高居民生活质量和增强国家防控减灾能力等领域得到了广泛的应用,为人民的幸福生活做出了重要贡献。

　　1992 年,中国启动载人航天工程。载人航天工程属于现阶段世界各国都在极力探索的领域,代表着一个国家的航天实力,是向外太空探索的最基本的要求。2003 年,神舟五号成功实现了载人飞行并顺利返回,2012 年 6 月和 2013 年 6 月,我国先后发射了神舟九号和神舟十号飞船,完成了与天宫一号目标飞行器载人交会对接,实现了"从无人到有人",从一人一天试验飞行到多人多天在太空开展空间试验活动,我国成为世界上第三个独立开展载人航天活动和掌握航天员天地往返技术、出舱技术、空间交会对接技术的国家。

　　2004 年嫦娥月球探测工程正式启动,该工程分为"绕""落""回"三个阶段。目前,已成功完成"绕""落"的任务,并计划于 2020 年完成"回"的任务。2013 年 12 月嫦娥三号月球车探测器实现月球虹湾地区软着陆,嫦娥三号携带的玉兔号巡视器在月球表面上进行探测考察,完成了第二步落月考察任务。第三步"回"的目标是月面巡视勘察与采样返回:突破自地外天体返回地球的技术,进行月球样品自动取样并返回地球,在地球上对取样进行分析研究,深化对地球系统的起源和演化的认识。

　　目前,以"天宫"为基础的空间站项目正在稳步的研制过程中,在不远的将来,太空中将设立中国研制的空间站,供世界各国开展空间试验。各类空间利用项目也在稳步进展过程中,最终中国将建立自己的卫星组网,实现全球无死角,最大限度地发挥导航定位、对地观测、资源勘察、深空探测等作用。

　　中国航天产业经过 60 多年自力更生的发展,通过各种航天产品的研制和生产,整体技术水平得到了不断提高。近年来,随着我国航天活动的日益频繁,我国航天产业各项相关技术能力得到了全面的展示。

　　另外,目前我国长征系列运载火箭已完全具备各类轨道发射所需的运载能力,载荷入轨精度也处于世界领先水平。在国际发射服务竞争中,我国在卫星发射"性价比"优势上较为突出,能够以较低的价格满足顾客要求。同时,为了切实解决现有长征系列运载火箭在推进剂、发动机及运载能力上所存在的不足,进一步满足国际航天商业发射市场需求,中国航天科技集团有限公司(简称中国航天科技集团)组织了新一代运载火箭的研制工作,并于 2016 年实现新一代运载火箭各型号的首飞。长征五号运载火箭使得我国近地轨道(LEO)有效载荷能力从 9.2 t 提高至 25 t,地球同步转移轨道(GTO)有效载荷能力从 5.5 t 提高至 14 t,从而大大提升了我国运载火箭的发射适应能力和竞争力。同时,在载人航天技术上,我国是世界上第三个独立掌握载人航天与回收技术的国家。在卫星研制和应用能力上,我国目前已能够自行研制并发射各类通信卫星、气象卫星、试验卫星、科学探测卫星等。目前,北斗定位导航卫星已组网完成并投入使用。各类空间环境应用为材料学、生命科学等学科的发展起到了巨大的推动作用。

从半个多世纪的发展历程来看,航天技术有两大特点:一是集成并采用了各个领域各专业学科的最新成果,同时牵引了其他学科的发展;二是将最新科技成果与传统工艺技术紧密地结合了起来,带动了包括材料科学、加工制造等基础产业的发展。中国航天产业发展历程告诉我们,航天产业和基础工业息息相关,且有巨大的互推作用,可优先或同步发展材料与工艺,不断提升基础能力,用稳定先进的工艺能力,保证稳定的产品生产能力。如今,顾客对航天产品性能的要求越来越高,尤其是高可靠性、长寿命的要求,作为航天产品功能实现的技术基础,制造技术的研究工作必须去适应这种需求,从而加快航天产品技术基础能力的建设与发展,使其更好地服务于航天事业。

1.3.2 中国航天产业发展方向

我国已经明确提出航天强国"三步走"的战略构想:第一步,2020年左右实现重点突破,加速迈向航天强国;第二步,2030年左右实现整体跃升,跻身航天强国之列;第三步,2050年之前实现超越引领,全面建成航天强国。

经过半个多世纪的发展,中国的航天产业已经粗具规模,并取得了众多举世瞩目的骄人成绩。后续几年,中国将加快航天强国建设步伐,持续强化航天制造,加快发展航天应用产业,积极有序发展商业航天;拓展空间应用深度和广度,深入开展空间科学研究,推动空间科学、空间技术、空间应用全面发展。

1. 构建商业航天新业态

商业化是人类航天事业发展到一定阶段的必然产物,它也必将成为推动航天事业空前繁荣和不断向前发展的新动力。据美国航天基金会发布的《航天报告(2015)》统计,全球航天经济总量约3300亿美元,其中商业航天产业占比超过70%。2010年6月28日,美国政府公布了新的《美国国家航天政策》。根据该新政策,未来美国将致力于航天活动商业化,为商业界提供更多参与航天活动的机会,并承诺政府部门与商业部门是合作的关系,不是竞争关系,同时提出将实施各种刺激机制以鼓励航天活动商业化的发展。美国的商业载人航天计划走出了一条国家宏观规划和市场配置资源相结合的道路。这一政策必将影响其他国家的航天活动。

中国航天要走商业化的道路,现有的大型航天国有企业(简称航天国企)应该按照市场需求进行商业化改造,引入外部民营资本和竞争机制来促进航天研发体制改革。航天企业要认真分析民间、国家、全球市场对航天商业的需求,然后响应需求;同时要有长远规划,要清楚发展商业航天的主要目的是延长航天产业链,把航天市场做大。

近年来,航天企业在产品研发环节采用创新商业模式,使产品设计、研发过程呈现出开放化趋势。在航天产品制造领域,这一趋势主要体现为产品需求定义开放化、上下游参与度开放化、供应链管理开放化。航天企业正通过深化改革,将过去自产自销的封闭模式变成更具效率的市场化社会采购模式,让更多的民营企业产品能被国产航天器所用。供应商、制造商、运营商等产业链上下游企业参与航天产品开发的积极性日渐提高,产品开发不再是航天制造商一家之事。供应链管理开放化,主要体现为越来越多的航天产品制造商打破区域性、本土性、大企业限制,采用充分竞争、全球采购、培植小企业的形式选取产品供应商,实现航天产品的高质低价。

《2016—2021 年中国航天行业市场需求与投资咨询报告》表明,在国外商业航天产业发展迅猛之际,中国的商业航天行业也正在迎来春天。2015 年 10 月,中国商业航天高峰论坛在湖北省武汉市成功举办,关于卫星、技术、资本、商业、市场的思想和观点在此交汇。中国航天科技集团在会上提出,该集团公司将在构建商业遥感卫星系统、商业通信卫星系统、低轨数据采集星座、卫星导航应用产业、卫星综合应用商业化发展及国际化发展等多个方面发力,进一步拓展应用领域;成立商业遥感卫星公司,将为全球用户提供基于高空间分辨率、高时间分辨率、高光谱观测能力的全天候对地观测的遥感数据服务和应用系统解决方案服务,以及针对国土资源调查、测绘、国防安全、环境监测、金融保险和互联网行业的增值服务(见图 1-3)。

当前,国家大力推动全面深化改革、军民融合发展,正处于以"互联网＋"为代表的信息产业变革的关键时期,面对全球新一轮工业革命方兴未艾、世界商业航天发展突飞猛进的新态势,中国航天发展面临新的历史机遇。航天企业应借力国家"一带一路"建设和双边、多边合作机制,探索更多的商业模式,拓展航天的商业应用,如面向国际的空间站商业化运营、遥感卫星的商业应用、货运飞船的商业运输服务等。

2. 技术提升并夯实基础

(1)通过重大科技专项引领技术发展,加强关键技术攻关和前沿技术研究。全面完成正在实施的国家科技重大专项,载人航天工程完成空间站各舱段主要研制工作,建成长期有人照料的空间站,开展空间站在轨组装建造和运营,开展较大规模的空间应用;深空探测方面,探月工程实现"三步走"战略目标,嫦娥五号实现特定区域软着陆及采样返回,实施首次火星探测任务;高分辨率对地观测系统全面建成,为形成高空间分辨率、高时间分辨率、高光谱分辨率的综合对地观测体系提供支撑;第二代北斗卫星导航系统覆盖全球,形成高质量定位、导

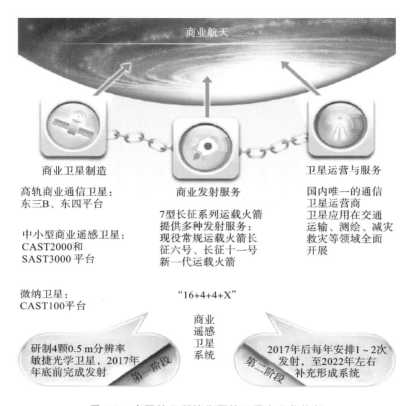

图 1-3　中国航天科技集团的卫星商业化构想

航和授时的全球服务能力。围绕国家重大战略需求,选择重点领域,启动实施一批新的重大科技项目和重大工程。

（2）建设国家民用空间基础设施,提升综合使用效能。在运载火箭方面,研制发射无毒无污染中型运载火箭,启动重型运载火箭工程建设,开展低成本运载火箭、新型上面级和可重复使用技术验证系统等的研制和试验验证工作,形成能力完备的新型航天运输体系。在卫星方面,提升卫星系统水平和基础产品能力,加快建设由卫星遥感、卫星通信广播、卫星导航定位三大系统构成的国家民用空间基础设施,建设天地一体化信息网络,基本建成空间基础设施体系,形成连续稳定的业务服务能力,大幅提升国家民用空间基础设施的综合使用效能,实现空间资源规模化、业务化、产业化发展。完善空间新技术试验验证体系与标准规范,为新技术在未来航天器中的工程应用奠定坚实基础。

3. 航天国际合作

探索太空是全人类的共同使命,是一项复杂、艰巨、高风险、高投入的事业,单靠一两个国家是难以为继的,加强太空探索国际合作已经成为世界航天国家的必然选择。从商业运营和经济技术发展的角度来讲,国家进行载人航天国际合作最大的动力在于通过优势互补、资源共享可取得双赢或共赢,从而实现各自利益的最大化。因此,一个国家在选择国际合作伙伴时,除了政治因素外,还需要考虑的核心因素就是对方能够提供的资源,即技术力量和经费支持。

我国的载人航天技术与世界航天强国相比还有较大差距,随着航天系统建设和运行呈现出全球化趋势,我国应开展有效的国际合作,加快追赶航天强国的步伐。

(1)拓展合作领域。以全球视野搭建国际合作平台,加强与美国的沟通对话,突破、发展与欧洲各国的关系,深入推进与俄罗斯的合作,巩固维护与亚非拉等地区的伙伴关系。有计划、有步骤地扩大载人航天项目的对外开放范围和开放程度,形成包括技术、成果、空间应用、人才培养等多方面要素,涵盖国家、部门和企业等多层次的国际合作体系。

(2)创新合作方式。通过联合研制、联合飞行、技术培训、科技援助等多种形式,促进载人航天国际合作;推进海外航天测控站建设;在载人航天空间实验室、空间站建设及应用等方面广泛开展国际空间交流与合作;加大与周边国家和友好国家的载人航天合作力度;推进自主创新,加快成果转化,提升载人航天技术的国际竞争力和影响力;充分利用全球资源,吸收国外资金、技术、设备等,共担风险和成本。

(3)积极参与联合国、全球卫星导航系统国际委员会、机构间空间碎片协调委员会、国际宇航联合会等有关国际组织和平利用外空的活动,共同应对全球气候变化、重大自然灾害等人类共同面临的挑战。深化政府间、政府部门间航天合作机制,切实推动航天工程合作。扩大宇航产品出口,提高国际卫星商业发射服务市场份额。积极参与国际空间行为准则的制定,增强我国在国际航天事务上的影响力和话语权。

中国航天将以航天强国建设为统领,坚持创新发展,全面贯彻落实国家创新驱动发展战略,把提高自主创新能力作为事业发展的战略基点,更加注重原始创新和颠覆性技术创新;坚持协调发展,统筹科学部署各类航天活动,推动空间科学、空间技术、空间应用全面发展;坚持开放发展,在平等互利、和平利用、共同发展原则基础上,不断拓展国际交流与合作的深度和广度。

4. 深化改革、完善法规建设

美国作为世界头号航天强国,出台了一系列航天产业法律法规,旨在鼓励、培育、扶持相关航天产业的发展,如《零重力零税收法》《商业航天法》《航天现代投资法》《美国商业航天发射竞争力法》等。俄罗斯也于 1993 年颁布了《俄罗斯联邦空间活动法》,日本制定了《宇宙基本法》。

我国在走向航天强国的过程中,航天产业的立法相对滞后,60多年来,中国航天产业调控一直以政策为主、法规为辅,政策作为行政决策有着高效、灵活等特点,能够较好地符合一定时期的情况。但是,随着中国航天产业的逐步壮大,航天产业立法已迫在眉睫。我国应通过政策和法律建设为市场机制在航天产业的运作创造良好的环境,还要运用有针对性的航天政策进行宏观调控。具体措施包括建立现代航天企业制度,实施航天领域的军民融合战略,引入竞争机制、价格机制和合同承包机制,这样可以加速航天产业的商业化,降低成本、提高效益,促进载人航天事业更好、更快地发展。

1.4　航天制造特点与需求

1.4.1　航天制造技术

　　航天制造技术是为了完成航天产品从设计到实物的制造过程中所运用的一切技术的总和。传统的制造是指将产品设计变为实物,即从原材料到产品的过程,现代航天制造已延伸到产品策划与服役服务,覆盖了产品的全生命周期。先进的制造技术是航天产品发展的前提,先进的航天产品则牵引制造技术的发展。航天产品及其制造技术互相依存、相互制约、共同发展。60多年来,我国航天制造业经历了手工操作、人机配合操作、半自动化与自动化生产、数字化与智能化生产转变历程,在各个时期有力地支撑了航天产品的发展。

1. 航天制造技术的特点

　　航天制造是一个复杂的高科技系统工程,基于时代的科学发展水平,一代制造技术决定了一代航天产品。为了开发具有更高性能的航天产品,获得战略优势地位,各国竞相将最新的科技成果应用于航天产品,由此赋予其制造技术先进性、复杂性、集成性及极端制造等特征。

　　1) 先进性

　　由于航天产品涉及国家安全,特别是武器装备是克敌制胜的关键,航天工程涉及的关键制造技术是航天产品实现的根本保证,因此各国均积极研究与利用先进制造技术来确保航天装备的先进性。先进性制造技术在航天领域具有超越经济价值的战略地位,掌握先进制造技术能够充分保证产品先进性的实现,在战略上可以形成一定的威慑力量,在技术发展上占据战略高地。因此,航天装备制造是先进技术高度汇集与深度融合的前沿制造。

　　2) 复杂性与集成性

　　集成化制造是航天产品的必然选择,大多数重大航天工程项目为大型复杂系统工程,以运载火箭为例,包括箭体结构、动力系统、控制系统等,是集成了多学科、多专业的大系统工程。而这些系统的生产过程涉及铸造、锻压、焊接、塑性成形、数控加工、3D打印、铆接、热表处理、电气互联、机电光装配与综合测试等制造技术,几乎涵盖了当代工业所有制造方法,任何一项制造方法的弱化,都会影响航天产品的整体性能。因此,航天装备制造具有明显的复杂性、集成性特征,具有较大难度,能够代表一个国家的基础制造技术水平。

3)极端制造

航天领域的产品由制造极端尺度(极大或极小尺度)、极限精度、极高性能的结构、机构、单机、系统及总体组成,并配备有能产生极端物理环境或条件的试验装置,空间在轨制造则面临着极端环境。运载火箭燃料贮箱箱底整体充液成形、空间站舱体整体加工、大型卫星高精度装配、惯性器件精密与超精密加工、光学器件等离子体/磁流变加工、空间在轨维修与制造等,都是对现有加工装备与加工技术的挑战。因此,需要运用先进制造技术及高端装备,实现极端制造,满足航天产品极端技术指标的要求。

上述航天制造的一些关键特点,使得在现有材料技术、设计技术、工艺技术的发展水平基础上,如要进一步提高产品的技术水平,则必须研究相应的新原理、新方法和新技术,广泛应用自动控制、信息化技术来为制造过程提供质量保障、可靠性保证,这是未来航天制造的发展方向。

2. 航天研制模式的特点

航天产品制造涵盖的技术专业齐全,参与的单位及人员众多,涉及的加工装备种类繁多,生产工艺复杂,生产模式多样,需要解决的瓶颈问题较多,从而造成制造链较长,因此,协同、柔性、复合等制造方式成为航天制造模式的显著特征。

1)协同性

航天产品高度的系统性,要求制造的方式必须体系化,无论是设计技术、专业工艺、试验验证的协调,还是制造质量和生产管理的协调都要基于现有基础,遵循科学规律,有机衔接。制造过程中短线环节很多并且会随着技术的进步而不断变换。不仅技术攻关要求多专业、多系统的协同,而且生产过程、质量控制、综合试验和故障分析等都要和多部门综合协同,以保证优质、高效、如期地完成产品制造。

2)应变性

为了满足航天产品国内外市场竞争的需要,航天制造技术在生产性质上不仅应适应多品种、多批次、变批量、快速生产的需要,而且还要适应在同一生产环境中同时进行产品不同研制阶段(试制、批产)制造的需要。因此,航天制造技术无论从技术上还是从管理上都要能在动态条件下具有良好的应变能力,在现有条件下通过数字化手段优化生产资源配置,并采用加工中心、增材制造系统、柔性制造系统等先进制造设备,推广基于产品数据管理系统的成组技术、并行工程及动态协作联盟等先进管理模式,实现柔性、高效的生产。

3) 实践性

航天制造技术是针对航天产品这一具体制造对象而发展的先进适用技术。它不是纯理论研究,也不是一味追求先进性,而是注重实践效果,特别是在多研制、少生产的情况下,要适应试制过程设计多变、技术攻关等形式的要求。航天制造技术要在现有的生产资源条件和生产批量下具有经济合理性。一个新的工艺技术必须经过试验、探索,经受严格的生产实践考核、验证、评定,才能证明是确实可行的,可以指导重复生产的,这样才能确保产品质量的稳定性,保证产品在寿命期内的性能稳定。

然而,面对航天产品高技术、系统性的要求,曾经的航天制造体系在技术或者管理的条件上却是有限的,形成了航天制造技术长期以来在现有条件下进行制造的一个规律性特征。许多制造过程的关键环节,不得不采取特殊的方法和特殊的技巧,依靠高技能的工人手艺来完成,这就使得我国的航天制造技术的一些环节带有手工技艺的性质,这显然与航天产业日益蓬勃发展的趋势相矛盾。具体体现在以下三方面。

(1) 研产混线制造的生产模式。航天产品为典型的小批量、多品种、高质量的产品,零件、组件、单机及系统产量小、变化多,生产过程中能够获得的产品样本数较少,生产与质量规律均难以科学把握,大量依赖人工长期经验积累。这种制造模式带来了生产装备的适应性问题、生产排程的精细管控问题、物流配给的效率问题等。现有的生产模式往往给航天制造企业带来制造效率低下、资源投入巨大和浪费严重、质量管控难度较大等难题。开展产品化工作,采用自动化与智能化手段,实现数字化与信息化生产管控,是目前航天企业正在大力推进的工作。

(2) 质量和可靠性的苛刻要求。航天产品关系国家安全与人员生命安全,并且无法召回返修,对产品质量和可靠性的要求通常比民用产品更加苛刻。我国航天领域的质量管理体系为产品质量和可靠性提供了充分保障,但在面临更为复杂的航天装备系统制造、更为先进的技术指标要求和大幅度缩短的研制周期时,产品质量和可靠性保障依然面临巨大压力。而有关过程传感、监控、自动执行的智能制造系统、先进信息化管理系统的应用成为未来航天产品质量溯源与获得可靠性保证的有效途径。

(3) 生产与技术的不均衡性。在生产层面,由于多型号并行研制、产研混合,航天产品制造的生产当量存在严重的不均衡性。高密度研制时,对设备、场地、人员提出了大量需求;而一旦处于非高密度研制周期,又出现大量的生产资源闲置。如何利用信息化技术统筹安排生产资源,是解决生产不均衡问题的关键。现有的航天制造企业,手工操作、机械加工、自动化生产等各类生产方式并存。逐步淘汰落后的工艺手段,开展生产模式的改造和提升,使生产模式向自动化与智能化方向发展,是航天制造企业的发展方向。

3. 航天价值链分布的特点

企业的价值创造是通过一系列活动构成的,这些活动可分为基本活动和辅助活动两类。基本活动包括内部后勤、生产作业、外部后勤、市场和销售、服务等;而辅助活动则包括采购、技术开发、人力资源管理和企业基础设施维护等。这些互不相同但又相互关联的生产经营活动,构成了一个创造价值的动态过程。从企业的外部供应链、竞争战略到内部管理环节,航天价值链可以分为纵向价值链、横向价值链和内部价值链。

1) 纵向价值链

传统价值链分析往往侧重企业内部管理环节,多围绕原材料购入至产品销售给买方这一过程,缺乏从产品全生命周期角度出发进行的全面分析。由此角度出发,航天企业明显在对供应商选择与质量保障、任务承接方面缺乏积极性和主动性,从而失去一定的竞争优势。纵向价值链分析可以弥补这一不足,它从产品全生命周期角度出发,立足于整个价值生产过程,对供应商选择及其质量保障、任务承接给予充分的重视,从中挖掘企业的外部协作与产业链集成竞争优势。

(1) 供应商选择与质量保障。

在航天产品研制中,以总承包单位为例,其供应商可分为系统内单位和系统外单位两大类。系统内单位多数存在"集团保护主义",大多属定点单位,价格也是稳中有升,航天产品研制成本和质量成本相对较高;系统外单位受到航天产品质量管理、分工定点的制约,竞争对手较少,在供应商选择上多数参照以往型号已有模式,很少改变既定供应商。这种情形导致航天企业在供应商选择方面的主动性不高,在保障高质量的情况下成本代价偏高。这就需要航天企业在"自主可控"的前提下,拓展供应商选择面,在高性价比的前提下保障供应质量。

(2) 任务承接。

航天产品研制任务来源主要是国内和国外服务需求方,国内任务主要包括航天火箭、卫星、飞行器、武器系统等;国外任务主要是卫星发射服务。国内任务承接需要综合考虑国家需求、产品系列和技术优势等多方面因素,既有任务分派也有任务竞争选择,同时侧重新市场、新产品的拓展。《2016 中国的航天》白皮书中首次提出"全面建设航天强国"的发展愿景,从 2017 年起未来 5 年我国除继续实施载人航天、月球探测、北斗卫星导航系统、高分辨率对地观测系统、新一代运载火箭等重大工程外,还将启动一批新的重大科技项目和重大工程,以牵引和引领中国航天事业的发展;在国际合作方面,全面推进"一带一路"空间信息走廊建设,推进金砖国家遥感卫星星座、亚太多任务小卫星星座建设,实现空间信息互联互通,服务沿线国家经济社会发展,在载人航天、深空探测、空间科学、卫星通信、卫星遥感、卫星导航、发射测控等方面深入开展国际交流与合作。

2)横向价值链

航天企业竞争优势的取得主要基于两个战略,即高质量低成本战略和差别化战略,这两个战略不能完全割裂孤立地去讨论。横向价值链分析侧重于航天企业产品之间的差别化战略分析。

航天企业产品差异可以分为两类。其一为产品内部差别,主要是产品系列定位,如运载火箭"长五"和"长六"在尺寸、运载能力等多方面具有较大差异,定位于不同运载任务。这主要是指产品本身所具有的本质差别,通过需求分析、产品研发、工艺设计、生产制造等环节来实现和保障。其二是外部差别,指对某一产品所附加的各种条件(如价格、服务等)所形成的差别,如产品数量差异可能影响价格等。航天企业进行横向价值链分析的一个重要内容就是通过对自身和竞争对手的分析,创造或识别产品的差异性,并最大限度地利用这种差异性为实现企业经营目标服务。

以我国运载火箭为例,受政治、外交、技术、商业等诸多因素的制约,开展国际商业发射服务举步维艰。随着运载火箭技术的发展,我国运载火箭的价格优势已不再明显,我国航天产业在国际商业发射服务市场上的竞争力也被削弱。由于航天领域属于国家安全战略及高科技聚集领域,各国都是既合作又防范的态度,与发达国家开展深入国际合作更是困难重重,美国等世界航天强国仍然掌握着大型航天项目国际合作的重要话语权,这增加了我国运载火箭实施国际商业发射服务的难度,降低了长征系列运载火箭的竞争力。同时,国际商业发射服务市场竞争激烈,火箭产品供大于求,全球运载能力过剩,这给我国航天产业开拓国际市场带来很大的压力。

3)内部价值链

内部价值链是横向价值链和纵向价值链分析的基础,也是整个价值链分析的落脚点。在产业吸引力的纵向价值链分析及产业内相对竞争地位的横向价值链分析的基础上,还要深入研究如何通过内部价值链分析取得低成本的竞争优势。航天产品是高科技产品,是技术创新的产物,航天产品又具有单件研制生产(如神舟飞船、探月工程等)和小批量研制生产(如卫星)的特点。高新技术、产业协作是航天产品研制过程中的关键要素,研发任务进度要求高。基于航天产品的特性和价值分析,对航天活动价值排序,可找出活动管理的重点。

按照价值链理论关于价值活动的分类,航天企业价值活动也可分为基本活动和辅助活动,如图 1-4 所示。

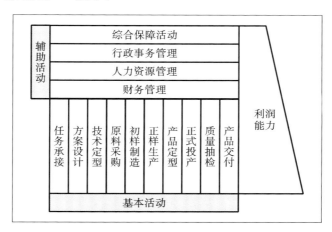

图 1-4 航天企业价值活动分类

基本活动包括如下内容。

(1)任务承接:根据国家或上级任务需求,通过分派或竞争获取任务,并认知其内涵,确保其价值活动。

(2)方案设计:针对任务要求,设定技术指标,选用材料和配方。

(3)技术定型:对产品设计、生产过程中所需关键技术开展研究、攻关,取得技术成果,突破技术难题。

(4)原料采购:确保其他价值活动,尤其是基本活动所需设备、原材料等物资按时、保质供给。

(5)初样制造:按照初步设计制造完成首件产品,并对首件产品或部件进行试验,根据试验结果对产品性能指标进行调整。

(6)正样生产:根据已经试验合格、评审后的配方进行正式生产。

(7)产品定型:产品经过专家、顾客的评审后,证明指标满足顾客的要求,最终确定产品的生产。

(8)正式投产:对定型后的产品根据顾客要求进行生产。

(9)质量抽检:根据顾客要求,对已经生产的产品进行抽检,验证生产的产品是否合格。

(10)产品交付:已经检验合格的产品按顾客要求进行交付。

辅助活动包括如下内容。

（1）财务管理：为管理者提供企业在经营过程中的财务信息，协助检查企业的财务状况，提供有利于现金流控制的建议，保证企业正常经营和快速发展所需的资金，确保投资回报率。

（2）人力资源管理：为企业的发展提供合格的人才，培养人才，发现人才，协助管理层建立公司的激励约束机制，促进企业发展。

（3）行政事务管理：公文处理，督促、协助企业各职能部门做好工作，对办公设备和办公用品进行管理，做好对外接待工作。

（4）综合保障活动：为保障其他价值活动开展所必备的条件建设，包括企业文化建设、党务活动、工团活动、后勤等。

随着企业运营深化及智能制造的深入发展，价值链呈现出新的发展趋势，具体如下。

（1）企业内部价值链呈现外部化趋势。在开放化和国际化背景下，企业的规模化发展，技术共享、产品模块化与标准化，使得企业内部业务价值链呈现开放化、外部化发展趋势。同时产品技术的精细化、专业化、开放化，使企业内部环节有必要也有可能实现专业化与外部化的发展交融于行业价值链。这一外部化通过企业对非核心竞争力环节的外包而实现，涉及供应链上物质流环节，以及业务价值链上辅助性的各服务环节。当企业集中于核心业务而将其余业务外包时，其成功更加依赖于对外部价值链的信任与合作。

（2）企业价值链的信息化、全球化。随着全球化、一体化进程的持续向前，计算机与信息化技术的高速发展，竞争格局的不断重组，以往限于一定区域内的供应链，在扩大其地域市场覆盖面的同时，也同步寻求能提供挖掘价值的新供应商，企业价值链得到了扩张。企业价值链的信息化与全球化共同发展，两者互为条件，互相促进。

（3）价值链战略重心转移。企业业务价值链的战略转移趋势是以同类企业业务环节能力差距为基础的。业务关键活动大致可分为设计与开发、制造、营销与服务三个阶段。企业基于对经营发展趋势的预测和把握，将关键增值业务活动与企业专业能力相结合，确定业务价值链重心，适时进行业务价值链的战略转型，力求突出自身比较优势。制造环节在技术成熟行业的价值增值空间狭小，使在设计与营销方面有实力的企业逐步放弃对中间环节的竞争，而对两端环节精细运作，进一步贴近顾客，提升顾客价值，从而获得更大的发展空间。航天价值链业务体系在内外部因素的影响下正在发生深刻变革，其核心由制造和运营逐渐向应用和服务转移，且服务对象更广、种类更多，能力也更强；不同技术和业务之间的边界也越来越模糊，以加快转变发展方式为主线，不断推动"两化"(信息化、全球化)深度融合。

1.4.2 航天制造发展需求

1. 低成本发射给航天制造业带来了新的挑战

目前欧洲国家、美国和日本等航天制造先进国家,已经广泛开始在航天制造领域应用智能制造模式。自动化的生产装备、信息化的管控手段应用,为其航天制造降低了大量的人力成本;大量传感器的应用,为加工装备的高效使用和产品质量的稳定性提供了保障;社会化的分工协作、协同制造技术的应用,保证了航天产品制造质量的一致性,使得航天产品的制造成本更低。例如,美国Space X 公司猎鹰 9 号运载火箭,近地轨道(LEO)最大载荷为 22.8 t,太阳同步轨道(SSO)最大载荷约为 10 t,对外发射报价为 6200 万美元,如果购买多次发射任务,价格还会有折扣。我国长征四号丙运载火箭太阳同步轨道最大载荷为2.9 t,发射价格为 3400 万美元。由此可见,在单位载荷发射费用上我国产品已高于国外的,价格上已不占优势。表 1-1 所示为国际上主要运载火箭的能力与价格对比。

表 1-1 国际上主要运载火箭的能力与价格对比

型 号	运载能力/t	发射价格/亿美元	发射单价/(万美元/kg)
长征四号丙	SSO 2.9	0.34	SSO 1.2
联盟号 2	LEO 8.2	0.45	LEO 0.55
	SSO 4.9		SSO 0.92
德尔塔 4M+	LEO 12.3	1.9	LEO 1.5
猎鹰 9 号	LEO 22.8	0.62	LEO 0.27
	SSO 10		SSO 0.62

在我国,虽然人力成本较低,但制造模式落后,自动化、数字化、信息化技术应用水平较低,使得管理成本、质量保障成本较高,运载火箭的发射成本已经面临国外民营航天企业的挑战。

(1)制造装备落后,使得生产成本高。

航天企业现阶段机械化、自动化单台(套)设备与大量的手工、半自动生产方式并存,如手工焊接、手工校形、手工铆接、手工装配、手工喷涂与打磨等低端制造手段大量存在于生产过程中。同时,机械化、自动化装备数字化和智能化程度低,大多是单台独立作业。这些生产方式下的产品质量一致性很难保证,而航天产品对质量和可靠性的苛刻要求,必然需要在质量保证方面投入大量的人力、物力。同时,关键工序的手动作业、单台设备独立加工,均无法控制生产节拍,从而造成许多生产瓶颈。更进一步,流程受阻致使排产变动大、生产效率低下,制造成本居高不下。

(2)生产模式落后,使得生产效率低下。

航天制造车间主要生产模式是按型号串行生产,存在多品种、多型号、小批量生产特征。存在的共性问题包括:①工艺流程分散,如车间内的工艺布局未能实现科学、合理的优化,此外产品生产涉及较多的跨部门协作,导致产品流转效率低下;②生产资源配置存在冲突,以具体型号产品为中心的串行生产模式,很容易导致生产资源冲突,同时资源的利用率也不高;③生产排产以人工经验为主,各生产工序衔接无序化,导致产品制造效率低下、技术状态控制困难。

(3)管控信息不透明,使得资源配置不合理。

以现阶段某厂的生产过程为例,其生产计划管理的基本流程是:车间通过ERP(enterprise resource planning,企业资源计划)系统(如用友 NC 管理系统)接收总厂生产计划,车间调度员会依照上级计划要求,编制纸质路卡、规定工艺准备与生产完成时间,并将路卡与配套原料或零件下发至生产班组;由生产班组按节点要求,执行路卡内容,实现产品的生产制造。在这个生产过程中,由调度员跟踪制造进度、协调过程问题,最终完成产品入库。因此,现阶段生产车间的计划排产、资源调配主要依靠管理人员的知识和经验,为保证决策正确往往需要进行大量人工的信息收集与整理、统计分析工作,难以做到准确、高效、经济。可以看出,管控信息不透明,一方面致使效率低下,另一方面造成了车间生产资源配置的不合理。

在未来,市场化是航天产业的必然发展方向,市场竞争将进一步加剧。而无论是国内竞争还是国际竞争,实现信息化与制造端深度融合,走向智能制造发展方向,保证产品生产计划进度,降低航天器制造成本,是航天制造企业竞争力的关键所在。

2. 航天器个性化定制已成为必然趋势

在"十二五"期间,航天器的市场已从军工扩展到国家其他行业,例如运载火箭原来以发射军用卫星为主,现在气象、海洋、大气、地质和勘探等民用卫星不断涌现,国内腾讯、百度、阿里巴巴等商业网络公司也在筹划发射自己的卫星,同时国际市场商业发射方兴未艾。

不同卫星载荷的尺寸、重量、轨道、接口等不相同,对运载火箭结构的要求不一样,每一颗卫星载荷都对应着特定的运载火箭。同样,来往于地面与空间站的飞船分为载人飞船与运输飞船,根据每次宇航员人数和货物重量、种类的不同,每发飞船结构都不尽相同。因此,每个航天器的结构都是按照不同用户要求进行定制的,而按照目前现有的制造模式组织生产,存在计划管理工作量大、生产排产困难、技术状态不易控制和设备能力难以均衡等诸多问题,势必会造成计划安排脱节、生产效率低下、质量难以保证、产品过程追溯困难。

智能制造是保证个性化、低成本、高效率和高质量定制的有效生产模式,这也凸显出航天制造对智能制造新模式应用的迫切性。

3. 现有国家固定资产投资效益急需提高

随着国家重大航天工程的持续开展与应急发射和高密度发射期的到来,航天产品研制任务呈现快速增长态势。为了应对这种增长,传统的解决方案是持续增加军工固定资产投资,投资主要用于征用土地、新建厂房、增添设备等。

(1)军工固定资产投资以具体型号任务为中心。在"十二五"期间,航天领域固定资产投资是以满足完成某个型号研制任务需求为目标,主要考虑新立项型号产品制造的特定需求,其经费用于购置和建设该型号产品研制生产所必需的装备和设施,很少考虑解决企业共性与基础性的资源整合和制造模式提升的需求问题,如仓储物流、其他型号产品的生产等。因此,国家型号技改的投资主要用于新增设备、场地和厂房等方面,航天制造企业依靠国家投入能够"做大",但难以实现"做强"。

(2)军工固定资产投资主要考虑市场可获得的成熟装备。按照现有军工固定资产投资原则,以及受新的航天产品研制周期所限,政府主管部门和项目评审专家会优先考虑市场可提供的、技术成熟可靠的装备,对于国家投资的新增设备,不会要求考虑必须具备特定的智能化特征。因此,企业在向智能化制造转型升级时,需要对现有设备进行大量传感、控制、互联的改造,并且根据自身目前所承担及将要承担的航天产品研制生产任务做好统筹规划和资源的调整与整合。

(3)军工固定资产投资周期较长。目前新的航天产品研制周期较以前大为缩短,但军工固定资产投资周期没有变化。从项目设备论证到安装调试、交付使用,一般需要三年左右时间,然而新产品研制周期一般也只有三至五年,经常出现为此产品购置的专用设备最后用到彼产品加工上,而功能和规格又不完全匹配的情况。

因此,充分利用国家军工固定资产投资,统筹企业航天产品生产资源,尽早开展柔性化、智能化制造新模式研究与应用,适应多型号产品并线生产,事半功倍,以最小的资产投入博得最大的产出,对减少国家投入、提高综合生产能力、满足各种型号产品加工需求、提高国家投入的产出效益已显得尤为迫切。

4. 航天引领制造技术发展的迫切性

从整体上来看,我国制造业的自主创新能力普遍不强,核心技术对外依存度较高,产业发展需要的高端设备、关键零部件和元器件、关键材料等大多依赖进口。但相对而言,在航天领域,基于自主研制的思路及国外禁运的现状,我国航天制造技术的自主创新能力相对较高,如航天领域的载人航天工程、探月工程的相关高端装备,大多依赖我国国防工业的自主研制,使我国航天领域的制造技术体系建设得较为完备,对外依存度较低。这是航天企业实施国防制造业产业升级的优势。

航天制造立足于国内工业基础,具有先进性特征,新技术(如三维设计、增材制造、传感与控制、检测与装配、物流与仓储技术等)、新工艺(如结构化工艺)、新装备(如高档数控机床与工业机器人)和先进生产模式(如精益生产、单元制造)在航天领域长期且持续得到重点关注和研发投入,并率先在航天产品中得到应用,目前,对于我国大力开展的智能制造技术,航天企业相对而言具备较为良好的信息化建设基础、较完备的制造工艺技术体系、更为独特的制造模式等构建智能化制造能力的优势。航天企业智能化制造的实现,将为其他行业的智能化改造升级提供更具借鉴意义的应用示范效果。

就单项制造专业技术而言,航天制造企业某些技术水平和装备能力与国际先进工业国家水平保持同步,有些技术甚至达到国际领先水平,但整体差距依然明显。以航天关键结构件制造为例,运载火箭推进剂贮箱制造的焊接技术亟须实现以数控固相连接为特征的组批生产模式,火箭与飞船的管路制造亟须实现数字化成形与自动测量、数字化检测制造模式,关键薄壁复杂零件亟须从分块焊接结构优化为更具效率与可靠性的整体成形技术,铆接技术亟须从手工铆接全面优化为机器人自动铆接,箭体结构绝热包覆亟须从手工操作优化为自动化机器人操作,火箭与空间站对接机构的装配也亟须从以手工装配为主优化为柔性自适应装配等。

1.4.3 发展航天智能制造技术与装备的任务

总体而言,航天领域研制生产的产品,往往关系到国家安全、国家战略目标的实现,运载火箭、载人航天产品、天基攻防产品、深空探测产品等航天产品的高科技含量和高可靠性要求,决定了航天领域制造的高度。因此,航天制造领域乃至国防制造领域,对于先进制造技术、先进制造模式具有更为迫切的需求。从先进工业国家发展的历程来看,航天制造带动了世界制造技术和制造模式的发展。同样,我国航天制造技术数字化和智能化程度,体现着国家制造的技术能力,引领着国家制造的发展方向。

加快推进航天智能制造,是实施"中国制造2025"的主攻方向之一,是落实工业化和信息化深度融合、打造制造强国的战略举措,更是我国航天业紧跟世界发展趋势、实现转型升级的关键所在。航天智能制造融合了信息技术、先进制造技术、自动化技术和人工智能技术,通过网络连接、知识驱动、智能决策支持,优化企业运营流程,提升管理水平,适应航天产品单件小批量生产模式,实现高质量、高可靠、高经济效益目标,其内涵是实现整个制造业价值链的智能化和创新,是信息化与工业化深度融合的进一步提升。智能化产品、生产管理过程中新一代信息技术的应用及工业物联网的推广,将使得航天制造在价值链上占据高位,也有助于中国航天在参与国际分工时不再局限于提供加工和组装服务,而是更多地参与到高端技术的研发和核心设备的制造中,并在这一过程中获取更为丰厚的回报。

在未来 5～10 年的时间里,在航天领域,中国智能制造装备增长率将达到年均 25%。我国应力争经过 10～20 年的努力,形成完整的航天智能制造产业体系,使中国航天产品和制造过程智能化技术研发与应用整体走到世界前列,在产品有优势、技术有基础、发展有急需的领域,实现原创性技术创新和产品突破,基本满足我国航天领域和国防建设需求。航天智能制造发展战略应以推进航天制造业科技创新发展为驱动力,以新兴信息技术与工业化深度融合为手段,以促进制造业核心竞争力提升和转型升级为主线,突破关键智能基础共性支撑技术,重点提升重大智能制造产品自主创新能力,实现航空航天制造过程与产品的数字化、智能化,推进智能零部件的研发和产业化,促进应用示范推广,优化产业组织结构,增强航空航天制造业的国际竞争力。

中国航天智能制造技术体系采用了数字化、网络化、智能化等手段,通过单元化、定制分离、数字化与自动化融合,支撑了载人航天、北斗导航、高分遥感等航天产品的研制,这正是"中国制造 2025"在航天领域的典型实践。中国航天智能制造技术体系的成功创建为航天器制造的转型发展打下了坚实的基础。中国航天智能制造的"智能"体现在以下几个方面。

(1) 网络协同制造。在全生命周期数据的基础上,结合物联网、云计算、大数据等技术,以体现信息技术与制造技术深度结合的数字化网络制造为主线,由要素驱动向创新驱动转变,由低成本竞争优势向质量效益竞争优势转变,由资源消耗大、污染排放多的粗放式制造向绿色制造转变,由生产型制造向服务型制造转变,将供应链内及跨供应链间的企业产品设计、制造、运行、维护、管理等各环节紧密连接起来,实现产品全生命周期内的主体协同、资源共享和充分利用,推动航天制造由相对固定的产业链向相对动态的产业网转变,从而推动实现面向任务定制、高可靠、高质量、高性价比的产品与服务。

(2) 增材制造。增材制造是以数字模型为基础,将材料逐层堆积制造出实体物品的新兴制造技术,体现了信息网络技术与先进材料技术、数字制造技术的密切结合,其正在向航天复杂功能零件与装备智能化、组织与结构一体化制造方向发展并形成航天产业应用,这对于推进我国航天制造业转型升级具有重要意义。

（3）大数据决策。数据是航天智能制造的核心，通过对航天设备、人员、产品、过程及价值链上的各个环节所采集的海量数据进行智能分析，进而将其转化为精准、有效、准确的决策知识以指导航天产品各个级别、各个层次制造过程管控，实现数据分析与航天制造过程相融合，保证制造过程的闭环控制和高效运行，并打通航天智能制造价值链上的采购、设计、工艺、检测、试验、使用与服务的全过程及形成集成，是航天制造智能化的重要体现。

（4）制造服务化。以制造服务为核心理念，结合云计算、物联技术、智能技术与先进制造技术，支持航天制造业企业在众多可靠的网络资源支持下实现对不同航天产品各个阶段的增值。将各类产品在全生命周期过程中的相关数据资源整合在一起，提供标准、规范、可共享的制造服务模式，以促进创新资源、生产能力、市场或任务需求的集聚与对接，提高价值链资源整合能力，实现全社会多元化制造资源的高度有效协同，达到航天企业制造服务能力的共同提升。

在迈向智能制造的征程中，航天企业应注重整体制造模式和技术手段的相互促进和协调发展。航天企业应有效采用物联网、大数据、云计算、增材制造等技术，逐步实现以感知、分析、执行一体化为代表的智能制造，开展在轨组装、在轨加工、增材制造、空间机器人等技术的研究，优化产品生产流程，不断深化制造模式研究，实现生产过程的数字化、信息化、智能化，构建航天产品智能制造管控信息系统，持续发展并提升天地一体化网络通信能力，逐步实现天地一体化协同的航天器智能制造模式。

发成本。因此,快速、低成本成形技术将成为先进成形工艺与装备今后发展的趋势。

(3)新型连接技术获得发展,焊接技术和装备不断改进。

增强不同材料间的连接强度,提高产品的可靠性是先进连接技术改进和创新的永恒主题。2011 年,NASA 开发出了新型"挫带方法"连接技术和用于低温复合材料管道连接的连接器固定安装系统。而焊接设备也在不断改进,出现了世界上最大的线性摩擦焊机和新型高功率激光电弧复合焊接系统,提高了材料连接的质量和工业生产的效率。

(4)精密与微细加工朝高精度、高性能、高可靠性技术的方向发展。

随着武器装备微小型化发展趋势的日益显现,导弹和航天器等航天产品需要高精度、高性能、高可靠性的零部件,精密与微细加工工艺与装备在该趋势和需求的推动下不断发展,取得了一系列成果,既出现了进行精密加工的微型铣床,也出现了利用激光雷达进行测量的新技术,以及制造纳米级电路的刻印技术,有利于缩小零部件尺寸、提高产品精度。今后,航天领域精密与微细加工仍将向着高精度、高性能和高可靠性技术的方向发展。

(5)复合材料应用仍为主要方向,复合材料制造工艺不断创新。

复合材料因具有高强度、小质量等优点,近年来获得了快速发展和广泛应用,特别是在航空航天领域,全复合材料航天器部件已出现。复合材料制造工艺与装备在增强材料强度、提高复合材料性能方面取得了不小的进展。未来,复合材料的制造工艺和装备仍将不断创新,可进一步改善产品的稳定性,减轻部件重量,提高产品性能,且更加环保。

(6)数字化工艺成为制造业主流,将进一步快速发展。

数字化工艺获得了各国航空航天领域的高度关注,NASA 也非常重视该技术的研究和发展。采用数字化工艺,可在计算机虚拟环境中对整个生产过程进行仿真、评估和优化,可在实际加工制造之前,优化和核查各种工艺过程,并及时发现存在的问题,提高资源利用率,改善材料制造流程和生产性,减少返工并降低项目风险。因此,数字化工艺是未来制造业的主流技术。各种虚拟环境实验室更是将数字化工艺扩展到了产品的全生命周期中,这有利于降低生产、测试和维护成本,提高产品的可靠性。

纵观行业发展动向,以制造业智能化转变为核心的"第四次工业革命"正在行进中,谁抓住了智能制造这一主导产业,谁就能成为新工业革命的主导者和引领者。中国航天产业凭借自身所处的高科技工业化领域优势,完全有条件抓住新产业革命的机会窗口,实现"弯道超车"。这就要求我国牢牢把握创新这一关键动力,把智能制造创新摆在核心位置,重点推进智能制造关键核心技术领域的技术创新,提高航天产业的附加值和竞争优势,同时,构建有利于智能制造业发展的行业标准,培养多领域交叉的复合型、高技能人才,从而为实现航天智能制造业技术与装备的可持续发展提供全方位的支撑。

2.3 互联制造

2015 年国务院政府工作报告中提出,要实施"中国制造 2025",坚持创新驱动、智能转型、强化基础、绿色发展,加快从制造大国转向制造强国。我国是制造业大国,也是互联网大国,互联网与制造业融合空间广阔,潜力巨大。实施"互联网＋"行动计划,推进互联网和制造业深度融合发展,发展"互联制造"是建设制造强国的关键之举。航天既是国家的战略行业,也是典型的科技资源密集型行业,航天产品设计、生产和服务过程中知识、技术、研制活动都是重要的战略资源,并逐渐成为提升航天企业核心竞争力和产品创新能力的关键因素。"互联网＋航天制造"可以提高产品研制过程中各单位协同、高效配置制造资源,共享研制知识,增强管控的能力。

2.3.1 概念分析

《国务院关于积极推进"互联网＋"行动的指导意见》指出,要推动互联网与制造业融合,提升制造业数字化、网络化、智能化水平,加强产业链协作,发展基于互联网的协同制造新模式。

互联就是利用无处不在的传感器、嵌入式终端系统、智能控制系统和通信设施,把制造过程中的各个模块(如设备、生产线、工厂、供应商、产品、用户等)紧密地连接在一起。例如,CPS 让机器、工作部件、系统及人类能够通过这种互联实现持续的数据交流。

互联制造利用互联网采集信息并对接用户个性化需求,柔性改造设计研发、生产制造和供应链管理等关键环节;基于 CPS 和云计算、智能工业机器人、增材制造等技术,形成一个智能网络,使得产品与生产设备之间、不同的生产设备之间及数字世界和物理世界之间能够互联,推进生产装备智能化升级、工艺流程改造、信息化系统提升、基础数据共享;利用物联网、云计算、大数据等技术,整合产品全生命周期数据,形成面向生产组织全过程的决策服务信息,为产品优化升级提供数据支撑,包括基于互联网开展故障预警、远程维护、质量诊断、远程过程优化等在线增值服务;将各类分散的软件、数据、计算、知识,以及加工、检测等软硬件制造资源整合成逻辑上统一的资源整体,并通过动态的资源组织和应用技术向用户提供多样化服务。

"互联制造"新模式主要转变表现如下。

1）制造模式互联化

以 CPS 为核心，将不同类型和功能的智能单机设备互联组成智能生产线，不同的智能生产线间互联组成智能车间，智能车间互联组成智能工厂，不同地域、行业、企业的智能工厂互联组成集成化智能制造系统。通过互联网实现互联互通和综合集成，促进设备运行、车间配送、生产制造、市场需求之间的实时信息交互，使得从设计、原材料供应、零部件生产、产品装配到维修服务的全生命过程中各环节间的协同更加精准。基于互联，将贯穿设计、制造、营销、服务全过程的产品数据、生产制造数据、运营数据、价值链数据、经济运行数据、行业数据、市场数据、竞争对手数据……所构成的工业大数据综合并高效应用，就可以实现横向、纵向和端对端的高度集成。

2）实现过程智能化

互联网重塑产品生产方式，提高过程智能化、精准化与协同化管控。工厂智能化程度不断提升，生产过程通过智能传感器、控制系统、机器人、自动化成套设备，根据用户个性化需求及时调整生产工序和工艺，灵活地生产出各种产品，并且最大限度地缩短产品制造所耗时间，提高生产过程精准化水平；通过互联网实现互联互通和综合集成，企业将更多地通过网络将产品价值链分解到不同国家的配套协作企业，产品生产过程由全球范围内多个企业高效、快捷合作完成，工业云平台、工业大数据相关软件等智能分析工具将帮助企业做出更好的决策。

3）管理方式集成化

互联网能够提升企业能源管理、仓储管理和生产线管理的能力。在能源管理方面，企业可以通过建设能源管理系统，整合自动化和信息化技术，实现对能源生产、输配和消耗的管控一体化。在仓储管理方面，企业可以通过建立智能可视化仓库管理系统，简化库房仓储管理中各个业务流程环节的数据采集、识别与信息交互过程，为管理者提供多方位、直观的统计信息，提高工作效率，实现需求的快速响应。在生产线管理方面，企业可以通过分析在产品生产过程中获得的数据，发现生产流程中可能存在的风险，并通过迅速检测和修复，降低设备和生产线的故障率，提高产品质量。

4）产业创新协同化

互联网突破了地域、组织、技术的界限，工业企业生产分工更加专业和深入，协同化创新使每个企业都演化成信息物理系统的一个端点，整合了政府、企业、协会、院所等优势资源，形成跨领域、网络化的协同创新平台，不同企业的制造资源由网络化系统统一调度和分派，产业链上下游协作日益网络化、实时化。

越来越多的跨国公司通过互联网,将分布在全球各地的研发中心连接在一起,有效提升了跨国研发效率,形成创新资源配置国际化、响应市场需求快速化、整体运行高效化的全球研发创新网络。由德国国家工程院、弗劳恩霍夫协会、西门子(SIEMENS)公司等组成的创新网络,整合了基础研究、应用研究、技术开发等多方面资源,成为德国实施"工业4.0"战略的中坚力量。美国推出"国家制造创新网络"计划(NNMI),准备在10年内资助45家制造创新机构和创新研究所,目的就是通过建设协同创新网络,确保其在先进制造领域的领先地位。

5)制造能力服务化

制造能力服务化可以分为两种形态,一种是服务型制造转型,另一种是制造能力"共享"。针对服务型制造,企业利用互联网开展远程运维、远程监控等信息服务,实现制造服务化转型。如某装备制造企业利用互联网开展装备的远程运维业务,不仅提高了产品附加值,而且实现了从制造产品为主向提供工程承包和远程运维服务的转变。针对制造能力"共享",一方面制造企业可利用自身的制造资源,通过工业云平台,为其他企业或行业需求提供解决方案或技术手段,比如可通过云平台实现多家企业将富余制造能力与车用零部件加工需求的客户的对接;另一方面衍生出众多新型服务企业,如专门提供研发设计、生产制造、经营管理、市场销售等服务的企业。

此外,引入客户参与、产业链协同合作、网络化生产、智能化管理及服务转型,实现商业模式和管理模式的创新,从而进一步提升互联制造的能力、水平与深度。

2.3.2 航天互联制造

随着国家军事与民用需求的持续增长,航天研制生产任务逐年大幅增加,呈现出产品化、系列化、规模化趋势,同时,在具体型号上表现出很强的个性化和差异性,并呈现出质量要求高、生产任务重、周期紧等特点,对产品生产的管理模式和制造组织提出了新的要求。随着载人航天工程发展的实际需求和航天发射任务量的持续增加,中国航天制造任务逐年增加,任务形式由过去的"多研制、少生产"向"研制和生产并重"发展,需要制造企业积极应对、提前筹划,在强化技术进步、提高自动化水平的基础之上,亟须对数字化、信息化、智能化的制造与管理模式进行研究,利用先进的制造与信息技术来提升传统组织模式、生产过程、制造控制、物流管理与服务模式及水平,探索出一条适应持续高密度发射、满足"十四五"及后续生产任务需求的制造管控方案并进行应用实践,有效提升航天生产制造综合水平。

航天复杂产品研制往往投入巨大,具有产品状态多样、质量要求高、参与单位多、学科专业多和研制周期长等特点，但同时，航天产业又面临以下困难：任务需求通常较为紧迫，任务计划多变，资源需求紧迫度不一，制造资源利用率忙闲不均，存在局部性或周期性的制造资源和能力过剩，需要统筹建设；多数航天企业都拥有丰富的制造资源和能力，但信息化、智能化水平不高，且受到管理体制、安全控制等方面的制约，智能化提升困难；跨单位、跨部门、跨学科的制造资源和能力相对分散，协同效率有待进一步提高；在制造模式、技术、手段、工具、数据等方面，航天产品的标准化工作有待加强。

随着先进制造技术、信息技术与智能技术的不断进步，以及我国航天产业的高速发展，航天制造企业发展互联制造是必然趋势，这更是其加快实现工业化与信息化深度融合的必然选择和重要机遇。在数字化、信息化的基础上，逐步深入开展互联制造，支持产品全生命周期活动中的制造资源和能力的智能化管理、精准服务和动态协同。航天互联制造的典型技术特征概括为智能化、协同化、服务化、标准化。

1）智能化

航天互联制造平台通过智能传感器、条形码、无线射频识别（RFID）、视觉采集、人机界面、控制总线、智能控制器件及系统等，将航天产品全生命周期的制造资源（如机床、加工中心、仿真设备、试验设备和物流货物等）、技术（如实现方法、计算算法、过程控制、实现技术等）与能力（如技能水平、专业能力等）接入，借助物联网、互联网等传输信息，在对各种软硬制造资源的状态信息进行采集和分析的基础上，通过建设跨学科领域的工业大数据库，为制造全生命周期活动提供全方位的支持，并进一步服务于互联制造的业务执行过程。

互联制造平台在汇集各种制造资源和能力的同时，也汇集了各种知识并构建了跨领域多学科的工业大数据库。如图 2-1 所示，在互联制造模式下，多类制造知识为两个维度提供支持，一是制造全生命周期活动，二是制造资源和能力服务全生命周期。一方面，工业大数据渗入制造全生命周期活动中的任务、研发、试验、仿真、制造与运营等各个环节，能够提供所需的各类跨领域多学科多专业知识及其推理决策；另一方面，工业大数据融合于制造资源和能力服务全生命周期的各个环节，即资源和能力描述、概述、存储、匹配、组合、销售、执行、调度和评估等。

2）协同化

航天企业现有经营管理较为粗放，核心资源分散，信息传导流程长，战略集中管控力度不强，管理效率有待提高。协同化互联制造能够有效支持航天产品全生命周期（包括方案拟定、设计、仿真、生产、试验等各环节）跨单位、跨部门、跨专业的高效协同，快速提升业务管理能力，实现集团统一的资源整合、信息共

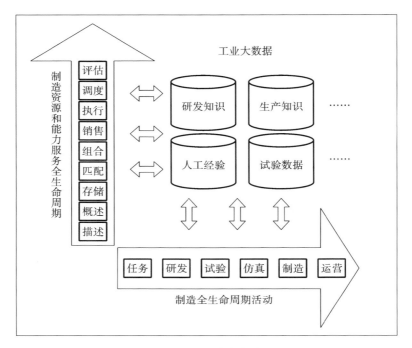

图 2-1　工业大数据库

享、管控衔接,真正发挥集团企业的整体优势。通过协同化技术,这些服务模块能够动态地实现全系统、全生命周期、全方位的互联、互通、协同,以满足用户需求。

针对航天制造复杂性、高新性和多样性等特点,建立统一的协同管理平台,构建多主体协同的虚拟化系统,通过规范化、虚拟化、分布高效能计算等信息技术,形成制造资源、制造过程、制造单位间可灵活互联、互操作的服务模块,通过协同化技术将这些服务模块动态互联、互通、协同,实现异地、异构资源和能力间的互操作和时空一致性,并且能够借助容错、迁移机制支持运行时的高可靠协同。

3)服务化

互联制造中汇集了大规模的制造资源和能力,基于这些资源和能力的虚拟化,通过服务化技术进行封装和组合,形成航天制造过程所需要的各类服务,如设计服务、仿真服务、制造服务、管理服务和集成服务等。其目的是为用户提供精准化服务。以航天产品试制为例,其设计、分析、仿真、测试等所需的大型高性能计算软硬件分散在各单位,配置分散、造价高昂、利用率低,可以通过互联制造将这些制造资源集中管理和调配,实现资源的按需分配,打破现有单个应用系统部署独占服务器的模式,降低因系统升级和新系统上线需要采购相应硬件资源的成本,提高资源利用率,以满足大规模研制工程高效开展的需要。

如图 2-2 所示,按需服务主要体现在两方面:一方面,通过对互联资源和能力的按需聚合服务,实现分散资源和能力的集中使用;另一方面,通过对互联资源和能力的按需拆分服务,实现集中资源和能力的分散使用。以制造资源和能力的服务及其组合为基础构建的制造模式,具有标准化、松耦合、透明应用集成等特征,这些特征能够提高制造系统的开放性、互操作性、敏捷性和集成能力。

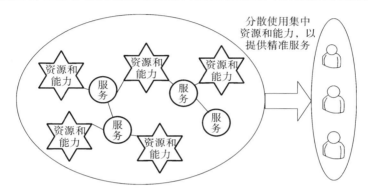

图 2-2　制造资源和能力按需服务的两种形式

互联制造能随时随地为航天制造企业按需提供"多、快、好、省"的服务,支持航天制造企业的发展模式向以"产品＋服务"为主导的创新发展模式转变,并支撑各类先进制造模式(如协同制造、大批量定制和个性化定制等)的实现,使价值链增值,提高企业的市场竞争能力。

4)标准化

航天产品研制配套单位多,协同关系复杂,数据庞杂,过程管理困难。目前我国航天业缺乏行业标准规范,企业跨平台、跨系统集成应用时,需要先解决许多复杂的标准问题,有些甚至要推倒重来。例如,物联网应用标准的缺失导致设备不能兼容,甚至同一企业内部不同的信息系统也可能因标准不统一而无法集成。只有标准得到统一,航天制造的互联互通和大数据才能实现。

互联制造要实现协同化与服务化,提高智能化水平,需要将制造资源和能力标准化、规范化,通过设计标准化、试验标准化、仿真标准化、生产标准化、运营标准化等,建立统一规范标准化模式,从而形成可高效动态地实现全系统、全生命周期、全方位的互联、互通、协同的服务模块,使航天制造的参与各方得以独立(或协同)完成某阶段制造或跨阶段制造。

航天互联制造标准体系主要包括基础、安全、管理、评价和可靠性等五大方面标准。

（1）基础标准：一是术语定义标准，用于统一互联制造相关概念；二是元数据标准，用于规定产品设计、生产、流通等环节涉及的元数据命名规则、格式、注册要求等，为数据集成、共享奠定基础；三是标识标准，对互联制造中的各类对象进行唯一标识。

（2）安全标准：一是信息安全管理标准；二是技术与机制安全标准，包括软件安全标准、网络安全标准、数据安全标准等；三是产品测评及安全能力评估标准，以服务于第三方测评。

（3）管理标准：主要包括质量、环境、能耗、两化融合等方面的管理标准，这些标准有助于企业降低产品的不良品率和运营成本，提高生产效率和能源利用率，实现绿色制造。

（4）评价标准：主要用于对智能制造的应用领域、企业和项目开展评估、诊断，为企业提升智能制造水平提供指导。

（5）可靠性标准：一是要制定可靠性标准指南，对风险、全生命周期费用、维修和保障等做出详细说明和要求；二是要制定可靠性技术方法标准，包括可靠性建模与分析、试验、筛选等方面的技术标准。

2.4　价值链协同发展

2.4.1　航天价值链细化与重构

1. 价值链不断细化

在经济全球化时代，航天价值链从航天企业扩展到航天产业，产生了原料开发、设计、生产、运输、服务等基本活动及金融、咨询、法律等辅助活动。构成航天产业价值链的各个组成部分构成一个有机的整体，各部分相互联动、相互制约、相互依存，每个环节都是由大量的同类企业构成，上游环节和下游环节之间存在着大量的信息、物质、资金方面的交换关系，是一个价值递增过程。每个企业都处在航天产业链中的某一环节，要赢得和维持竞争优势，不仅取决于其内部价值链，而且还取决于在一个更大的价值系统（即产业价值链）中，企业的内部价值链同其供应商、销售商及顾客价值链之间的联结。另一方面，航天产业价值链之间相互交织，往往呈现出多层次的网络结构。产业中的竞争不仅仅表现为单个企业之间的竞争，还表现为一条产业链同另一条产业链的竞争、一个企业集群同另一个集群之间的竞争，甚至是国与国企业之间的相互竞争。

　　随着航天技术的不断进步、航天产品智能化水平的提升,航天产品的技术含量不断提高,生产加工日益高度化和复杂化,市场范围扩大,社会分工更加细化,这使得航天价值链的增值环节变得越来越多,结构也更复杂。一项新产品从研究开发到制造完成,已表现为规模越来越大的战略工程,相应地,从开发、生产到服务所形成的价值链过程开始逐步从由一家企业来完成向多方联合完成转变,航天价值链越来越复杂并不断细化。航天产业通过价值链分解与重构,保留价值链系统中的比较优势环节,增强潜力环节,整合多方资源,形成航天制造核心竞争力。随着航天价值链进一步细化并分解,一些新的企业加入价值链,并在某个环节上建立起新的竞争优势。这种竞争优势表现为这些新的企业在该环节上具有成熟、精湛的技术和较低的成本。它们的进入使一些大而全、小而全的航天企业在竞争中处于劣势,迫使这些大而全、小而全的航天企业不得不放弃某些增值环节,而从自己的比较优势出发,选择若干环节培育并增强其竞争能力,也即核心竞争能力,重新建立起自己的优势地位。

　　航天价值链的细分使航天产品日益复杂,同时受市场竞争的日益激烈影响,保障安全与质量前提下的低成本运作、高研发速度成为关键。一项技术复杂的航天新产品的完成,涉及的生产环节越来越多,从研究开发到产品的完成,乃至增产的实现和市场渠道的开拓,已表现为大规模的战略工程,而这种战略工程是任何企业都难以在短期内独立完成的。一方面,信息技术的迅猛发展,特别是全球范围的互联网的兴起,使得知识、技术和信息在世界范围内的广泛传播和共享成为可能。这极大地促进了企业经营的全球化进程,企业的经营资源,包括资本、原材料、设备、劳动力、知识、技术等,已不是仅在某一部门、地区及国家内流动,而是根据收益原则和价值规律(价格机制)在全球范围内进行配置;企业的产品和服务也将延伸至遍布全球各地的目标顾客。另一方面,在市场机会稍纵即逝的经营环境中,速度已成为决定企业成败的关键因素。快速反应、分秒必争,成为企业发展的现实需要。企业既要建立面对市场的快速反应机制,又要建立面对技术进步的快速创新机制,还要建立快速决策机制。价值链分解与整合战略能够使企业在最短的时间内推出为市场认可的产品。根据价值链的活动状态不同,价值链分解可分为以下三种:渗透分解、延伸分解、重组分解。渗透分解主要指原有航天制造业的价值链断裂分解,相关联的生产性服务功能分离出来,形成专门化的服务部门,而这些生产性服务大多是保障生产能够如常运作所必需的服务。延伸分解主要发生在制造业的研发、销售服务等处于制造业价值链的上游或下游的环节中。当上游或者下游的生产性服务业环节被分离出来时,基本的制造业生产环节得以保留,这就是延伸方式下的价值链分解。重组分解指生产性服务业与制造业能够彻底地分解出在各自技术上和经济效果上都可以分离的价值链,形成一种混沌状态下的价值链网。这种分解方式更为彻底,分解程度更高。通过业务外包、外协采购与优势技术聚集协作等方式,可以重构高效与具有竞争力的航天价值链。

因此,我国航天企业应培育以设计、研发、营销、服务为核心竞争力的新优势,另外,基于全球价值链发展和重构的现实,在巩固我国航天大国地位的同时,着力打造中国航天自主品牌与技术服务。缺乏自主创新能力是制约我国航天企业提升价值链地位的主要因素,必须充分利用全球资源,在强调设计研发的原始创新的同时,积极与全球价值链中的先进企业合作,加快引进消化吸收再创新。

2. 价值链重构

航天制造企业对自身价值链上的价值活动进行细分,通过价值活动识别确立自身的价值活动的优劣势及相关服务业的核心价值活动,借助航天互联制造新技术、新模式,结合产业内部价值活动对核心价值链环节进行优化重构、整合及创新,形成产业内新的航天价值链。

1)价值链内部深化

航天制造企业通过技术创新,基于传统价值链及自身价值活动或产品,对价值链相关价值活动进行内部深化和横向拓展。提高自主创新能力,是企业发展战略的核心。在当今世界,一个空前的创新资源集聚和产业变革时代已经开启。面对新的竞争态势,无论是发达国家还是奋起直追的发展中国家,无论是跨国公司还是国内中小企业,都在加快抢占科技进步的制高点,抢夺竞争与发展的主导权。这些现象表明,企业单纯依赖技术引进不可能真正增强自身的核心竞争力,必须依靠自身力量进行技术创新活动,通过开发新技术解决产业技术的供给问题,必须通过创新驱动不断提高科技进步对企业经济增长的贡献率,用创新的力量推动经济发展方式转变。航天企业普遍具有较强的科技实力,必须进一步增强建设创新型国家的责任感和使命感,按照"自主创新、重点跨越、支撑发展、引领未来"的方针,瞄准世界科技前沿,加快实施面向国家战略需求的重大科技项目,重点突破受西方国家制约的核心技术、关键技术,抢占未来技术和产业制高点,从而占据价值链关键位置并通过技术深化价值点内涵。企业应着眼于自身发展需要,加大研究与开发投入力度,提高核心竞争力。航天企业应将科技创新作为发展的战略基点,以原始创新为核心,以集成创新为重点,以引进消化吸收再创新为支持,以科技创新推动产业结构优化升级,以科技成果产业化扩内需、保增长;要坚持"探索一代、预研一代、研制一代、生产交付一代"的技术创新路线,坚持需求牵引与技术推动有机结合、重点突破和系统集成统筹安排、预先研究与积累跨越相互支撑,积极探索新的技术思路,开辟新的技术途径,创造新的技术手段,形成新的技术成果,努力推进新原理、新技术、新材料、新工艺的探索和应用;认真做好创新驱动战略的顶层设计和总体谋划,构建军民一体的科技创新体系,突出抓好创新基础条件建设和科技创新平台建设,加快航天企业核心能力建设。航天制造企业可根据其价值链上一些优势价值活动建立起一整套多元化客户服务体系,突破原来自我服务的环节,使内部服务与外部服务结合,创造新的价值增值点,并以"产品+服务"的形式为客户提供整体解决方案。

2) 价值链外部拓展

在互联制造与创新驱动下,航天制造业应在传统价值链基础上向外部拓展:一方面是纵向扩展上下游服务业价值链,企业根据自身核心竞争力及潜在市场需求进行价值链的重构;另一方面是融合外部力量,推动价值链调整。

(1) 强化价值链的上游服务环节,重视中间产业,扩展下游服务环节。

对于那些具有较强科研和产品创新能力的制造企业,要改变其原来"基本价值链上的研发设计活动只为企业内部服务"的中心理念,最大化发挥研发和技术方面的能力,在尽量减少投入的前提下,继续保持或强化其科研和创新能力,向研发设计服务业拓展,利用其独特优势主导市场方向。

在整个航天价值链中,能够提供高性能材料和高性能零部件等中间性关键性的产业群,处于原材料工业与装配工业之间,是技术含量较高、增值量较大的环节。其优势在于,它与特定产品之间并无明确的对应关系,可参与多个价值链的形成,因此具有相对较稳定的市场,更适应价值链细化分工的格局,而且这一产业群里的技术革新比较活跃,应用高新技术易使其成为附加值较高的产业。

将下游服务业价值链核心环节作为新的战略节点纳入其价值体系中,改变以往价值链只注重产品的特点,通过开展相关的生产性服务制造延伸价值链,使其下游行业能够在更大范围内创造价值。针对下游服务行业相关产品的市场营销和广告、服务、维修、回收等环节,航天制造企业可就服务化建立快速反应机制,在第一时间创造并满足客户需求,扩大其价值增长空间。

航天制造业创新发展的过程实际上是从大规模生产向个性化定制转型,从生产型制造向服务型制造转型,从要素驱动向创新驱动转型的过程。在提供产品向提供服务的转型过程中,航天制造业应注重发展"产品的智能化"和"设计工具的智能化",前者将服务蕴含在产品中,后者实现面向服务的柔性设计生产。

(2) 实施军民融合战略,推动航天价值链调整。

军民融合是航天企业加快转变经济发展方式的内在要求。航天企业不仅要在推进国防武器装备现代化建设中发挥主力军作用,也要为推进国民经济发展发挥骨干作用。研制高科技武器装备体现着自身的战略地位与根本价值,航天企业应突出自身优势,优化航天产业布局。在掌握核心关键技术的基础上,航天企业要加快军用产品通用生产制造能力的社会化,建立军民结合、资源共享的产品研发、生产格局。

航天企业还应担负起为社会提供高科技产品和服务的责任。事实上,当代科技革命、产业革命和新军事变革的发展,已经使得军事技术与民用技术的界限越来越模糊,两者的结合面越来越广、融合度越来越高。航天企业应坚持以市场为导向,大力开拓军民两用市场和国际、国内市场,利用航天技术研制满足市场需求的高技术产品,将航天技术转为民用,拓展自己的发展空间,更大限度地发挥航天资源的效能。一是强化"大防务、大安全"的发展理念,创新发展模式,积极拓展非传统安全领域,延伸产业链和价值链,寻找新的经济增长点;二是积极培育战略性新兴产业,利用航天技术在新一代信息技术、高端装备制造领域寻求突破,为节能环保、新能源、新材料、新能源汽车等新兴产业发展提供技术支持,把发展战略新兴产业作为航天企业军民融合的主攻方向;三是充分利用航天的科技资源,加快发展高技术型服务业和生产型服务业。在实施军民融合发展战略中,航天企业应明晰主业板块,突出主业发展;通过结构调整、布局优化,把资源向主业集中,同时通过产融结合,进一步壮大实体经济。航天企业实施军民融合战略,应把国防武器装备建设和促进国民经济发展有机结合起来,加大产业结构、产品结构、产权结构、组织结构的调整力度,建立健全军民兼容的体制、机制,完善军民结合产业化发展平台,促进军民两业均衡、可持续发展。

2.4.2　航天制造协同发展

中国航天互联制造采用了数字化、网络化、智能化等手段,通过单元化、定制分离、数字化与自动化融合,支撑了载人航天、北斗导航等航天产品的研制,是"中国制造2025"在航天领域的典型实践。为了提高市场竞争力,航天制造业未来将持续推进业务转型升级,通过调整和优化产业结构,进一步开放价值链体系,以实现优势互补和降低成本。未来航天制造业全球化开放式价值链体系如图2-3所示。在该体系中,大部分的产品设计、原型制造、定型生产、系统集成及交付与服务都将外包给多级供应商,主制造单位主要负责顶层架构设计、产品规划、核心工艺及过程管控、综合保障与运营、关键系统及整机总装集成、售后服务、商业模式开发等。主制造单位通过综合集成的产品全生命周期管理系统实现与全球商业化供应商的协同和管理。

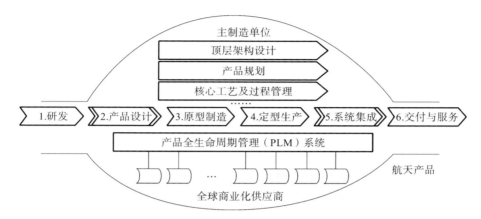

图 2-3　未来航天制造业全球化开放式价值链体系

　　航天制造智能化协同体系包括业务体系和应用体系,其建设和应用的过程也是实现企业业务变革和管理创新的过程,涉及商业模式、组织体系、业务流程、资源技能、工具及应用等方方面面的优化和整合。在体系化建设和应用推进中应注意业务与互联网技术(internet technology,IT)的紧密融合,以业务变革推动 IT 应用体系构建,以 IT 应用体系保障业务变革的成功实施。同时注重整体制造模式和技术手段的相互促进和协调发展。在当前的技术条件下发展互联制造模式,应不断深化制造模式研究,优化产品生产流程,夯实数字化制造技术,持续推进产品数字化设计思想和制造技术的融合与应用,加快增材制造等新兴制造方法、装备、工艺及应用方法的研究,实现生产装备的自动化、数字化,利用车间制造执行层、控制层的信息系统,构建产品数字化单元体系。随后,持续发展物联网、大数据、云计算等技术,逐步实现以感知、分析、执行一体化为代表的互联制造。随着"中国制造 2025"的逐步推进,新的信息化技术、先进的管理思想将与业务紧密融合,全面促进航天制造业的业务变革,支撑并推动航天产品研制成功及先进的智能协同体系形成。

2.4.3　航天价值链协同管控

　　依照波特价值链分析法,价值链管理将企业的业务过程描绘成一个价值链,亦即将企业的生产、营销、财务、人力资源等有机地整合起来,做好计划、协调、监督和控制等各个环节的工作,使它们形成相互关联的整体,真正按"链"的特征实施企业的业务流程,使得各个环节既相互关联,又具有处理资金流、物流和信息流的自组织和自适应能力,使制造企业的供、产、销系统形成一条"珍珠般的项链"——价值链。

　　实施价值链管理的意义就是优化核心业务流程,降低企业组织和经营成本，提升企业的市场竞争力。它旨在帮助企业建立一套与市场竞争相适应的数字化管理模式，弥补我国企业长期以来在组织结构设计、业务流程和信息化管理等方面存在的不足，从整体上降低组织成本，提高业务管理水平和经营效率，实现增值。

　　企业实施价值链管理的目标在于，通过优化核心业务、组织结构、业务流程和信息流等，由职能型企业向流程型企业转化，由此降低组织和经营成本，控制经营风险，最终提高企业的效率和效益，增强企业的综合竞争优势，如图 2-4 所示。

图 2-4　企业价值链管理的目标

　　中国航天企业要成功实施价值链管理，就必须改变传统的管理模式、业务流程、组织结构等，把企业的外部价值链和企业内部的价值链有机结合起来，形成一条集成化的价值链条，把上下游企业之间和企业内部的各种业务流程看作一个整体过程，形成一体化的价值链管理体系。航天价值链管理从战略高度与系统工程角度出发，着眼于航天企业整体利益与统筹协作。航天企业的价值链管理更强调关系管理，要求企业之间不仅仅是竞争关系，更是合作关系，即谋求竞争与合作并存的竞合关系，通过提高价值链整体效率，各个节点企业将获得更多的收益；注重强调系统观念，而不是孤立地管理某一个价值活动。航天企业之间存在研发协作、协同生产等联系，价值链的运行效率不但与各价值活动有关，更与它们之间的联系有关。企业置于价值链系统中，与上游供应商和下游客户之间有密切的联系，存在协同共享机会；企业内部各个价值活动之间也存在着有形和无形的关联。通过这些关联关系与集成，价值链可以实现高效的经济管理。

　　航天企业的智能管理可以提升价值创造能力和减少成本输出，在合理的范围里使得辅助活动达到最优管理，使企业产生长久的规模经济效益。图 2-5 给出了航天价值链智能管理的具体应用。根据信息处理与数据学习的流程，统筹、协调航天企业外部的信息和内部资源的整合机制，在一定程度上延长了价值链，完善了企业决策的流程，在很大程度上保证了运行机制的安全。

　　建立航天价值链智能管理体系，构建高效运转的信息系统，打造工业大数据平台，能提高价值链的运行效率，改进业务流程，提高产品及服务质量，缩短价值链运转时间，减少成本。增强价值链流程及创新能力，统筹航天制造多方

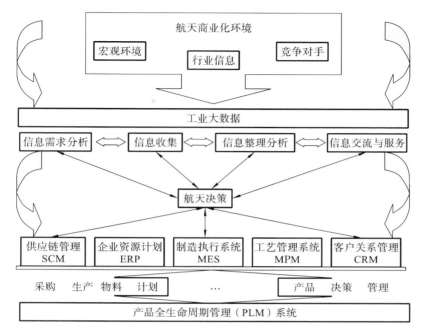

图 2-5　航天价值链智能管理的具体应用

资源,打破时间、空间、成本的限制,能为企业战略制定、智能决策及我国航天高速有效发展奠定基础。

2.5　从制造到服务

20 世纪中后期,制造业在西方发达国家国民经济的占比持续下降,服务业占比迅速上升。发达国家的经济结构完成了从"工业经济"向"后工业经济"的转变,即从"产品经济"到"服务经济"的转变。与此同时,制造业和服务业间的界限变得越来越模糊不清,制造业不再是单一地生产产品,而是生产产品及提供相关的服务以满足客户的需要。针对制造业的内涵发生的变化,服务型制造(相关类似概念还有"产品服务系统""服务产品"等)概念应运而生,服务和产品互相依赖成为新制造业的重要特征之一,行业的重心从制造往服务转变。在激烈的市场竞争环境中,全球制造业正在开展全方位的改革,传统的制造价值链覆盖范围不断增大,从之前的加工制造领域拓展到服务领域,服务化的趋势愈加明显。为了适应激烈的市场竞争环境并且取得竞争的优势,服务化已成为制造企业进行产业结构升级的重要途径。制造业服务化是世界经济发展的大趋势,那么航天制造业服务化也是提升航天制造业发展的重要阶段,而且发达国家已经开始在航天制造业中提供一些全方位的服务。

2.5.1 航天制造服务化

"工业4.0"体现了未来制造业走向和战略布局,对中国航天发展具有启示作用,其中包括推进制造业服务化,其本质是在连接无所不在、数据无所不在的新时代,重构生产者与消费者的关系,建立互联制造下服务化新模式,积极推进制造企业由生产型制造向服务型制造转变。航天制造服务化以客户为中心,以关联企业综合发展为目标,是制造与服务融合的创新形态,引导在线监控诊断、产品全生命周期管理、产品试验管理等业务。航天制造业要不断加强技术创新、体制创新和管理创新,加快提高管理现代化水平。航天制造业管理水平要适应产业融合的发展趋势,并促进航天制造生产型制造向服务型制造转变。

从价值链角度看,航天制造企业服务化转型就是要打破原有的价值链系统的束缚,不仅关注企业自身利益,而且着眼于为客户创造新价值的战略,将分散的对企业有利的因素进行合并,提高整体绩效,使每个与产品服务系统有关的主要业务流程都能充分发挥其应有的作用。因此,航天制造企业可以利用优化的产品服务系统,以航天制造业务为核心,以产品为载体向价值链"微笑曲线"(见图2-6)上下游服务域延伸,提升企业上下游服务价值创造能力,最终转型为集成服务提供商。航天制造企业可利用产品差异性与其他制造企业进行非价格竞争,摆脱同质化竞争,提高自身优势。

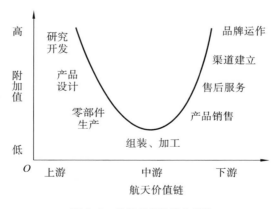

图 2-6　价值链"微笑曲线"

航天制造企业通过产品和服务的融合、客户参与、制造资源整合,生产针对具体需求的个性化产品和相关服务,达到各自核心竞争力的高度协同。这种企业间的合作及顾客的参与方式把知识、人力和产业资源三者进行整合,充分利用了它们的协作关系并提高了其技术含量及附加值,实现了航天制造价值链中各利益相关者的价值增值。航天制造服务化具有与传统的制造方式显著不同的特点,具体如下。

(1)价值创造:航天制造服务化通过转变企业核心,以向客户提供产品全生命周期的服务取代传统产品制造模式,并通过产业链间的协同、技术转移、知识衍生等,为航天企业获得更多增值机会。

(2)运作模式:以产品制造为核心的航天制造强调竞争和自我管理,而航天制造服务化强调客户的参与及利益相关各方的价值实现,通过云计算、物联等技术实现数据交互及知识传播,通过精细化产业链参与各方的任务分工,提供精准化个性服务。

(3)服务创新:改变以产品为核心的运营模式,通过服务创新带动技术进步,提升航天制造价值创造的有效性、资源配置的高效性,增强企业核心竞争力。

2.5.2 航天制造服务化过程中价值链变化

1. 传统航天制造业价值链的构成

基本活动和辅助活动两者共同构成了传统制造业价值链,其中生产运行、物流运输、市场营销和售后服务等活动通常作为价值链中的基本活动,而辅助活动则是以技术开发、人力资源管理和采购等为主要内容。在波特的价值链分析法中,传统航天制造业价值链是以单个制造企业为核心分析企业的各种价值活动的价值链,如图 2-7 所示。

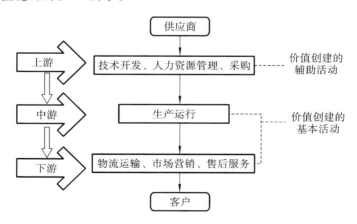

图 2-7　传统航天制造业价值链

航天制造业价值链通常由上、中、下游三个环节构成(见图 2-7):上游环节包括技术开发、人力资源管理及采购等;生产运行为中游环节;物流运输、市场营销和售后服务构成下游环节。一个航天制造企业在上、中、下游各环节上用来进行产品开发、生产制造、市场营销、运输和维护其产品的各种活动集合通常被称作传统价值链,涉及基础性活动和支持性活动。由于市场竞争的升温,生产制造环节对企业竞争优势的影响越来越小,而存在于上、中、下游三个环节上的生产性服务活动愈加频繁,生产性服务活动也成为制造业重要的增值节点。

2. 航天制造业服务化价值链的构成

航天制造服务价值链是客户、航天制造企业及其合作伙伴基于产业层面构建的系统结构,是一系列价值活动形成的一条循环作用的闭合链,旨在完成基于制造产品全生命周期制造服务价值创造的功能。航天制造服务价值链建立起收益率、客户忠诚度、满意度与员工满意度、忠诚度和生产率之间的紧密连接:客户忠诚促使企业获利与增长,忠诚度是直接由客户的满意度决定的,满意度在很大程度上受制造服务给客户创造的价值影响,而价值是由满意的、忠诚的和能够生产的员工创造的,员工的满意度主要由高质量的支持性服务和政策所决定。

随着航天制造业产业的转型升级,企业服务化进程不断深化,促使航天制造业服务化的相关活动成为制造企业竞争优势的关键。被航天制造企业作为重要投入的服务不断出现在生产过程的各个阶段,如技术研发、管理咨询、信息服务、营销服务、物流等,它们通过提供专业化的知识资源和技术服务,在生产过程中发挥统合、协调、控制、计划、评估等功能,不仅为航天制造业生产的连续性提供了保障,而且进一步提高了生产过程不同阶段的产出价值和运行效率,是价值链得以运转的必不可少的重要环节。图 2-8 显示出航天制造业服务化价值链结构模型及贯穿于上、中、下游各环节相应的服务活动过程。

(1)上游环节:包括需求分析、新产品研发和产品设计等主要业务活动。如今知识技术密集型生产性服务业逐渐占据市场份额,企业更多地通过生产性服务企业将市场调研、可行性研究、产品设计、技术研发活动外包(另一种趋势是将本公司内的服务部门向服务领域扩展)。此外,还对风险投资和金融服务开展一系列有针对性的服务。

(2)中游环节:围绕生产、加工、产品组装等制造活动,涉及采购(包括整理库存、买原材料等)和其他活动的质量控制。中游活动通常为将原料加工成工艺成品的过程。越来越多的制造企业通过外包生产活动,降低投资成本,提高核心竞争力。

(3)下游环节:包括产品销售、维护等,涉及产品的市场营销及广告、售后服务、维修、产品回收服务等。许多航天制造企业将产品的销售、售后服务和产品

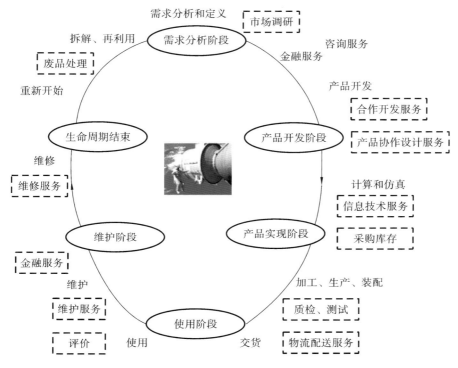

图 2-8 航天制造业服务化价值链结构模型及服务活动过程

维修等委托独立的销售和售后代理商负责,充分利用资源的优化配置来提高竞争力。

现代化智能制造使不同企业的产品在物质形式方面的差距很小甚至不存在,服务作为新的利润增长点也是产生差异性的主要手段,因此航天制造企业价值链正在向面向服务的企业价值链方向转移。航天制造企业通过核心能力识别为客户提供核心产品及相关的服务活动,通过非核心能力的外包,可以把服务外包给与自身企业相适应的生产服务性企业,从而在产品全生命周期的整个过程中向顾客提供全方位的服务。

外包战略被认为是一种企业有效降低产品成本、扩大资源边界、提升核心竞争力的有效途径和手段,使其能将更多精力集中于企业战略环节和核心业务。采用外包战略还可降低规模庞大带来的管理复杂性,从而降低管理费用,使企业内部资源赢利率达到最大化。企业专注于价值链的某些战略环节,有利于企业全力培育基于独特的技能和知识的核心竞争力,使企业获得持续的竞争优势。

第 3 章
航天领域数字化制造

数字化是以数字信息的生成、修改、传输、使用、分析和储存为基础,以数字样机为核心,以单一数据源管理为纽带,在设计、分析、制造和试验过程中用数字量取代模拟量、用数字技术改进传统技术,并以数字量作为设计、制造和试验的统一数据依据。数字化制造分为狭义的数字化制造和广义的数字化制造两个方面。狭义的数字化制造是指将数字化技术用于产品的制造过程,通过信息建模和信息处理来改进制造过程,提高制造效率和产品质量,降低制造成本所涉及的一系列活动的总称。广义的数字化制造是制造领域的数字化,它是制造技术、计算机技术、网络技术与管理科学交叉、融合、发展与应用的结果,也是制造企业、制造系统与生产过程、生产系统不断实现数字化的必然趋势。

航天制造业作为我国高科技支柱产业之一,具有知识技术密集、系统复杂、质量可靠性要求高、智能化程度高等特点,是体现现代产业体系的制高点,是彰显综合国力的重要标志。数字化技术与航天产品研发、设计、制造和试验相结合,通过先进的数字化技术在航天产品研制任务中的应用,可以有效提高产品的性能和质量,有效提升灵活的市场应变能力、产品研发和设计能力,缩短研制周期,降低研制成本和风险;同时,数字化是智能制造的基础,有了数字化、信息化,再将其与众多智能方法结合起来,制造业才能达到智能制造的高度。制造企业必须从数字化起步,逐步实现智能制造。

3.1 航天领域数字化制造现状

航天产品研制是一个庞大、复杂的系统工程,会应用到许多新技术、新材料,对研制工作的要求也会更高更复杂,必须全面地应用数字化技术。对于任务总体及各个分系统的研制,必须从任务的全生命周期和涉及的各个专业领域考虑,充分应用数字化单元技术和集成技术来支撑型号设计、仿真、试验、制造及管理全过程。

随着 CAD/CAM(计算机辅助设计/计算机辅助制造)技术、计算机信息技术及网络技术的发展,以美国为首的西方发达国家开始研究并首先采用以数字化产品定义、数字化预装配、产品数据管理、并行工程和虚拟制造技术为标志的数字化技术,从根本上改变了传统的国防产品设计与制造模式,大幅度提高了国防产品设计和制造技术水平。美国波音 777 飞机研制中数字化技术的应用使得其研制周期缩短了 50%,出错返工率减少了 75%,成本降低了 25%,成为数字化技术在国外国防产品研制中应用的标志和里程碑;美国"海狼"级攻击型核潜艇采用模块化设计方法和数字化技术建立了数字样船,实现了三维数据共享、数字化预装配和加工数据的自动生成,大大提高了产品的开发创新能力和虚拟试验测试能力;美国海军陆战队"先进两栖突击车"(advanced amphibious assault vehicle,AAAV)的研制采用基于网络环境的虚拟集成与装配系统,实现了以数字化虚拟样车设计仿真为基础的整车研制,所有零部件 100% 进行了CAD 建模,从而使该车以接近产品准设计的状态进入了制造阶段,效费比大大提高;美国 NASA 采用虚拟样机技术,在高难度的、仅有一次机会的"好奇号"火星探测器登陆行动中,对登陆车落地的最后 7 min 的状态进行仿真模拟,做到一次成功。

数字化集成应用技术在航天制造中取得了良好的成效,为国外航天产品数字化技术应用向纵深方向发展奠定了基础。一方面,面向航天产品研制全生命周期的集成技术研究和应用已取得显著成就。波音公司建立的"未来作战系统"(FCS),利用 PTC 公司的全生命周期管理软件建立了高级协同环境(ACE),作为相关政府部门和主要供应商共享、协作、集成访问与控制定义"未来作战系统"的管理信息、产品信息和技术数据的平台。BAE 系统公司将 PLM(产品全生命周期管理)系统作为开发集成产品数据环境(IPDE)的组成部分,帮助 BAE 系统公司在研发全球最先进潜艇的过程中实现提高生产力、推动创新和追求卓越的目标。另外,并行工程的模式有力支撑了武器装备的产品研制,带来了巨大的效益。NFT Ericsson 公司的军用雷达、Alcatel Espace 公司的卫星设备,以及 SIEMENS 公司的雷达设备等都采用并行工程方法,使产品开发周期缩短 30%~60%,成本降低 15%~30%。另一方面,开展全球化协同的数字化研制生产体系成为大型航空航天制造企业提高生产能力的重点途径。欧洲空中客车公司开展多地区、多制造厂之间的飞机异地协同数字化设计/制造/管理模式,为空中"巨无霸"飞机 A380 的成功研制提供坚实的数字化基础。美国第四代战斗机 JSF 采用数字化技术,建立了全球 30 个国家 50 家公司参与研发的数字化协同环境,形成了无缝连接、紧密配合的全球化虚拟企业和产业链,快速地实现了以数字化技术为研制基础的三种变型四个军种的飞机设计与制造,缩短研制周期 50%,降低制造成本 50%,JSF 已成为世界上采用数字化技术进行快速研制和协同生产的产品典范。波音公司在新的 787 飞机项目运作模式下，所有的零部件由全球合作伙伴制造。在波音公司的要求下，所有合作伙伴均使用法国达索系统（Dassault Systèmes）公司的设计和协同软件。不同的人员制造不同的部件，每个部件均产生相应数据。利用这些数据，部件的组装和校验工作得以实时进行。由于采用了在线制造模型，波音公司可以放心地将从最初的创意设计到最终的机体制造的整个流程交给其全球伙伴完成。这种研发及生产方式将是未来国防产品研发和生产的主导方式，而且随着数字化技术的进步，异地协同设计和制造的范围更广、管理更加细化。

我国在数字化制造技术方面，计算机辅助设计（CAD）、计算机辅助工程（CAE）、计算机辅助工艺规划（computer-aided process planning，CAPP）、计算机辅助制造（CAM）、仿真分析试验系统、计算机集成制造系统（CIMS）、制造执行系统（MES）、数控系统、可编程逻辑控制器（PLCs）、终端设备等单项技术已经在航天产品设计、生产、检测过程中得到越来越广泛的应用，使设计、生产、检测过程逐渐具备了自动化、数字化、网络化、可视化的初级水平，目前正在逐步由单项应用向集成应用过渡。

3.2 航天领域数字化制造关键技术框架

3.2.1 MBD 技术

基于模型的定义（model based definition，MBD）技术是产品数字化定义的先进方法。它是指产品定义的各类信息按照模型的方式进行组织，其核心是产品的几何模型，所有相关的工艺描述信息、属性信息、管理信息（包括零件表）等都附着在产品的三维模型中。它改变了传统以工程图纸为主、以三维实体模型为辅的制造方法，使三维实体模型成为生产制造过程中的唯一依据。

1997 年，美国机械工程师协会在波音公司的协助下发起了三维标注技术及其标准化的研究，并最早于 2003 年形成了美国国家标准 ASME Y14. 41-2003 *Digital Product Definition Data Practices*。2006 年，ISO 组织借鉴 ASME Y14. 41 制定了 ISO 标准草案 ISO 16792：2006 *Technical Product Documentation—Digital Product Definition Data Practices*，为欧洲及亚洲等地区国家的用户提供了支持。2009 年，我国 SAC/TC146 全国技术产品文件标准化技术委员会以 ISO 16792 为蓝本，制定了 GB/T 24734.1～24734.11—2009《技术产品文件　数字化产品定义数据通则》。日本丰田汽车公司在 2004 年开始研发数字化环境支持下的发动机组件无图纸制造项目。Verisurf 软件公司的 Metrology Software 就是基于 MBD 技术的制造过程检验软件。

我国的 MBD 全三维数字化设计也是从波音公司的转包生产中开始逐步发展起来的。如今在我国航空航天工业中，"三维模型下车间"等设计模式正在如火如荼地展开，基于 CATIA、UG、Pro/E 的全三维设计规范也在不断完善，应用水平也比较高，在飞机、卫星、火箭等典型产品的生产上也基本打通了整个数字化设计制造数据链。同时，在大型装配制造业中，中国中车股份有限公司（简称中国中车）等在高速列车的设计生产中，也正在全面推行 MBD 全三维数字化设计工作，如航空工业成都飞机工业（集团）有限责任公司（简称航空工业成飞）在枭龙飞机和 ARJ21 飞机机头的制造过程中应用了全数字量传递的协调工作法。

MBD 技术不仅可描述设计几何信息，而且可定义三维产品制造信息和非几何的管理信息（产品结构、PMI、BOM 等），使用人员仅需一个模型即可获取全部信息，使设计部门与制造厂之间的信息交换可不完全依赖信息系统的集成而保持有效的连接，有效地解决了设计与制造一体化的问题。此外，MBD 技术还可以融入知识工程、过程模拟和产品标准规范等，使抽象、分散的知识更加形象和集中，使得设计、制造的过程演变为知识积累和技术创新的过程，是企业知识的最佳载体。

3.2.2　数字样机

数字样机是对机械产品整机或具有独立功能的子系统的数字化描述，这种描述不仅会反映产品对象的几何属性，还会至少在某一领域反映产品对象的功能和性能。

基于数字样机技术，可在虚拟环境里实现对航天产品信息的精确定义、模拟和仿真分析，改善产品性能，提升产品可靠性。该技术目前已经在长征七号运载火箭的"数字火箭"等航天项目中得到初步应用，实现了设计数字化、模装数字化、试验预试化。

产品的数字样机形成于产品的设计阶段，但不仅可用于验证阶段，还可应用于产品的全生命周期，包括工程设计、制造、装配、检验、销售、使用、售后、回收等环节；在功能上可实现产品干涉检查、运动分析、性能模拟、加工制造模拟、培训宣传和维修规划等方面。实现数字样机对产品全生命周期应用的覆盖是数字样机技术成熟应用的目标。

在制造方面，数字样机的典型应用包括：①加工仿真，如加工路径规划和验证、工艺规划分析、切削余量验证等；②装配仿真，如人因工程校核、装配节拍设计、空间干涉验证、装配过程运动学分析等；③物流仿真，如物流效率分析、物流设施容量规划、生产区物流路径规划等；④工厂布局仿真，如新建厂房规划、生产线规划、仓储物流设施规划和分析等。韩国三星重工业株式会社利用 DELMIA 软件建立了完整的数字化造船系统,建立了虚拟船厂,可在虚拟环境下模拟整个造船过程。通过模拟仿真技术能够迅速发现船在持续运行的过程中出现的问题,而如果想要在现实的系统中发现这些问题,则需要长期测试,花费高昂的成本。这套系统预计每年为企业减少 730 万美元的开支。中车青岛四方机车车辆股份有限公司(简称中车四方股份公司)采用虚拟仿真技术对高速列车生产环境进行了建模,并实现了建模装配仿真及物流仿真,减少了因零件返工配送不足造成的停工现象,减少了因工艺欠佳导致的装配干涉产品返工的问题。三一重工股份有限公司(简称三一重工)采用 OSG 技术开发了三维工厂布局规划平台(VR Layout),在集团内部将该平台首次应用于其宁乡产业园的工厂布局规划,缩短了工厂建设周期,节省了因设计缺陷产生的成本。2011年,国内各工程设计院已逐步开始采用数字化工程设计及规划技术来辅助规划和建设新工厂,以降低工程设计与规划风险。

在仿真工具方面,工厂仿真领域的相关技术基本被国外产品垄断,如达索系统公司的 DELMIA/SIMULIA、SIEMENS 公司的 Tecnomatix 和 PTC 公司的 Ployplan 等。这些产品的特点在于其与同公司 CAD/PLM 系列产品实现了紧密集成。用于制造领域的仿真软件还有很多,如用于装配仿真的 EM Assembly、DMU,用于公差分析的 3DCS、eM-TolMate 等,用于车间物流仿真的 Plant Simulation、Quest、Flexsim、Witness、Automod 等。目前相关产品都在向三维模型方向发展,使得这些仿真工具展现方式更加灵活、分析功能更加强大。

3.2.3　MDO 技术

多学科设计优化(MDO)技术是一种用于复杂工程系统和子系统设计的技术。多学科设计优化是指利用工程系统中相互作用的协同机制,将单个学科的分析与优化同整个系统中互为耦合的其他学科的分析与优化结合起来,运用优化原理对工程系统设计过程中所包含的不同领域(如设计、制造、工艺、动力系统、控制系统和信息处理等)的研究成果进行整合,从整个系统的角度优化设计复杂的工程系统及其子系统。

航天产品研制是涉及机械、电子、电气、软件等多学科的复杂系统工程,涵盖了卫星、发动机、控制系统等多个领域,其系统结构及与外部系统和环境的相互作用复杂,涉及可靠性、维护性、保障性、价值工程等多个工程专业的综合。

应用 MDO 技术,可构建研发多学科的数字化表达模型,满足对静力学、动力学、热力学、流体力学等多学科的复杂、动态设计优化的要求,打通专业之间、软件工具之间的业务流与数据流,保证多学科设计仿真数据的统筹管理和使用,搭建专业集成设计仿真环境,实现多专业、多学科之间的协同研发,实现学科间的设计仿真任务传递、结果反馈、数据迭代和多目标优化等功能,实现设计过程可追溯和设计快速迭代与综合优化。

3.2.4　并行数字化产品定义

并行数字化产品定义是把当前的产品设计和它们的相关过程(包括产品制造和支持服务)集成在一起的系统工程方法,以促使产品开发人员从整体出发考虑产品全生命周期里的各种因素,包括从概念设计、质量控制、成本控制、制作进度至客户使用等过程中各种相关问题的处理。并行数字化产品定义为MBD 技术的具体应用过程提供了有效的机制。

并行数字化产品定义通过建立严密的集成产品开发团队(IPT)层次结构来实现基于 IPT 的并行产品定义组织方式,并建立并行产品定义工作环境(并行工程论)来支持并行产品定义过程,其包括数字化产品定义(DPD)、数字化预装配(DPA)、数字化装配顺序(DAS)、数字化工装定义(DTD)、有效性结构表管理(ETM)、综合工作说明(IWS)、硬件可变性控制(HVC)及集成进度计划(IS)等八个技术元素。以集成计划为依据,以 IPT 的过程为驱动,在实现以上八个技术元素集成的基础上,建立并行产品数据定义机制,支撑 MBD 技术在航天产品研制中的应用。

3.2.5　BOM 技术

在制造业的产品设计和制造过程中,产品的物料清单(bill of material,BOM)是一种描述装配件的结构化零件表,包括所有装配件、零件、原材料的清单,以及制造一个装配件所需的物料数量。在产品的全生命周期中,存在着各种面对企业不同部门和用途的 BOM,不同的部门为了各自的目的设计、管理和使用 BOM,如产品设计部门的 EBOM、工艺设计部门的 PBOM、制造部门的MBOM 等,将其统称为 XBOM。

国外很多企业和软件公司都有针对 BOM 的解决方案或软件系统。SIEMENS 的 TeamCenter 软件有专门的 TC BOM 模块用于管理产品全生命周期 BOM 数据及各 BOM 之间的转化工具。通用汽车、福特汽车、尼桑等汽车厂商均根据企业需求开发了自己的 BOM 管理系统。SmartBOM 是 Smart Team公司开发的一种 B2B 的解决方案,让用户在安全、易懂的方式下将 BOM 的生成和更改过程流程化。SmartBOM 基于 Smart Team 的 XML 和 iXF(互操作交换框架)格式,是一个很小的可执行程序,然而却有着可在团队之间交换 BOM信息的强大功能。SmartBOM 能够理顺从产品概念设计到采购、生产、销售整个过程中 BOM 及其相关信息的产生、交换和操作维护的过程。

随着结构化概念、三维设计/工艺技术在国内企业的推广及应用,BOM 管理技术在国内企业也越来越受到重视。在三维工艺设计模式下,工艺数据的形式和内容也发生了很大变化,为基于 PBOM 的工艺数据组织和管理提出了新的要求。零部件的工艺数据除包括结构化工艺信息、三维工艺模型和工艺过程模型、各种工艺文件及 MBOM 等外,还需其他数据,如工艺方案、制造资源信息(机床、毛坯、工装夹具、刀具)、数控程序、刀位文件等文字形式数据,还可能包括图片、动画等多种媒体形式数据。这些数据围绕 PBOM 和工艺结构数据进行组织和关联。同时工艺数据的版本版次、有效性及技术状态信息十分重要,必须与业务过程管理相结合,实现工艺数据技术状态信息的管理,这样才能通过产品工艺配置,形成产品完整准确的工艺信息和 MBOM 信息。国内汽车公司如奇瑞汽车股份有限公司(简称奇瑞)、北汽福田汽车股份有限公司(简称福田汽车)等也在研制自己的 BOM 系统,航空企业根据经验制定了 BOM 通用标准 HB 7802—2006。

3.2.6 MES

制造执行系统(MES)是美国先进制造研究所(AMR)于 1990 年 11 月提出的,是位于上层的计划管理系统与底层的工业控制之间的面向车间层的管理信息系统。它为操作人员/管理人员提供计划的执行、跟踪,以及所有资源(人、设备、物料、客户需求等)的当前状态,目的是解决工厂生产过程的黑匣子问题,实现生产过程的可视化、可控化。制造执行系统协会(Manufacturing Execution System Association,MESA)在其对 MES 的定义中强调了三个特点:MES 是对整个车间制造过程的优化,而不是单一地解决某个生产瓶颈;MES 必须提供实时收集生产过程中数据的功能,并做出相应的分析和处理;MES 需要与计划层和控制层进行信息交互,通过企业的连续信息流来实现企业信息全集成。

2008 年,美国先进制造研究所提出了制造 2.0 的概念,将制造运作管理在面向服务的架构(service-oriented architecture,SOA)方面的特殊需求称为制造 2.0。"制造 2.0"认为,需要从企业服务总线(ESB)中分离出制造服务总线(MSB),用于支撑制造领域(以 MES 为代表)以服务为基础的组件式应用程序的代理通信。传统的 MES 只是起到了沟通企业层与设备层信息的作用,数据和指令的传递很多都依赖于手工或采用半自动化方式实现。而在制造 2.0 环境下,MES 则需要在高度集成的工业控制网络环境中工作,实现对设备、工艺、物料及其加工和检测过程的高度管控。根据制造 2.0 的要求,需要对新一代 MES 提出如下要求:MES 将更强调面向业务活动的设计,且设计需要更加原子化;提高 MES 与自动化设备集成的实时性要求,很多 MES 的原子化功能将由生产线的实时事件触发;MES 与外部的集成将被 MSB 简化,MES 不需要关心外部的系统是如何解析它发出的信息,MSB 提供了对 ESB 信号、MES 信号、设备信号的翻译和发送功能。

随着精细化生产的需求越来越突出，近年来 MES/MOM（制造运营管理）逐渐被制造企业所接受。MES/MOM 可分为车间生产计划与管理和现场制造采集与控制两部分。车间生产计划与管理的主要任务是完成车间作业计划的编排、平衡、分派，以及相关制造资源的分配和准备。国内外已有较多提供MES/MOM 解决方案的产品提供商，如艾普工华科技有限公司（简称艾普工华，离散制造业特别是汽车及零部件、工程机械、航空等行业）、上海宝信软件股份有限公司（简称宝信软件，钢铁行业）、石化盈科信息技术有限责任公司（简称石化盈科，石油化工行业）、SIEMENS（制药、电子、烟草、太阳能等行业）等，这些产品提供商依托自身对制造业务的深刻理解，已确立了其在相关行业的领先地位。Rockwell（罗克韦尔自动化有限公司）、Wonderware 和 GE（通用电气公司）依托在自动化领域的优势，产品领域也已逐步向 MES 延伸。目前各厂商在研发高性能的系统平台和模块化产品方面投入巨大，上述平台和产品提升了快速搭建 MES/MOM 解决方案的能力。

3.3　基于 MBD 的航天数字化工艺典型应用

数字化工艺设计是采用数字化手段，对产品的制造工艺过程进行策划，并开展工艺设计工作的过程。数字化工艺设计的基本特征是：①以数字量传递的工作方法进行工艺设计；②实施并行设计和协同设计。

数字化工艺技术的发展集中在以下四个方面。

（1）基于三维模型的可视化创新工艺设计。在工艺、生产准备及制造环节充分利用产品三维模型，实现产品、工艺、工艺装备（常简称工装）、制造及检测调试等方面数据的传递和贯通。

（2）基于知识的快速工艺设计。知识处理和管理技术是实现工艺决策的可行途径。通过总结归纳制造工艺设计管理过程中用到的制造资源信息、材料信息、工艺技术和经验知识，建立结构化工艺知识模型和知识库，实现工艺知识管理系统，并提供知识搜索、知识检索查询、基于知识的决策支持等功能，为快速工艺设计提供信息、知识、分析和决策依据等。

（3）基于 PBOM 的工艺组织与管理。PBOM 是组织和管理工艺数据的核心，同时也是产品技术状态、上下游协同的关键数据。

（4）可视化工艺在线执行系统。应用可视化工艺在线执行系统，利用基于三维模型的工艺信息，通过三维可视化工艺过程模型或动画引导、控制操作人员进行生产。

基于 MBD 的航天数字化工艺设计流程如图 3-1 所示。

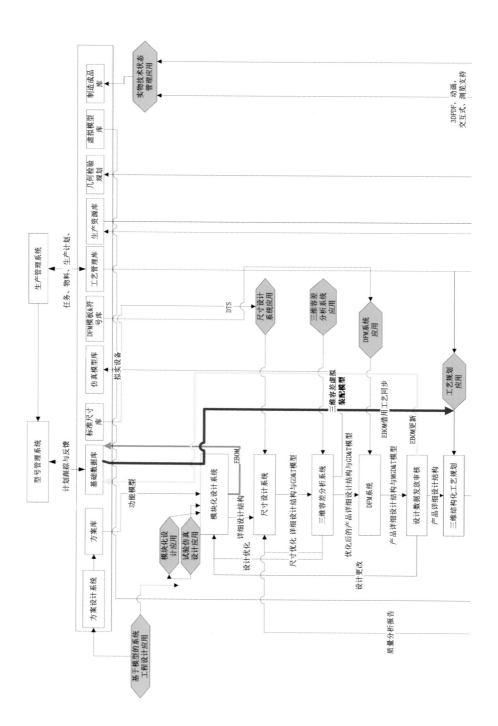

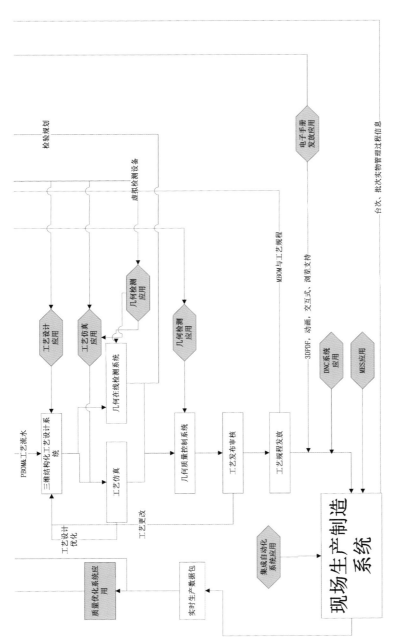

图 3-1　基于 MBD 的航天数字化工艺设计流程

航天产品这类复杂的大型系统的开发,往往需要不同专业领域的多家优秀企业协同工作、共同参与,即跨地域、跨企业组建虚拟的协同开发团队,通过安全的协同门户进行系统的设计与开发。因此,数字化制造首先解决研发团队之间的协同工作,包括不同设计之间、设计与工艺之间、不同工艺之间的协同,然后在同一平台上进行三维工艺设计与仿真。

3.3.1 数字化协同产品研发

1. BOM管理

航天制造企业可以通过产品数据管理(product data management,PDM)系统实现数字化协同产品研发,通过建立不同视图和功能的BOM结构,包括EBOM、PBOM、MBOM等,实现产品研制不同阶段数据的有效管理,保证数据的一致性和统一数据源,并可实现基于BOM与ERP系统、MES的集成及BOM转化,具体功能及BOM应用阶段见图3-2。

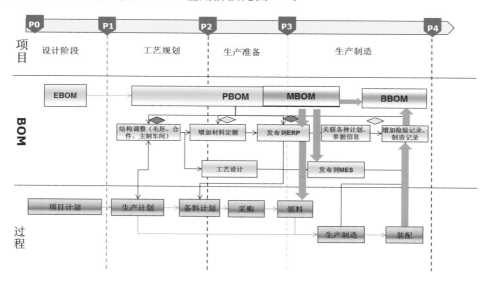

图 3-2　BOM管理

以设计为例,建立完整的图形化产品结构树,以BOM为核心组织数据,可以定义产品结构中的机械、电子、电气、软件等组件,定义自制件、外购/外协件、标准件、优选件、互换/替代件等,同时将三维模型和图档同结构树相应节点进行关联(见图3-3),实现以产品结构为核心的产品数据管理。

2. 产品技术状态管理

传统的航天产品研制工作中,所有的技术状态管理工作都是基于人工方式实现的。通过个人电子目录文件复制方式,实现型号数据的归档处理;通过手

图 3-3　产品结构树及其关联图档

工纸质签字方式,实现状态受控;通过人工统计汇总方式,进行状态审计;通过在纸质文件上使用红蓝圈阅和附属更改单方式,实现技术状态的控制;通过对质量文件的人工统计,实现技术状态的纪录。技术状态的管理主要是以人工手工方式进行,所面对的对象主要是纸质文件和图纸。

随着信息化技术的发展,人们开发了图文档管理系统,实现了对技术文件和二维电子图样文件的电子化审签管理:通过人工方式填写各种报表实现对技术状态的审计,通过电子文件版本修订和更改单的关联方式实现技术状态的控制,通过对电子化的质量文件的统计实现技术状态的纪录。此时,技术状态的管理采用人工和电子化相结合的手段,但面对的对象主要是电子类的技术文件和二维的图样文件,自动化程度不高。

然而,在产品的技术状态管理中,必须随时跟踪、记录产品各局部变化情况及其对整体的影响。产品结构与技术状态信息大量隐藏于图样与各类文件中,必须经过人工整理方可准确获得产品技术状态信息。图样等同于零件的传统描述方式限制了产品技术描述的完整性,其他相关的电子文档(如技术要求、零件清单、技术协调单、变更通知、使用手册等)没有得到有效的关联管理。而随着产品开发过程的不断深入,技术状态管理的工作量越来越大,其协调难度也越来越大,很难做到全面、快捷的技术状态统计。这种问题已经开始干扰日常研制工作,急需采取有效措施解决。

随着航天产品型号研制的推进,型号的技术状态要经历一系列演变。型号技术状态包括:研制阶段的产品状态、不同设计方案的产品状态、不同试验目的的产品状态,以及批发次投产的状态等。为了记录特定的技术状态信息,需要实现型号全生命周期的技术状态管理,保证型号数据的准确性、完整性和可追溯性。

对型号技术状态的管理,最为核心的就是将以纸制标准文件为依托对象的技术状态管理,转化为以产品结构为核心的技术状态管理。在以产品结构为核心的技术状态管理基础上,实现版本配置、视图配置、状态配置、基线配置、系列配置,等等。技术状态管理主要包括:型号系统的多级产品结构划分与管理、各产品结构节点条目的完整属性状态管理、阶段标识和转阶段基线管理、批次管理、研制内容文件的关联管理、变更单管理、各种报表的查询生成管理。

通过系统实现多级产品结构的定义和数据关联管理(见图 3-4),以及基线和批次管理(见图 3-5)。在系统中建立相关数据包并确立技术状态基线(功能基线、分配基线、产品基线等),能够生成特定阶段/批次的技术状态数据,并可进行批量转阶段操作,实现产品全生命周期内的多 BOM 管理和技术状态控制,同时可维护多 BOM 之间的一致性和关联性,保证产品虚拟数据和实物数据的完整性、正确性、唯一性和可追溯性,确保在研制、批量生产和维修中的任何时候,都能获取和使用与批次/单台产品对应的正确的技术资料,满足质量追溯和管理等方面的要求。

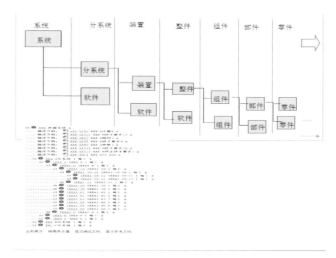

图 3-4 多级产品结构的定义和数据关联管理示意图

3. 多专业的一体化集成环境

全型号技术状态管理的基础是多专业集成的单一数据源。通过 PDM 系统可以在技术状态管理方面提供对型号描述信息的单一数据源管理,这些数据

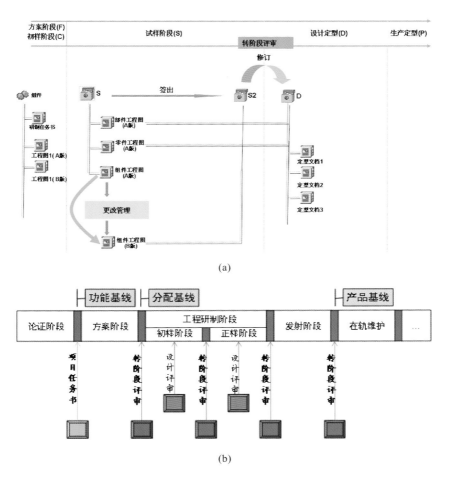

(a)

(b)

图 3-5　基线和批次管理示意图

(a)技术状态标识；(b)技术状态管理

源,不仅包括不同设计部门和供应商提供的不同应用软件格式的结构设计信息,还包括像管路设计、电缆设计的其他信息,同时包括不同专业(如电子设计专业、软件设计专业和光学设计专业等)的应用数据,如图 3-6 所示。

1) 结构设计的集成

机械结构设计师能够在 CAD 工具中进行产品设计或者从服务器上下载数据进行修改,并通过 CAD 集成接口,将设计结果提交到服务器进行数据保存和与其他用户进行协同设计。PDM 系统提供了包括 Pro/E 等软件的商业化接口,利用该接口,用户可以直接在 MCAD(机械 CAD)应用工具(见图 3-7)中检入/检出 CAD 模型文件,建立产品结构树,并将产品结构和模型文件、图样等进行关联,在系统和应用工具之间实现属性的双向传递。

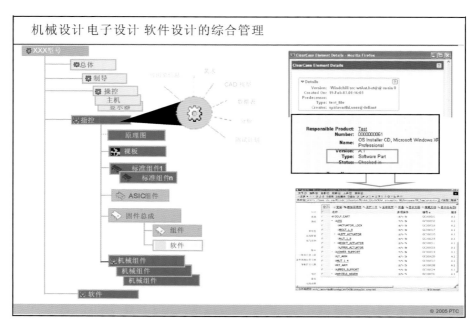

图 3-6　机械、电子、软件设计的集成化管理

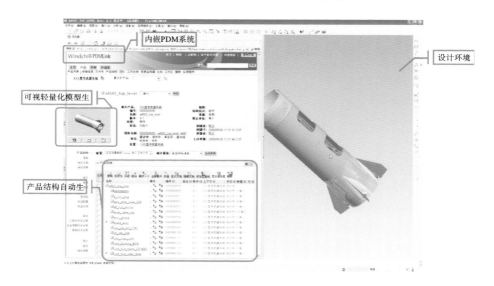

图 3-7　MCAD 集成模块

2）电子设计的集成

电子设计工程师在完成 ECAD（电气 CAD）原理图或印制电路板（printed

circuit board，PCB)设计后，可以通过 ECAD 集成模块(见图 3-8)将设计的结果及 BOM 表上载到企业的 PDM 服务器中进行管理和后续的签审工作。

图 3-8　ECAD 集成模块

3）软件配置的集成

对于软件设计过程的管理，建议采用以下的原则对软件文档进行管理。

（1）将所有的软件技术文件，如概要设计、测试计划、详细设计等文档直接纳入 PDM 系统进行管理。

（2）将所有源程序及编译程序纳入软件配置管理系统进行管理。但当阶段评审或者冻结后，将对应的源程序/可执行程序打包后，纳入 PDM 系统进行管理，并与对应的软件包进行关联。

4. 设计制造协同管理

由于设计和制造的分离，设计制造单位间存在大量型号协同研发工作，所需交换的数据包含产品结构信息、产品模型、技术文档等。产品数据文件是指型号技术文件，如设计任务书、二维图样文件、三维模型文件、更改单、协调管理文件等。产品模型数据主要包括产品的三维模型、可视化数据、三维标注信息。协同过程需基于业务流程，传递所有基于 MBD 定义的产品数据和信息，并且严格受控，所有数据都经过流程审批后发放，在系统中留有相应记录，协同过程可进行事后追溯。

设计端和制造端之间的数据发放接收，可以通过流程驱动、数据包后台传递的方式实现。设计制造协同主要包括三个阶段：设计工艺方案预审、设计数据工艺会签和设计数据正式发放。具体协同业务如下。

（1）设计方案工艺预审。在型号设计过程中，为了尽早让工艺人员介入设计环节，设计师提前将成熟度较低的设计图纸发放给制造厂。工艺人员可以在设计初期或中期针对零部件可制造性提早提出改进意见,避免设计失误及不必要的反复修改。设计方案预审可以提升产品设计质量。

(2)设计数据工艺会签。在设计模型和图纸审批过程中,需要工艺人员进行工艺会签工作,将设计数据(如三维模型、二维图样等)传递给制造单位,由制造单位工艺人员进行会签,然后将反馈意见返给设计人员。

(3)设计数据正式发放。对于已经经过审批的设计模型、图样及技术文件,需要将其发放到制造厂,作为开展工艺设计工作的输入。

3.3.2 数字化工艺设计和管理

在 PDM 系统中进行数字化工艺设计,以 EBOM 及三维模型为基础进行 PBOM 设计及工艺设计,并在设计对象与工艺对象之间建立关联关系,对于复杂加工、装配工艺过程,利用工艺仿真技术提前验证优化工艺设计,同时仿真过程和结果与工艺结构树关联起来并一起推送到生产现场,可以提高车间操作人员的理解度,形成设计、工艺、制造的一体化管理。

1. PBOM 管理

制造部门从制造装配的角度,按照制造分工和资源的组织将设计部门制作的 EBOM 重构为 PBOM,并在 PBOM 产品结构中添加工艺制造所需的信息,例如工艺路线、材料定额等数据,最终构建满足工艺制造需要的产品结构树,并以该结构树为核心组织相关工艺设计,如图 3-9 所示。

在 EBOM 和设计文件受控后,工艺工程师基于产品 EBOM 创建出 PBOM,其主要工作内容如下:

(1)依照设计中零件类型及工艺规则创建工艺组合件,调整 PBOM 结构;

(2)设置 PBOM 中零部件分类类别,包括外配套件、带料委外件、不带料委外件、自制件等;

(3)添加锻件/铸件,添加工艺中间件;

(4)在 PBOM 中输入工艺路线(包括主制车间、辅制车间)、工艺参数、材料定额等信息;

(5)PBOM 将继承或关联 EBOM 的技术状态,包括版本、基线,也可以扩展 PBOM 的技术状态,对 PBOM 进行专门的技术状态控制。

PBOM 是工艺数据组织的主线,是工艺编制并行工作的基础,也是数据归集的主线,工艺工程师基于 PBOM 中的工艺分工进行工艺编制,同时可供采购部门制定采购计划、生产计划部门制定生产计划。

2. 基于三维模型的数字化工艺设计

基于三维模型的数字化工艺设计在 PBOM 的基础上展开,不同的专业(包

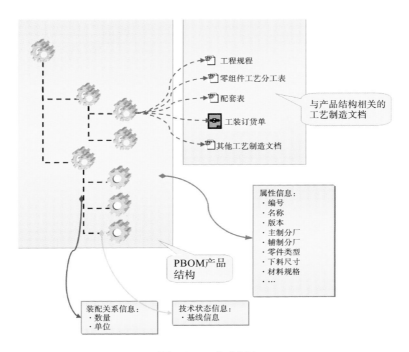

图 3-9　工艺 BOM

括机加工、冲压、锻造、铸造、复合材料制造、装配、焊装等)可协同展开工作;同时利用软件系统对工艺规程策划和编辑进行管理,以结构化数据的方式进行集中存储,便于数据的合理组织,提高制造技术部门对工艺规程设计内容的重用程度,提高工艺设计质量和效率。

在工艺设计阶段,工艺规程以结构树的形式进行组织,如工序/工步、工艺资源等信息都作为单独对象在系统中进行有效的组织,并建立了相互之间的关联关系,最终形成错综复杂的工艺信息网络树,图 3-10 所示就是工艺信息结构化管理的示意图;另外,与零部件相关的工艺过程计划、工序、操作内容、工艺资源(如车间工装、夹具、设备、辅料)等都能与对应的三维设计模型进行可视化的关联管理。

以装配工艺为例,工艺设计师直接使用设计的三维模型及结构化数据,对三维模型的信息进行提取并填写工艺信息,实现工艺结构模型树,并定义参装主副件顺序及装配方法、工装、辅助材料、车间信息、人员、工时等,最终形成含工艺设计步骤及过程的制造工艺。三维环境下的工序设计过程如图 3-11 所示,主要过程如下。

(1) 装配工艺状态确定:通过在 PBOM 中定义"装配状态"对象来实现对

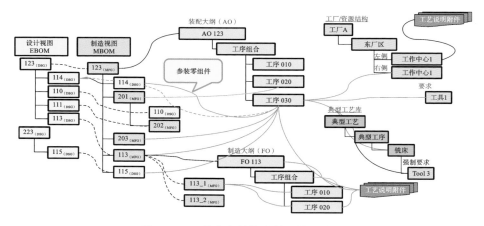

图 3-10　工艺信息结构化管理的示意图

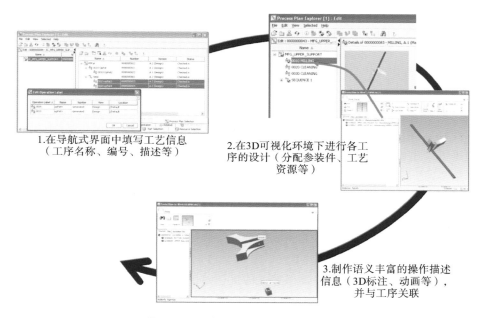

1.在导航式界面中填写工艺信息（工序名称、编号、描述等）

2.在3D可视化环境下进行各工序的设计（分配参装件、工艺资源等）

3.制作语义丰富的操作描述信息（3D标注、动画等），并与工序关联

图 3-11　三维环境下的工序设计过程

装配工艺状态的管理。在每个零件下关联一个"装配状态"对象，通过"装配状态"来说明对零件的状态，包括要求说明和对应的图形、模型文件。

（2）装配工艺结构建立：为建立装配工艺的产品组件建立总工艺节点，并与组件关联；在总工艺下建立工艺节点，比如装配工艺、测试工艺等。工艺与车间或分厂关联；在工艺下建立工序，工序与工位或工作中心关联；在工序下添加设备、工装、辅料、装配件等物料。

（3）工艺设计：首先进行工序编制环节，即从三维模型、EBOM 中提取特征、尺寸、技术条件、热表信息、材料信息、产品类型、产品特征、专业、材料类型、加工方法和工艺参数等信息，通过自动匹配工艺知识库，选取工艺模板，或手动添加形成具体工序/工步的工艺信息；然后，通过工序（工步）参装件的定义，形成该参装件装配内容的描述，包括参装件类型、专业、材料信息、安装极性、工艺参数等；最后，利用可视化环境显示当前装配状态的模型，并可通过 3D 快照添加必要的制造、测试要求记录，图示说明装配操作过程或检验要求。

（4）工艺仿真与优化集成：在上述装配工艺编制过程中，可随时将工艺数据发送到工艺仿真环境，动态装配过程仿真给工艺设计人员提供一个三维的虚拟制造环境来验证和评价装配制造过程和装配制造方法。工艺设计人员主要评价在装配的工装、设备、人员等影响下的装配工艺和装配方法，检验装配过程是否存在错误、零件装配时是否存在碰撞。如有问题可直接在装配仿真环境中调整，结果会反馈到工艺编制环境中并更新原工艺数据。仿真过程可记录为动画文件，随工艺数据下发到车间。

对于零件加工工艺设计，还可以将零件工艺结构化、三维化的工艺编制和仿真验证、数控编程软件进行集成和数据管理，方便生成三维、二维工艺文件。

3. 车间现场对 3D 工艺信息的利用

在三维环境下完成工艺规程的制作以后，相关人员通过全三维工艺协同管理平台与 ERP 系统及 MES 的集成，将三维工程图、工艺规程传递至 MES 中。现场作业工人通过 MES 接收具体操作任务，并可查看具体操作的三维模型对象和其相对应的工艺规程。

现场操作工人通过现场终端查看工艺规程，包括阅读具体操作的对象、具体操作的工艺要求、所需要的工艺资源和操作步骤、操作过程动画等，快速理解工艺意图，进行现场操作；有需要时也可以浏览具体需要操作的三维模型，通过浏览、剖切、测量获得模型的具体形状和大小，快速理解设计模型。

图 3-12 所示为装配无纸化工作现场的相关软件显示界面。

4. 工装数据管理

工装设计工程师基于设计模型和工艺进行工装设计，应用 PDM 平台实现基于统一数据源的工装设计，建立对应的工装产品结构，并建立工装数据和产品设计模型、制造工艺之间的关联关系，用户可将这种关联关系作为导航，查看产品零部件所使用的工装，或某个工装用于哪些产品部件的装配。

通过 PDM 系统对工装数据进行统一管理，不仅可以实现对在工装研制过程中所产生的工装数据的统一管理，确保相关人员能够方便地对工装数据进行组织和管理；同时，系统建立存放工装设计等数据的集中工装知识库，为整个工

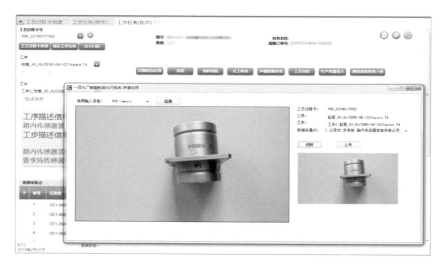

图 3-12　装配无纸化工作现场的相关软件显示界面

装研制团队提供一个统一的工装数据管理、控制及存储和共享空间,以支持集成化的工装产品开发和有效的知识重用;此外,通过 PDM 系统还可以对工装数据的动态变化过程进行严格控制,以确保这些数据的一致性、有效性、完整性、可追溯性和安全性。对工装数据的管理具体包括以下内容。

（1）实现工装数据的统一分类、标识和属性、权限管理。工装数据包括与产品型号研制相关的工装设计数据、工装更改数据、工装设计和更改流程数据。

（2）通过 PDM 系统提供的与三维工装设计工具 MCAD 的集成接口,实现 PDM 系统与工装设计工具 MCAD 的双向紧密集成。该集成接口可实现基于 MCAD 的在线设计、关联设计、属性自动映射、产品结构自动建立等,确保能够将工装设计产生的三维、二维 MCAD 数据方便地纳入 PDM 系统中进行有效管理。

（3）工装数据可视化:将三维工装 MCAD 模型检入 PDM 系统以后,可通过 PDM 系统后台的转换器转化为可视化中性格式,供用户通过 PDM 系统提供的可视化工具进行查看。

（4）在 PDM 系统中建立工装产品结构（TBOM）,并基于该产品结构统一组织和关联工装数据。

（5）通过 PDM 系统管理工装任务分发及审批流程。

PDM 系统中管理的工装相关业务流程如图 3-13 所示。

3.3.3　数字化工艺仿真

仿真技术可以使工艺设计人员、工装设计工程师等及早发现设计中的问

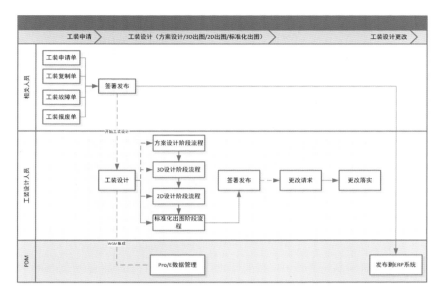

图 3-13　PDM 系统中管理的工装相关业务流程

题,减少建造过程中设计方案的更改。例如,波音 777 整机设计、部件测试、整机装配及各种环境下的试飞均是在计算机上完成的,其开发周期从过去的 8 年缩短到 5 年。美国国防工业协会(NDIA)2011 年的一份报告中指出,在过去 20 年中建模和仿真技术主要侧重于设计过程,未来建模与仿真技术将被应用到整个研发周期。制造过程的仿真不仅可以优化设计和供应链架构,还可以降低制造风险、降低成本。

　　航天产品是大型复杂产品,其加工制造过程涉及机械加工、热处理、表面处理、钣金、焊接、铆接、电装等多个专业,因此其工艺仿真涉及的范围较广,包括机加工仿真、热处理仿真、钣金件成形仿真、焊接仿真、装配仿真、生产系统仿真等。

1. 数控加工仿真

　　数控加工仿真指数控加工过程在虚拟环境中的映射,它是 CAD/CAM 的重要组成部分,它能有效保证 CAD/CAM 生成的数控代码的正确性,保证该过程无过切和碰撞等干涉现象,能有效减少实际数控加工时间,提高生产效率。图 3-14 所示为数控机加工仿真。

　　数控加工仿真按照是否有物理因素可分为几何仿真和物理仿真。几何仿真不考虑切削参数、切削力及其他因素的影响,只涉及仿真刀具和工件几何形体的相对运动,用以验证数控(NC)程序的正确性,同时为物理仿真提供必要的切削几何信息。几何仿真的对象不仅有刀具和工件,还包括夹具、工作台、刀库、主轴箱等,还有声音、光照效果等。物理仿真是将切削过程中的各物理因素

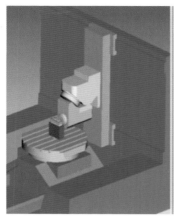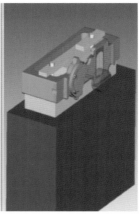

图 3-14　数控机加工仿真

的变化映射到虚拟制造系统中,在实际加工之前分析与预测各切削参数及干扰因素的变化对加工精度的影响,分析具体工艺参数下的工艺规划质量及加工质量,辅助在线检测与在线控制,并对工艺规程进行优化。

物理仿真越来越受到重视,研究内容包括车、铣、钻等加工形式,涉及切削力、振动、切屑形成、工件表面质量等诸多方面,其中研究较多的是切削力和切削参数优化问题。物理仿真所涉及的问题还包括切屑形成过程仿真、振动仿真与预测,以及工件由于刚度不足、内应力重新分布、装夹不当等原因引起的变形等,这些问题仍有待解决。目前国外已有物理仿真相关商用软件出现,如美国TWS 软件,它可以结合被加工材料、刀具材料和涂层、刀具形状、加工方式、切削条件(如进给速度、主轴转速、冷却液形态等),对刀具加工零件时的受力、变形、温升进行仿真分析。

2. 热处理模拟仿真技术

热处理模拟仿真技术的定义是:将热处理原理、材料学、弹塑性力学、流体力学、数学等多学科理论知识加以集成,建立定量描述热处理过程中各种现象及其相互作用的数学模型,利用计算机模拟热处理生产条件下工件内温度场、浓度场、相变和应力场的演变过程,作为制定合理的热处理工艺和开发热处理新技术的依据。计算机模拟技术的应用将使热处理摆脱依赖经验和操作者技能的落后状态,向着精确预测生产结果和实现可靠的质量控制的方向跨越。

例如,针对某型号助推器轴承支座零件进行热处理淬火过程数值模拟,通过多场耦合模拟,获得大型复杂结构件热处理过程中的内部温度、组织、应力状态的演变过程,进而预测最终的微观组织分布、残余应力分布和变形等信息,通过工艺试验,优化热处理工艺参数。

3. 钣金件成形数字化仿真技术

在钣金件成形数字化仿真中,基于有限元法,把计算区域划分为有限个互不重叠的单元,在每个单元内,选择一些合适的节点作为求解函数的插值点,将微分方程中的变量改写成由各变量或其导数的节点值与所选用的插值函数组成的线性表达式,借助于变分原理或加权余量法,对微分方程进行离散求解。

在板料加工成形方面,通过在计算机上进行虚拟仿真,有限元技术可发挥以下作用:

(1)及时发现产品设计的潜在缺陷,将缺陷消灭于设计阶段,提高产品的可靠性与可制造性;

(2)在工艺及模具设计阶段发现潜在问题,减少试模次数,缩短开发时间;

(3)优化成形工艺,降低生产及材料成本。

与传统开发相比,利用有限元仿真技术,可实现从经验设计到科学设计、从实验测试到虚拟测试、从传统分析技术到计算机仿真技术的转变,从而提高产品质量、缩短开发周期、降低生产成本,增强产品的可靠性和竞争力。图 3-15 所示为铝合金箱底流体高压成形 Abaqus 仿真图。

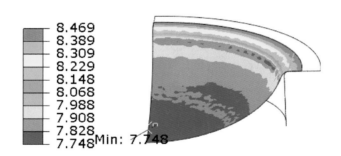

图 3-15　铝合金箱底流体高压成形 Abaqus 仿真图

4. 焊接仿真技术

计算机仿真的目的是依据对实际生产或工作系统中的信息和数据建立的数学模型和仿真模型进行计算及试验,最终改进系统,因此计算机模拟及仿真是焊接科学与工程研究及创新的重要基础。焊接仿真技术利用物理或数学模型对实际系统进行试验研究,使焊接技术研究变为"理论—计算机模拟—生产应用"的循环,使研究中的分析逐步由定性分析转变为定量分析。

利用焊接仿真技术对焊接变形、焊接温度等进行准确预测是获得高质量产品的有效途径。焊接仿真包括采用数值分析方法对焊接部件进行焊前预测,采用仿真等手段对焊接过程进行模拟仿真,直观生动地再现焊接过程等。目前,在焊接设计中通常采用商业有限元软件进行计算,得到焊接温度场、应力场、变形场相关结果,然后分析结果,改变初始条件及各种载荷条件,来寻找及优化焊接工艺。图 3-16 所示为在商业有限元软件中进行的焊接仿真。

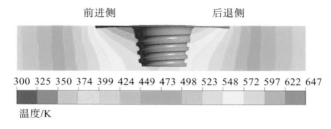

图 3-16　焊接仿真

5. 装配仿真技术

装配仿真技术提供了一个数字化的虚拟环境,将产品、工装、车间、操作者以数字模型在虚拟环境中展现出来,并提供了一系列的技术方法如干涉检测、人因分析、运动分析、数理统计等,对制定的装配工艺在虚拟环境中进行预先验证与改进,将装配工艺中存在的问题暴露在实物生产装配之前,并预先进行解决,而且这一过程在计算机上完成,摆脱了传统依靠实物验证的方法。

国外航天工业普遍采用装配仿真技术对产品的制造方案进行分析。美国 NASA 的马歇尔空间飞行中心(MSFC)从 1986 年开始就引入 DELMIA 软件,对其中的机器人、人机工程、装配模块进行应用,并且一直随着 DELMIA 的发展而不断更新其应用环境,扩展其应用的模块。洛克希德·马丁公司在 JFS (F35)研制过程中采用三维数字化设计制造技术,缩短了 2/3 的研制周期。其采用的基于人机工程的数字化装配仿真技术,不仅考虑到装配过程的可行性、可达性,而且关注操作工人在装配过程中的方便性,有力提高了工作效率和产品装配质量。

3.4　航天数字化制造执行管理技术的应用

以某航天总装车间应用为例,建立车间制造执行管理系统,以实现从接收生产计划、现场作业调度下达到现场生产作业、车间过程质量检验的生产主体业务线,从车间配套库管理、工装工具管理到仪表管理的生产辅助业务线。主体业务和辅助业务共同构成了运载总装的总体业务。

3.4.1　生产调度管理

1. 生产计划管理

生产计划管理是整个制造执行系统的最前沿部分,其重点是完成生产计划的制订和实现进度监控,确定订单项目的生产数量和完成时间,下达各个产品的生产指令,包括:①生产计划接收,MES 与 ERP 系统集成接收订单计划(见图 3-17),或 MES 根据需要创建生产计划;②生产计划调整,针对 MES 已经接收的生产计划,若订单计划内容有调整,车间生产计划需做相应的更新调整。计划变更的内容有:订单交期调整、订单数量的增加和减少。

图 3-17　订单计划接收

2.　生产调度管理

(1)生产批次创建:当车间接收 ERP 系统下发的生产计划后,根据生产情况及物料特性(主要是生产节拍、加工能力单件跟踪等),由车间将生产计划进行分解,拆分成车间可流转的生产批次,形成车间最小的追溯单位。

(2)生成派工:生产计划下达到车间后,根据工艺基础数据和资源数据匹配情况,将生产任务由系统按照工艺路线的工序归属分配给对应的生产班组。班组长根据实际的生产要求,将生产批次派到具体的工位/产线。

3.　基于大数据分析的总装智能调度

针对航天产品总装系统具有的混流生产、多重资源约束、交货期固定和随机动态性等特点,通过大数据驱动的"预测调度＋实时预警＋逆调度"机制可实现总装智能调度,解决传统调度方法不能满足航天单件小批量生产的问题。

基于大数据分析的总装智能调度过程为:首先,通过基于主题的数据仓库主题抽取方法及数据融合方法,建立面向调度的运载火箭总装过程大数据模型;然后,建立火箭总装零部件到达时间预测模型和基于数据分类的总装调度规则生成模型,实现基于时间序列分析的运载火箭总装系统预测调度;最后,通过总装完工时间关键影响因素的挖掘及完工时间的预测,对总装系统的异常进行评估,实现基于数据聚类识别、自适应控制模型的逆调度,形成调度和逆调度计划，如图 3-18 所示。

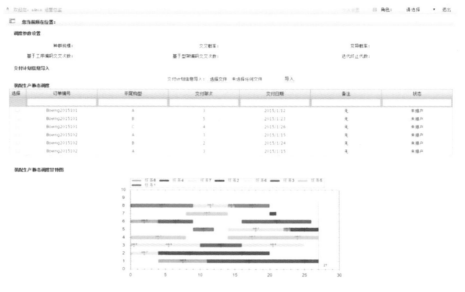

图 3-18　总装调度计划

3.4.2　生产现场作业执行管理

生产现场作业执行管理是指以最佳的方式将企业生产的诸要素、各环节和各方面的工作有效地结合起来，形成联动作业和连续生产，能以最少的耗费，取得最大的生产成果和经济效益。通过 MES 结合现场条码、设备联网等技术，实现生产现场管理的透明化、连续性、协调性和均衡性，最终实现在制品的追溯管控功能。对于装配车间，生产现场作业执行管理包括生产任务接收、产品装配执行、现场问题反馈、完工转序等。

（1）生产任务接收：班组长完成派工后，生产人员在开工之前，进行任务接收。生产人员作业视图可实现任务的显示、浏览、排序和切换功能。

（2）产品装配执行：生产人员根据生产要求，将多个物料按工艺规定的装配顺序和方式装配到产品上，如图 3-19 所示。在装配过程中，除实际装配操作外，生产人员还会在系统中完成以下任务：数据收集，即根据工艺要求，对当前工序或工步需要采集的数据进行录入，录入的数据项根据当前工序要求填写；设计、工艺文件查看，即查看与执行工序相关的图纸、模型、仿真动画。

（3）现场问题反馈：操作工人在现场发现异常问题时可在系统中反馈并描述发生问题的情况，如图 3-20 所示。

（4）完工转序：生产人员完成工序作业、质量检验后，证明产品能够达到流

第4章
新一代信息技术与航天制造技术的融合

4.1 大数据技术

4.1.1 航天智能制造业大数据的来源与特点

航天要对尺度比地球大无数倍的广阔空间进行探索,其数据总量更多,要求更高,如果没有及时而精确的大数据支持,哪怕是一个小数点的错误,也会影响全局的成败。为了远距离控制航天器的飞行和执行任务,必须以最快的速度处理数据。因此,航天智能制造业大数据不仅具有一般大数据的特点,而且要求高可靠性和更高的处理速度。航天是最早提出发展大数据技术的领域,也是取得大数据成果最多的领域。

航天大数据按照数据结构可以分为非结构化数据、结构化数据和半结构化数据三类。

(1)非结构化数据。非结构化数据是未抽象出有价值信息的数据,需要二次加工才能得到有价值的信息。常见的非结构化数据包括图片、视频、语音、邮件等,其存储方式是文件。航天非结构化数据主要包括遥感卫星图像、空间站视频、音频、无人机图像等。由于非结构化数据的产生不受格式约束,不受主题限制,因而具有形式多样、体量大、来源广、维度多、有价值信息密度低、分析意义大等诸多特点,对其进行有效采集和存储意义重大。

(2)结构化数据。结构化数据是一种对现实已经发生事项的关键要素进行抽取所得到的信息,它常以表格的形式存在。航天结构化数据包括控制信息、位置信息、时间信息和工作参数等。

(3)半结构化数据。半结构化数据中既包含结构化数据,也包含非结构化数据。比如,摄像头传回终端的数据中不仅有位置、时间信息等结构化数据,还有图片等非结构化数据。由于这些数据是以数据流的形式传递的,所以半结构化数据也叫流数据。

从实际应用角度看,航天大数据可以分为空间大数据和地面大数据两类。

(1)空间大数据。空间大数据也可称航天器大数据,包括航天器上有效载荷和传感器等自动采集的原始数据、自身状态监控数据、来自地面的遥控指令和测量信息、其他航天器发来的原始数据,以及空间系统处理后的数据等。

(2)地面大数据。地面大数据包括地面接收到的航天器下行数据、地面处理和分析后的数据、地面数据库的数据、待上行发送的数据、地面站环境和现场监控数据、地面站服务网络的数据和测试系统的数据等。

4.1.2 航天制造业大数据平台

航天制造业大数据平台(见图 4-1)采用分布式弹性可扩展的架构体系,融合众多业务系统和数据,具备分布式存储、分布式计算和数据高速高可靠存储计算能力。

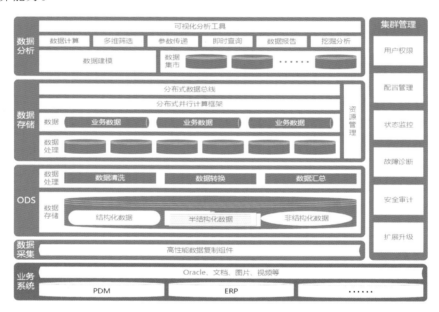

图 4-1 航天制造业大数据平台架构示例

1. 智能数据采集

在航天制造业大数据平台中,采用自感知、自适配、自接入的计算机自动识别技术,通过自动识别数据采集的通信方式、数据格式及数据采集对象的特征信息等,实现智能工厂 PDM 系统、ERP 系统、MES、SCADA(supervisory control and data acquisition,数据采集与监视控制)系统等异构系统,实现海量多样化数据的高速可靠接入。

2. 数据预处理

为了避免因为数据模型映射以及数据预处理对整个系统性能和原有业务系统造成任何影响,增加一个 ODS 层,负责数据的临时存储和预处理,基于大量样本数据,对采集到的数据进行回归拟合、抗噪处理,并利用降维、特征提取等技术简化数据模型,方便后续的快速分析处理。

3. 大数据存储

构建一套分布式集群,作为整个平台的数据支撑系统,它是整个平台的核心。通过可靠的分布式文件系统(DFS),以及计算融入存储、列式存储等技术实现海量数据存储;利用内存计算、流式计算、分布式并行计算等技术,实现可用于实时、准实时、非实时等不同场景下的海量数据计算。

4. 大数据分析挖掘及可视化

根据业务数据及模型,将以往散落在各应用系统中的数据进行集中清洗与整合,为各类大数据应用场景提供完整的数据集。针对不同应用主题的数据集,将提供数据从建模到数据审核、生效、修订、停用的数据全生命周期管理服务,主要包括数据资产目录管理、元数据管理、数据资源管理、数据质量管理、数据集成管理、数据清洗管理及数据流程管理服务。

针对不同应用场景,使用关联挖掘、网络挖掘、特异群组挖掘、图挖掘等数据挖掘技术,以及机器学习技术实现航天制造业大数据挖掘技术,并可实现大数据的可视化展示。

4.1.3 航天制造业大数据应用

1. 知识图谱

知识图谱是一种用图模型来描述知识和对世界万物之间的关联关系建模的技术方法,如图 4-2 所示。通过建立专业知识图谱,将多源异构的数据实例与知识图谱中的实体概念进行绑定,可实现将不同来源的数据多维关联集成,并以业务人员熟悉的业务逻辑结构去呈现。另外,可与业务系统相结合,在产品的工艺方案设计、详细工艺设计等阶段,实现工艺知识的全文检索、语义搜索和图浏览,工艺知识引导推荐及知识推送,使得业务人员在实现业务需求时,能够获得不同来源的有价值的数据,实现快速工艺设计。

2. 缺陷识别

综合考虑多来源、多类型的数据集成转化技术,基于大数据技术,可以在缺陷识别、缺陷自动分类,以及质量失效模式与生产因素(如订单量、工艺情况、设备状态、人员状态、车间环境等)之间的关联规律等方面展开研究。以焊接缺陷的自动识别与智能评定为例,基于航天焊接结构常见的内部缺陷建立相应的缺

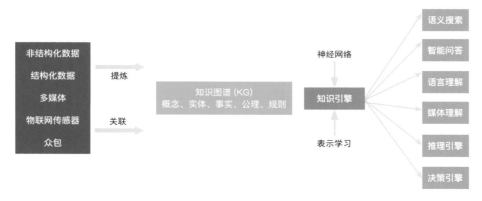

图 4-2　知识图谱

陷特征库,建立 X 射线和超声相控阵数字底片处理存储系统,采用智能算法对提取的缺陷信号特征进行特征优选,获得最优特征子集。基于缺陷特征库建立识别缺陷的学习机模型,应用人工神经网络和支持向量机建立学习模型,实现采集的缺陷信号的智能识别。在软件应用过程中对缺陷特征库进行补充、优化、更新,实现缺陷特征库的自我进化和识别算法的自主学习,使缺陷识别走向智能化和精准化。贮箱搅拌摩擦焊焊缝缺陷自动识别技术的识别效果如图 4-3所示。

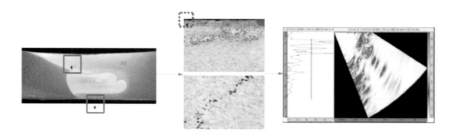

图 4-3　贮箱搅拌摩擦焊焊缝缺陷自动识别技术的识别效果

3. 产品数据包络分析

基于产品不同阶段的装配、调试、测试数据,通过建立不同的数据包络分析算法模型,形成数据包络(见图 4-4);基于数据包络自动化分析结果,结合故障模式及判断规则,自动对当前产品可靠性进行风险识别与预警。用产品测试数据的分布特性来表征质量的分布,利用统计的方法,对产品数据进行统计、分析、比对,得出产品质量特性的结论。

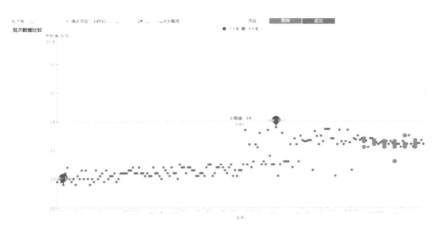

图 4-4　测试数据包络示意图

4. 调度分析与优化

针对航天产品单件小批量的生产特点,运用大数据分析方法,建立"生产监控—计划协同—调度优化"的车间运行实时优化决策机制,来实现车间生产调度优化。通过构建加工状态参数和车间运行性能间的全要素关联关系网络,挖掘车间性能演化规律,对生产计划进行在线管理和性能预测;综合考虑物质成本、人工和能耗等优化目标及制造过程各类约束,建立调度策略组合决策模型,通过建立状态特征空间和调度策略空间的映射模型,探索生产调度策略多重反馈协同机制。

5. 产品数据包归集及数据追溯

航天产品数据包是产品在各环节所产生的,反映产品相关信息的数据、文件、记录等的集合,准确、完整的数据包对控制产品质量、追溯产品状态具有至关重要的作用。产品数据包以最终实物交付产品的 BOM(实物 BOM)为基础与相关制造过程信息进行关联,如图 4-5 所示。

通过大数据平台可收集完整的产品数据,形成产品数据包,实现产品质量数据追溯。质量追溯的数据可涵盖方案论证、设计开发、生产制造、试验验证、验收交付、使用维护、在轨运行、物资管控等产品所有环节,根据产品研制过程中的信息流向,可以确定各种质量信息,理清信息之间的联系和继承关系,保证质量数据的一致性。同时,基于大数据平台,还可以进行质量分析,通过对影响产品质量的关键输入、输出参数及中间过程数据进行分析挖掘,结合偏离超差清单、工程更改单、质量问题报告等上的汇总数据,特别是项目质量控制及风险数据,如质量问题的处理和归零数据、飞行试验数据等数据,可以确定产品批次和质量问题出现的环节,完成产品质量问题追溯。

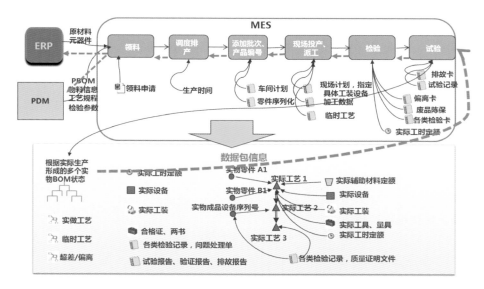

图 4-5　实物 BOM 形成及数据追溯

4.2　物联网技术

4.2.1　航天制造智能物联的特点

航天制造企业通过物联网可以实现车间内部物物相连,以及物联网与车间信息系统的互联互通。针对特种焊接智能车间多重加工设备建立多层级互联网络系统,实现对设备集中管理和监控的实时性与动态性,提高设备运行质量和效率。通过物联网与嵌入 ID(identity document,身份标识号)的在制品和智能工装进行信息交换和互操控,对多来源、多形式加工过程数据进行实时采集,对生产过程中的在制零件质量与状态、数控加工设备的工况、加工人员的状态等进行监控,为统计分析与决策提供支撑。同时,航天制造企业的特点也给企业实现物联带来了一定的困难。航天制造企业的特点具体如下。

(1)生产过程特点:航天制造业生产模式属于典型的离散型生产模式,各个制造企业、企业内部各个车间加工对象自动化水平、数字化水平差异化明显。

(2)生产设备与系统类型特点:航天制造企业配置有多类型生产设备,含有数控机床、数字化测试设备(系统)、手持式检测设备、自动化电气设备、传统车床、传统电气设备、其他类型设备;还有多类型信息化系统,含 DNC(distributed numerical control,分布式数字控制)系统、MDC 系统、SCADA 系统。

（3）数据采集方式特点：由于采集对象包含多类型生产设备，且不同类型的生产设备数字化程度差异较大，因此航天制造企业不能完全实现自动数据采集，需要采用自动采集与手动录入相结合的方式。

（4）数据管理方式特点：根据采集对象的特点进行分类，并根据采集对象特点配置相对应的数据管理系统。

4.2.2　航天制造物联网关键技术

1. 现场工业以太网总线

现场总线是指安装在制造或过程区域的现场装置与控制室内的自动装置之间的数字式、串行、多点通信的数据总线。它是一种工业数据总线，是自动化领域中底层数据通信网络。

针对工业应用需求，德国 SIEMENS 公司于 2001 年发布了以太网总线协议，它将原有的 ProfiBUS（现场总线）技术与互联网技术结合，形成了 ProfiNET（自动化总线标准）的网络方案，主要包括：基于组件对象模型（COM）的分布式自动化系统；规定了 ProfiNET 现场总线和标准以太网之间的开放、透明通信方式；提供了一个独立于制造商之外，包括设备层和系统层的通用系统模型。

ProfiNET 采用标准 TCP/IP 以太网作为连接介质，采用标准 TCP/IP 协议加上应用层的 RPC/DCOM 来完成节点间的通信和网络寻址。它可以同时挂接传统 ProfiBUS 系统和新型的智能现场设备。

ProfiNET 网络是开放的、标准的和实时的工业以太网，既可以实现实时数据采集，也可以实现高精度的等时实时控制。

2. OPC 技术

1）基于 OPC UA 或主要通信标准的航天加工设备间物联方法

OPC 是自动化行业及其他行业用于数据安全交换时的互操作性标准。该标准设备互联采用 OPC UA 标准或主要通信标准。

结合 OPC UA 或主要通信标准与 M2M（machine to machine）技术，可以实现各加工设备之间的智能互操作，加工过程中不需人为干涉即可高效高质地完成生产加工。

对航天加工设备间物联 OPC UA 或主要通信标准体系结构说明如下。

（1）系统架构。M2M 架构兼顾宽带和窄带无线接入应用、实时和非实时应用，支持系统的开放性以便接入和二次运营。

（2）终端管理平台。终端管理平台实现对全网 M2M 终端的统一的鉴权认证，并可以支持终端远程诊断功能和终端软件的远程自动升级功能。

（3）专用芯片、模块、终端技术。M2M 模块与终端之间的接口与 AT（attention）指令集需要进行标准化设计，并可将标准化后的管理协议栈从终端内置迁移到模块内置，以利于降低终端成本。由于物联网和 M2M 业务成熟后的终端数量巨大，目前有必要引入独立的 13 位终端号段，并且要求终端逐步实现对 IPv6 的支持。

（4）基于服务的质量与流量控制。针对部分行业应用过程中可能出现的空口资源过度占用或大批量终端同时接入的情况，尤其要采用适合的处理机制，引入流量控制和终端休眠机制。

2）基于 OPC UA 或主要通信标准的航天加工设备间数据流通方法

设备域通过 MTConnect 协议对其中的制造装备进行数据采集，采集到 M2M 网关及 M2M 内核中进行处理，以实现装备联通。主要采集的数据有：制造装备的状态信息、加工信息、工艺信息，以及刀具信息等。

OPC UA 或主要通信标准对统一的服务和数据模型进行了定义，见图 4-6。

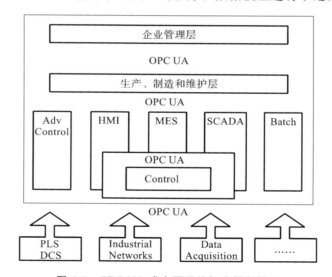

图 4-6　OPC UA 或主要通信标准服务模型

这些模型包括：代表结构、行为和语义的信息模型，使应用程序相互作用的消息模型，在终端之间传输数据的通信模型和保证系统之间实现互操作性的一致性模型。使用统一模型使得数据之间的构造更加灵活，不仅可以应用于底层 SCADA、PLC 和 DCS 接口，还可以为在更高层的企业管理和生产管理提供重要互操作性方法，实现数据（实时数据或历史数据）的存储与读取、事件或警告的处理、有关控制命令的执行、有关复杂数据的通信与交互。OPC UA 或主要通信标准提供了一致的和完整的地址空间、服务模型和安全模型，允许一个单一的服务器把数据、警告与事件和历史信息统一到它的地址空间里,并且可以用一套统一的服务为它们向外提供接口。

4.2.3 航天制造车间物联网示例

通过设备联网、现场显示终端人机交互等方式,可建立生产过程数据采集和分析系统,能采集制造进度、现场操作、质量检验、设备状态等生产现场信息,并与车间制造执行系统等系统集成实现数据应用和分析,如图 4-7 所示,通过工业以太网连接设备组成环网,以确保车间物联网稳定、数据采集实时。

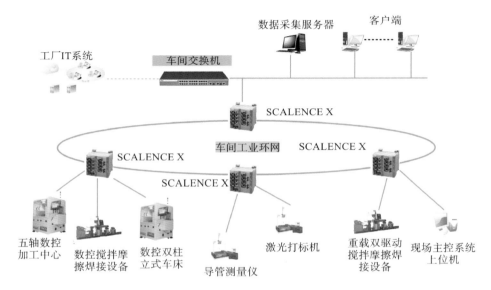

图 4-7 网络架构示意图

1. 车间硬件设备数据采集

利用车间数据采集系统来采集硬件设备状态信息及生产过程中的生产数据信息。硬件设备状态信息主要包含数控设备状态信息、机器人的运行状态信息、Andon 系统的状态信息及视频监控信息,这些数据信息通过 DNC 网络反馈给车间服务器,实现数据的采集与存储。

1) 数控设备联网

车间里面的所有数控设备(包括数控机床和各种数控专用设备等)全部通过 DNC 网络连接起来,数控机床的状态信息(停机、等待、工作等)、工作信息实时地反馈给采集终端,通过采集系统的智能处理模块得到数控设备的运行状态分布图。

2）机器人通信互联

车间内的工业机器人包括关节机器人、自动机器人单元等，可实现焊接、喷漆、喷砂、打磨和铆接等自动化操作。关节机器人、自动机器人单元等通过DNC网络连入。机器人的采集数据主要是其运动路径、运动状态，以及工作状态等信息。

3）视频监控系统

车间布置的视频监控系统连入车间总线，将监控设备的实时监控数据传输给后台服务器，实现对现场的防盗监控。

图4-8所示为车间设备数据采集系统架构图，可见，此架构以交换机为中心，呈辐射式结构。其中，服务器作为控制处理中心，系统主体软件运行在服务器端，中间数据暂时存储在服务器端，重要或者关键数据存放于数据库内部。不同类型的数控设备通过通信转接的方式完全统一，所有的设备都可以直接接受服务器控制。

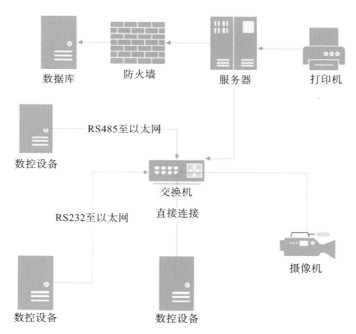

图 4-8 车间设备数据采集系统架构图

该系统组成包括控制层、监控层、管理层三个层次结构。其中控制层与用户交互最多，监控层次之，管理层最少。控制层保证用户可以远程控制设备，修改设备状态。监控层用于监视设备的运行状态是否符合用户期望。管理层强调数据保存、调用，以及基本的数据分析。各层具体功能如下。

（1）控制层实现新建、保存、修改采集的数据，提供设备本地控制和集中控制无障碍切换功能（即在运行中若发现集控系统采集或输出异常，可在不停机情况下切换至本地控制模式）、数据采集功能、多台设备数据流冲突切换功能、多台设备同时使用时序功能。

（2）监控层实现联网的所有设备的运行情况（包括开机状态、设备当前时间与系统校准时间）的实时监控，提供报警功能（加工过程异常数据预警及报警功能），报警值可随时修改并且在很短的时间内应用于对应设备，超出预警值和报警值引起声光报警。

（3）管理层实现根据委托单或其他方式对数据进行分类保存，数据包括制造过程中的结构化数据及图片、视频、文档等类非结构化数据，提供数据报表可视化查看功能，以及用户管理、权限管理等基本功能。

2. 车间生产数据信息采集

车间生产数据信息包含车间生产过程、物料及质量数据。车间现场的生产过程、物料及质量信息数据依靠条码系统、RFID 扫描终端、离线/在线终端等实现采集，通过车间网络传递给后台服务器，实现车间实时数据的采集。

1）条码系统

如图 4-9 所示，根据车间实际条件，整个条码系统通过以太网进行数据互联和信息传递。其中，通过数据库接口和 WebService 接口与现有的员工卡系统、MES、ERP 系统进行系统间的互联互通，对现场的制造资源（例如操作人员、智能货架、在制品、工装等）采用一定的规则进行编号，并将此编号作为标识该制造资源的 ID 号存储在二维码或电子标签的 EPC 区中，以实现对其中数据的采集和管理。

条码系统与各个仓库、生产车间的使用客户端也通过以太网与条码管理核心系统进行数据的采集、下发。由于在部门仓库、车间的器件材料体积比较大、位置分散，因此车间会配备离线式手持设备，完成仓库管理的各类业务以后通过将手持设备插回底座的形式进行信息的反馈。

2）RFID 扫描终端

每个零部件、设备等都被赋予一个 RFID 电子标签（装配前回收重复使用，以降低成本），除了生产工位上的固定式扫描站之外，给每一个工位配备移动 RFID 扫描终端，通过快速批量扫描能够快速上报零部件的物料信息，不需额外的过程，同时移动工作终端能够实时显示该工件的生产指导信息，记录生产的过程信息和工艺信息，形成产品生产履历，如图 4-10 所示。

基于 RFID 的移动信息采集系统硬件及网络系统包括应用服务器、发卡管理终端、普通管理终端、手持机和 RFID 标签等。图 4-11 所示是硬件系统结构

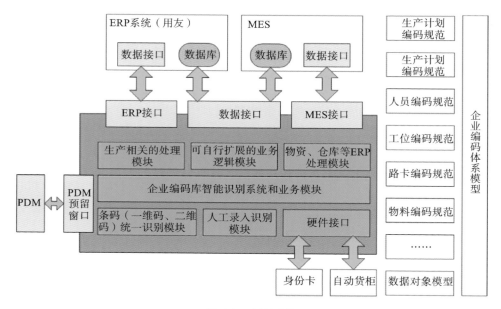

图 4-9　条码系统

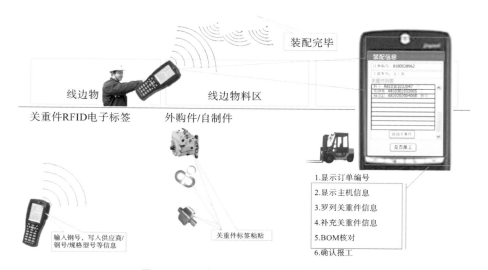

图 4-10　移动零部件物料信息采集系统

图,包括:①应用服务器,主要用于存放应用过程中获取的相关数据信息;②发卡管理终端＋RFID发卡器,用于对标签进行初始化操作,发卡器采用超高频桌面发卡器,工作在 2.45 GHz 频段,也可根据用户需求配置为其他工作频率;

件之间的干扰是否在允许范围内、设计细节是否符合规格等；进而可以找到产生设计缺陷的原因，在数字孪生模型中直接进行修改设计，并重新进行制造仿真，查看问题是否得到解决。

在传统的制造阶段，只有当所有流程都准确无误时，才能顺利进行生产，一般的流程验证方法是获得配置好的生产设备之后再进行试用，判断设备是否运行正常，但是到这个时候再发现问题为时已晚，有可能导致生产延误，而且此时解决问题所需要的花费将远远高于制造过程中的花费。高效的方法是建立包含所有制造过程细节的数字孪生模型，在虚拟环境中验证制造过程。发现问题后只需要在模型中进行修正即可，比如机器人发生干涉时，改变工作台的高度、输送带的位置、反转装配台等，然后再次执行仿真，确保机器人能正确执行任务。

借助数字孪生模型，在产品设计阶段预见其性能并加以改进，制造流程初期就掌握准确信息并预见制造过程，保证所有细节都准确无误，这些无疑是具有重要意义的。正因如此，美国空军研究实验室于 2013 年发布"Spiral 1"计划，并与通用电气公司和诺思罗谱·格鲁曼公司签订了项目价值达 2000 万美元的商业合同以开展此项工作。美国空军研究实验室计划以现有美国空军装备 F15 为测试台，集成现有最先进的技术，实现对未来新战斗机产品设计和制造过程的支持。

3）CPS 在波音公司军用、民用产品中的应用

航空产品具有结构复杂、几何精度和整体性能要求高、制造路线长、多采用多品种小批量生产等特点，这使得航空制造业对工艺装备的性能与制造过程的跟踪优化，以及灵活柔性化生产组织模式等有迫切的需求。

波音公司在原有数字化、信息化、自动化、智能化的基础上，开展了 CPS 的应用，用以支持物理设备和制造过程的精确控制，主要体现在基于 CPS 的数字工厂构建智能化生产系统和网络化分布的生产设施，基于 CPS 的生产过程构建人机互动、智能物流管理等方面，并在此基础上进一步将 CPS 的应用拓展到飞行训练和飞机监控检测中。从目前面向飞行员的飞行显示及相关训练交互系统，逐步发展到未来完全智能自主的系统；在飞机健康监测和管理方面，CPS 将有关航空飞行关键系统检验和验证的研究涵盖产品从初步设计到制造、维护、更改各个阶段，支持在复杂性和验证方法之间进行权衡和取舍等。

CPS 是实施智能化制造的使能技术，其特点决定其拥有广泛的应用前景。随着智能制造技术的发展和进一步推广，CPS 在波音智能化生产系统的应用从基础支撑技术研究、工艺装备、智能制造系统、智慧工厂及智慧产品等方面展开。

在基础支撑技术方面,开展了适应于飞机制造工况及其产品的智能传感器、基于大数据技术的各种工况感知信息的采集与处理、分布式实时的信息物理网络、虚拟建模,以及半实物仿真等技术的研究。在工艺装备方面,开展了基于视觉监控的机器人焊接单元、智能化钻铆执行单元、测控一体的五坐标加工单元、基于力感知的磨削执行单元、柔性化工装定位单元等研究。在智能制造系统方面,正在开展制造系统的分布式网络化管控、多机器人的协同控制、工艺与装备的信息交互与过程优化、系统状态监控与智能化加工决策、制造过程数值仿真与工艺优化等技术的研究。在智慧工厂及智慧产品方面,对于工艺布局规划与虚拟工厂、智能仓储与物流、工艺知识库、智能化生产调节等已取得突破。

4.3.2 航天制造数字孪生的关键技术

1. 面向生产现场实时监控的全参数化虚拟空间建模

针对航天系统制造特点,结合数字孪生系统虚拟空间建设的需求,以车间物理原型为基础,建立包括各类装备、工人、工装、工具、在制品等在内的车间要素的高精度数字化模型,实现制造车间的全数字化和生产要素参数化。为了实现数字孪生体的行为同步,须在虚拟环境中基于统一的规范化描述和行为表示,对各类制造对象采集多种动态行为数据,对实体行为及其融合关系进行建模和映射,包含了数字孪生系统运行时物理、虚拟及交互实体的结构与行为信息。该模型通过绑定机制实现了物理实体和虚拟模型之间的联系,并可支持异构模型的集成。

1)制造设备数字化建模

在 CPS 认知层上,建立机器的 CPS 模型是制造设备数字孪生技术的关键。利用 CPS 模型,人们可以预测机器在预设的工作任务下所对应的工作表现,进而建立信息、机器与人交融的环境,从而确定智能控制策略,实现物理空间与信息空间的相互协调、交互、动态控制,最终实现智能制造。

数控机床 CPS 模型(见图 4-14)的建立主要包括以下三个关键点。

(1)以数控机床全生命周期中所产生的大数据为主,结合数学物理建模和方法,建立动态的数控机床 CPS 模型。数控机床的全生命周期包括开发、设计、制造、安装调试、使用、维护维修直到报废回收等多个阶段。特别是在数控机床全生命周期中最重要的使用阶段,操作者利用机床、刀具、夹具和工件组成的工艺系统进行了大量的调试、试验、试切、加工、工艺试验等工作,产生了海量的信息和数据,如控制指令、跟随误差、加工功率等,这些信息和数据应得到有效的采集,并在信息空间中进行存储和挖掘。另外,在该机床的使用过程中,操作者逐步积累了使用经验和工艺知识,这些知识和经验也应在信息空间中有效地保存和利用。将这些大数据与理论模型相结合,将会进一步提高数控机床 CPS 模型的完整性和准确性。因此,应以在数控机床全生命周期中存储在信息空间中的信息、数据和知识等大数据为主,结合数学物理模型和方法,建立动态的、不断进化的数控机床 CPS 模型。

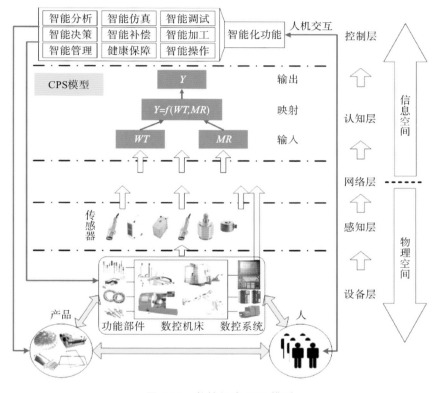

图 4-14　数控机床 CPS 模型

（2）以数控系统内部产生的电控数据为主,构建数控机床工作过程的 CPS 模型。数控系统由数控装置、伺服驱动、伺服电动机等部件组成,是数控机床自动完成切削加工等工作任务的重要控制单元。对于数控机床的 CPS 模型,数控系统既是物理空间(PS)中的重要物理资源,又是信息空间(CS)中的重要信息资源。在数控机床的工作过程中,数控系统内部会产生大量由控制信号和反馈信号构成的原始电控数据,这些数据对机床的工作任务(或称为工况条件)和运行状态进行了实时的、定量的、精确的描述,具有非结构化和多维度的特点。相对于在机床上增设外部传感器获取数据的方法,从数控系统内部直接获取的电控数据更加基础、完整和可靠。因此,数控机床工作过程中的电控数据可通过多种途径获取,如通过外部传感器、直接从数控系统内部获取等,并且数控系统内部电控数据应成为今后构建数控机床 CPS 模型所需大数据的主要来源。

（3）充分采集和利用描述数控机床工作任务的信息和数据。通常,数控机床按照操作者输入的加工程序（G-code）,在数控系统的控制下,逐行执行加工程序中的 G 指令,完成特定的工作任务,如完成某一发动机缸体零件的加工。目前的大部分研究,通常是采集数控机床工作过程中的运行状态数据,如主轴电流、主轴振动频率和幅值等,在时间域和频率域对数据进行分析处理,进而试图建立数控机床工作过程的 CPS 模型。

2）装配工具统一建模

装配工具在产品装配过程中必不可少,因此,实现虚拟环境下使用装配工具的装配操作仿真对于数字孪生系统具有重要意义。数字孪生系统对装配操作的基本要求是高拟实性与实时性。装配工具信息建模是实现装配工具操作仿真的前提。实际装配线上所使用的装配工具具有功能多样、结构与工作过程复杂的特点,这就为装配工具统一建模带来了极大的挑战。为了解决上述问题,装配工具模型必须满足如下要求:

（1）包含足够多的工程信息,能够支持操作过程中的自动推理,以判断装配工具操作,如操作对象的选择、定位与驱动等的合理性;

（2）包含精确定位信息,能够支持虚拟环境下装配工具定位;

（3）包含工具机构组成与运动信息,能够支持工具操作过程中的机构运动仿真,以保证装配工具操作的真实性;

（4）包含足够的驱动信息,支持对操作对象的实时驱动,以操纵装配对象完成装配任务;

（5）能够适应各类装配工具信息的表达。

对装配工具在产品装配过程中的作用与功能进行分析,并据此将装配工具分为拧紧工具、敲击工具、上胶工具、测试工具等。其中:拧紧工具主要用于螺纹连接件的拧紧操作,敲击工具主要用于销、键等连接件的装配,上胶工具主要用于粘接操作,测试工具主要用于检测装配质量。

虽然装配工具在功能与操作过程上存在很大的不同,但在结构及驱动过程上存在一定的相似性。在结构上,装配工具都由若干零部件组成,各个零部件之间按照一定的装配关系构成各种机构,机构各构件之间可以进行相对运动。在驱动过程中,工具一般都具有驱动部件与执行部件。驱动部件可以直接被驱动,通过各个机构将动力传动到执行部件,再由执行部件驱动操作对象完成装配操作。

通过上面的分析可以发现,装配工具与产品具有相似性。为了能够适应各类装配工具的表达,笔者借鉴了产品的建模方式,建立了各种子模型,并采用语义将各子模型连接,通过各种子模型的组合对装配工具进行表达,从而建立了基于语义的装配工具统一模型,如图 4-15 所示。

(a)

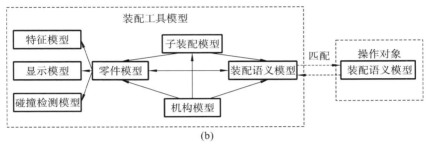

(b)

图 4-15 基于语义的装配工具统一模型

(a)多层次装配工具统一模型;(b)装配工具各子模型及工具操作对象与装配语义之间的关系

整个装配工具模型由若干子模型组成,按照子模型所描述信息的不同,可以将其分为几何层、组件层、关系层、功能层及应用层。

几何层子模型由特征模型、显示模型、碰撞检测模型组成,主要用于几何计算与可视化。其中,特征模型采用 B-rep 方法描述零件的几何特征,如特征面、特征线及特征点等,主要用于装配操作过程中的推理计算;显示模型与碰撞检测模型的含义和零件模型(见组件层)中的显示模型与碰撞检测模型相同。

组件层子模型由零件模型、子装配模型组成,用于表达装配工具的构成信息。其中:零件模型是装配工具的底层构件,由一个或多个特征模型、一个显示模型及一个碰撞检测模型组成;子装配模型是装配工具的上层构件,由两个或两个以上零件、子装配件甚至其他工具构成。

关系层子模型由装配语义模型组成,用于表达组件层各子模型之间的装配关系,以及装配工具与其操作对象之间的装配关系。图 4-15(b)所示是装配工具各子模型及工具操作对象与装配语义之间的关系。操作对象可以是零件或者子装配件,其与产品其他装配对象之间的装配关系采用装配语义进行描述。装配工具各组成构件,以及工作构件与操作对象之间的装配关系也采用装配语义进行描述,且将装配工具工作构件与工具操作对象之间的装配语义称为工作语义。若装配工具的工作语义与某一对象的装配语义相匹配,则该对象可以作为装配工具的操作对象。

功能层子模型由机械机构模型组成,用于描述装配工具工作过程中各构件相对运动关系与参数信息。一个完整的机械机构模型包括两个及以上的构件、构件之间的装配语义模型,以及机构运动参数。其中,装配语义模型不单表明了组成该机构的各构件之间的装配关系,还表明了各构件之间的相对运动关系。

应用层装配工具信息包含该工具选择、操作所必需的接口属性,如名称、编号、动力类型(手动、半自动、自动)、功用类型(拧紧、敲击、测试、夹紧等)、状态(固联、工作、复位)等。

扭力扳手是装配中常用的工具之一,以此为例采用本章提出的建模方法进行建模。如图 4-16 所示,扳手一般由一个手柄和一个可更换的拧紧头组成,手柄与拧紧头之间利用语义装配在一起。该扳手拧紧头为内六角型,尺寸为 M8。操作对象只能是带有外六角头的螺钉、螺栓类零件。扳手模型表达如下:

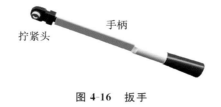

图 4-16　扳手

扳手{

//应用层信息

　　名称＝"扳手"

　　编号＝"No.1"

　　动力类型＝"手动"

　　功用类型＝"拧紧/拧松"

　　状态＝"空闲"

//功能层

　　机构表＝{手柄与拧紧头之间采用"型轴型孔配合语义"构成机构;}

//关系层

　　语义表＝{型轴型孔配合语义(手柄与拧紧头之间);型轴型孔配合语义(拧紧头与操作对象之间)}

//组件层

　　子装配库＝{手柄与拧紧头组成子装配;}

　　零件库＝{手柄;拧紧头;}

```
//几何层
        特征库＝{内六角特征(参数 M8);}
        显示模型＝{手柄;拧紧头;}
        碰撞模型＝{手柄;拧紧头;}
}
```

3）事件驱动的虚拟空间生产活动建模

（1）事件驱动的行为模型建模方法。

通过建立行为模型，实现数字孪生系统对现实条件下生产现场行为、操作和状态的模拟，从而确保虚拟空间运行机制的拟实性。行为模型由地址层、行为元素层和行为属性层三层组成。地址层主要反映行为的总体信息，是关于该行为模型的索引指针或地址。行为元素层是构成行为模型的一系列元素和元素关系的集合，它包含各元素的种类、数量，元素间的驱动、被动关系及与运动方式或反应机制相关的元素本体上的关键点、线、面。行为属性层是一系列行为属性（包括行为方式、角度、距离等属性）的集合，反映的是工程仿真和分析等应用系统需要的运动属性。行为元素层和行为属性层是行为模型的核心内容，是保证数字孪生的仿真准确性和拟实性的基础。

（2）运动学分析。

在元素模型的基础上构建数字孪生系统行为模型，主要涉及一系列元驱动动作和元反应行为集合。面向数字孪生系统的元驱动动作或元反应行为进行行为规则构建，在运动学模型分析的基础上将一系列元驱动动作和元反应行为集合在一起，构成车间生产过程中的整体行为模型，可充分表达车间生产过程中人、设备、材料的运动行为和反应机理。

对设备行为的研究是车间制造活动的行为模型建模的主要工作之一。以加工设备行为为例，数字孪生环境下设备每一时刻运动量均需通过外部采集数据结合运动学模型来解算，因此构建设备行为模型时首先要对其进行运动学分析。设备的运动是通过正向运动学模型进行驱动的，在数字孪生环境下输入一组平移和角度值，即可计算其位置和姿态，从而在数字孪生平台中进行仿真。

2. 航天产品制造过程虚实空间数据同步

在数字孪生系统中构建航天产品生产线三维模型，采集实际生产过程的相关信息并在虚拟环境中展示。针对航天武器系统制造特点，在实现生产状态的数据采集与发布的基础上，研究物理车间多源数据在虚拟空间的同步方式，所采集的数据来源包括加工工位数据终端、各类数据采集系统，依据这些数据的传输和应用特点，将数据同步分为实时同步和异步同步。

数据同步方案架构图如图 4-17 所示。

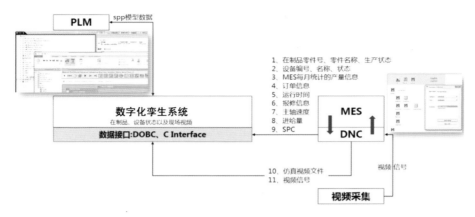

图 4-17　数据同步方案架构图

1）三维运动姿态仿真

（1）OpenGL 类库。OpenGL 是开放性图形化类库 open graphic library 的缩写。OpenGL 是 SG 公司为图形工作站 IRIS 开发的一种快速、高质量的开放三维图形程序库，OpenGL 的显示效果与硬件没有直接关联，它提供了强大的点、线、面和曲面操作函数，并在光照、材质、阴影等图像处理方面有专门的功能函数，其独特的双缓存技术使得动画效果更真实。可利用 OpenGL 软件，根据 glBegin（）和 glEnd（）函数对之间顶点的位置坐标、颜色值、法向量值和纹理坐标信息绘制出复杂的三维模型。OpenGL 建模的基本步骤如图 4-18 所示。

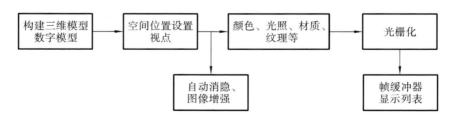

图 4-18　OpenGL 建模的基本步骤

（2）基于 OpenGL 的运动姿态仿真方案。基于 OpenGL 的运动姿态仿真方案的关键技术是模型动态调度技术，即对底层模型进行动态实时调度——对大型场景（包含 4 GB 或更多的模型数据）进行自动分块调度与显示，自动卸载场景中不可见的三维模型及纹理数据。在该过程中需要提高显示速度，保证平台交互操作的流畅性与实时性。其算法如图 4-19 所示。

以工业机器人为例设计实时运动姿态仿真程序的流程如图 4-20 所示。在三维运动姿态仿真模块子窗口的 OnCreate（）函数中调用 InitOpenGL（）函数设

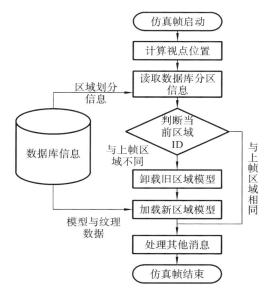

图 4-19　动态实时调度算法

置窗口像素格式、绘图设备上下文等，完成 OpenGL 环境的初始化。调用 RenderStockScence() 函数绘制坐标轴、地面等静态场景的三维模型；根据机器人各轴连杆变换关系，调用 RenderRobot() 函数绘制机器人三维模型，将机器人各关节角的值定义为全局变量。

在与机器人通信时，当机器人工作子线程向界面线程发送 WM_OPENGLRECV 消息时，系统会调用 OnOpenGLRecv() 消息响应函数，该函数具体流程如图 4-21 所示。在该函数中，调用根据机器人运动学模型编写的逆运动学函数 Invkinematics()，传入机器人关节坐标，计算出当前时刻机器人各关节角的值，通过 SetJointAngle() 函数将计算出的值赋给关节角的全局变量，调用 InvalidateRect() 函数重绘窗口，实现机器人三维模型的实时运动。

2）基于传感器的数据实时同步

针对机床等数字化装备，利用多种传感器，通过自动化软件、工厂控制器（如 PLC 和 HMI）进行连接，传感器连接到 PLC。当传感器被触发时，PLC 发出布尔值给仿真工具，仿真工具进行仿真的可视化，建立公共的数据同步模型，实现物理对象数据与虚拟对象数据的直接对接。

该技术方式的核心是将虚拟仿真模型与真实的 PLC 连接，使用试运行的虚拟空间测试相应系统的 PLC 控制性能，并通过可视化 3D 模型与控制框架进行验证，如图 4-22 所示。

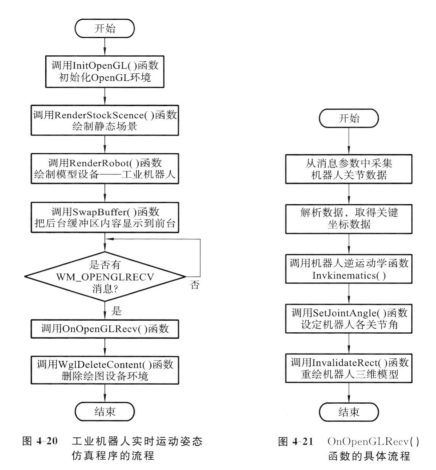

**图 4-20　工业机器人实时运动姿态
仿真程序的流程**

**图 4-21　OnOpenGLRecv()
函数的具体流程**

3）基于数据库的数据异步同步

异步方式的数据同步核心是采用中间数据库作为采集数据的中继存储。由于制造现场所采集的数据大部分会直接发送到 ERP 系统、MES 等系统，而这些数据是分散采集的，但在使用过程中需要按照一定的时序使用，因此需要以中间数据库的形式对采集的数据按照车间运行时间的时序和逻辑进行存储，以供虚拟空间使用。

中间数据库包括工艺资源库、工装夹具数据库、数控装备数据库、工时信息数据库、质量信息数据库、人力资源数据库、在制品与成品数据库。工艺资源库用于记录航天武器制造过程各环节的生产工艺；工装夹具数据库用于记录工装夹具的应用和存储状态；数控装备数据库用于记录数控装备有关性能和工作状态的参数；工时信息数据库用于按照工人、装备等分类记录工时信息；质量信息

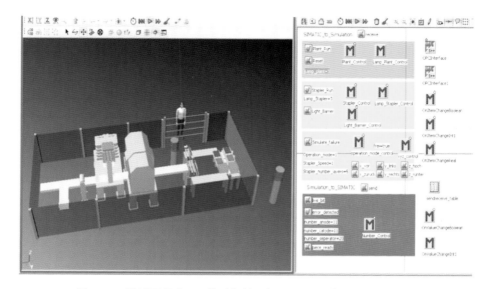

图 4-22 通过可视化 3D 模型与控制框架验证系统 PLC 控制性能

数据库用于记录生产过程的质量信息；人力资源数据库用于记录人力资源分配、使用情况；在制品与成品数据库用于记录零部件的制造进度等信息。上述信息记录数据库为虚拟空间模型的运行、车间工艺优化、资源配置优化提供基础数据。

4）基于时空分析和推理的虚实空间数据的同步

由于数据采集手段的限制，物理空间内部对象的状态数据不能实时采集和获取。以加工制造各事件过程中对象之间的关联关系为基础，利用物理对象的时钟概念及其对应的空间未知变化的时间差来形成空间逻辑，给出时空顺序图的逻辑标识和形式描述，用来表示不同对象之间的位置关系和状态关系。随着时间的推移，对象之间的位置关系和状态关系也随着不同事件的发生而相应地发生变化，因此可以进行相应的时间序列分析和推理，获得不同对象的活动状态，从而实现基于时空分析和推理的虚拟空间数据的同步。

4.3.3 航天制造数字孪生技术的应用

1. 面向数控机床的数字孪生技术

数控机床的数字孪生（digital twin）模型是指存在于 Cyber 空间，在虚拟机床模型与全生命周期指令域大数据模型协同、交互、共融下，形成的可动态进化，并可对物理空间进行反馈控制的数字化模型。

从上述定义出发，数字孪生模型有如下四个特点。

（1）物理空间机床的数字化描述。主要分为两个层次：一个是指令域大数据模型，一个是大数据模型。指令域大数据模型记录了数控机床全生命周期的指令域数据；大数据模型主要是以指令域大数据为基础的机器学习及深度学习等数据模型，用于对数控机床进行描述。

（2）物理空间机床的模型化描述。主要分为两个层次：一个是物理模型，一个是3D数字模型。物理模型主要是机、电、液、热、材料和控制等理论模型，用于对数控机床进行描述；3D数字模型是可视化仿真的基础。

物理模型和指令域大数据模型的关系分为三个层次，分别是协同、交互和共融。在物理模型和指令域大数据模型协同中，两种模型彼此相对独立，可单独执行，并完成相应的功能，这是数字孪生模型发展的第一个阶段。物理模型和指令域大数据模型交互是指可以依据大数据的相关信息对物理模型参数提出修正建议，而物理模型可以为指令域大数据模型提供理论上的解释，这是数字孪生模型发展的第二个阶段。物理模型和指令域大数据模型共融是指指令域大数据模型和物理模型深度融合，形成具有更好准确性和稳定性的模型，这是数字孪生模型发展的第三个阶段。目前所提出的数字孪生模型普遍处于第一个阶段。

（3）动态进化。数字孪生模型必须是动态进化的，而不是静态不变的。数字孪生模型应随着物理部件状态的变化而变化，应及时更新当前模型的参数，使得模型处于动态进化过程中。

（4）闭环控制。利用Cyber空间的数字孪生模型可反向控制物理机床，实现物理空间和Cyber空间的闭环控制。

数字孪生技术是智能控制的关键技术，主要有如下五个作用。

（1）追溯机床的历史行为。借助于指令域大数据，可以通过工作任务检索，对历史数据进行查阅，进一步追溯机床历史上的行为，对机床故障的分析提供重要依据。

（2）监测机床的运行状态。通过指令域大数据可对机床的运行状态进行实时监控。而物理模型与指令域大数据模型融合，可以较好地提高机床运行状态监测的准确性和稳定性。

（3）预测机床的性能。通过数字孪生模型，可以实现对机床性能的预测，比如对加工性能、机床健康状态的预测，进而实现对机床的健康保障。

（4）优化机床设计。利用数字孪生技术，可在进行物理模型与指令域大数据模型协同、交互和共融的情况下，动态地评估当前机床的不足，提出优化机床结构的设计方案。

（5）群体智能的基础。数字孪生模型作为数字化模型，是知识传播的重要载体,具有较好的迁移性,是数控机床集群群体智能的基础。

2. 数字孪生车间

数字孪生车间基于新一代信息技术和制造技术,通过物理车间与虚拟车间的双向真实映射与实时交互,可实现车间全要素、全流程、全业务数据的集成和融合;在车间孪生数据的驱动下,可实现车间生产要素管理、生产活动计划、生产过程控制等在物理车间、虚拟车间、车间服务系统间的迭代运行,从而在满足特定目标和约束的前提下,达到车间生产和管控最优化。

数字孪生车间主要由四部分组成,即物理车间、虚拟车间、车间服务系统、车间孪生数据,如图 4-23 所示。物理车间是车间客观存在的实体集合,主要负责接收生产任务,并严格按照虚拟车间仿真优化后的生产指令组织生产活动。虚拟车间是物理车间的忠实数字化镜像,它的任务是对生产计划、活动、指令等进行仿真、评估及优化,并对生产过程进行实时监测、调控与预测。虚拟车间本质上是模型的集合,它的任务是不断积累物理车间的实时数据与知识,在使物理车间高度保真的前提下,对其运行过程进行连续的优化。车间服务系统是各类服务系统功能的集合或总称,在车间孪生数据的驱动下,为车间的智能化管控提供支持,包括设备故障诊断及维修服务、生产计划服务、产品质量控制服务等。车间孪生数据主要包括物理车间数据、虚拟车间数据、车间服务系统数据,以及三者在综合、统计、关联、聚类、演化、回归及泛化等操作下衍生的融合数据,它为数字孪生车间孪生数据的共享、集成与融合提供平台。

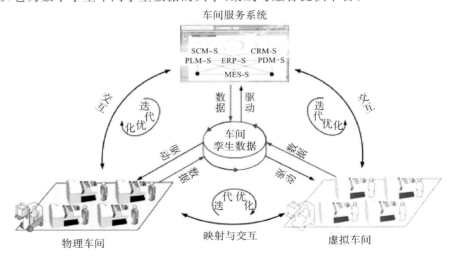

图 4-23　数字孪生车间主要系统组成

资料来源　陶飞,张萌,程江峰,等.数字孪生车间——一种未来车间运行新模式[J].
计算机集成制造系统,2017.23(1):1-9.

以航天某焊接车间的数字孪生车间为例,焊接数字孪生车间能够在 Cyber 空间完整真实再现整个物理车间,帮助企业在实际投入生产之前即能在虚拟环境中进行企业流程优化、仿真和测试,在生产过程中也可同步优化整个企业流程,最终打造高效的柔性生产车间。

1) 车间生产仿真

焊接数字孪生车间能够对焊接车间的生产系统和过程进行建模和仿真,在开始生产之前确保生产系统和过程的效率达到最高值。通过让工程师在虚拟焊接车间中看到计划产生的结果,焊接车间可以避免把时间浪费在解决现实车间中的问题上。智能焊接车间布局仿真软件工作流程图如图 4-24 所示。

图 4-24　智能焊接车间布局仿真软件工作流程图

焊接数字孪生车间具备建模、仿真、优化功能,可以实现面向分组加工、面向订单生产,达到高效、优质、稳定、集约化的柔性制造过程的仿真和验证。仿真验证可帮助车间实现快速响应,在多线并行交叉生产情况下实现均衡稳定生产,找到最佳模块合并方式,最大化利用立库箱储和柜储的资源。

数字孪生车间的运行过程是物理车间、虚拟车间及车间服务系统在车间孪生数据的驱动下,两两之间不断交互与迭代优化的过程。车间服务系统根据生产任务产生资源配置方案,并根据物理车间的实时状态数据及虚拟车间的仿真、预测数据等对其进行迭代优化与调整,实现生产要素的最优配置;车间服务系统将生成的生产计划传送至虚拟车间进行循环验证与迭代优化,实现生产计划最优;虚拟车间实时地监控物理车间的运行,根据物理车间的实时状态不断进化,并迭代反馈优化策略以指导物理车间的生产,实现生产过程最优化。数字孪生车间在迭代运行与优化的过程中得到持续的完善与提升,车间孪生数据也不断更新与扩充。

2) 在线漫游

在数字孪生系统中构建焊接车间生产线三维模型,采集实际生产线的相关信息,实现虚实结合(见图 4-25),并在虚拟环境中展示,实现焊接车间的在线漫游。

在车间漫游过程中,可以直接查看每台机床的保养信息,包括保养时间、保养人、检查结果、每日检查时间、每日检查者、设备定期保养人、设备定期保养时

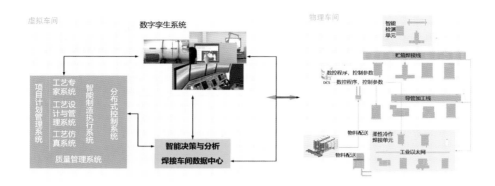

图 4-25　虚实结合示意图

间、设备定期保养遗留问题、设备定期保养完成时间等信息。机床的保养信息由 MES 实时传递给数字孪生系统。

在车间漫游过程中,可以查看线边库的信息,包括合格产品零件号、合格产品零件名称、合格产品数量、不合格产品零件号、不合格产品零件名称、不合格产品数量、待检产品零件号、待检产品零件名称、待检产品数量等信息,了解库存情况。线边库信息由 MES 实时传递给数字孪生系统。

在车间漫游过程中,可以查看设备生产信息(见图 4-26),包括订单号、零件编号、零件名称、工序号、当前工序持续时间、当前运行时间、当班运行时间、机床主轴转速、进给量、当月运行时间等信息。设备生产信息由 MES、MDC 系统实时传递给数字孪生系统。

3)产品生产过程实时监控

在 3D 车间环境中,在制品当前位置、当前状态均可实时显示:在系统中选择正在生产的产品,可显示该产品所有基本信息,包括型号、图号、批次号、研制阶段等基本信息;同时通过动态数据采集,可看到该产品当前所处的生产阶段,总装过程中实时反馈装配过程。3D 场景可通过鼠标进行相关操作,包括选择对象、视点操作(远近变换、平移、旋转等)。动态信息可以根据需要保存起来,为产品计划管理和质量追踪提供支持。

4)面向增强现实的生产辅助

基于智能传感器网络的动态感知技术,以及智能监测实时信息、混合现实的孪生对象协同交互与智能理解技术,可以实现数字孪生模型中模型数据-实际焊接舱段空间位姿数据融合,同步驱动模型位姿调整与变形,通过虚实融合的在线仿真优化,指导大型舱段旋转对接等可视化操作;基于 AR(augment reality,增强现实)融合和反馈技术,辅助指导焊接现场操作,处理工艺过程感知数据,提高焊接过程效率和质量。

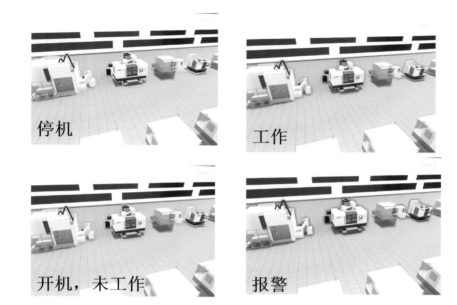

图 4-26 设备生产信息

4.4 综合集成应用

4.4.1 航天智能制造的纵向集成

纵向集成是智能制造三大集成中的关键,纵向集成的实施方案相比于横向集成与端到端集成而言更加成熟,是企业进行智能制造建设的最佳切入点。在智能工厂中,柔性的制造模式将不同层面的自动化 IT 系统集成在一起,灵活地按照生产任务进行组态,实现全集成自动化。

车间分布式控制系统作为衔接 MES 与底层生产制造资源的关键系统,建设意义重大。航天制造企业现场生产设备来自多个厂家,各自遵循不同的协议接口,上层应用如何与各种设备进行通信是需要解决的问题。

(1) 工艺参数下发。生产管理应用程序将参数内容写入接口数据库,并且通过 OPC(OLE for process control)客户端程序发出信号。数采平台异步抓取接口数据库中的数据,写入设备参数并下发至缓冲区。

(2) 现场报警处理。生产现场产生的各种警报(工艺参数报警、设备报警等),由数采平台收集后,反馈到上层应用。上层应用的守护进程检测到报警记录,立即启动相关处理流程。

（3）现场采集数据分析与使用。数采平台的实时数据、历史数据，通过接口传递到现场生产管理应用程序，以供在不同应用场景下分析使用。

作为数字化工厂的信息中枢，MES 在数字工厂架构中起着承上启下的作用，企业层的 PLM 系统把产品结构、BOM、工艺规划、工艺规程等生产工作包传递到 MES，同时生产单元通过 MES 直接调用 ERP 系统中的订单和资源信息，MES 根据工作包和订单创建生产任务计划并派发到车间，开展车间生产。生产过程中的实际生产反馈信息包通过集成自动化系统采集后传递到 MES，在 MES 中进行分析与变更确认；在 MES 中将实际生产的反馈结果数据包再传递到 PLM 系统，作为项目和质量的过程交付物用于产品系统的更改和风险分析、影响性分析的依据。同时，将生产过程中采集到的资源消耗、非计划设备停机等信息上传到 ERP 系统中，对生产的成本进行记录和核算，并分析它们对生产成本的影响。

数据集成平台汇集来自 MES、SCADA 系统、ERP 系统、物流系统、质量系统、PLM 系统等系统的生产数据、现场实时数据和分析数据，为中控室显示提供数据来源，为各个业务系统的交互提供技术支持。其中，来自 MES 的数据包括生产计划数据、生产执行进度数据等，来自 SCADA 系统的数据包括设备实时状态和异常信息等数据，来自 ERP 系统的数据包括主计划及其完成进度、仓库物料等数据，来自 PLM 系统的数据包括 BOM、工艺文档等数据。

通过系统纵向集成实现航天智能制造全过程的实时反馈、闭环控制。如图 4-27 所示，实现四个层次的闭环。

（1）实现 ERP 系统、PLM 系统、MES 之间的实时反馈、闭环控制。当生产计划、产品设计变更时，虚拟信息及时反馈给 MES，并进一步向下传递；ERP 系统和 MES 交互，快速地调整实际生产中的生产计划和排产计划。

（2）数控设备通过传感器、PLC、嵌入式系统、生产线控制系统实现信息感知、分析及反馈控制，实现自身的闭环控制。

（3）通过物联网、互联网，MES 实时采集生产现场信息，包括设备状态、物流状态、人员信息等，并结合现场数据进行分析、调度优化，然后确定排产方案，下达执行指令给车间现场进行生产执行。

（4）面向整个航天产品的制造过程，通过信息技术和仿真技术，将产品虚拟设计出来，并编制相应的工艺和针对工艺进行生产计划安排，然后物理车间按照设计、工艺、计划把虚拟设计变成现实产品；而通过物联网，现实生产过程、产品信息等又可以实时地反馈到虚拟 3D 车间中，通过对闭环反馈信息的分析，进一步提升产品研发和车间生产能力，并提供信息供经营分析决策用。

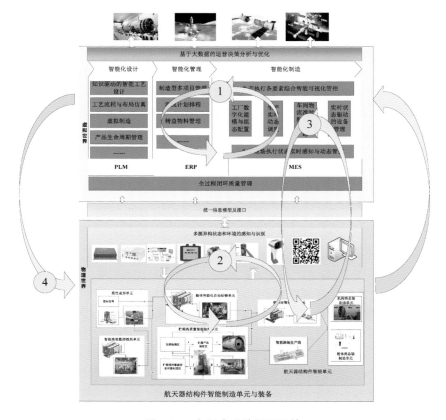

图 4-27　多层次系统闭环反馈

4.4.2　航天价值链的横向集成

航天产品的生产制造具有单件小批量生产、研制交互、交期硬性满足、供应链结构复杂、供应不及时情况频发、产品结构深度和广度兼具等特点。除此之外,航天产品具有系统复杂、投入巨大和风险较高等特点,这对质量可靠性也提出了极高的要求。这些特点在很大程度上加大了航天产品生产管理和供应链管理的难度,具体体现在以下方面。

(1)供应链辐射结构复杂,协同管理困难。航天产品的生产主要以总装中心为主体,同时也涉及部分部装、外配套、外协生产任务。由于 BOM 兼具深度和广度,涉及作业单位多、约束条件多、生产周期长,航天产品的供应链过程管理中量化程度及透明化程度不足。此外,还缺乏系统层面的供应链管理方案以指导各个单位协同生产。

(2)供应不及时导致生产计划可执行性不高。在航天产品生产过程中经常会出现物料无法按时到达,上游半成品无法及时到位等供应不及时的情况,这些问题一旦发生,就会导致制订的生产计划无法执行,同时也会引起供应链其他环节的变动。

(3) 生产现场突发状况经常发生。航天产品的生产是一个研制过程,在生产现场,经常发生各种突发状况(如设备故障、人员调动、工艺变化、工装调整等),在产品型号数量较多、工作任务紧张时,调度人员很难掌握生产现场全部信息,并实时调整生产计划以响应各类突发状况。

这些问题是传统供应链管理无法解决的问题,而随着物联网和数字技术的发展与应用,通过横向集成实现企业之间全产业链的集成,以供应链上下游之间的合作为主线,通过价值链及信息网络的互联,传统的线性供应链可发展成为数字化的、动态的供应链网络系统。该供应链网络系统可实现数字与实体世界之间的信息流动,推动企业间研产供销、经营管理与生产控制、业务与财务全流程的无缝衔接,完成物流和资金流的转化与增值,从而实现产品开发、生产制造、经营管理等在不同企业间的信息共享和业务协同。

第5章
航天钣金件数字化制造技术

钣金件包括蒙皮、壁板、口框、型材框环、桁条、板弯框环等,是航天产品的主要结构件。钣金件制造技术是航天产品制造的关键技术之一。本章从钣金件制造过程的特性出发,主要分析钣金件数字化制造的内涵、技术和系统,分别对钣金件回弹补偿、工艺过程智能设计、成形模具设计、数字化检测技术进行论述,最后结合典型航天钣金件制造过程说明上述技术的集成应用。

5.1 钣金件数字化制造内涵及过程特性

钣金件具有零件品种多、材料种类多、成形工艺方法多等特点。随着现代航天产品性能指标的不断提高,航天产品结构不断改进,钣金件结构日益复杂、新型材料不断应用、制造周期和质量要求也不断提高。精确和高效是制造技术追求的永恒主题。研究怎样使成形出的零件既符合质量上的要求,又符合经济上的要求也是钣金件制造技术研究的主题之一。钣金件数字制造是指应用数字技术对制造所涉及的所有对象和活动进行表达、处理和控制,从而实现钣金件的精确、高效制造。

5.1.1 钣金件制造过程的特性分析

钣金件制造是将原材料按照一定工艺过程,通过工艺装备、机床设备加工而获得形状、尺寸和性能符合设计要求的钣金件的过程。在这个过程中,要保证成本尽可能低,产生的价值尽可能大。将钣金件制造过程纳入航天产品制造的大系统中进行分析,它由两个相互联系的子过程构成,即工程设计过程和成形加工过程。工程设计过程是技术人员根据钣金件设计模型设计出钣金制造模型、制造指令、成形模具等制造数据模型的过程;成形加工过程是操作人员按照制造指令,利用制造资源生产出钣金件的过程。钣金件成形加工是通过使毛料在设备和工装的作用下产生塑性变形来获得所需半成品或成品件的。钣金件制造采用的专用设备也较多,是一种广谱制造方法。钣金件成形过程不可备控制和加工操作提供依据。

④工艺装备设计：以钣金件制造模型与工艺指令为依据，确定工装结构、移形生成工装型面，建立工装模型，并生成数控加工指令。

（3）钣金件制造系统技术。

按照并行工程的思想，通过对现有流程的建模、分析、优化和重组，建立全新的数字化制造流程，支持组织运行模式的变革与调整。钣金件数字化制造流程的转变主要体现在以下几方面。

①制造流程：根据数字化协同并行研制的需要，改变某些业务重叠、分工模糊、各部门之间交互烦琐的现状，建立各专业联合的协同并行设计制造方式。

②信息传递：改变基于模拟量传递的制造方式，建立以数字量作为制造依据、以模拟量作为检验依据的数字表达和实物表达相结合的数字量传递控制体系，保证较高的制造精度。

③生产管理：改变传统的钣金件加工工艺布局和生产流程，按照"一步法"等钣金件数字化制造方式组织专业化生产，建立车间数字化管理系统和现场运行监控平台，从物料流、信息流等方面实现系统的集成。

3. 钣金件数字化制造系统

钣金件数字化制造系统是钣金件制造过程所涉及的硬件及其相关软件所组成的有机整体，如图 5-1 所示。钣金件数字化制造系统是以钣金数控成形设备、计算机网络环境和钣金件制造数据库系统为基础，将钣金件制造数据的定义、管理和应用与数字化技术相结合，由钣金件工程设计子系统和钣金件车间数字化管理系统构成，在钣金件制造数据共享、钣金工艺知识服务和产品数据管理等平台的支撑下，通过信息集成、知识集成和过程集成实现钣金件数字化制造的系统。其中：钣金件工程设计子系统的作用是基于生产数据的传递转换、制造知识的共享重用和过程的并行协同，完成钣金件制造模型定义、工艺指令设计、工艺参数设计、成形模具设计、工艺过程分析与仿真；钣金件车间数字化管理子系统的作用是基于制造信息的共享和集成应用，完成钣金件制造信息现场应用、车间制造执行计划制定、现场数据采集与反馈等。钣金件数字化制造系统对各种钣金件制造信息均以数字量形式定义、管理和应用，能以数字量驱动钣金件制造全过程，实现高效、高质量成形。

从集成的对象来看，钣金件制造数据包括制造过程中产生的生产数据和体现制造能力的制造工艺知识，因此，钣金件数字化制造集成体现为信息集成、知识集成和过程集成。通过信息集成提高制造系统的信息处理效率；通过知识集成支持钣金件制造数据的智能化设计，提高企业的创新能力；通过过程集成消除制造系统各过程之间的间隙、优化制造系统运行。

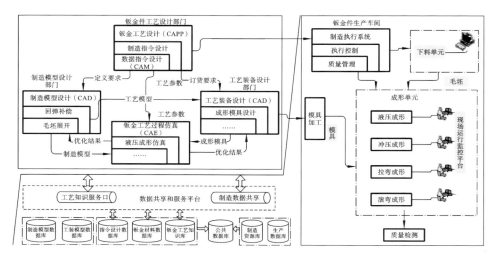

图 5-1　钣金件数字化制造系统

从集成的维度来看：在纵向上，集成钣金件制造知识和生产数据库，建立知识共享服务平台和转换接口，打通钣金件制造数据集成应用知识流；在横向上，集成钣金件毛坯展开与工艺模型定义、工装数字化设计（CAD）、成形工艺设计（CAPP）、零件成形过程仿真分析（CAE）、工装数字化制造及零件的数字化制造（CAM），打通钣金件制造数据数字量驱动的数据流。

钣金件数字化制造系统运行模式的变化体现在以钣金件制造为中心的技术手段、业务过程、传递控制体系等方面的变革中。对于钣金件数字化制造系统的构建，上述各方面的变革相辅相成、密不可分。根据钣金件数字化制造系统模型和运行模式，按照钣金件工艺过程规范及制造模型、工艺装备等模型信息内容，基于知识进行信息的定义、传递和应用。钣金件制造工艺过程设计、制造模型设计、工装设计制造和成形加工等业务活动的运行特征主要包括：基于全三维模型实现钣金件制造信息定义的数字化，基于单一数据源实现制造全过程信息的集成化，基于专用软件工具实现模型设计的快速化，基于钣金件制造知识库实现工程设计的智能化，基于集成平台实现工艺工装设计的协同并行化，基于工艺技术研究实现知识积累的动态化。

（1）基于全三维模型的制造信息数字化。钣金件制造的数字量传递贯穿整个制造过程。以零件全三维模型为依据，完成工艺方案确定、工艺参数计算及相关工装、设备的选择，生成规范的数字化工艺文件；以设计模型和工艺参数为依据设计全三维的制造模型；以成形工艺模型为依据确定模具结构，移形生成成形模具型面，设计模具；以钣金件制造模型、工装模型为依据，生成设备控制参数和指令，驱动设备完成钣金件加工。

（2）基于单一数据源的制造信息集成化。钣金件制造的生产数据采用集中存储和管理的方式，形成单一数据源。各应用系统按照接口规范从各类数据和知识管理系统中提取钣金件设计模型、制造指令、制造模型和工装信息进行业务活动，完成后把结果存储到数据库之中，实现同一信息在不同应用系统和不同用户间的共享和集成。其中，采用基于工艺模型数字量传递的工程设计模式，以零件工艺模型（包括考虑成形工艺因素的钣金件型面信息）作为工程设计唯一的数字量依据，而不是直接依赖零件原始数模，改变反复试错的制造方式，保证零件成形后的精度。

（3）基于专用软件工具的模型设计快速化。计算机辅助设计、仿真和知识服务平台提供了钣金件制造信息数字化定义的基础软件平台，而钣金件结构各异、制造工艺种类多，使用适合某一类零件成形的专业设备，针对每类工艺均需配备专门的制造要素设计技术。根据钣金件结构特征及成形工艺方法特点，应用基于这些软件平台开发的制造指令设计、框环零件展开、整体壁板展开、框环零件回弹补偿、型材零件回弹补偿、拉弯数控编程、蒙皮拉伸成形数控编程等专用软件工具，实现各类模型设计的快速化。

（4）基于制造知识库的工程设计智能化。按照钣金件种类和形状各异及工艺决策依赖经验的特点，在工程设计过程中以数字化的形式重用企业在长期生产实践中的制造知识，包括典型解决方案、经验参数值、生产实例数据等，并动态更新知识库中的知识和信息组元，实现基于知识的工程设计智能化决策，改变基于经验、以试错为主的钣金件制造模式。

（5）基于集成平台的工艺工装设计协同并行化。在产品设计端，把钣金件结构要素的工艺约束知识和实际的设计过程结合起来，分析工艺特征，考虑制造过程中的约束和信息需求，实现面向制造的设计；在钣金件制造端，并行开展工艺过程设计、模型定义、成形模具设计等工作，各个软件平台提供了工程设计统一的入口，固化了数字化制造流程，对数字化制造各个业务过程进行管理和控制，实现钣金件制造过程及平台内各子过程的集成，协同完成钣金件制造要素设计。

（6）基于工艺技术研究的知识积累动态化。钣金件数字化制造系统的重要支撑是专业应用软件工具、工程应用数据库和工程规范。但它们的工程性非常强，与制造过程、制造资源和制造环境有着密切的关系。钣金件工程设计工具、知识库、相关规范不仅仅需要一次性的"初装"，更需要在应用过程中的不断充实、完善和更新。因此，钣金件数字化制造系统的持续运行需要长期的工艺技术研究作为支撑。通过对新材料成形规律、新结构件成形方法、新成形工艺等方面的研究，不断获得新的规律、数据，不断地丰富和发展应用工具和数据库，实现钣金件制造技术的动态升级和发展。

5.2 钣金件成形工艺过程智能化设计

钣金件成形工艺过程设计贯穿于从原材料到制成零件的整个工艺路线,包括加工方案的设计工作,其目的是保证钣金件制造的高质量、低成本和高生产效率。本节主要讨论钣金件制造指令智能设计和工艺参数智能设计方法,根据钣金件类型确定相应的工艺过程,再根据所属类型零件的几何形状和工艺特征,逐步生成钣金件成形工艺路线及详细加工方案。

5.2.1 面向制造过程的知识重用

钣金件制造要素设计是由不同的人、针对不同的任务、在不同的时间和地点、使用不同的软硬件系统完成的。从重用的主体分析,面向制造过程的知识不但可为同一个人所使用,而且可为不同的人所使用,这要求知识以数字编码形式存储并可访问;从重用所存在的问题求解过程分析,面向制造过程的知识不但可以在同一个问题求解中使用,而且可以在相似问题求解中根据相似程度使用,这要求知识分类清晰;从重用的目的分析,同一个知识对象可能在不同类型的问题求解中使用,这要求知识具有不同的表现元;从重用的时间分析,要求知识在能够永久地存储的同时,还具备动态更新的能力,以适应技术的发展;从基于知识的系统分析,为满足不同的系统对同一知识库的访问需求,要求实现领域概念的标准化,建立统一的术语库。因此,尽管知识使用这一行为存在于问题的求解过程之中,但要建立知识重用方法,必须研究领域知识表达和存储方式,研究知识检索和提取方法,使用这些知识完成决策过程,最终形成问题的解。知识重用方法研究的对象是在知识生命周期中知识对象的创建、存储、转移、共享及相应的方法与技术。

如图 5-2 所示,知识重用是对已有知识的使用,知识重用包括两个基本的过程:一是知识的获取、表示、存储和管理,建立知识库,即知识建模或知识编码;二是重用,在具体领域问题解决过程中使用已有知识,根据问题的相似性对已有知识进行检索,即知识使用或知识译码。

狭义的重用是指在问题求解中重复使用已有知识这一行为,确切地说是"知识使用"。比如,基于实例的推理过程包括实例的检索、重用、修正和保存四个过程,实例重用只是其中的一个子过程。这种观点成立的前提是已有知识已经存储并且可用,显然,这种观点反映的只是使用过程,而无法反映出知识全生命周期。知识使用与知识创建、表示、存储及管理过程密不可分,共同构成知识的重用。为了重用知识,必须能够获取知识,以永久的形式存储知识,对各类知

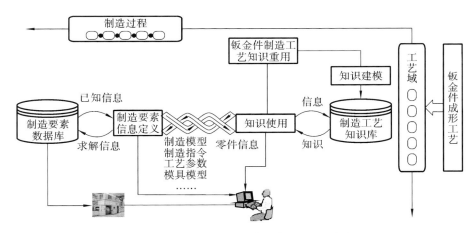

图 5-2　钣金件数字化制造中的知识重用框架

识进行动态管理,并且在数字化制造中能够以实际的方式使用知识。

1. 钣金件工艺知识库构建过程

钣金件工艺知识从用途上分为:①用于建立工艺知识的信息,包括材料性能数据和工艺基础信息;②用于工艺过程规划的知识;③用于局部工艺过程中工件、过程和模具设计的知识,按照不同的工艺进行分类。钣金件数字化制造数据库系统及应用工具采用基于 web 的 B/S 模式,基于 J2EE 平台开发,客户端只使用单一的 browser 软件,使用和维护工作简单易行,同时能够支持各种网络结构和异构平台,通用性强,能有效地共享专家知识与经验知识,满足制造企业对统一知识源集中存储和分散应用的需要。

钣金工艺知识包括原始知识和新知识。原始知识通过导入接口以其他数据格式批量导入知识库;在知识库使用过程中通过知识管理界面进行新知识的更新。知识的添加、修改和删除按照知识管理流程进行,以保证知识的科学性、准确性和规范性。钣金件制造知识库建设过程分为三个阶段。第一阶段为构建准备阶段,这一阶段的任务主要包括人员准备、知识源准备、软硬件准备、数据库框架构建、管理制度建立等。第二阶段为知识采集与处理阶段,这一阶段的任务主要包括基础知识、工艺知识、工艺参数和工艺资源各类型知识的采集、编辑和处理等。第三阶段为知识入库阶段,这一阶段的任务主要包括各类知识的校审检查和入库。

2. 钣金件制造知识库集成应用

钣金件成形工艺设计决策过程如下:①进行问题的定义,作为决策对象的钣金件信息需通过集成接口读取,该信息用以描述当前零件,可作为知识推理的依据;②使用知识库内的知识进行推理,以知识库系统为主;③在计算机提供方案的基础上，由设计人员做出决策和修改；④形成问题的求解方案，以人的智能结构为主，形成的信息直接作用于信息模型或以模型参数的形式用于信息模型设计。因此，基于知识的钣金件制造要素信息数字化定义既是与其他信息定义软件工具集成应用的过程，也是人机协同使用知识进行推理的问题求解过程。

钣金件制造知识库存储各类钣金件制造知识，并可以动态扩充。钣金件制造数据库存储钣金件设计、成形工艺和资源信息。钣金件制造知识重用工具能够重复使用和动态更新知识库中的知识组元，基于钣金件制造知识进行工程设计决策。信息定义工具使用知识重用结果进行信息模型的定义，从而实现以数字化形式重用企业生产实践积累的制造知识，改变以经验和试错为主的设计模式。

5.2.2 钣金件成形工艺过程及设计方式

1. 钣金件成形工艺过程组成及其效果评价

钣金件成形工艺活动是在将原材料加工成钣金件的过程中改变并最终确定钣金件状态的各种活动，钣金件成形工艺过程是设备和执行者相互作用的复杂综合体。组成工艺过程的最大单元是工序。组成工序的全部活动可以分为两种：一种目的在于完成直接加工产品的基本动作；另一种目的在于为"完成"创造必要条件的辅助动作，如被加工对象在机床上的定位、夹紧，加工后制品的拆卸和取出等。将工序分解为基本动作和辅助动作，对制定完成该工序所必需的时间定额是很必要的。

钣金件成形工艺过程设计是产品设计和生产之间的桥梁，是根据零件设计信息和分工路线、可用的资源信息和工艺信息，设计从坯料到成品零件的工艺过程方案。具体而言，钣金件成形工艺过程设计是以零件模型为依据，根据尺寸、性能等方面的要求，针对具体的制造环境，完成全局工艺过程规划和工序规划，生成规范的工艺文件，提供给车间作为钣金件加工的指导。工艺过程设计的输入和输出如图 5-3 所示。从系统的观点分析，工艺过程设计包括全局工艺流程设计和局部工艺参数设计。从功能和物理两个方面对钣金件成形工艺过程进行研究。在功能方面，从全局的角度，研究钣金件生产过程的工序组成和工序之间的功能关系及相互联系，形成的是工艺流程（工艺路线或工艺方案）；在物理方面，从局部的角度，研究如何按某种物理或化学原理控制工件的形状和改变工件的性能，形成的是工艺参数及数控代码（驱动设备控形）。

工艺过程设计是一项复杂而细致的工作，工艺过程设计必须合理，以保证钣金件制造的高质量、低成本和高效率。具体零件工艺过程的完善程度可以用

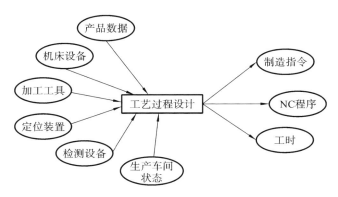

图 5-3　工艺过程设计的输入和输出

以下各项技术经济指标来综合评价：①该工艺过程所能保证的零件质量；②劳动生产率的水平及机械化和自动化的程度；③制造的成本；④实行该工艺过程的劳动条件；⑤工艺过程与先进的生产组织形式相符合的程度；⑥与掌握该工艺过程有关的劳动量和生产准备周期；⑦柔性，指产品生产计划发生变化时，工艺过程能保持很高的技术经济指标。

2. 工艺过程智能化设计方式

钣金件成形工艺过程设计在生产准备工作中劳动量大，迫切要求提高设计者的劳动生产率。在数字化制造环境中工艺过程设计的手段、方法发生了深刻的变革。计算机辅助工艺规划（CAPP）的发展改变了工艺过程编制的方式，工艺过程设计的依据已不是传统的图纸，而是数字化模型和数据库信息，工艺过程设计决策依靠的也不仅仅是设计人员的经验，还依靠知识库中的大量知识。按所重用的知识及工艺过程设计决策方式的不同，提高工艺过程设计效率的工艺过程智能化设计方式有三类，即派生式（variant approach）、创成式（generative approach）和半创式或综合式（semi-generative approach）。

钣金件的制造，在工序的先后顺序上有很强的规律性，无论是弯曲件还是拉深件，其基本工序都包括下料、成形（弯曲或拉深）、热表处理等。对于主要成形工序，每个零件工艺参数有所不同。因此，可以采用综合式工艺决策方式，如图 5-4 所示。在综合式工艺过程设计决策中，对于零件的全局工艺过程的工序组成、顺序安排及工序内容规划，主要通过零件的特征信息编码，检索得出合理的工艺流程，即采用派生式方法；对于局部工艺过程的定量工艺参数，根据零件的几何形状和工艺特征，按照其工序规律进行过程逻辑决策，即采用创成式方法。最后逐步生成零件工艺流程及每一个工序的详细内容。

钣金件具有品种项数多、所用材料多、成形工艺多、工艺装备多等特点，要从以下两个方面研究知识表达和推理方法，全面建立钣金件工艺过程智能化设

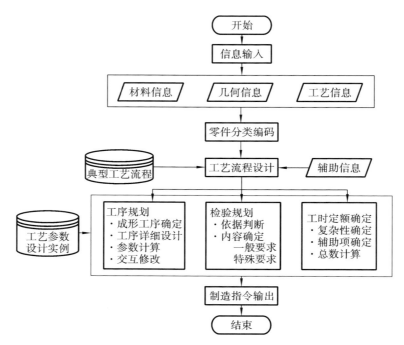

图 5-4　钣金件综合式工艺过程智能化设计流程

计方法:一是零件分类和流程典型化,零件分类后凡是属于同一种类的零件,原则上应该有共同的工艺过程,难点在于如何对不同零件进行分类及零件种类数量如何确定;二是将制造整个零件或加工一些个别结构特征,或者是这些结构特征的组成的工艺问题规则化,其难点在于深入研究零件特征,将大量的资料归结为明确表达的工艺问题决策规则,基于这些规则进行工艺流程和工序内容的设计。

5.2.3　钣金件成形工艺流程智能化设计

钣金件成形全局工艺过程设计的结果是相互联系的工序组成的工艺流程。对于工艺过程的工序组成、顺序安排及工序内容规划,派生式方法是一种有效的方法,派生的源工艺过程可以是典型的工艺过程,可以是表型(实例型)的工艺过程,也可以是基型的工艺过程。基于知识的工艺过程设计系统支持从工艺过程到工序等信息的定义。对于典型钣金件,通过归纳总结典型方案,根据各种条件检索得到合理的工艺过程;对于非典型零件可以依次采用基于通用知识的设计方式来完成。

对于典型钣金件,编码系统提供了钣金件分类树的全貌,设计人员既可以按照钣金件分类树逐层选择零件类型,也可以跳过中间某几层直接从最终分类中选择,系统按照设定的零件特征项的码值检索得到典型工艺过程。对于少数非典型零件,基于典型知识和实例知识无法检索到相应的工艺过程,采用基于通用知识推理的创成式设计方法,使用工序规律、零件特征与工序等知识结构的拓扑不变量,根据零件的信息自动生成工艺过程。

1. 钣金件信息综合分类编码

零件的分类编码,是采用成组技术的重要环节,也是计算机辅助工艺设计的基础之一。把零件按结构和工艺特征进行分类,可以减少图纸的数量,并为编制典型的工艺流程、采用高效率的机床和工艺装备奠定基础。分类是通过把大量不同的零件归并成有限数量的"型",对每个"型"确定问题的解决方案。编码方式一般有两类:一类是单一式编码,又称为分级编码,采用树状结构,零件编码数列的某一位数字没有独立的含义,不能单独地起作用,而必须把它和它前面的几位数字联系起来,才能说明其含义;另一类是复合编码,又叫数位含义固定编码。采用这种方法,某一数列的某一位数字表示零件的某一方面的特征,可以不依赖于其他几位数字而单独起作用,成组技术中大多采用此类编码。经过分类编码的每一个零件都采用某一数列的号码表示,数列中每一位号码的含义都与零件的形状、尺寸、材料等某一特征有关。在企业对知识进行获取的过程中,采用编码方法表示零件的"型",与典型工艺流程组合形成零件工艺流程设计典型知识单元,与模块化工艺流程框架组合形成零件工艺流程设计基型知识单元;在工艺流程智能化设计中,根据交互设定的相似元通过码值直接匹配判断是否有适合目标零件的知识单元。

将原材料、零件和原材料转变成零件的过程作为一个综合体进行研究,不仅适用于零件本身结构的描述,还适用于确定分类特征与工艺流程之间的关系和规则,以便实现覆盖广泛的钣金件工艺流程智能化设计。钣金件分类编码方法总体上采用分段式结构,由 15 个码位组成。零件代码分为两个信息段,第 1 位到第 10 位为设计信息段,描述零件的材料、功能和结构特征,第 11 位到 15 位为工艺信息段,描述零件的工艺特征。各码位的码值,对于取值源自标准规范的特征项,如材料牌号,采用原表达方法,对于其他特征项则通过归并分类用十进制数字表示(见表 5-2),码值为 0 表示此码位为空。

表 5-2 部分钣金件特征项分类编码

特 征 项	分 类	码 值
材料性能	热处理可以强化,有时效期的材料	1
	热处理可以强化,无时效期的材料	2
	热处理不能强化的材料	3

特　征　项	分　　类	码　值
材料状态（供应状态）	退火	1
	淬火或正火	2
热处理	软化（退火、回火）	1
	强化（淬火和回火、淬火和时效）	2
表面处理	底层包覆层	1
	装饰层和保护层	2
	强化层	3
成形工艺	刚性应力状态成形（弯曲、拉深等）	1
	柔性应力状态成形（旋压等）	2

1）第 1 位到 9 位："族-类-型"码

根据钣金件特征多样性的特点，把零件按材料品种分族，按零件的功能粗类分类，按零件典型结构分型，划分示例如图 5-5 所示。前 9 位共同构成"族-类-型"为主体的基本码，码值采用十进制数字表示。

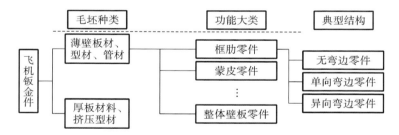

图 5-5　钣金件"族-类-型"划分示例

制造零件的工艺流程不仅与零件的结构形式和给定的性能要求有关，还与毛坯的尺寸、形状、精度和表面粗糙度有关，即种类繁多、结构各异的钣金件与毛坯之间有一定联系，毛坯决定了工艺流程最主要的内容——形状的形成过程，其特征项包括：毛坯的形状与零件形状的符合程度、毛坯外形和剖面尺寸及其精度与零件的尺寸及其精度的符合程度、毛坯的非加工表面的粗糙度等级与零件主要表面的粗糙度等级的符合程度。

2）第 10 位：结构构型码

结构构型表示零件结构要素的构成，是详细设计零件制造指令、制造模型及进行工艺性评估等任务的依据。根据零件的"树"状结构，结构构型用该类零件结构要素集合来表示，即通过把结构要素归类并建立十进制数字码值来表示。

3）第 11 位到 15 位：工艺码

第 11 位到 15 位是工艺码，表示零件的工艺特征，编码时码值可以为空。其中，工艺要求主要指工艺设计时必须考虑的某些要求，如工艺余量、焊接要求、高精度要求及协调性要求等。工艺要求虽然是组合信息，但其全组合数量有限，采用十进制数字表示。生产批量也是影响成形工艺方法选择的因素之一，对于同一零件，其试制和批量生产可能选择不同的成形工艺。

2. 钣金件成形工艺流程设计知识库

钣金件成形工艺过程设计知识包括典型零件、典型操作、典型流程和工艺过程规划知识（见图 5-6），从企业作业指导书、生产指令中获取，用于构造典型工艺流程设计知识和工艺指令设计。对于钣金件制造，一种类型的典型零件可能有多种加工方法，也有可能多种类型的典型零件使用同一种加工方法，在知识库中建立零件信息和典型工艺流程的关联关系，组成工艺流程设计知识。工艺流程典型化的基础是工序的典型化，工序典型化的基础是工艺术语的标准化。因此，首先构建钣金件成形工艺流程设计领域本体，然后基于本体构建钣金件成形工艺流程设计信息单元，再将钣金件成形工艺流程设计信息单元转化为典型知识单元。

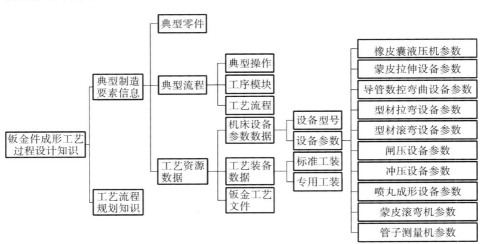

图 5-6　典型钣金件成形工艺过程设计知识型谱图

钣金件成形工艺过程设计知识库从钣金件制造作业指导书、成形工艺规范、各型号指令数据中获取下料、橡皮囊液压成形、蒙皮拉伸成形、型材拉弯等典型操作、典型零件、典型工艺流程、工艺资源等数据。典型操作知识如图 5-7 所示。

图 5-7　典型操作知识

3. 基于知识的钣金件制造指令智能化设计

基于知识的钣金件制造指令智能化设计过程如图 5-8 所示,采用"检索→重用→修订→保存"的推理模型。在知识库建立过程中,通过分类编码把大量不同的钣金件归并成有限数量的"型",针对每个"型"建立标准工艺流程方案。如果知识库中不存在该当前零件的完整方案,则根据成形工艺流程模块、毛坯种类与工艺流程之间的关系、功能大类与主成形工艺之间的关系、结构要素与工序之间的关系等基型的工艺流程设计知识进行推理,重构形成当前零件的工艺方案。具体操作包括如下四步。

(1)检索:由工艺人员在典型工艺流程设计知识中进行检索,判断是否有适应当前零件的工艺知识。

(2)重用:由工艺人员在模块化流程及工序模块中进行选择,对工艺知识进行重用。

工艺流程检索和重用如图 5-9 所示。

(3)修订:对选择的工艺流程进行修订,包括调整工序顺序,添加、删除和修改工序内容等,如图 5-10 所示。

①工序顺序调整:对工艺流程初解方案中工序的先后顺序进行调整。

②工序添加:对工序进行分组,并构造成工序树以便于查找工序。把工序按工艺方法分为不同的类型,即组成"工艺大类→工艺方法→工序"工艺树,工序是工艺树的最底层节点,选择工艺树中的典型工序并将其添加到当前工艺流程中。添加的内容包括工序的操作内容,以及工序对应的工艺文件和工艺装备。从知识库配置的工艺资源(包括工艺装备和工艺文件等)中选择工序对应

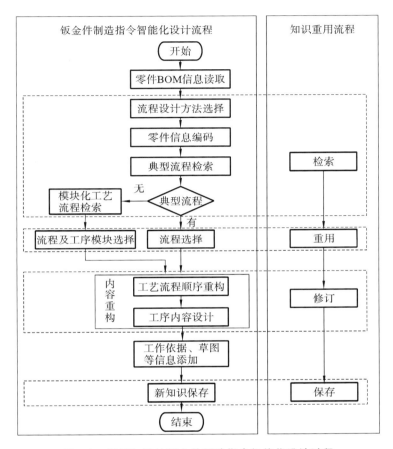

图 5-8 基于知识的钣金件制造指令智能化设计过程

的工艺资源,从而获得与当前工序的主工艺方法相关联的工艺资源。

③工序删除:选择当前工艺流程中多余的工序并删除。如果此条工序信息包含工艺装备和工艺文件,则需要先删除对应的工艺装备和工艺文件,然后再删除该工序。如果此条工序信息没有对应的工艺装备和工艺文件,则直接删除该工序。

④工序修改:对当前工艺流程中与当前零件工艺不相符的工序内容做出修改。通过机床设备、工艺装备名称、工艺文件、工种等和工艺类型的关联规则,修订工序的内容,实现工序的快速修改。

(4) 保存:由设计人员判断是否将修订后的工艺流程作为一条典型工艺流程设计知识添加到工艺设计知识库中。

图 5-9　工艺流程检索和重用

图 5-10　工艺流程修订

5.3　钣金件成形模具数字化设计

钣金件制造的本质是将设计的钣金件几何形状和尺寸通过机床设备、工艺装备准确地传递到实物工件上。在钣金件生产过程中，除了使用多种通用的机床、工具及测量设备外，还要设计和制造大量专用的工艺装备对工件进行加工成形、检测检验，以及在工艺装备之间进行协调移形。钣金件的尺寸传递过程即尺寸信息从零件设计数据、形状控制数据、成形模具尺寸再到零件实物尺寸转变的过程。模具是零件形状控制数据的载体。随着制造技术的发展，成形模具的设计依据从模拟量发展为数字量，设计方式从依赖经验到基于知识不断发展，设计与制造效率和质量随之逐步提高。本节在分析钣金件成形模具特点的基础上,讨论模具设计制造依据的进化过程,论述典型钣金件成形模具设计技术。

5.3.1 钣金件成形模具结构特点

钣金件品种多、外形复杂、尺寸各异、成形工艺方法多,这些结构及制造工艺方面的特点决定了作为赋形载体的钣金件成形模具结构具有以下一些特点。

1. 成形模具结构富于变化

钣金件包覆在模具上成形,模具的基本形状以所成形零件为依据,模具结构方案设计主要由零件特征决定,零件不同,所对应成形模具结构形状也不同。成形模具分类主要以零件成形工艺为依据,如框环零件橡皮囊液压成形模具、蒙皮拉伸成形模具、型材拉弯模具、导管弯曲成形模具等。成形模具结构较传统冲压工艺中的刚性凹凸模具简单,一般只需半模,但是由于零件结构各异,模具结构富于变化,如橡皮囊液压成形模具依加强结构形式不同富于变化、型材拉弯成形模具依截面形式和成形方式的不同而富于变化。

2. 模具型面并非简单地直接从零件型面移形

成形模具外形主要取决于零件型面形状,但并不是简单地直接从零件内型面或外型面移形,模具型面与零件型面二者之间存在着差异。首先,在模具尺寸上,钣金件包覆在模具上,模体结构可分为工作部分和非工作部分。工作部分与零件相贴合,主要由成形零件形状确定,必须与零件形状一致或与零件形状相近,不同类型零件的模具工作部分形状变化较大;非工作部分主要用于保证模具结构的完整性、稳定性、强度和工艺性要求,设计时可在不超出标准要求的范围内由模具设计人员自行确定,结构相对较灵活。其次,对于模具型面形状,如果考虑零件成形后的弯边回弹变形影响,模具工作型面还需要在局部与零件型面产生一定偏离,以补偿回弹量。因此,模具型面是对零件型面进行扩展、延拓与局部变形修正而得到的。

3. 参数化表达困难、标准件少

在普通的冷冲压模具中,通常由于使用模架,其中的大部分零件的参数都是标准化的,在设计时可以直接选用,而钣金件成形模具外形由零件传递而来,一般多为复杂的曲面,难以采用简单的参数来描述。虽然单个成形模具结构并不复杂,但模具数量大,模具中使用的标准件却很少,只有定位销钉、销钉保护帽、吊环螺钉等为数不多的几种类型。

5.3.2 钣金件成形模具数字化设计方法

钣金件成形模具的核心作用就是赋予零件形状,而成形模具型面的设计依据随着制造技术的发展在不断变化。从传统的航天产品制造技术到现代以数字化为核心的制造技术,成形模具的设计依据从模拟量到数字量不断衍变,移形过程从手工反复试错发展到数字化设计与数控加工,成形模具设计效率和质量不断提高,钣金件制造效率和质量亦随之逐步提高。

在钣金件数字化制造过程中,钣金件加工部门提出工装订货申请后,制造模型定义部门定义成形工艺模型,作为模具设计的依据;工装设计部门进行模具设计,创建模具模型并传递给模具生产单位进行模具的生产制造。如图5-11所示,面向整个钣金件成形模具设计过程,对影响模具设计效率的不同问题提出解决方法,构建钣金件成形模具设计知识库,开发融合设计知识的模具设计专用工具,实现对成形模具数字化设计全程的支持,通过将基于知识库的模具结构选择和参数设计、模具型面设计(成形工艺模型型面移至模具型面、参数化驱动非型面特征设计)、模具结构详细设计、基于成形模拟的模具设计优化等多种方法相结合,构成钣金件成形模具数字化设计的解决方案,实现成形模具的快速和高质量设计。

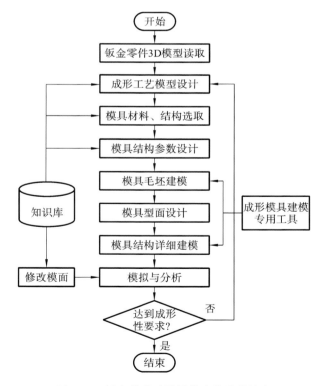

图 5-11　钣金件成形模具数字化设计流程

1）基于制造模型的模具型面设计

基于制造模型的模具型面设计采用基于制造模型的数字量传递方法，以零件制造模型为工程设计唯一的数据源，模具外形的设计依赖于制造模型中修正后的型面而不是直接依赖于零件设计型面。零件回弹造成了目标工件形状与成形后初始时刻工件外形的差异。在成形模具设计中考虑零件回弹变形等制造中可能出现的问题定义钣金件的回弹修正模型，并将其纳入制造模型体系下进行数据组织与管理。这样一方面有利于提高模具的成形精度，另一方面便于模具设计信息的统一管理，使得制造模型成为模具设计的单一数据源，模具设计人员可将更多注意力集中在模具结构的快速设计上，有利于提高模具设计效率。

2）基于知识的模具结构设计

对设计知识进行有效重用是成形模具数字化设计的重要内容。成形模具设计具有继承与知识重用的特性。在长期的生产实践中，对于不同的零件结构和成形工艺，制造企业积累了各类型的成形模具结构方案及参数设计规则，部分结构要素和标准件也遵循一定的标准。成形模具设计知识库以实现知识对设计过程的间接支持为主，充分利用企业现有设计知识与资源，通过数据库技术建立起模具典型结构库、实例库、设计规则库及相应的检索机制，在模具方案设计阶段提供模具结构及选材等知识，在模具概要设计与详细设计阶段提供各种设计标准、规则和设计参数知识，从而使模具设计趋于规范化，同时通过知识的动态积累不断实现对自身的扩充与完善。

型材拉弯成形模具结构参数是构建三维模型的关键，按照规则来源的不同又分为以下三类：和零件相关的模具型面参数、由零件参数经过一定的经验知识计算得出的参数和机床设备相关的参数。针对模具结构参数设计知识的特点，采用基于产生式规则的方法描述结构参数设计知识，L 截面型材拉弯成形模具结构参数图如图 5-12 所示，型材拉弯成形模具结构参数设计规则示例如表5-3 所示。

3）尺寸驱动的非型面结构设计

钣金件的形状特点决定了模具结构中与零件相贴合的工作部分很难用具体参数来描述，这就在一定程度上制约了参数化方法在成形模具设计中的应用，但部分与模具型面无关的非工作部分结构仍然具有可参数化的特点，如液压成形模具的毛坯、加强结构、模具标准件等。参数化设计是用几何约束、工程方程与关系来定义产品模型的形状特征，也就是对几何体上各种特征施加各种约束，从而获得一组在形状或功能上具有相似性的设计方案。目前能处理的几何约束类型基本上是组成产品形体的几何实体公称尺寸关系和尺寸之间的工程关系,故参数化技术又叫尺寸驱动几何技术。在设计工具内融入模具设计流程、规则、标准等知识,驱动成形模具非型面结构特征的设计,实现模具设计的快速化,减少设计人员的重复劳动,提高设计质量与设计效率。

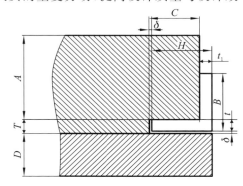

图 5-12　L 截面型材拉弯成形模具结构参数示意图

表 5-3　型材拉弯成形模具结构参数设计规则示例

序　　号	设计的参数	设 计 规 则
1	模具工作面宽度	若零件腹板宽度$=H$,则模具型槽深度$=H-t_1+\delta$
2	盖板厚度	若需要盖板,则盖板厚度$=20$ mm
3	模具工作面长度	若零件长度$=B$,则工作面长度$=B+20$ mm
4	冲头固定孔直径	若机床型号$=A-7B$且采用数控加工方式, 则冲头固定孔直径$=80$ mm

如图 5-13 所示型材零件拉弯模具模型实例,通过提取工艺模型型面作为模具型面进行成形过程模具设计。

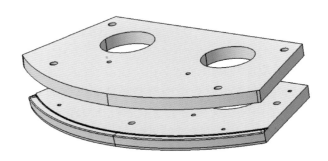

图 5-13　型材零件拉弯模具模型实例

4) 基于模拟的模具设计优化

从设计模型、工艺模型到成形模具的设计过程是一个不断迭代的过程,需要将成形模具制造的结果反馈回工艺模型,用于对工艺模型的型面进行优化。通过构建成形模拟模型,利用模具和毛坯的数模对零件进行成形及回弹模拟。将模拟结果与成形工件模型进行对比,可初步判断零件是否满足设计偏差要求。如果不满足要求,可将模拟结果与成形工件模型对比的结果反馈给工艺模型定义,用于对赋形型面初步设计的改进。这样可减少模具在实际生产中的手工试模及修模时间,大大降低零件的制造成本。

5.4 典型钣金件成形回弹补偿

面向工艺链的钣金件制造模型是以设计模型为基础,面向工艺过程所定义的控制零件制造过程的数字模型。回弹补偿工艺模型是关键的制造模型,决定了成形效率和质量。对于一般的弹塑性金属材料,其塑性加工变形中除了塑性变形,总包含一定的弹性应变,卸载后,由于弹性应变的存在及其恢复作用,成形件会发生回弹甚至进一步由此发生结构失稳而产生翘曲变形。为了实现钣金件的准确成形,通常需要对赋形形状进行修正或者控制成形件中的应力分布,使零件在卸载后得到符合设计要求的外形和尺寸。这种回弹补偿修正或成形过程控制又随钣金零件类型的不同而有所不同。下面在讨论制造模型及其数字化定义的基础上,分别针对型材零件、框环零件介绍回弹补偿算法和相应的回弹补偿技术。

5.4.1 钣金件制造模型及其数字化定义

1. 面向工艺链的钣金件制造模型

影响钣金件制造精度的关键技术因素主要有两个:一是几何模型在制造链中的传递准确度与精度,二是工艺装备的准确度与精度。这两个方面的问题分别反映到制造过程中所使用的样板、模具等工具或装备上。解决这两个方面的问题的理想方案是将工件几何信息从模拟量变为数字量,减少尺寸链,为制造过程中的每一个状态确定精确的数字化几何模型,使各个阶段的多个状态模型共同构成一个统一、一致和完备的模型,即制造模型,又称多态模型。

从模型的组织来看,制造模型全面表示了制造过程链的工件信息。它把制造过程作为一个整体,着重关注模型信息与整个制造环境的关系、组成模型的各状态间的关系及其他各层组元之间的关联方式,从而产生整体信息形态,使得工件沿着制造过程链传递而不使信息损失,如图 5-14 所示。对各个"定常状态"的模型进行组织和描述,将工艺过程中零件状态作为基本组成单元,并面向不同的应用需求将制造模型细分为工件模型和工艺模型。在工艺准备的数字空间内，制造模型各状态的信息生衍过程对应于从原材料转变为成品件的物理过程。

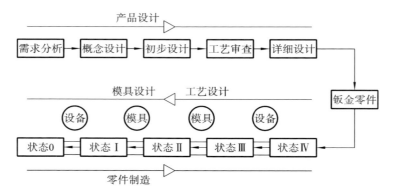

图 5-14　钣金件模型状态在设计制造过程中的生衍

从模型的定义来看，制造模型是面向制造过程的零件数字模型。其中：工件模型反映工序所成形的工件形状，可直接用于下料、成形、检验；工艺模型是在工件模型的基础上经修正回弹、加工变形、热变形等之后的模型，可直接用于工装的设计和数控编程，创建工艺模型的难点不仅在于如何确定各工序要达到的状态，更在于如何预测工艺变形量并在中间工件模型中实施补偿。制造模型表达的钣金件制造各阶段几何模型，为整个数字化制造体系中钣金件模型的传递和形状控制提供一致的、精确的数据。

从模型的应用来看，制造模型面向零件制造的各成形工序，涵盖各工序所对应的工艺设计、工装设计和成形加工过程，是数字化制造的直接体现。复杂零件制造采用多种控形工艺的组合或单种工艺的单次或多次控形，采用"面向工艺链的主要工序定义其状态信息模型→移形到工艺装备→生成数控程序→以数字量传递至数控设备"这样一个并行数字化制造过程，将改变模拟量传递和反复试错的制造方式，实现低成本、快速和精密制造。

以型材零件为例，框缘、长桁等在纵向和横向构件中广为应用。型材零件的外形结构特点和质量要求也决定了零件的成形方式选择，如对外形质量要求较高、相对弯曲半径不小于 10 的型材零件多采用拉弯工艺成形。传统上采用拉弯成形＋淬火＋校形的铝合金型材零件拉弯成形工艺过程，拉弯模具外形轮廓由零件内型面直接移形得到，零件在退火态下拉弯成形，卸载后产生回弹，导致型材零件不能满足成形精度要求，需要手工校正或二次拉弯＋手工校正，使型材零件满足零件精度要求。该方法制造效率低，周期长，对操作工的经验要求较高。淬火＋拉弯成形工艺过程属于"一步法"成形，铝合金型材零件在新淬火态下拉弯成形，选用拉弯模具时考虑零件的回弹影响，并对其进行了回弹修正，零件卸载后刚好达到成形精度要求，无须校形。该方法制造效率高，但对拉弯模具修正量与型材拉弯工艺参数的准确度要求较高。

图 5-15 所示为基于"一步法"的铝合金型材拉弯成形数字化制造过程,主要包括零件的工艺性分析、工艺过程设计、拉弯成形工艺模型设计、拉弯模具设计、拉弯模具加工及数字化检测等过程。该制造过程利用数字化的设计软件、数值模拟软件,并在拉弯工艺知识库的支撑下,进行工艺分析、工艺参数设计、工艺模型与拉弯模具的设计,在型材拉弯数字化制造过程中实现工艺模型移形到工艺装备,生成数控程序,以数字量传递至数控设备的数字化制造过程,完成对型材零件外形尺寸的数字量传递与控制,达到高效、精密成形的目的。

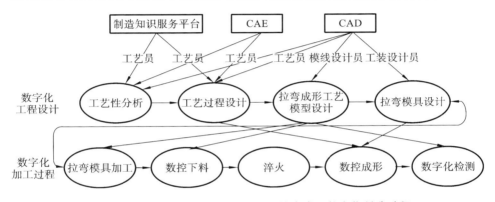

图 5-15 基于"一步法"的铝合金型材拉弯成形数字化制造过程

其中,型材拉弯成形工艺模型(即回弹补偿后的模型)是在零件设计数模的基础上,考虑拉弯成形工艺过程中因卸载后回弹对零件外形精度造成的影响,对其进行补偿而得到的数据模型。将该模型作为零件拉弯模具设计与数控指令设计的依据,是保证型材零件拉弯数字化精确成形的关键。

2. 钣金件制造模型定义过程

钣金件制造的物料流是把原材料加工成成形零件的过程,而信息流则是根据零件设计模型面向工艺链定义各个状态制造模型的过程。钣金件典型制造模型定义过程如图 5-16 所示。在制造模型定义的信息流中,各个状态的产生和衍变具有先后顺序。虽然零件工艺链是制造模型状态定义的依据,但制造模型各个状态的定义顺序与成形加工物理过程的逆过程是不尽相同的。根据设计模型面向主成形工序定义的成形工件模型是下料工序毛坯模型和成形工序工艺模型定义的依据,因此,该模型也可认为是总的工序模型。制造模型的状态面向制造工序,状态及参数取决于工艺链设计,这决定了制造模型衍化的方向和程度,而状态定义结果又反作用于工艺链的优化。

制造模型状态的生衍表现为工序控形节点上几何形状的变化,称之为状态的生衍。从结构特征来分析,每个制造状态是成形加工过程中某一时刻的工序

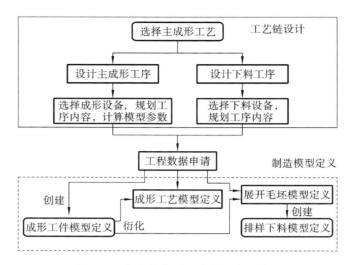

图 5-16　钣金件典型制造模型定义过程

件信息模型,状态的生衍表现为新结构特征的生成、已有结构特征的衍变和消失。钣金件几何模型由结构特征树描述,因此,状态的生衍反映为结构树中结构要素节点的产生、衍变和消失及相互关系的变化,即几何模型中结构要素种类、数量及个体要素的变化。

　　钣金件制造模型为零件在制造过程中的各个状态(阶段)提供一致的、精确的信息,这些信息包括该状态下的几何、管理、工艺等特征信息,这些信息由设计部门提供或者由工艺设计部门的制造工程师设计确定,应满足模型在规范性、完整性、可靠性和一致性等方面的基本要求,如表 5-4 所示。其中,几何建模是钣金件制造模型各个状态定义的核心,其主要功能是根据不同应用场景进行造型与结构设计,生成模型数据,应用于后续制造业务活动。一些商品化的CAD 软件中也已开发了钣金 CAD 模块,包括各种特征的造型等。为提高工艺模型建模效率和质量,需要基于模型参数计算算法和模型快速建模方法,为设计者提供用于特定结构钣金件模型处理的工具软件,如用于展开、排样、工艺特征定义、弯边回弹补偿等处理的软件工具。

表 5-4　钣金件制造模型定义的基本要求

要　　求	说　　明
规范性	制造模型应符合所要求的统一的规范和标准,模型易读、易用
完整性	制造模型应包括该模型应用所要求的全部信息,使用过程中不需补充信息
可靠性	不同钣金件同一类型制造模型的几何信息定义应稳定可靠
一致性	制造模型与所引用的设计模型、模型参数等信息应保持一致

5.4.2 典型钣金件回弹问题及解决方法

1. 典型钣金件回弹问题分析

回弹是钣金零件由于其所受的应力的减小而产生的变形恢复,是钣金零件成形的一种普遍现象。如拉弯卸载后,零件由于回弹而出现的曲率半径的变化、冲压件由于回弹而出现的与模具不贴等现象。回弹效应使按照零件的理论形状设计制造出的模具成形出的零件不能达到零件设计要求的形状。工程中一般通过两种方法来减少或补偿回弹引起的误差。第一种方法是通过调节工艺参数及模具匹配调试来减小回弹量,将成形误差限制在工程允许范围内,这种方法称为工艺控制法。由于回弹通常是不可避免的,因此通过对成形工艺的控制来减少回弹引起的误差的方法不能完全消除回弹的影响。第二种方法是通过赋形型面修正来实现对回弹的补偿,即事先在回弹变形的反方向给赋形型面一个修正量,使得回弹后的工件形状与所需要的产品形状尽量一致,这种方法称为回弹补偿控制法,理论上该方法可以彻底消除回弹对产品的影响。

伴随回弹的另一常见现象是翘曲。翘曲是零件未按照设计的形状成形而发生表面形状扭曲的一种形状畸变。零件翘曲的原因在于成形零件应力不均匀而引起不均匀变形。例如拉弯件、扭转件由于轴向不均匀变形,在截面刚度较小的方向上发生扭转翘曲。翘曲是一种失稳现象,以板料为例,成形过程中,当板内残留应力小于某一临界值时,板料能坚持其正常变形形式;但当残留应力大于其临界值时,轻微的拉力会使板突然地由原来的变形形式进入新的变形形式,也就是说,板发生失稳现象。工件产生某一变形后,抵消掉一部分原来的残留应力,使势能最小,这一变形可使工件自身维持稳定,但板面会发生翘曲。

以上两种变形中,回弹可以补偿,翘曲不能补偿,但是两者往往复合在一起,难以区分。因此,在进行回弹补偿时一定要分清变形中的回弹量,否则,在进行模具修正时,模具会发生过度修正或修废。

2. 钣金件回弹补偿方法分析

一般采用试错法结合工件回弹量对实物模具进行反复迭代修正,反复试验,直至零件符合要求。该方法一般需要大量的数据积累,效率低、周期长,对经验的依赖性强,目前在工业中应用仍较为广泛。实现精确成形的关键在于用回弹补偿后的工艺模型作为模具设计的依据,建模思路是对设计模型进行离散化处理,计算离散单元回弹量后对其进行修正和重构。框环零件模型离散化处理的方法主要有网络法和截面法两种。

近年来,数字化仿真在零件成形预测与补偿中得到了广泛的应用,采用数值模拟软件把零件型面离散为网格,使用不同的后置处理算法对变形进行预测,沿不同方向补偿回弹变形,直至成形后的形状满足精度要求。代表性的方法包括:应力反向补偿法,适于形状对称、回弹量较小的零件;节点几何位移补偿法,补偿方向有多种,如沿 y 轴方向,可以有效对简单二维零件进行补偿,如图 5-17 所示;光顺补偿法和曲面控制过弯法是对节点几何位移补偿法进行的改进,对于复杂曲面的拟合仍有难点待解决。从模型补偿的角度,目前几乎所有大型软件对复杂零件回弹数值模拟的误差和离散性都较大,预测精度仍较低,预测准确性仍然是国际上的一大难题。仿真结果准确度通常通过将仿真结果与物理试验结果对比来确定,因此,需要针对复杂零件结构和变形特点发展一种可调控的模具型面回弹补偿方法,以实现精确成形。

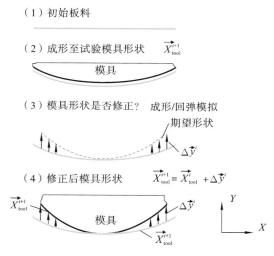

图 5-17　节点几何位移补偿法原理

与基于点离散的型面回弹补偿方法不同,基于线离散化的型面补偿方法采用解析法或智能化方法进行变形预测后进行补偿,重构形成用于模具设计的型面。对于复杂型面零件离散化处理,首先划分截面,将任意形状截面线按照离散点曲率分为圆弧段,把回弹修正后各弧段组合得到整个截面线的回弹模型。钣金零件不但外形尺寸各异、型面复杂,而且通常带有多个下陷部位,回弹不只发生在一个方向,因此,需要在分析其变形的基础上建立基于线的定量离散表达方法。对于变形预测,解析计算法是针对各种简单几何形状,基于塑性成形基础理论,建立描述零件弯曲成形的力学模型或根据经验规律建立预测函数,但计算结果与实际值有一定差距。随着人工智能的不断发展,人工神经网络、基于实例推理等方法在回弹预测之中也得到了广泛应用。从知识使用看,可使用人工神经网络建立起影响因素和回弹量之间关系的模型,前提是有足够量的知识作为样本,相关研究中知识多源于仿真结果,知识数量要求和精确度限制了其应用;也可采用基于实例推理的方法,知识检索简捷、快速,但由于实际零件尺寸各不相同,仅采用相似度评价算法也不足以实现精确成形。

从以上分析可以总结得出,面向精确成形的回弹补偿技术是综合运用计算模型、仿真工具、知识工程方法和科学试验手段,由零件几何精度和物理性能驱动,通过对成形工艺过程回弹变形的数字化建模、精确化预测和定量化控制,建立控制零件形状的工艺数模再传递到成形模具,以使零件成形后不需要加工或仅需少量加工就可满足质量要求。

5.4.3　型材零件拉弯成形回弹预测与补偿

1. 型材零件拉弯回弹量的表达

下面以型材零件为例,说明钣金件制造模型建立及定义方法。型材零件具有变曲率、变截面、带有下陷结构等特点。从外形上分析,由于通常作为支撑蒙皮的关键结构件,其外形尺寸通常是基于理论外形设计确定的。从截面上分析,型材零件的截面类型多种多样,一般常用的挤压型材有角型材、丁字型材、槽型材、Z 字型材、工字型材等。图 5-18 所示的型材是等曲率 L 型材。该 L 型材零件拉弯回弹量如图 5-19 所示。

图 5-18　等曲率 L 型材

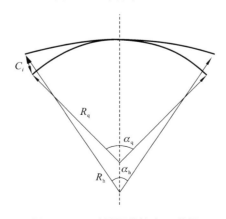

图 5-19　L 型材零件拉弯回弹量

拉弯回弹的基本表达方式有三种:回弹角、曲率半径和偏移量。其中:回弹角便于测量和计算回弹率;曲率半径便于与塑性计算理论相联系,需要专用工具测量;偏移量便于与模具比较和测量,但难以与塑性理论和经验值建立直观的联系。

图 5-19 中,C_i 表示回弹后型材轮廓线间隙,R_q 表示回弹前曲率半径,R_h 表示回弹后曲率半径,α_q 表示回弹前弯曲角,α_h 表示回弹后弯曲角。

2. 型材零件拉弯回弹量的预测

型材零件拉弯回弹量一般根据经验方法、解析计算方法或有限元数值模拟方法来预测。由于拉弯工艺参数预拉力、补拉力可以根据零件回弹情况进行适当调整,因此,拉弯成形回弹量的预测允许在一定的误差范围之内。基于数值模拟的回弹量预测是选取前述几种方法中的一种,在给定模具、材料、摩擦条件下,进行不同预拉量、补拉量或预拉力、补拉力等工艺参数条件下的拉弯成形模拟,通过后处理提取回弹数据,为模具补偿修正提供依据。下面介绍如何利用有限元数值模拟方法进行拉弯回弹量预测。

1) 有限元模型建立

提取图 5-18 所示 L 型材零件设计模型型面作为模具型面,将模具作为刚体,建立壳体模型,毛坯根据已经算出的毛料长度建模,同时创建夹头和盖板,并将各部件装配到一起,如图 5-20 所示。零件材料网格宽度为 2 mm,模具、盖板及夹头网格宽度为 10 mm,图 5-21 所示为 L 型材零件网格划分图。

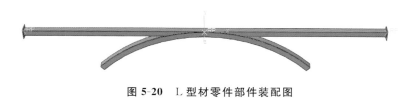

图 5-20　L 型材零件部件装配图

图 5-21　L 型材零件网格划分图

2) 数值模拟计算

拉弯成形工艺参数选择预拉量为 0.3%,补拉量为 1%,进行拉弯成形过程模拟计算(计算结果见图 5-22)和回弹模拟计算(计算结果见图 5-23)。

图 5-22　L 型材零件拉弯模拟结果

图 5-23　L 型材零件回弹模拟结果

3）回弹量的确定

根据回弹模拟结果计算 L 型材零件各段圆弧回弹后的半径值，如表 5-5 所示。

表 5-5　L 型材零件各段圆弧模拟回弹后几何数据

分 段 编 号	圆弧长度/mm	设计半径/mm	回弹后半径/mm	回弹量/mm
1	439.366	572.938	610.486	37.548
2	439.366	572.938	610.486	37.548

3. 型材零件拉弯回弹量的补偿

型材零件拉弯成形工艺模型设计流程如图 5-24 所示，对型材零件预处理后提取轮廓进行离散化处理，然后进行回弹计算、回弹补偿、型面重构，添加下陷结构形成成形工艺模型，即可将该模型用于成形模具设计。

1）型材零件外形轮廓离散过程

在 CAD 软件中对型材零件进行预处理：去除型材零件设计模型下陷结构，形成初始工艺模型，并将初始工艺模型型面作为 CAE 分析模型中模具型面；提取初始工艺模型中外形轮廓线，形成轮廓线原始模型。

型材零件的离散化处理包括轮廓线的离散化处理与外型面的离散化处理。其中，轮廓线的离散化处理采用等距离散方法，通过对 CAD 系统的二次开发，将轮廓线原始模型以给定的等间距参数离散为由若干点组成的离散点模型，然

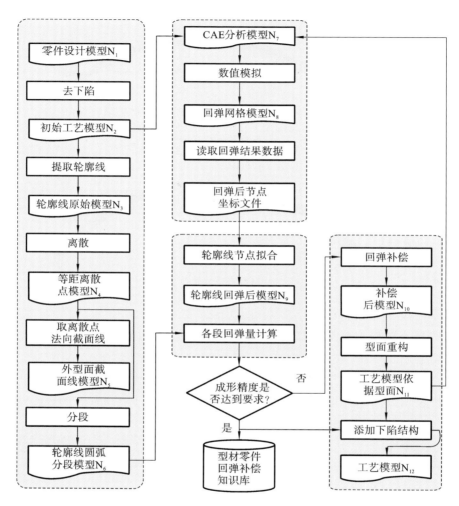

图 5-24　型材零件拉弯成形工艺模型设计流程

后根据零件的精度要求进行等曲率拟合,得到由多条直线与圆弧段组成的一阶连续曲线,即分段模型。对外型面,基于轮廓线上离散点模型的法平面进行离散化处理,通过对 CAD 系统的二次开发,将型材零件外型面沿轮廓线进行等间距法向截取,形成由若干截面组成的截面线模型,即外形截面线模型。分段模型是回弹量表达与回弹补偿的基础,外形截面线模型是保证后续工艺模型外型面精度的关键。

2)基于 CAE 的回弹计算

以工艺模型内型面作为成形模具的外型面,建立型材拉弯的装配模型,采用 CAE 分析软件对型材拉弯过程与回弹过程进行模拟,得到型材零件回弹网格模型。通过开发集成接口,读取数值模拟回弹结果文件,得到回弹后轮廓线节点坐标数据,将这些节点在 CAD 系统中拟合形成曲线,通过与分段模型进行对比、计算,将数值模拟计算得到的节点位移回弹量转化成分段模型中每个等曲率段的半径回弹量。

3)回弹补偿与型面重构

以回弹后每个等曲率段与分段模型中每个等曲率段的半径差值为补偿量,在保证各段一阶连续的前提下进行拟合得补偿后模型,将重构补偿后工艺模型依据型面作为下次模拟模具型面,通过多次迭代使得型材零件经过回弹数值模拟后最终满足精度要求,最终添加下陷结构形成工艺模型。同时将经过试验验证的经验数据存入型材零件回弹预测知识库,为基于知识的回弹预测提供支撑。

L 型材零件轮廓线分段、回弹及补偿后结果如表 5-6 所示,回弹修正轮廓线如图 5-25 所示,工艺模型如图 5-26 所示。

表 5-6　L 型材零件轮廓线分段、回弹及补偿后结果

分段编号	圆弧角度/(°)	圆弧设计半径/mm	圆弧长度/mm	回弹后半径/mm	回弹量/mm	补偿后半径/mm	补偿量/mm
左半段	43.938	572.938	439.366	610.486	37.548	515.39	57.548
右半段	43.938	572.938	439.366	610.486	37.548	515.39	57.548

图 5-25　L 型材零件回弹修正轮廓线

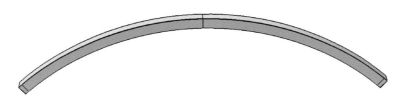

图 5-26　L 型材零件工艺模型

5.4.4 框环零件液压成形回弹预测与补偿

框环零件在火箭整体框架结构中起到重要作用，大都位于箭体尺寸和形状的控制截面上，多与蒙皮搭接，担负着控制火箭外形的作用。框环零件按零件截面形状分为 U 形（同向弯边）、S 形（异向弯边）两种基本结构，部分零件在弯边上带有加强弯边。对于框环零件，弯边类型、板材厚度、弯边高度不同的零件有相应的弯边斜角和高度的精度要求。框环零件多采用橡皮囊液压成形，主要由成形模具来控制形状，传统上采用设备粗成形＋手工精校形的方法，成形周期长、质量不高、手工劳动量大。现代航天产品的快速研制要求成形后的零件尽可能接近最终形状，特别是要求尽量减少手工修整量，实现"一步法"成形达到精度要求，迫切要求发展高效精确成形的框环零件制造技术体系。根据零件的设计模型，对零件成形后回弹进行预测与补偿，构建出可以直接应用于模具工作型面设计的零件工艺模型是实现精确成形的关键。

1. 框环零件变形量分析与表达

如图 5-27 所示，S 形截面弯边包括凸曲线外缘弯边和凹曲线内缘弯边，在内缘弯边上有内缘加强边。以零件腹板为基准，外缘弯边和内缘弯边的弯曲角度为 90°；以内缘弯边为基准，内缘加强边的弯曲角度为 90°。

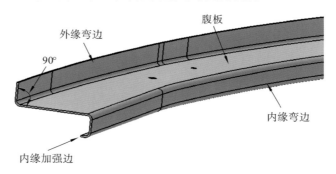

外缘弯边　　　　　腹板
90°
内缘弯边
内缘加强边

图 5-27　S 形截面框环零件结构

S 形截面大型框环零件主要的成形缺陷是零件弯边的回弹与腹板的翘曲，成形后零件的弯边、腹板变形偏差的有效表达是其后续预测与补偿的基础。

如图 5-28 所示，从弯边回弹与腹板翘曲变形两个方面对零件进行分析，确定 S 形截面大型框环零件变形偏差的组成形式为截面线弯边段产生的回弹及截面线绕弯边线转动带来的偏差。将零件弯边型面 S^{RO} 经离散化处理后得到外型面截面线集合 $\{L_i^o \mid (i=1,2,\cdots,m)\}$，任一截面线 L_i^o 按零件结构可分为圆弧段 L_i^{OA}、凸缘段 L_i^{OF} 以及腹板段 L_i^{OW} 三部分，用变形前后单弯边截面线圆弧段 L_i^{OA} 的圆弧角 α 和圆弧半径 r 的变化量对零件弯边回弹变形偏差进行表达，用

5.6 典型钣金件数字化制造应用案例

本节将选择框环、型材零件两类典型钣金件,将回弹补偿、工艺过程智能化设计、成形模具数字化设计、数字化检测等技术进行集成应用,建立数字化制造流程,并结合实例说明钣金件数字化制造技术的应用效果。

5.6.1 框环零件液压成形数字化制造应用案例

框环零件液压成形数字化制造是以橡皮囊液压成形机为主要硬件,对制造模型数字化定义、工艺数字化设计、模具数字化设计制造、橡皮囊液压成形加工等单项技术的集成应用。框环零件液压成形数字化制造流程如图 5-36 所示,具体步骤如下。

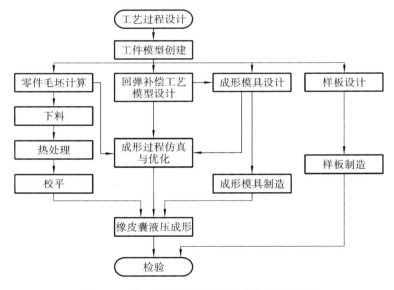

图 5-36 框环零件液压成形数字化制造流程

(1)应用钣金件制造指令智能设计工具和基于知识的工艺参数设计工具,首先对框环零件的工艺过程进行详细设计,定量化描述加工、制造模型的参数,为成形工艺过程提供指导,同时根据制造指令开展工程数据申请和工装订货。

(2)采用框环零件制造模型定义工具,依据制造模型参数和制造指令,对毛坯、成形工艺模型进行建模,形成制造模型,将其作为钣金件制造过程中工艺设计、工装设计、数控编程等各个环节的统一依据。

(3)根据成形工艺模型设计成形模具,在设计过程中检索模具设计知识库,应用橡皮囊液压成形模具设计工具快速完成模具设计,从而进行模具数控加工。

(4) 根据工艺、制造模型、工装设计数据进行成形过程仿真与优化。

(5) 将毛料、设备控制参数与模具传给橡皮囊液压成形机,进行成形。

(6) 使用样板或三维扫描仪测量,判断零件形状准确度。

某大型异向弯边框肋零件局部件(试验零件),其材料为 2024 铝合金,厚度为 1.27 mm,弯边外半径为 4.27 mm,弯曲角度为 90°,其液压成形数字化制造过程如图 5-37 所示。应用框环零件液压成形数字化制造技术对试验零件进行工艺模型定义,并依据工艺模型设计成形模具,将新淬火态零件毛坯在 QFC1.1×4-1400 型橡皮囊液压机上成形。工艺参数:成形压力为 400 bar(1 bar=0.1 MPa),橡皮硬度为邵氏 A70,保压时间为 3 s。如图 5-38 所示,零件外缘弯边斜角偏差在 ±0.3°之内,零件内缘弯边弯曲角度与设计模型角度值偏差在 −0.8°～+0.3°内变化,零件成形精度要求在 ±1°之内。

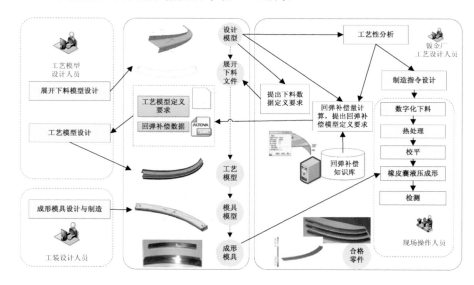

图 5-37 某大型异向弯边框肋零件局部件液压成形数字化制造过程

传统上橡皮囊液压成形框环零件工艺设计等都依赖于工艺人员经验或手册和规范,应用数字化工艺设计,能够实现工艺精细化设计,且成形后准确度高,减少了对操作人员经验的依赖。应用橡皮囊液压成形框环零件回弹预测与补偿工具能够实现框环零件的回弹预测与补偿,且该补偿工具可直接应用于工艺模型设计与成形模具设计。利用该工具实现框环零件一步法成形,提高了回弹修正的效率,同时提高了成形零件质量。

第6章
面向难切削材料的智能化特种加工技术与装备

6.1　电加工技术原理与应用

区别于传统切削加工，特种加工依靠非机械能，诸如电、化学、光、声、热等能量去除金属材料实现加工；而利用电能的电加工，是特种加工领域中最为重要的组成部分。与传统切削加工相比，电加工具有以下的显著特点：加工精度高，能克服传统加工对高硬度材料进行加工较难的缺点，此外还能显著提高加工效率和得到较好的表面质量。电加工主要包含电火花加工、线切割加工、放电铣加工、电化学加工，以及微细电加工等。

电加工技术与金属切削加工技术的加工机理不同，它不是用刀具进行切削加工，而是用可控的电能、电化学能进行非接触加工，加工中没有切削力。电加工机床是集精密机械、能量精准可控电源等高端装备和加工状态检测、伺服控制、适应控制、智能化控制技术及专用数控技术等先进技术为一体的产品。它的主要特点是可对各类导电材料、半导体材料，特别是金属切削设备难以加工或不能加工的高硬度、高强度、高熔点、高韧性、高脆性特殊材料（如钛合金、高温耐热合金、硬质合金、导电陶瓷、磁性材料等）、特殊结构，以及复杂形状零件进行高效、精密（精度为 $1\sim2~\mu m$、加工表面粗糙度 $Ra<0.1~\mu m$）、微细（如直径 $\leqslant8~\mu m$ 的微孔、$10~\mu m$ 的微轴、$1~mm$ 的微型腔）加工。随着国民经济各领域的迅速发展，各种新材料的应用越来越广泛，对许多复杂型面、微细结构零件的加工要求越来越迫切，这也正是电加工的"用武之地"，它的加工原理及性能特点，使之成为先进制造技术的重要组成部分。

在航天制造领域，电加工技术是解决材料特殊、形状复杂、结构微细的零件加工难题的关键技术，解决了大量采用一般加工方法难以加工零件的制造难题。例如：五轴联动电火花成形机床、高效放电铣削加工机床、数控展成电解叶片加工机床等，已成为航空航天发动机叶片及整体叶轮加工的关键设备；多轴数控电火花高速小孔加工机床解决了大量采用特殊材料、深径比大、小孔空间分布复杂、加工精度和表面质量要求高的发动机环形件、叶片,以及火焰筒安装边的深小孔加工;数控电火花精密微孔加工机床用于加工发动机小型叶片气膜孔、燃油喷注器喷注孔等;数控蜂窝环电火花磨削机床用于加工发动机蜂窝环;电火花钛合金加工机床用于加工钛合金网孔和深槽窄缝;阳极机械切割加工机床用于航空航天工业中大量贵重、难加工金属材料高效率低成本切割;等等。航空航天制造领域中的电加工产品如图 6-1 所示。

(a)

(b)

(c)

(d)

(e)

(f)

图 6-1　航空航天制造领域中的电加工产品

(a)带叶冠整体涡轮盘五轴电火花加工;(b)窄槽特征微细电火花线切割加工;(c)散热器群孔电火花加工;
(d)航天控制系统元件微孔微细电火花加工;(e)航空涡轮盘放电铣加工;(f)叶盘类零件电火花加工

6.2　电加工关键技术的智能化需求

自从 1943 年科学家拉扎连科夫妇发明电火花加工方法以来，电加工技术经历了半个多世纪的发展，在电源控制技术、数控系统与工艺技术等方面形成了完善的技术体系。随着制造领域新需求的不断出现，对上述关键技术的智能化水平提出了新的要求，具体分析如下。

1. 智能化电源控制技术

电源控制技术是实现高效、精密、稳定、智能化电加工的基础。目前需要改进放电加工状态检测手段、方法及控制策略，包括单放电脉冲、探测脉冲的微观检测及放电间隙电压、电流的宏观检测方法，实现更高水平的放电状态实时、快速、高保真的信号反馈传输技术；要研究根据加工状态的微观和宏观检测数据，应用神经网络、模糊控制等先进控制理论的加工状态智能化控制策略，对脉冲电源参数、电极运动方式、伺服轴运动参数及模式、工作液的流量、压力、温度、电导率等工艺参数进行智能化调整，实现更高水平的放电状态检测及智能化控制。

2. 智能化开放式数控系统

电加工设备的数控系统控制模式独特，控制内容复杂多样，必须实现加工状态控制与数控轴运动控制的高度耦合，通用机床数控系统无法实现所需的控制要求。因此，研制开放式电加工专用数控系统，对提高电加工装备的性能指标意义重大。智能化开放式数控系统应满足多轴联动、多任务、3D 图形 CAD 文件导入及连接局域网、实现异地通信和监控等要求，可根据实际需求，开发嵌入诸如放电状态实时检测、脉冲电源微观和宏观自适应控制、工艺专家数据库、智能化伺服控制、程序的编译及后处理等模块。

3. 智能化专家工艺技术

电加工工艺参数远多于传统切削加工工艺参数，极性、电流、脉宽、脉间、伺服控制等诸多参数的耦合作用，对电加工的效果与质量影响巨大。传统电加工中建立在经验基础上的工艺技术，已经难以适应越来越复杂的产品结构与各类层出不穷的新材料的加工要求。根据材料特性、加工速度与质量需求实现加工工艺自动推送的智能化专家工艺系统，将有助于提升电加工的效率、稳定性及工件表面质量。

6.3 闭式整体叶盘多轴联动数控电火花
成形加工技术与装备

电火花加工(EDM)是一种特种加工工艺,其原理是将工具电极与工件浸没于绝缘工作介质中,利用二者间的脉冲放电所产生的局部高温使工件表面熔化、汽化,达到蚀除工件材料的目的。经过 70 多年的发展,电火花加工技术以其独特的加工机理与良好稳定的加工性能,在难切削材料、复杂形面及精细表面加工方面得到了广泛应用,从而在模具制造、国防工业特别是航空航天领域占有举足轻重的地位。电火花加工具体分为电火花成形加工与电火花线切割加工。

对于电火花成形加工,以闭式整体叶盘零件为代表的复杂结构多轴数控电火花加工是难度最大,也是对工艺技术与装备技术智能化水平要求最高的应用。闭式整体叶盘类零件是液体火箭发动机、航空涡扇发动机的核心关键部件,其制造难度在火箭发动机所有零部件中是最高的,曾一度成为制约我国新型火箭发动机研制的瓶颈。采用闭式整体结构的叶盘,可大幅度提升发动机的可靠性和气动性能,然而闭式整体结构叶盘的制造是一项挑战。相较于传统的铣削加工,多轴联动数控电火花成形加工在闭式整体叶盘制造领域具有显著的优势。闭式整体叶盘在航空航天发动机中的应用如图 6-2 所示。

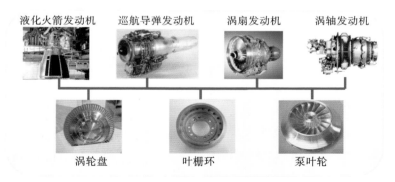

液化火箭发动机　巡航导弹发动机　涡扇发动机　涡轴发动机

涡轮盘　叶栅环　泵叶轮

图 6-2　闭式整体叶盘在航空航天发动机中的应用

电火花加工闭式叶盘的方法是:成形电极沿预先规划的进给路径无干涉地进入叶盘流道区域,蚀除工件材料,复制加工叶片形面。对于闭式叶盘,数控电火花加工工艺有着显著的优势。电火花加工将叶片复杂形面的加工要求转移到了成形电极形面,通过电极拷贝运动获得叶片形面,而多轴数控技术使成形电极可以沿着复杂的运动路径运动,有效避免了电极与叶盘间干涉的发生。电

第7章
航天材料与典型构件智能热处理技术与装备

金属热处理技术是航天制造领域的基础制造技术之一，是机械制造技术的"内科学"，决定着航天产品构件的内在质量，是提高航天产品使用寿命和可靠性的关键技术，是航天产品市场竞争力的核心要素。热处理是指采用加热-冷却方法控制相变、微观结构、残余应力场，赋予先进材料极限性能，赋予关键构件极限服役性能。热处理既是一门理论性很强的科学，又是实践性很强的技术。热处理装备是涉及多学科技术复合交叉的典型装备制造业，热处理技术与装备已成为我国由制造大国向制造强国转变必须突破的关键技术与装备。热处理技术在我国从材料大国走向材料强国、从机械制造大国走向机械制造强国的进程中具有举足轻重的作用。

国内外热处理装备产业在制造产品技术水平、关键共性技术研发投入、产品智能化和制造信息化应用、产学研合作发展模式创新、知识产权保护和人才培养等方面存在较大差距。世界各国，特别是欧美等制造业发达国家十分重视热处理在机械制造业中的作用，美国、德国和日本等工业发达国家由政府牵头、学界和企业界多方合作、精心调研，提出明确的行业发展战略，并制定了极具前瞻性和可执行性的技术路线图，为本国热处理行业未来的发展指明了方向。与世界先进水平相比，我国热处理技术与装备尚处于落后状态，材料自主创新能力低，关键构件存在寿命短、可靠性差、结构重量大等三大问题，机械装备处于竞争弱势地位。2013年年底中国工程院组织编写了《中国热处理与表层改性技术路线图》，详细论述了热处理技术体系、发展方向及先进材料热处理，为中国热处理技术与装备的发展指明了道路。图7-1所示是中国工程院热处理与表层改性技术发展路线图。

国内航天领域热处理技术水平受限于单件、小批量的研制生产模式，大多采用传统热处理工艺与装备，先进技术在航天产品上的发展与应用较为缓慢，传统经验型的热处理过程成为航天产品制造信息化的薄弱环节。近年来，国内航天领域已经开始重视数字化制造、智能生产。智能制造装备是实现智能制造的物质基础，同样，智能热处理装备是实现智能热处理的物质基础，重视智能热

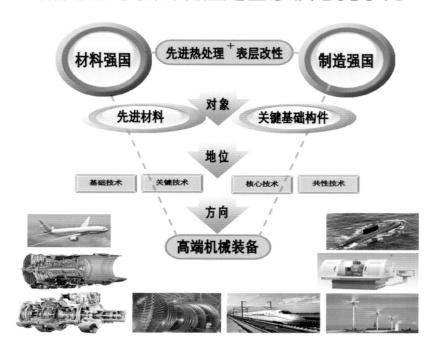

图 7-1 中国工程院热处理与表层改性技术发展路线图

处理装备与技术研发对提升我国航天热处理水平至关重要。智能化热处理装备技术包括装备制造的计算机模拟辅助设计、热处理工艺数据库建立和应用、专家在线决策服务咨询系统的智能化、热处理加工生产全过程的信息化管理、各类数字智能控制仪表和测控元器件的开发等相关技术。本章简要论述航天领域智能热处理装备与技术的进展,包括航天典型构件虚拟热处理技术、航天材料与产品热处理工艺数据库及航天热处理数字化装备与技术等内容。

7.1 航天典型构件虚拟热处理技术

7.1.1 虚拟热处理技术内涵

热处理是一个复杂动态的物理和化学过程,实际热处理生产又涉及繁杂的工艺系统和工序网络,研究热处理工艺过程耗资、耗时又费人力,需不断调整工艺参数以获得产品所需组织和性能,因此热处理研究方法要走向模拟计算、智能化。虚拟热处理(virtual heat treatment)是智能化热处理的基础,是当前热处理的重要发展方向。

虚拟热处理又称热处理计算机模拟、热处理数值计算、智能热处理、数字化热处理等,实质是基于热处理数值模拟技术实现真实热处理的仿真。在虚拟热处理中,要围绕构件的性能要求,对相变、组织、残余应力、变形及其相互关系等进行系统的计算机模拟、计算和预测,并提出优化的热处理工艺试验方案。

虚拟热处理中的计算机模拟热处理过程,可帮助工程师设计优化工具和产品热处理工艺流程,减少工艺现场试验成本,提高工模具设计效率,降低生产和材料成本,缩短新产品的研究开发周期。虚拟热处理系统将热处理模拟结果提供给工艺人员参考,帮助制定优化的热处理工艺,设计或改造热处理设备,使经过热处理的工件或产品拥有良好的质量或性能,具有快速和经济等优点。发展虚拟热处理技术的前提是具有多学科、跨学科的知识和技术基础数据库的支撑,并需要经过实验验证才能将虚拟热处理技术转化为实际热处理技术。虚拟热处理有助于经验型和粗放型的传统热处理朝着科学型和精确型热处理方向发展。

7.1.2 虚拟热处理技术范围

热处理是制造产业链中的一个重要环节,因此制造产业向数字化、智能化发展也必然引起热处理的发展,虚拟热处理的重要性不言而喻。虚拟热处理围绕热处理性能和变形要求对产品的热处理工艺制定,性能、组织预测等一系列过程提出计算机模拟优化和评估,也具有快速性和柔性等虚拟制造的共同特性。虚拟热处理涵盖了热处理的常见工艺,包括加热、淬火、退火、回火、渗碳、渗氮、感应加热、激光淬火等。

虚拟热处理架构包括热处理过程的数值模拟、热处理数据库和数据挖掘等内容,甚至还包括热处理工艺决策系统和控制系统。虚拟热处理技术的关键则是热处理数值模拟专业软件,热处理过程是温度、组织转变、应力三方面相互作用的复杂过程,要在理论上对温度场、组织场和应力场完全耦合求解是很困难的,例如淬火是在瞬间进行的,因此淬火过程数值模拟常常用来衡量虚拟热处理是否成功。由于计算能力的限制,首先只对温度场进行模拟,随后逐渐考虑材料的力学性能,随着对相变塑性等材料行为认识的深入,增加组织相变对性能的影响,从而建立了热-应力应变-组织的三场耦合模拟模型。化学热处理如渗氮渗碳等行为又须考虑成分的变化,电磁感应加热处理等须考虑电、磁场的多场影响。近二十年来,计算机技术的飞速发展和数值计算的广泛应用为虚拟热处理提供了可能,高性能计算机工作站及服务器提供了热处理过程数值模拟的工具。

7.1.3　虚拟热处理技术研究进展

美国国家制造科学中心(NCMS)在 1996 年指导成立了热处理数值模拟项目团队,成员包括美国多家大型企业和国家研究机构,如福特汽车公司、通用汽车公司、桑迪亚国家实验室等,团队重点开发与材料微观组织和宏观有限元分析相关并基于状态变量的模型,优先考虑某一钢材的数据库和淬火油、熔融盐等冷却介质的导热系数,选择齿轮的渗碳和淬火工艺过程的畸变、残余应力、微观组织的预测能力作为评价热处理数值模拟软件的最终目标。团队选择 Patran 软件进行几何构图和网格划分,选择 Abaqus 作为有限元求解器,利用这两种软件提供的二次开发用户接口,对变速箱的齿轮进行对称简化处理,将其划分成了 3 万个网格单元进行计算,最终实现了变速箱齿轮的渗碳过程模拟。该案例成为最早成功对渗碳过程进行模拟的案例,为之后的模拟工作开展指出了发展方向。

国际组织 IMS 在 2003 年组织欧盟国家、日本、韩国的一些高校、企业及研究机构成立了国际性共同研究课题组(VHT, virtual heat treatment system, IMSO10014),以热处理畸变控制为主题开展了国际合作研究,任务是以试验验证为基础,开发具有新功能、高精度的数值模拟软件,以及具有数据挖掘功能的材料数据库、热处理知识库和热处理工艺优化分析的统合型虚拟系统。

虚拟热处理最重要的目的之一是预测、控制热处理畸变。热处理畸变控制一直被广泛关注,国际上成立了零件的热处理畸变控制协会。齿轮传动是机械传动系统中最广泛的传动方式,齿轮是机械传动装置的关键重要零件,在齿轮行业中齿轮热处理畸变控制是研究最多也最深入的问题。国际热处理畸变控制协会每四年举行一次畸变控制会议,其中探讨的主要议题就是渗碳淬火齿轮的畸变及控制问题。德国不来梅大学成立了畸变工程研究中心(IWT),对零件(以渗碳淬火齿轮为主)整个加工过程中的畸变进行研究,有三个主要研究方向,即畸变机制研究,畸变检测与控制,材料基础数据库、残余应力与分析、畸变的数值模拟。英国材料工程院对渗碳钢的淬透性、钢的冶炼方式、浇注方式及锭型、锻造工艺、渗碳淬火工艺、炉型与装炉方式、微观组织与渗碳前期的残余应力对齿轮畸变的影响进行了系统的研究,对零件淬火过程中的传热过程、温度场、应力场、畸变倾向进行了计算机模拟,并通过实验进行了验证。日本也在 20 世纪 60 年代对渗碳淬火齿轮的畸变进行了深入、系统的研究,研究对象为渗碳淬火齿轮,给定齿轮设计参数、材料、热处理工艺条件,通过模拟方法量化预测其畸变,包括齿轮尺寸变化及齿形、齿向的变化等。美国则投资两千万美元来研究零件热处理畸变控制,并大胆提出于 2020 年实现零件"热处理零畸变"的目标。

在热处理模拟软件方面,SYSWELD、GRANTAS、DEFORM-HT、DANTE 等通用或专用热处理模拟软件被先后开发出来,这些热处理 CAE 软件和数值模拟技术在淬火、高频淬火、渗碳、调质和锻造等热处理工艺中得到应用,取得了较好的效果。同时,材料和冷却介质数据库也不断发展,给热处理数值模拟提供可靠的材料参数和冷却介质的传热参数,提供包括相变的热物性和力学性能参数,如日本的材料数据库 MATEQ 及冷却剂传热数据库。然而,热处理的畸变控制仍然是一个难以妥善解决的难题,缺乏大量的可靠的材料特性和冷却剂传热特性数据,热处理数值模拟的精度难以保证。

SYSWELD 是为核材料开发的焊接模拟软件,考虑相变、相变潜热和相变组织对温度的影响,热处理工艺中同样存在和焊接工艺相类似的多相物理现象,所以 SYSWELD 很快也被应用到热处理领域中并且其性能也得到不断增强和完善。SYSWELD 可以模拟的主要热处理工艺包括一般热处理、化学热处理、淬火、表面硬化、表面局部热处理、碳氮共渗、回火、调质处理渗碳、渗氮等。SYSWELD 内置一系列非常有效的工具,用于获取和校验热物理模拟的物理数据,包括热交换系数校核工具、经典的材料 CCT 曲线工具、材料冷却速率-温度-相变校核工具、焊接模拟工具、热源校验对比工具、多种热源模型编辑本段计算机模拟工具。SYSWELD 后处理模块提供的主要结果包括温度场云图,加热与冷却速率等高线或等高面,材料的显微组织矢量,变形与翘曲符号,应力 X-Y 曲线,以及塑性变形动画等。

日本专业热处理模拟软件 COSMAP,其功能除了固体的热、相变和力学行为的耦合分析之外,还具有渗碳、渗氮、碳氮共渗、气体热流动等分析功能,包含相变动力学模型和相变塑性模型等多种模型。有研究人员曾利用 COSMAP 软件对汽车使用的圆柱圆环形状零部件、轴承、齿轮和齿轮轴等机械零部件进行模拟和工艺的优化设计,也有研究人员针对重型机械中的大、重、长规模的结构部件热处理进行数值模拟,重点解决了结构部件内部的残余应力、断裂和疲劳强度预测问题。目前该软件新增了电磁场和温度场的耦合计算功能,为零部件的表面硬化和表面处理提供了新的计算机辅助设计方法。

美国热处理工艺模拟商业化软件 DANTE 是在有限元软件 Abaqus 的基础上开发的,采用经实验验证的力学模型、相变模型、渗碳模型和数据库,可以精确模拟加热和冷却工艺中的传热过程,用于模拟液体浸入淬火、气体淬火、低温回火热处理工艺。

国内虚拟制造相关的三维建模技术、仿真技术研究起步较晚,但近几年发展迅速,在高校、科研院所等研究机构,如清华大学、上海交通大学、燕山大学等尤其受到重视。上海交通大学在 2000 年成功举办了首届国际热处理模拟与数学模型大会 ICTPMCS,2010 年在上海佘山举办了第四届 ICTPMCS 会议。清华大学 CIMS 工程技术研究中心虚拟制造研究室在综合目前国内外关于虚拟制造的研究成果的基础上,提出了一个虚拟制造体系结构,即基于产品数据管理(PDM)集成的虚拟制造、虚拟生产、虚拟企业框架结构,但涉及热处理过程不多。上海交通大学开发了具有自主知识产权的热处理模拟软件 Thermal Prophet,依托商用有限元软件 MSC Marc 强大的求解非线性问题的能力,集成了组织场、温度场、应力应变场模拟模块,用户能够对模拟参数进行组合参数计算。

7.1.4 虚拟热处理技术在航天领域的应用进展

航天产业正在向着高机动性、高耐用性、高安全性方向发展,这就要求材料具有更高的强度和韧度,使各类航天器获得更高的整体性能,保障航天器服役状态和服役寿命。因此航天零件热处理不仅要精确控制获得的微观组织以保证性能,而且要尽可能减小零件变形以保证后续的加工和装配,降低残余应力以保证零件的尺寸稳定性,充分发挥材料的性能,提高其使用性能及寿命。

目前航天零件热处理多采用传统的生产方式,依据热处理通用工艺或者专用工艺生产。所有工艺参数往往只能依据经验或者反复试验确定,生产和管理模式落后。零件热处理前后的应力分布无法检测,只能通过热处理工艺保证和后续试验验证。然而,随着制造产业向智能化方向发展,航天产业智能热处理技术也随之发展。采用虚拟热处理,通过计算机模拟仿真技术模拟和预测工件在热处理过程中的温度场、组织场的详细演变过程,并通过试验来验证模拟的准确度和精度,可了解热处理过程中工件的应力变化规律及热处理后残余应力的分布情况,指导优化热处理工艺,从而可减少工件的热处理变形,使工件满足各项性能指标,显著减少试验工作量,缩短生产试验的周期,提高生产效率。

目前对于航天产品中多种形状差异大、截面厚薄不均匀、易淬火变形的零件已经开始尝试利用虚拟热处理进行热处理工艺优化,如运载火箭尾罩壳体、助推器轴承支座、发动机壳体等大型结构件。传统热处理工艺方案的制定依靠生产经验和试验验证,但实际生产中经常出现淬火畸变大、应力分布规律复杂多变等问题,导致零件变形超大甚至报废,影响整个航天器产品的研制生产进程。虚拟热处理利用热处理数值模拟仿真技术,将热处理原理、材料学、弹塑性力学、流体力学、数学等多学科理论知识加以集成,建立定量描述热处理过程中各种现象及其相互作用的数学模型，利用计算机模拟热处理生产条件下工件内温度场、浓度场、应力场，以及相变的演变过程，作为制定、优化热处理工艺或开发新工艺的依据。例如，中国运载火箭技术研究院对运载火箭常用的铝合金 ZL205A 和 ZL114A 开展了材料数据的基础试验工作，并对相关尾罩壳体等产品的热处理过程进行了模拟仿真计算，为变形控制提供了有效的途径，解决了生产瓶颈问题。上海航天技术研究院开展了运载火箭助推器轴承支座热处理过程数值模拟技术研究，针对材料为超高强度钢 30CrMnSiNi2A 的支座零件进行了热处理过程三场耦合数值模拟，预测不同工艺下温度场、组织场、应力/应变场分布情况，确定了适宜的淬火转移时间，经过生产验证，工件变形量控制在 2mm 以内。此外，针对超高强度钢大长径比、变壁厚薄壁壳体的热处理，上海航天技术研究院研究了真空加热和高压气淬冷却过程中几何形状、温度场、马氏体相变塑性对壳体径向变形的影响，确定其真空气淬过程中的变形机制，模拟不同位置及装炉方式下零件的变形量，优化热处理工艺装备及工艺参数，为减少和控制真空热处理变形、制定优化真空热处理工艺提供指导意见。

图 7-2 所示为航天典型构件热处理模拟和变形预测。

7.1.5　虚拟热处理技术在航天领域的发展方向

（1）热处理模拟软件应用实践，培养热处理数值模拟技术人员，开展航天典型复杂结构件热处理过程数值模拟，预测组织、应力应变演变及变形规律，进而优化工艺，实现热处理变形控制。

（2）建立航天产品常用材料数据库，数据库中数据包括杨氏模量、各相的常温和高温屈服强度、相变系数、膨胀系数等。

（3）采集常见的淬火介质的冷却能力数据，建立从淬火温度至室温区间的数据关系。

（4）制定相关航天标准，检测和采集相变模型需要的数据，包括炉内加热和其他介质（如油、水、聚合物、盐水和气体）冷却过程中的换热系数。

（5）开发形变热处理模型，预测工件冷却速率、残余应力和工件性能。

（6）研究真空热处理和高压气体淬火过程的数值模拟技术。

（7）开展渗碳、渗氮、氮碳共渗等化学热处理及激光淬火、感应淬火等表面热处理的数值模拟研究。

（8）将热处理虚拟制造系统与机械虚拟制造发展相结合。

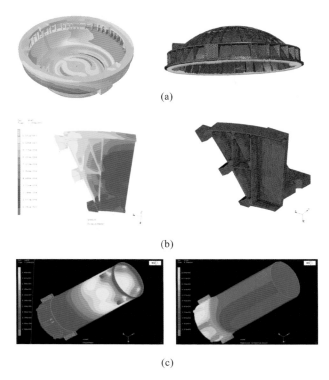

(a)

(b)

(c)

图 7-2　航天典型构件热处理模拟和变形预测
(a)尾罩壳体热处理模拟；(b)助推器轴承支座零件淬火变形预测；
(c)变壁厚薄壁壳体淬火变形预测

7.2　航天热处理材料与工艺数据库

7.2.1　热处理数据库内涵

热处理数据库包括材料数据和热处理工艺数据。热处理是一个复杂动态的物理和化学过程。因此，要掌握热处理技术，最重要的是要对材料本身有深刻的理解，特别是确切地了解材料的热物性、材料微观和细观组织的物理性能、力学性能，以及它们之间的相互依存关系。然而，测量手段的限制，使得人们难以全面掌握这些材料数据，加之各个生产厂家对同一规格材料的质量控制规范有所不同，便造成材料性能的偏差，从而给精密控制热处理零部件的畸变带来了困难。因此，在建立材料数据库的同时需要加强材料数据的挖掘，从而减少试验的工作量。

7.2.2 航天热处理材料与工艺数据库建设

航天热处理材料与工艺数据库是智能热处理的重要部分,可实现工艺知识积累和重用,也是优化热处理工艺、提高热处理质量的有效途径。以往工艺技术人员在编制热处理工艺时主要依靠查阅手册、参考已有工艺和经验积累来制定参数,开发材料与工艺数据库,可将材料基础信息库、企业热处理通用工艺库、热处理专用工艺库和热处理历史工艺库进行信息化管理,并根据设备及装炉特点精确执行工艺流程,在现场指导生产,不断进行工艺知识积累及工艺提升。

航天热处理材料与工艺数据库作为工艺信息采集与分析平台及指导工艺决策的基础,对手册知识、通用工艺和人工经验中的非结构化数据进行参数提取和建模,形成结构化数据,即获取工艺知识;再将知识进行重用,指导工艺技术人员进行热处理工艺编制。航天热处理材料与工艺数据库具有数据可共享、数据结构化、数据冗余量小和易于扩充、数据与程序独立性较高、数据可集中控制等特点。

上海航天技术研究院热表中心开发的航天热处理材料与工艺数据库的主界面如图 7-3 所示。该数据库包括热处理工艺参数库、热处理通用工艺库、材料信息库和热处理历史工艺库等几个部分。其中,材料信息库储存材料标准成分,国内外牌号对照,新旧牌号对照,材料临界点,材料不同状态下的硬度、强度、韧度等基本性能,热处理硬度与强度的换算等数据信息。热处理历史工艺库可进行历史工艺曲线查看,便于航天产品质量追溯,如图 7-4 所示。

图 7-3 上海航天技术研究院材料与工艺数据库主界面

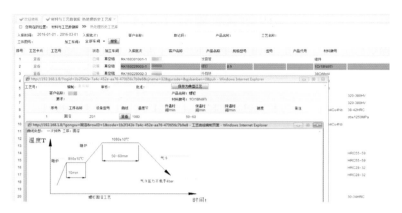

图 7-4　热处理历史工艺库及历史工艺曲线查看

　　航天热处理材料与工艺数据库的开发与应用对提升航天材料极限性能与典型构件极限服役性能有重要意义。大数据环境下的航天产品生产制造，对典型构件热处理工艺知识的积累、工艺数据的分析、工艺参数的重用与提升提出了新的需求。航天热处理材料与工艺数据库对保证航天各型号产品质量具有极高的应用价值。

7.2.3　航天热处理材料与工艺数据库发展方向

　　（1）进一步开发航天热处理材料与工艺数据库，建立材料、热处理工艺与性能的对应关系，进行工艺改进或新产品研发时可以根据所需性能选择材料和推荐的热处理工艺。

　　（2）建立航天材料及产品热处理知识库，热处理知识库是指热处理数值模拟过程中，在材料数据库、冷却介质数据库、热处理炉（加热炉、真空炉等）的管理数据库、零部件工艺数据库等基础上建立的热处理工艺数据库系统，基于自身产品的特点及管理方式构建知识库系统，对某一个产品或零部件可以同时利用热处理知识系统来确定具体工艺。

7.3　航天热处理数字化装备与技术

7.3.1　热处理数字化装备内涵

　　热处理装备主要由炉体、加热和控温系统、气氛生成控制系统、冷却控制系统等系统及电气控制和辅助装置组成。装备的主要技术指标包括：可处理产品炉膛或空间尺寸、最大装载量、最高工作温度、控温精度、炉温均匀性、气氛控制精度、加热功率、设备及关键零部件使用寿命和节能环保性能等。热处理装备是实现热处理工艺的载体,涉及的技术领域较多,主要包括:加热控温/温度场的设计、传热保温隔热设计、气氛制备控制和流场均匀性设计、淬火冷却介质选择和控制设计、炉体结构强度和传动设计、设备及生产线自动控制设计、热处理工艺辅助设计和控制、故障自诊断和安全自动保护设计、设备远程监控和数字化网络支持、节能环保和寿命可靠性设计、加热器设计、真空及等离子场等获得和控制、高频感应电源及感应线圈设计等相关技术。热处理装备涉及机械、电气、物理、化学、材料、能源、计算机和环保等多学科技术的复合交叉,是综合装备制造业的典型代表。

新一代数字化智能化热处理装备可实现产品热处理加工工艺辅助或自动生成、生产过程全自动动态控制和记录、设备的远程监控和专家决策系统的在线服务、热处理生产无人化或少人化作业等,是热处理装备的发展方向。

7.3.2　热处理数字化装备研究进展

国外热处理装备自动化程度非常高,自动排产、自动生产、全程记录、安全设计及远程监控技术被广泛采用,许多热处理生产企业实现了全面的自动化生产,很多热处理工厂实现了无人化或少人化,夜间很少人值守。国外热处理企业均十分重视技术开发,研发投入稳定,一般占到年收入的 5% 以上,企业都拥有自己的专利技术和专利产品,企业联合及专业化配套协作制造设备、企业与高校及研究所合作研发等趋势明显。例如,爱协林、易普森、益发、EMC、BMI等世界著名的热处理装备制造商,为国内各行业提供热处理设备。

1. 可控气氛热处理设备

可控气氛热处理设备主要包括可控气氛渗碳、碳氮共渗、渗氮、氮碳共渗和氢气、氩气保护气氛加热设备等。可控气氛炉是目前国外热处理行业主要生产装备,其数量约占整个热处理加工设备一半以上的量。其关键技术是基于氧碳头的碳势、氢碳头或氨红外仪的氮势的精密闭环控制。可控气氛热处理设备可运用各种工艺辅助生成和在线工艺控制软件,实现产品渗碳层深度和碳浓度分布、渗氮层组织和渗层精确控制,并配套不同冷却特性的介质以控制冷却能力。该设备的可靠性较高,所处理产品的性能稳定可靠。

可控气氛热处理技术主要发展方向包括:①高温度、高碳势渗碳工艺;②渗氮深层化及组织精密化和复合处理工艺;③使用新型淬火介质的技术或强烈淬火技术;④基于可控气氛的技术及真空技术之间的预抽真空渗碳控制技术;等等。可控气氛热处理设备发展则要求延长高温加热器寿命、炉内耐热结构件寿命,具备高温高碳势氧碳头,以及新型氮势控制器,配套新型高效的清洗设备、渗层组织精细控制工艺软件等，从而实现设备具有节能、环保、安全的特性，其控制系统可适用于智能车间、无人工厂。

2. 真空热处理设备

真空热处理设备主要包括真空加热气淬和油淬、真空退火、真空回火、真空脉冲渗碳和渗氮等设备。国外真空热处理量约占整个热处理量的20%，工模具、航空零部件、精密合金零部件等普遍采用真空气淬或油淬、真空固溶、真空退火、真空回火、真空钎焊等热处理工艺，真空油淬工艺正逐步被真空高压及超高压气淬所代替，1.5 MPa真空高压气淬炉基本可满足绝大多数工模具及中小零件的真空气淬要求。

真空热处理设备主要发展方向是满足智能模拟控制、新型控制传感器开发、大尺寸非标真空热处理设备和新工艺的开发推广等，真空热处理设备的发展聚焦如下方面：

（1）保证真空加热、冷却的均匀性，以及升降温速度精确可控；

（2）低温惰性气体对流快速、加热均匀，气淬冷却能力保证，以及油淬自动转移速度的控制等；

（3）控制等温淬火组织及变形控制；

（4）稀有惰性气体的回收利用。

真空化学热处理设备则重点发展：

（1）真空脉冲渗碳的工艺辅助及自动生成，碳势闭环可控及保证炉内不积碳；

（2）真空脉冲渗氮满足工艺辅助及自动生成，氮势精密闭环可控、渗氮组织在线精确控制；

（3）工艺重现性、稳定性满足产业化生产要求；

（4）渗层组织性能精确可控；

（5）氮碳共渗、碳氮共渗、渗氮＋后氧化等复合工艺的开发；

（6）具有在线质量控制系统，具备异常报警、故障自诊断和远程监控等功能。

3. 等离子体热处理设备

等离子体热处理设备主要包括等离子体渗氮、氮碳共渗、渗碳、碳氮共渗等热处理设备。等离子体热处理具有渗速快、渗层质量好、工艺适应性广、工件变形小、易于实现局部防渗、生产周期短、原料气体耗量少、工作环境好等特点。近年来，由于等离子体电源、工艺温度及离子场强度可控、复合工艺开发等方面取得一系列突破性进展，国外正大力推广普及真空等离子体渗氮、氮碳共渗、渗硫、渗碳、碳氮共渗等热处理技术，这些热处理技术在航空航天、核电、军工、海洋船舶装备、汽车及液压基础零部件等行业的不锈钢、高温合金等材料的热处理中得到了广泛的应用。在欧美地区,应用等离子体热处理技术处理的产品产量据报道已接近总热处理量的 10％。欧美正逐步采用等离子体氮碳共渗＋后氧化复合处理技术来提高零件表面硬度、耐磨和耐腐蚀性能,替代传统的盐浴QPQ 技术(盐浴氮碳共渗＋后氧化复合处理工艺)。该技术解决了目前 QPQ工艺严重的环境污染问题,具有非常广阔的市场应用前景。

等离子体热处理设备领域的研究方向为:提高设备智能控制、炉内温度、离子场及气氛的均匀性,等离子体渗氮、渗碳工艺的稳定性、可靠性;降低设备成本;开发大功率等离子体电源;开发炉内温度、产品温度、电子密度、离子场强度等的探针实时监控和均匀性控制技术;实现常用材料的等离子体渗氮、渗碳工艺的辅助或自动生成;开发满足各行业特殊材料及产品的等离子体渗氮、氮碳共渗、渗硫、氧化、渗碳等复合工艺;开发等离子体处理过程的全程数字及视频监控技术等。

4. 感应淬火热处理设备

感应淬火热处理具有快速、清洁、节能,易于实现自动化和在线生产、在线检测,以及生产效率高等特点。随着晶体管感应加热电源和高频固态感应电源的开发、成熟和逐步大功率化,以及双频加热可控淬火技术和轮廓扫描加热淬火技术开发成功,在欧美、日本等发达地区的产品感应热处理量已达到总热处理量的 15％ 左右,并有不断增长的趋势,各类特大构件、精密丝杠、大尺寸精密薄壁齿圈等更多采用特殊合金新材料,通过双频感应加热或轮廓扫描淬火技术来完成。

感应淬火热处理设备领域的研究方向主要是开发满足各类特大构件的表面局部感应淬火技术、感应线圈的优化设计和感应加热数值模拟控制技术、智能冷却控制技术等新技术,以及新型大功率 IGBT/MOSFET 高频电源。精密机床丝杠、大尺寸精密齿圈双频及轮廓淬火等技术是欧美、日本等发达地区著名高频热处理设备制造商研发和保密的重点。

5. 高能束热处理设备

高能束热处理是指高能束发生器输出功率密度在 10^3 W/cm^2 以上,集中定向作用于金属表面,通过扫描加热工件表面或伴随附件填充材料的加热,使金属表面由于加热、熔化、汽化而产生冶金的、物理的、化学的或相结构的转变,达到金属表面改性的目的。高能束热源有激光束、电子束、离子束、太阳能热处理等。随着技术的不断发展和进步,高能束的用途从原来单一的高能束相变热处理(淬火、退火),逐渐发展到现在的高能束熔凝、合金化、熔覆、冲击、上釉、增材制造、再制造及复合改性等。

高能束热源作为一种新型的表面热处理热源,已使高能束热处理成为目前热处理行业最先进的热处理技术。高能束热源具有能量密度高、热效率高、热量集中、加热和冷却速度超快、加热范围可精密控制、选区性较高、节约能源、经济环保,且可以实现远距离智能化柔性操控、无须冷却介质、残余应力和结构变形较小等特点,因此,高能束热源可以对大型、复杂、带有内孔等的关键部件的局部表面实施精确可控热处理。其中激光束表层强化热处理技术可为航天关键构件局部区域表面强化提供技术支持,已成为先进热处理技术最重要的发展方向。

6. 热处理自动化生产线

　　热处理自动化生产线是柔性热处理系统的继承和发展。所谓柔性热处理,是指由电子计算机控制的若干台热处理炉进行的一系列热处理(热处理联动线),以便能同时进行多工序的热处理作业。一般将多台加热炉、冷却槽、清洗机等热处理设备通过计算机集中控制软件组合成自动运行的热处理生产线。

　　最初柔性热处理系统主要用于表面硬化处理,包括渗碳、渗氮、感应硬化等,如柔性气体连续渗碳系统、柔性离子渗氮单元、柔性离子渗碳单元及柔性感应热处理生产线。随计算机自动控制和信息网络技术的发展,柔性热处理系统性能得到了很大提高,并在小批量、多品种的混流式产品热处理加工中显示出巨大优势。柔性热处理系统整个工艺过程用计算机控制,工件、料盘及运输过程都由程序控制,工艺重复性好,产品性能稳定,零件周转周期短,生产效率高。目前国内发展的真空热处理智能生产线,包含常用的模块有真空清洗机、真空退火炉、高压气淬炉、真空油淬炉、回火炉、深冷处理机等一系列标准模块化设备,依据用户生产特性配置模块数量,同时还具备设备扩展性。自动生产线包括物料自动运输系统,具备自动上料和自动下料功能,能自动识别所选加热处理设备的工位,生产线中的所有炉型及设备都将在计算机画面的实时监控下,以全部自动化方式完成一系列有序列的、符合工艺周期程序安排的热处理工艺操作。

　　高效节能热处理自动化生产线特殊的炉膛结构和多级自动化温控技术,可满足各种产品及各种热处理工艺的要求,性能稳定并可提高产品质量,和传统的热处理设备相比可节能 25%～40%。

7.3.3　航天领域典型热处理数字化装备

1. 航天热处理数字化装备现状与国内外差距

　　目前我国航天领域热处理装备技术及工艺应用水平与国外先进国家相比存在较大差距,在设备类型、设备构造、控制精度、能耗指标、自动化程度、智能化水平、工艺应用等方面都存在许多薄弱环节。

国产热处理装备总体技术落后,更新换代慢,制造设备仍主要供应中低端市场。我国现有服役热处理加热设备约 20 万台,数量多但技术落后,可控气氛热处理设备、真空热处理设备、等离子体热处理设备及感应淬火热处理设备等先进热处理设备占总设备数的比例低于 20%,而欧洲国家、美国、日本等先进工业国家这一比例已超过 80%。我国各行业急需的高档热处理装备主要依赖进口或由外商在华投资的独资及合资企业制造,然而一些进口高档热处理装备仍然对国内航天领域禁售,国内热处理装备制造企业及科研院所产品主要集中在中档水平,面广量大的中小热处理装备制造企业产品主要集中在中低端。

航天领域目前已经开始将国际先进水平的真空高压气淬、真空低压渗碳、等离子体热处理、激光表层硬化、感应淬火技术与装备应用于各类航天器产品的研制生产,获得高品质热处理零部件;但在基于计算机模拟的热处理精密智能控制技术的应用方面才刚刚开始,尤其在热处理工艺过程控制方面,航天热处理车间尚在开展热处理信息化系统研发应用,进行热处理生产全过程监控管理,而国外高档热处理制造企业已广泛采用计算机辅助生成、计算机模拟、模块化快速设计、产品设计数据库 PDM 系统和企业经营管理 ERP 全过程管理体系等现代设计研发和管理措施,具有产品开发周期短、成功率高、生产成本低和售后服务响应快等特点。

2. 真空热处理装备与技术

真空热处理装备是航天精密零部件热处理生产的主要装备,包括真空气淬炉、真空油淬炉、真空回火炉、真空退火炉,主要进行钢铁材料的真空淬火、回火、退火、时效处理,磁性合金的真空退火处理,铍青铜、弹性合金的真空时效处理,膨胀合金真空淬火、回火、退火处理,钛合金的真空固溶、时效、去应力处理,高温合金真空固溶时效,等等。图 7-5 所示为 WZDGQ-45 高压真空气淬炉及热处理后的钛合金轴承座零件。图 7-6 所示为经真空退火处理的软磁材料零件。

图 7-5 WZDGQ-45 高压真空气淬炉及热处理后的钛合金轴承座零件

图 7-6　经真空退火处理的软磁材料零件

3. 真空低压渗碳装备与技术

真空低压渗碳相较于传统气体渗碳工艺具有渗层均匀性好、无晶间氧化、渗层深度精确控制、工艺可重复性好、工艺时间短、节能降耗等优势。国外设备可根据材料的不同选择使用油淬或 20 bar 及以上的高压气淬,国内真空低压渗碳高压气淬设备最高充气压力已经可达 15 bar。目前航天产品中定位销、衬筒、活塞筒等传动件已经应用真空低压渗碳技术。图 7-7 所示为真空低压渗碳热处理装备及采用该设备进行热处理的典型零件。

图 7-7　真空低压渗碳热处理装备及采用该设备进行热处理的典型零件

4. 等离子体渗氮装备与技术

航天产品零件要求表面高硬耐磨时,等离子体渗氮处理是常用工艺,如飞行器型号中空间站主对日定向导轨,采用沉淀硬化不锈钢制造,采用大尺寸离子渗氮炉进行抗变形等离子体渗氮处理;又如,运载伺服系统中弹性合金反馈杆零件,对直径 1 mm 的球头部位进行等离子体渗氮处理,获得 60 μm 均匀渗氮层;再如,钛合金在航天产品中应用越来越多,但某些服役条件下因其表面耐磨性差而限制了应用,带有辅助加热系统的多功能离子渗氮炉可以完成钛合金零件的等离子体渗氮处理,可以获得 100 μm 的离子渗氮层,含有氮化钛等氮化物的白亮层厚度在 10 μm 以内。图 7-8 所示为等离子体渗氮装备及采用该设备进行热处理的典型零件。

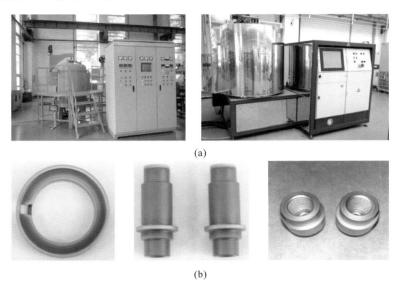

(a)

(b)

图 7-8　等离子体渗氮装备及采用该设备进行热处理的典型零件

(a)多功能等离子体渗氮装备;(b)典型钛合金等离子体渗氮零件

5. 激光表层强化热处理装备与技术

激光表层强化热处理技术是利用激光束聚焦后照射到钢铁材料表面,以 $10^5\sim10^6$℃/s 的加热速度实现表层快速奥氏体化,然后以 10^5℃/s 的冷却速度完成自冷淬火,不需任何淬火介质,现场清洁,是一种典型的节能、清洁、高效的绿色热处理技术。激光表层强化热处理技术利用光热转换直接加热,能耗低,工艺周期短,生产效率高;激光热处理能耗的理论值为 $20.8\sim124.8$ kW·h/t,是传统热处理综合单耗指标的 $2.6\%\sim15.6\%$;激光淬火加热层深度和加热轨迹容易控制,淬硬层均匀,硬度高(1~3 HRC),可使平均疲劳寿命提高 40%;工件变形几可忽略,特别适合高精度要求的零件表面处理。针对航天产品中大型零件需要全部或局部硬化处理的需求,开展激光表面淬火关键技术研究,可根据需要调整硬化层深度,一般为 $0.1\sim0.8$ mm,低畸变、低能耗,不需整体淬硬,表面硬度更高、硬化层更均匀、疲劳强度较高、产品质量好。激光淬火热处理设备向小型、自动化、智能化方向发展,如新型机器人半导体激光淬火设备(见图 7-9),采用直接半导体激光器安装在机械臂末端,操作灵活,不需光纤传输,激光能量损失小,适用于各类航天零部件局部硬化处理。

6. 航天柔性热处理生产线

小批量多品种的产品加工制造是航天产品的研制生产特点,航天产品的一

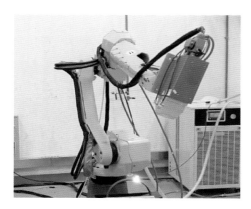

图 7-9　新型机器人半导体激光淬火设备

个组件包括多种零部件同批生产,传统单一热处理设备加工不适用于这种多品种混流式的加工,因此将多台加热炉、冷却槽、清洗机等通过计算机集中控制软件组合成自动运行热处理生产线,即柔性热处理系统。图 7-10 所示为航天液体发动机部件柔性热处理生产线。

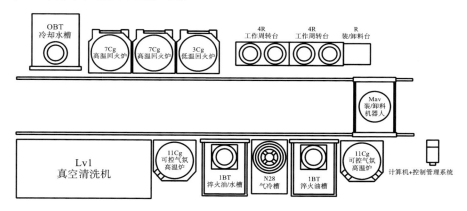

图 7-10　航天液体发动机部件柔性热处理生产线

　　柔性热处理生产线也可称为柔性热处理系统(见图 7-11),可由多个模块组成,例如各类热处理高温加热设备、冷却设备(油槽、水槽、气冷槽)、清洗设备、高低温回火设备、装/卸料台及运输机器人系统、废气处理系统、控制与管理系统等,依据实际产品生产需求进行设计配套,使用过程中灵活选择淬火(油淬、水淬)、回火、正火、退火或渗碳、渗氮等多种热处理工艺,取代传统箱式炉、井式炉、盐浴炉等,简化生产流程,根据工艺技术或产品要求,调整工艺,精确控制工艺过程,满足大批量生产需求的同时兼顾小批量多品种生产,最大限度发挥生产线产能。

图 7-11　柔性热处理系统模型图

7.3.4　航天领域热处理数字化装备发展方向

（1）真空热处理装备与技术。一是发展真空高压气淬工艺与装备技术，包括压力为 20～40 bar 的真空超高压气淬技术，气淬冷却速度控制技术，复杂结构件真空热处理变形控制技术，真空高压气体等温淬火技术等。二是研究真空油淬工艺与装备技术，包括超高强度钢真空油淬工艺，复杂结构件真空油淬工装设计及变形控制技术，并研究真空油淬油温控制技术及油搅拌、油喷淋等对淬火性能和变形的影响。

（2）表层硬化化学热处理装备与技术。一是研究真空低压渗碳工艺与装备技术，包括真空高温低压渗碳工艺，渗碳层均匀性控制、高碳势渗碳、局部防渗及预防尖角过渗等技术。二是研究等离子体渗氮工艺与装备技术，包括新型不锈钢及精密合金等离子体渗氮层精细设计与制备，钛合金高温等离子渗氮工艺及构件变形控制技术。

（3）感应淬火装备与技术。优化航天感应淬火零件综合工艺，研究感应热处理测温技术、感应淬火零件表层硬化机理、感应淬火零件工艺参数选择标准、关键基础构件感应淬火硬化层无损检测技术。

（4）激光热处理设备与技术。研究半导体激光相变硬化工艺与组织性能的关系；发展激光复合热处理，包括激光复合相变硬化，即激光淬火与其他常规热处理、热-化学处理和热-机械处理的结合，如在淬火、回火、退火等常规热处理后，或渗碳、渗氮的表面扩散处理后，或机械强化后进行激光淬火。

（5）热处理自动生产线。针对航天典型产品组件设计柔性热处理生产线，在批量生产的同时兼顾小批量多品种产品的热处理生产，加强工艺过程设计与控制。

第 8 章
自动化和智能化航天表面工程技术与装备

8.1　航天表面工程技术概述

随着航空航天技术的不断发展,对材料的性能要求不断提高。从材料本身来提高材料的性能有很大的局限性,传统材料远远不能满足航天装备愈加苛刻的服役环境。表面工程是伴随着对材料愈来愈苛刻的需求而发展的一门学科。表面工程是利用物理学、化学、材料学和制造学等多学科的新技术,来改变零部件表面的状况和性质的一种工艺。据不完全统计,材料的失效主要表现为表面失效,全世界每年因表面磨损、腐蚀和缺陷等造成的损失为 $3.0 \sim 3.5$ 万亿美元,占全世界生产总值的 $10\% \sim 20\%$,因此提高材料表面的性能极其重要。而表面工程通过原子沉积、分子组装、颗粒喷涂、整体覆盖和表面改性可以提升材料的表面性能,赋予材料表面更高的硬度、耐腐蚀性和耐磨性等性能,可以大大拓展材料的应用领域。另外,表面处理的费用一般只占产品成本的 $5\% \sim 10\%$,却可以大幅提高产品的性能,可以将平均效益提高 $5 \sim 20$ 倍。

根据表面工程技术的发展顺序,表面工程技术主要包括三种,第一种是传统的物理防护技术,比如喷漆、抹油等;第二种为传统的机械表面处理技术,如喷砂、抛丸等;第三种主要为现代表面处理技术,包括电化学处理、物理/化学气相沉积、激光表面处理和喷涂等。本章围绕常用航天表面工程技术——物理气相沉积、喷涂、激光表面处理等技术进行相关介绍。

8.2　物理气相沉积技术

8.2.1　物理气相沉积技术分类

物理气相沉积是在真空条件下,使沉积材料由固态转变为气态,以原子或分子形式蒸发,同时利用辉光放电产生的等离子体,将沉积材料沉积或注到基体上的方法。物理气相沉积技术是集机械、材料、电子物理、真空控制等技术于一体的新型技术，可广泛应用于制备各种涂层，有效提高材料表面硬度、韧度、耐磨性、高温稳定性和使用寿命。相较于化学气相沉积技术对于基体材料、反应物和生成物的局限性，物理气相沉积技术对沉积材料和基体材料的限制较少，显示出独有的优越性，因而在航空航天领域有着广泛的应用。

根据粒子发射所采用方式的不同，物理气相沉积技术可以分为不同种类，较为常见的有蒸发镀技术、溅射镀膜技术、阴极真空弧技术和磁过滤阴极真空弧技术等。

1. 蒸发镀技术

蒸发镀发展较早，其原理为在真空条件下采用电阻、激光电子束等加热镀膜材料，使其熔化蒸发并沉积在基体表面形成膜层。此技术设备简单，生产成本较低，适合大规模生产，但沉积过程中通常只使用一种材料的靶材，且绕射性很差，较难满足超硬材料沉积及复杂形状工件加工的要求。

2. 溅射镀膜技术

溅射镀膜是在真空室中，利用荷能离子轰击靶材表面，通过粒子的动量传递轰击出靶材中的原子及其他粒子，并使其沉积在基体上形成膜层的技术。其代表性的方法有二极溅射镀膜、三极溅射镀膜、磁控溅射镀膜、射频溅射镀膜等，其中磁控溅射镀膜因具有沉积速率高、镀膜质量高、工艺稳定等优点，应用最为广泛，其原理如图 8-1 所示：在真空室中，氩原子在电场作用下电离出大量氩离子和二次电子；氩离子在电场的作用下加速并轰击靶材，溅射出大量的靶材原子；呈中性的靶原子或分子沉积在基体上成膜。其中，二次电子在加速飞向基片的过程中受磁场洛仑兹力的影响，被束缚在靠近靶面的等离子体区域内，并在磁场的作用下围绕靶面做圆周运动，在运动过程中不断撞击电离出大量的氢离子轰击靶材，大大提高了沉积效率。

3. 阴极真空弧技术

阴极真空弧技术是指在真空系统中，使阴阳极之间产生的电弧剧烈放电，在阴极弧放电端面形成一个或几个阴极斑，阴极斑处材料强烈地蒸发、电离，从而形成高度电离的高密度等离子体，同时也产生中性粒子和阴极材料液滴，从而实现金属沉积的技术。与蒸发镀和溅射镀膜相比，该技术具有以下优点：

（1）反应元素在电弧放电过程中被离子化，因此很容易在低温下合成化合物涂层；

（2）以离子形式沉积，涂层组织结构易于控制；

（3）电弧放电产生的离子能量相对较高，可制备与基体结合良好的涂层，并可在非面对电弧源的表面上沉积；

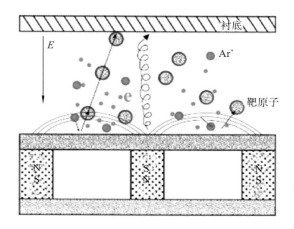

图 8-1　磁控溅射镀膜技术原理示意图

（4）整个阴极靶材在蒸发过程中没有成分分离，可以不改变成分沉积合金和化合物；

（5）可以在一个镀膜系统中不同位置安放多个电弧源（见图 8-2），且不同材料的多个电弧源可分别控制，能在大且形状复杂的工具表面沉积多成分、厚度均匀的涂层。

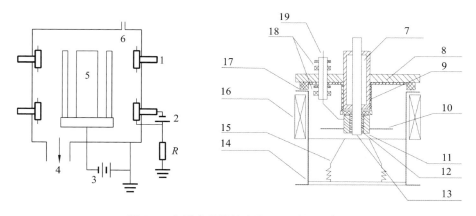

图 8-2　多弧离子镀技术原理及弧源示意图

1—阴极弧源（靶材）；2—阴极电源系统；3—负偏压系统；4—抽气口；5—基片架；6—进气口；
7—冷却水套；8—阴极法兰盘；9—聚乙氟乙烯；10—挡板；11—触发极；12—绝缘陶瓷；13—阴极棒；
14—阳极法兰；15—辅助阳极；16—驱动线圈；17—绝缘四氟圈；18—高压绝缘帽；19—触发引出

4. 磁过滤阴极真空弧技术

磁过滤阴极真空弧技术可采用磁过滤方法滤掉阴极弧放电过程中所产生的中性粒子和液滴，得到纯的离子束。

弯管磁过滤阴极真空弧技术是目前广泛采用的简单而有效的滤除大颗粒的方法,有较大的等离子体输出量。其原理示意图如图 8-3(a)所示,磁过滤弯管(见图 8-3(b))产生的轴向磁场使带电粒子在磁场中做拉莫运动,即一方面绕磁力线做圆周运动,另一方面又以磁力线为轴做漂移运动。由于等离子体是电中性或准中性的,被电子牵扯着也沿着磁力线运动,因此,在等离子体沿着轴向弯转的磁力线走了一条弯曲的路径时,液滴却走的是直线路径,液滴因而在磁过滤器中被分离出来,并最终打在磁导管管壁上。磁过滤弯管起到过滤与传输的双重作用。

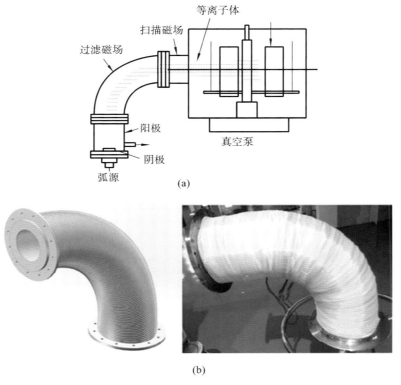

图 8-3　弯管磁过滤阴极真空弧技术原理示意图及磁过滤弯管

(a)弯管磁过滤阴极真空弧技术原理示意图;(b)磁过滤弯管

以往该技术的应用主要集中在对部件表面要求较苛刻的光学和电子学领域,但近年来在诸多领域得到推广,特别是在耐磨涂层,如氮化物涂层、金属涂层、氧化物涂层、非晶碳膜和超硬涂层等的制备方面应用较多。

5. 闭合场非平衡磁控溅射技术

上海航天设备制造总厂有限公司(简称上海航天设备制造总厂)引进英国

梯尔镀层有限公司的 CF-800 闭合磁场非平衡磁控溅射设备(见图 8-4),开展 MoS_2 固体润滑膜层工艺研究,以解决空间运动零件表面制备 MoS_2 膜层性能不满足要求的问题。闭合磁场非平衡磁控溅射技术是对普通磁控溅射技术进行设备改良和工艺完善的产物:将一块磁控靶的 N 极与另一块磁控靶的 S 极对应形成闭合式结构,闭合式结构将磁控靶系统边缘上的磁力线闭合在两块靶之间,构成逃逸电子的闭合阱,等离子体区域被有效地限制在真空室中间区域,即基体所在区域(见图 8-5),这样:一方面,溅射出来的原子和粒子沉积在基片表面形成薄膜;另一方面,等离子体以一定的能量轰击基片,起到离子束辅助沉积的作用,极大地改善了薄膜质量。因此,闭合磁场非平衡磁控溅射技术不仅具有普通磁控溅射镀膜过程稳定、控制方便和大面积膜厚均匀的特点,而且克服了普通磁控溅射基片附近离子密度小的缺点,容易获得附着力好、致密度高的薄膜,也避免了过高的内应力。

图 8-4 CF-800 闭合磁场非平衡磁控溅射设备

8.2.2 物理气相沉积技术的发展现状

物理气相沉积技术于 20 世纪 70 年代出现,由于沉积温度低,对工件的强度和韧度影响很小,可作为高精密刀具、模具和摩擦磨损件的表面处理工艺,一经出现就得到广泛的关注。20 世纪 90 年代以来,全球各个国家对物理气相沉积技术的基础研究日益重视,研究日益深入,所沉积涂层逐渐向多元多层涂层、复合涂层方向发展,大大提高了物理气相沉积涂层的性能。物理气相沉积技术还与其他表面强化技术融合,形成各种新的技术,进一步促进了物理气相沉积技术在工业各个方面的广泛应用。至 20 世纪 90 年代末,工业发达国家物理气相沉积涂层在刀具应用领域的比例已超过 80%。世界各主要涂层厂家纷纷推

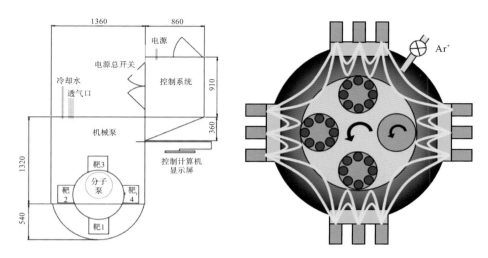

图 8-5 闭合磁场非平衡磁控溅射设备磁场分布示意图

出各种系列的涂层,使得物理气相沉积技术成为新型涂层研究和开发的主流技术之一,并引起材料和机械领域的广泛重视。研究人员正努力探索新的涂层,改进制备工艺,拓展新的应用领域。目前,航空航天用物理气相沉积涂层存在两种发展趋势:一是涂层越来越硬;二是涂层越来越软(固体润滑和低摩擦),并逐渐走向新型、复合化及多层化。硬质陶瓷涂层主要为第四、五、六族金属元素与 C、N、O 等元素的化合物,固体润滑涂层主要有类金刚石涂层和 MoS_2、WS_2 等六方晶系化合物。

1. 硬质涂层

研究物理气相沉积涂层之初,过渡族元素的碳化物、氮化物和氧化物因为硬度高、耐磨性好、化学性能稳定、耐热、耐氧化等优点备受关注,如表 8-1 所示。其中以 Ti 和 Cr 两种金属元素为基础开发的涂层种类最多,应用最广,构成了物理气相沉积过渡族元素化合物中最大的两个涂层体系,即 Ti 基和 Cr 基涂层体系。

表 8-1 常见物理气相沉积涂层的力学性能

涂　　层	熔点 /℃	密度 /(g/cm^2)	硬度 HV	弹性模量 /(kN/mm^2)	线胀系数 /$(\times10^{-6}/K)$	抗高温 氧化性能
TiN	2950	5.40	2100	590	9.4	一般
TiC	3067	4.93	2800	470	8.0	一般
CrN	1650	6.12	1100	400	7.1	一般
ZrN	2982	7.32	1600	510	7.2	较好

涂　层	熔点 /℃	密度 /(g/cm²)	硬度 HV	弹性模量 /(kN/mm²)	线胀系数 /(×10⁻⁶/K)	抗高温 氧化性能
TiCN	2700	5.2	2300	452	7.8	一般
TiAlN	3800	5.6	2800	480	7.5	很好
Al₂O₃	2047	3.98	2100	400	8.4	很好

采用物理气相沉积技术制备的过渡族金属的碳化物、氮化物和氧化物涂层中,二元氮化物硬质涂层的制备最易实现,且在硬度、耐磨性、耐腐蚀性及抗高温氧化性能等方面各具特色,因而应用广泛。研究结果表明,二元氮化物涂层中,CrN 涂层因具备优良的综合性能而引起重视。与已得到广泛应用的 TiN 涂层相比,其显微硬度低(CrN 涂层硬度约为 1750 HV,TiN 涂层硬度约为 2300 HV),但其韧度高、耐磨性好、膜基结合强度高、内应力低,具有更好的抗高温氧化性和耐腐蚀性,膜层可以做得较厚(厚度高达 50 μm),近年来成为研究的热门,并已在切削刀具(尤其是有色金属切削)、模具、汽车、餐具、防腐和装饰等领域取得了很好的应用效果。

尽管如此,随着工业的进一步发展,单一的二元涂层已很难满足工业上提出的新要求,因此硬质涂层已由最初简单的 TiN、CrN 涂层发展到多元多层涂层,新开发的多元涂层在涂层耐热、耐氧化及耐磨性能等方面有了很大的提高。Ti 基和 Cr 基氮化物涂层多元技术研究涉及的金属元素有很多种,其中最具代表性的当属于 Al 元素。Al 元素加入后与 TiN 和 CrN 形成的三元 Ti-Al-N 和 Cr-Al-N 涂层在硬度、耐高温和耐磨性能上有明显的提高。Al 原子百分数超过 50% 后所形成的 Ti-Al-N 和 Cr-Al-N 涂层的性能进一步提高,由此极大地拓宽了物理气相沉积的应用领域。

Ti-Al-N 涂层综合了硬度高、氧化温度高、热硬性好、热导率低等优点,在现代工业应用中得到了充分的认可。与 TiN 添加 Al 形成 Ti-Al-N 相似,在综合性能良好的 CrN 涂层基础上添加 Al 元素形成的 Cr-Al-N 涂层具有优越的耐高温和耐磨性能。此外,相对 TiN 而言,CrN 中可加入原子百分数大于 65% 的 Al 而不会产生晶格畸变,这使得高 Al 含量的涂层具有更高的红硬性和耐高温耐磨性能,使用温度可高达 1000 ℃。

镀 TiN 和 CrN 的刀具及模具如图 8-6 所示。

2. 固体润滑涂层

现代机械工业的发展使得人们对机械精密零件的要求越来越高,如要求降低磨耗的同时增加工件加工效率,加强工件的负载力与可靠性,以及减少润滑剂的使用,降低对环境造成的伤害。固体润滑涂层的出现顺应了上述机械精密

图 8-6　镀 TiN 和 CrN 的刀具及模具

零件的发展趋势,使得这些问题迎刃而解。

固体润滑涂层的种类很多,根据涂层物理特性、化学特性、结构和力学性能,可以将固体润滑涂层简单地分为两大类:软质类(硬度<10 GPa),一般包含高分子材料、软金属、卤化物和硫化物等,其特点是具有较小的摩擦系数;硬质类(硬度>10 GPa),一般含有碳化物(DLC)和某些氧化物等,其主要优点在于涂层表面硬度高,且同时具有较好的减摩和耐磨性能。涂覆 DLC 薄膜的控制活塞、齿轮等零部件如图 8-7 所示。

图 8-7　涂覆 DLC 薄膜的控制活塞、齿轮等零部件

银(Ag)具有较好的真空摩擦学性能、良好的导电性和对光的高反射率,因此 Ag 薄膜在空间产品上应用较多,被广泛用作精密运动部件的固体润滑剂,以及太阳能电池板组件间的互连片和反射镜面等产品的涂层。在某些空间环境条件下,Ag 薄膜可能会面临原子氧的辐照,研究表明原子氧辐照可引起 Ag 薄

膜的氧化,氧化层的开裂和剥落会导致 Ag 薄膜的结构破坏和摩擦学性能的恶化。因此,改善 Ag 薄膜的耐原子氧性能,对其在空间环境的可靠应用具有重要意义。薄膜的结构对其耐氧化性能和摩擦学性能有明显的影响,致密的薄膜结构有利于提高其耐氧化和耐磨损性能。根据物理气相沉积薄膜的结构区域模型,掺杂可明显改变单相薄膜的组织结构,可使薄膜结构由柱状晶向细密球型晶转变。多弧离子镀低温沉积的 Ag-Cu 薄膜由面心立方结构 AgCu 合金相和少量 Ag 或 Cu 组成,低温沉积作用和 Cu 元素合金可细化 Ag 薄膜的晶畴尺寸,提高薄膜的致密性及膜基结合性能,因此低温沉积的 Ag-Cu 薄膜与 Ag 薄膜相比表现出更好的耐磨性。低温沉积的 Ag-Cu 薄膜的细密结构可明显抑制原子氧对薄膜的氧化,相比 Ag 薄膜表现出更好的耐原子氧性能,因而低温沉积的 Ag-Cu 薄膜在原子氧辐照前后磨损率的增幅明显低于低温及室温沉积的 Ag 薄膜。

运载火箭和空间飞行器(如人造地球卫星、载人飞船、空间站、空间探测器等)中部分材料在相对运动过程中将产生摩擦磨损与冷焊效应。与地面应用相比较,空间运动部件在服役过程中具有其特殊性,空间摩擦学材料在空间苛刻服役工况(高真空、微重力、高低温,以及含原子氧、宇宙射线等)下的摩擦磨损行为复杂。例如:空间旋转部件用润滑材料在交变温度及辐射等复杂环境中需保持优良润滑性能,以保证系统定位精度、换位精度及使用寿命要求;大型展开式定向和跟踪天线的铰链材料在宇宙射线及原子氧的直接轰击下应仍能保持较低摩擦因数;高真空中,太阳能电池板伸缩部件(具有收放与自锁等功能)及门闩用材料需能进行抗高真空冷焊;空间机械臂的变速箱和传感器连接部件在舱外高低温交变环境下服役。为适应复杂的空间环境、确保机构长期工作的可靠性,空间运动部件需进行有效的镀膜处理,二硫化钼基复合型润滑膜(MoS_2 基复合润滑膜)在真空条件下有良好的润滑性能,如摩擦因数小、稳定性好、抗辐射能力强、温度适应范围大、抗冷焊等,同时能在超高真空、超低温的情况下保持良好的润滑效果,能够避免像油或油脂润滑那样存在污染其他光电器件的潜在隐患。因此,MoS_2 基复合润滑膜技术被广泛应用于空间运动部件防冷焊及润滑延寿处理,是保证空间飞行器准确执行分离、压紧释放、展开、指向、跟踪、扫描、驱动等功能的关键技术。

上海航天设备制造总厂针对空间运动部件固体润滑膜层易潮解,难以满足多工况、长寿命可靠运行问题,开展二硫化钼基复合型润滑膜的结构改性和制备工艺技术研究,突破了多层膜结构设计及复合膜层制备技术,根据零件基体材料种类及空间运行工况,研制出了不同固体润滑膜层体系,生产了适用于空间运动部件(见图 8-8)复杂应用工况的不同固体润滑膜:应用于垫片、承力碗等以防冷焊性能为主的零件二硫化钼固体润滑膜,适用的基体材料为不锈钢、钛合金;应用于弹簧座、安装底座等工作载荷较大、相对运动较少的硬质/二硫化钼复合膜,适用的基体材料为铝合金、镁合金、不锈钢、钛合金等;应用于轴等传动类零件和弹簧等柔性零件,膜基结合性能好、在轨转动圈数多、确保运转寿命的润滑金属/二硫化钼多层膜,适用的基体材料为铝合金、镁合金、不锈钢、钛合金等基体材料,为高性能二硫化钼膜层体系制备与产品应用提供技术支撑,为高性能二硫化钼膜层在空间运动机构上的广泛应用奠定工程技术基础。

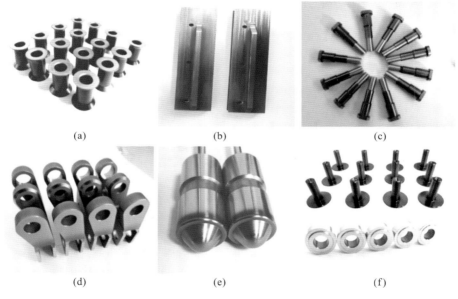

(a)   (b)   (c)

(d)   (e)   (f)

图 8-8 空间活动部件二硫化钼薄膜零件
(a)轴套;(b)导轨;(c)轴;(d)母铰链;(e)锁定销;(f)限位衬套与滚子

随着我国航天产品任务的发展,特别是探月二期工程的开展,部分航天器(如月球车、火星车、行星取样器等)将面临新的服役环境。这些航天器直接面对星球表面复杂的气候条件,如高粉尘、沙尘暴、大幅度的高低温交替等恶劣的服役条件。一方面,这些气候条件给空间润滑带来了新的问题,液体润滑剂因容易黏着灰尘故在此时难以起到润滑作用;另一方面,月球表面特殊的尘埃环境已超出了一般固体润滑薄膜(如石墨、PTFE、软金属、MoS_2 等材料制成的薄膜)的使用极限,而 MoS_2 等软质固体润滑膜也容易被粉尘颗粒磨损划伤,因此新型硬质固体防护和润滑膜层的研制具有很强的现实意义。上海航天设备制造总厂采用离子注入与沉积技术,通过控制高电压与低电压时间的比率,实现在薄膜沉积过程中全方位的离子轰击,从而在复杂形状零件表面获得具有强膜基结合力、致密和均匀的化合物膜层。通过对类金刚石膜层性能的研究来提高类金刚石膜层在空间机械中的应用性能，重点实现了不同金属掺杂 DLC 薄膜制备技术和不同基体材料（不锈钢、镁合金、钛合金）表面 DLC 薄膜制备技术，所制备的 DLC 薄膜在沙粒直径小于 45 μm 的沙尘环境下磨损率低于 1.0×10^{-15} m³/(N·m)，且已成功应用于神舟、天舟飞船的偏心轴、导向套、压紧盘、锁定销等对接机构组件（见图 8-9）中。

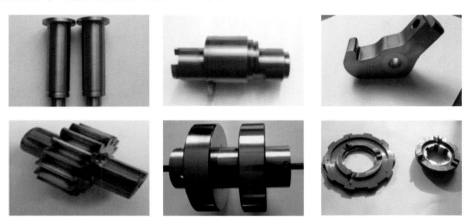

图 8-9   对接机构锁系强化零部件

针对月面巡视探测器齿轮、轴承、滚子等运动部件在复杂空间环境下对环境自适应低摩擦性能的迫切需求，上海航天设备制造总厂联合中国科学院宁波材料技术与工程研究所（简称宁波材料所）开展宽温域自适应固体润滑薄膜制备技术研究，采用高功率脉冲磁控溅射沉积技术（HiPIMS），研制出 TaAlCN 扩散屏障层和 TaN-MoS$_2$-Ag 交替多层结构的工作温度为 $-150 \sim 300$ ℃、尘暴环境自适应的 TaAlCN/TaN-MoS$_2$-Ag 低摩擦复合薄膜（见图 8-10），解决传统固体润滑膜层无法兼顾极端温度下与行星尘暴环境中可靠润滑的瓶颈问题，有效地提高材料或装备的使用寿命及其服役安全性。

8.2.3   物理气相沉积技术应用

我国航空航天工业的迅猛发展，对大型运输机、直升机、歼击机、空间站、深空探测飞行器等航空航天装备的寿命、承载能力、机动性、环境适应性等提出了更高要求。空间活动部件在轨能否正常运转且达到预期的工作寿命主要取决于部件内旋转零件的润滑情况。空间飞行器的研制与发展对活动部件的可靠润滑提出了新的要求与挑战。首先，关键运动部件（驱动机构、展开机构、分离机构等）直接暴露于空间复杂环境，长期处于超高真空环境中，金属材料接触表

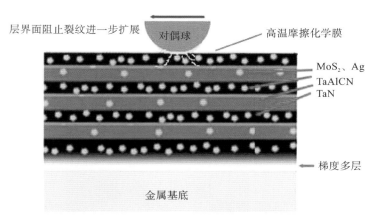

层界面阻止裂纹进一步扩展　对偶球　高温摩擦化学膜
MoS$_2$、Ag
TaAlCN
TaN
梯度多层
金属基底

图 8-10　多层结构抑制银扩散及裂纹扩展示意图

面处于原子清洁状态,无污染、洁净的金属表面之间非常容易发生黏着,甚至产生冷焊,致使两接触表面不能相对运动和分离,这对于空间对接/分离机构、连接解锁与发射装置来说是非常致命的。同时,为确保发射后机动平台和载荷姿态稳定、分离干扰不能过大,要求材料具有非常优异的润滑性能,且摩擦系数尽可能小。已有研究表明,空间暴露环境对材料具有很强的破坏性,运动部件的冷焊问题是空间装备面临的一大关键难题。其次,航天装备要求服役时间大幅延长。新一代军事卫星的在轨寿命普遍有了更高的要求,近地轨道卫星的寿命由 2～3 年增加到 5～8 年,同步轨道卫星的寿命由 8 年增加到 15 年以上,空间站要求服役 15 年以上,深空探测飞行器要求可靠服役 20 年以上。其中:军事卫星主载荷高精度相机摆动扫描机构寿命达到 10^7 次,高分辨率红外侦察相机寿命达到 1.5×10^8 次,综合侦察卫星多光谱相机寿命达到 5×10^7 次,红外预警相机寿命为 6×10^7 次以上。空间站太阳翼伸展机构需要在严酷空间环境下稳定运行 15 年以上,要求润滑膜层在强辐照、原子氧等环境下保持良好的润滑性能。探月飞行器和探火飞行器要经历一系列复杂的空间环境,活动机构将要面对在超高真空环境下长时间飞行带来的冷焊、强辐照、宽温域高低温交变、星际尘暴,以及月面工程载荷和科学载荷工作时的高频冲击、振动、月尘磨损等突出的摩擦学问题。目前我国现有的材料体系主要适用于飞行器舱内或舱外短时间、单次应用,不直接暴露于空间环境,工况条件和寿命要求都不高,在耐空间暴露环境、低摩擦、高承载及长寿命方面已经无法满足装备发展要求。因此,迫切需要研制能够抵御长期空间暴露环境的不利影响、润滑与防冷焊性能优异、在轨寿命与耐磨寿命大幅延长的新型材料,这对解决制约我国空间装备可靠性和寿命的瓶颈问题、发展长寿命在轨飞行器具有十分重要的意义。

航空航天装备机械系统中存在大量关系机构运动精度、可靠性的运动副。运动副通常采用滚动轴承或滑动轴承的结构形式，但对于一些特殊的运动副，由于结构、工作状态、运行参数、运行环境等因素的制约，无法使用常规滚动轴承或滑动轴承。比如：由于空间的限制，一些运动副要求结构紧凑，无法使用结构复杂的滚动轴承；在重载、低速、往复或摆动等难以形成油膜或高温、真空等无法使用油膜的场合，无法使用以润滑油或润滑脂进行润滑的滚动轴承或滑动轴承。这些特殊的场合通常使用含有自润滑运动副的结构形式，如图 8-11所示。

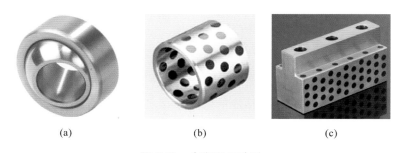

(a)　　　　　　　　　(b)　　　　　　　　　(c)

图 8-11　自润滑运动副

(a)自润滑关节轴承；(b)自润滑关节轴承套；(c)自润滑导轨

　　在航空航天装备中，运动副得到了大量的应用。比如，卫星、神舟飞船、天宫一号目标飞行器、天舟一号货运飞船的驱动机构、展开机构、分离机构、对接结构等活动部位，大量使用了铰链、弹簧、滚子、转轴、定位销等运动副，并在其表面涂覆防冷焊、固体润滑等膜层，以保证其空间可靠性运动与服役寿命，如图8-12 所示的航天零部件。又如，在我国自行研制的大型运输机中的发动机、方向舵、襟翼、起落架等关键部位，使用了 2300 多套、100 多种不同规格的运动副；空间站、探月飞行器和探火飞行器要经历一系列复杂的空间环境，其活动机构要面对在超高真空环境下长时间飞行带来的冷焊、强辐照、宽温域高低温交变、星际尘暴，以及科学载荷工作时的高频冲击、振动、月尘磨损等突出的磨损问题。

　　月球车太阳翼中承力碗、关节轴承、齿轮等太空运行部件，存在表面润滑及真空防冷焊需求。通过 $MoS_2 + Sb_2O_3$ 复合薄膜的磁控溅射工艺研究，目前成功开发了满足月球车零部件使用要求的溅射薄膜；针对探月工程中抱爪机构、空间站太阳展开机构等产品在高温、高湿和高盐雾等气候下对固体润滑、防咬死的需求，利用 Ni-Cu 合金掺杂改性 MoS_2 制备涂层，该涂层展现良好的耐腐蚀、润滑特性，很好地满足了产品在海南存储和发射的要求。月球车齿轮、关节轴承、承力碗金属零部件的固体润滑和防冷焊涂层如图 8-13 所示。

图 8-12　沉积 MoS_2 的航天零部件

图 8-13　月球车齿轮、关节轴承、承力碗金属零部件的固体润滑和防冷焊涂层

8.3　喷涂技术

8.3.1　喷涂技术分类

喷涂技术是表面工程技术领域中应用最广泛的技术之一。热喷涂技术又是表面工程学的重要组成部分,它是一种材料表面强化和表面改性技术,可以使基体表面具有耐磨、耐腐蚀、耐高温氧化、电绝缘、隔热、防辐射、减摩和密封等性能。

热喷涂技术是采用气体、液体燃料或电弧、等离子弧作为热源,将陶瓷、金属等材料加热到熔融或半熔融状态,并以高速喷向经过预处理的工件表面而形成附着牢固的表面层的方法。20 世纪 80 年代,计算机技术成功应用在热喷涂设备当中,使得热喷涂技术迅速向高精密、高质量和高效方向发展。

喷涂技术按照热源性质的不同可以分为四种,即火焰喷涂、电弧喷涂、等离子喷涂和特种喷涂。等离子喷涂与其他几种热喷涂方法相比,主要优势体现在结合性能好、污染低、资源利用率高、涂层孔隙率相比较低,也符合绿色科技的发展方向;特种喷涂中冷喷涂作为一种新兴技术,在低温(900 ℃以下)喷涂区域有着极大的发展潜力。

等离子喷涂是利用等离子火焰来加热熔化喷涂粉末使之形成涂层的。等离子喷涂工作气体常用 Ar 或 N_2，再加入体积分数为 $5\% \sim 10\%$ 的 H_2，气体进入电极腔的弧状区后，被电弧加热离解形成等离子体，其中心温度高达 15 000 ℃ 以上，经孔道高压压缩后呈高速等离子射流喷出。喷涂粉末被送粉气载入等离子焰流，很快呈熔化或半熔化状态，并高速喷打在经过粗化的洁净零件表面产生塑性变形，黏附在零件表面。各熔滴之间依靠塑性变形而相互勾接，从而获得结合良好的层状致密涂层。等离子喷涂设备及喷涂加工操作如图 8-14 所示。

图 8-14 等离子喷涂设备及喷涂加工操作

冷喷涂原理是：高速固态颗粒流依次与固态基体碰撞，经过适当的变形，牢固结合在基体表面而依次形成沉积层。与热喷涂采用高温的等离子射流、电弧、火焰流等加热与加速喷涂材料不同，冷喷涂仅采用适当加热的高压气流来加速喷涂材料颗粒，使其达到沉积所需的速度。目前一般采用的气体的温度最高约为 900 ℃，与热喷涂条件下材料呈熔融或半熔融状态不同，冷喷涂时材料颗粒在碰撞基体前处于固态。因此，碰撞后能否沉积，取决于固态颗粒与基体的碰撞行为。

冷喷涂最基本的特点是碰撞前颗粒呈低温固态，因此，在加速过程中与加速气体或环境气氛发生化学反应（如氧化等）、自身发生物理结构变化（如组织结构变化与晶粒尺寸增加等）的程度完全可以忽略，可以将喷涂材料的成分与结构保留到涂层中。对于金属合金，可以完全避免涂层制备过程中粉末的氧化，获得纯净的合金成分涂层；对于含热敏组织结构的材料，可以避免因加热引起的结构变化，因此，可以实现纳米结构材料的有效沉积；对于存在受热易发生分解的复合材料如碳化物金属陶瓷，可以避免喷涂过程陶瓷强化相的分解。

8.3.2 喷涂技术的发展现状

喷涂技术是随着现代航空航天技术的出现而发展起来的，已经广泛应用于航空航天、军事、机械和电力等方面。喷涂技术具有膜基结合力好、膜层厚度高等优点。最早的热喷涂由于温度较高，存在基底温升高导致变形、膜层致密度低等问题,随后,等离子喷涂、冷喷涂和真空等离子喷涂等技术逐渐被研发出来。

随着技术的发展,喷涂设备也取得了很大发展,主要体现在传送粉技术、多功能集成技术及实时控制技术等方面。目前较为先进的喷涂设备主要有加拿大 Mettech 公司开发的 Axial Ⅲ 型等离子喷涂设备、瑞士 Sulzer Metco 公司研制的 Multicoat 型等离子喷涂设备和 Praxair 公司开发的等离子喷涂设备。

等离子喷涂时,送粉方式通常是从枪外沿径向送入等离子体焰流,在这个过程中会有很多喷涂粉末没有进入等离子体区而造成粉末的浪费,并且大大降低了沉积效率。为了解决这一问题,Axial Ⅲ 型等离子喷涂设备采用轴向送粉技术,将喷枪设计成 3 对独立的阳极和阴极(见图 8-15),通过基束器将 3 个电弧在喷嘴处聚集,并通过一根位于喷枪轴向的送粉管将粉体送入喷嘴汇集处进行反应,实现轴向送粉,这样就避免了粉体的浪费。与传统的枪外送粉等离子喷涂设备相比,Axial Ⅲ 型等离子喷涂设备实现了高沉积效率、高送粉速率、低孔隙率和较高的涂层硬度,且对粉末粒度分布要求不高。

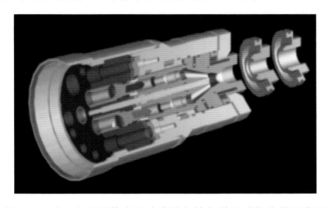

图 8-15 Axial Ⅲ 型等离子喷涂设备轴向送粉喷枪结构示意图

Multicoat 型等离子喷涂设备的操作台、过程控制中心和气体管理中心集中在一个主平台上,通过配备不同的硬件和相应组件来实现不同的喷涂工艺,并且通过利用 PC 的过程再现和数据管理等优点,与 PLC 的稳定性结合起来,大大提高了平台的可操作性。另外,为了避免其他电路对质量流量计的干扰,并避免氢气泄漏发生危险,Multicoat 型等离子喷涂设备将气体部分独立出来提高了系统的安全性。Multicoat 型等离子喷涂设备可以进行大气等离子喷涂(APS)、真空等离子喷涂(VPS)和超声速火焰喷涂(HVOF),具有很高的使用性能。

Praxair 公司开发的等离子喷涂设备采用专有软件实时控制和监测等离子

弧的实际能量,即净能量。采用净能量算法可以使等离子喷涂系统的闭环控制提高到一个新的水平。操作者键入优化参数后,控制模块控制整个工艺过程,监测和实时显示喷枪效率,使系统参数根据喷枪条件而反映,并做出相应调节以维护目标等离子体能量,提供稳定的能量输出水平。

国外对等离子设备的研发较早,相关技术也比较成熟,因此国外等离子喷涂设备有很高的市场占有率。

我国在等离子喷涂技术研究上投入的人力、物力较少,对等离子喷涂技术的研究工作多集中在涂层性能及喷涂工艺方面。一些研究机构在推动我国喷涂设备的发展方面起到了关键作用。如中国航空制造技术研究院是国内最早从事等离子喷涂技术的研究单位之一,从 1965 年就开始了等离子喷涂设备和工艺的研究,先后研发出 GP-80 型和 APS-2000 型大气等离子喷涂设备,ZDP-1700 型真空等离子喷涂设备,DSK-300 型电弧喷涂设备及 HP-6 型火焰喷涂设备,产品性能优异,在国内具有较大的市场规模。航天材料及工艺研究所研制的 HT-200 型大功率等离子喷涂设备,可以与不同等离子喷枪配套,属于国内首创,填补了我国在研制生产大型等离子喷涂设备方面的空白。但是与国外设备相比,我国研制生产的大型等离子喷涂设备在控制性能方面和稳定性方面还有很大差距。另外,广州有色金属研究院研制的真空等离子喷涂设备在应用上有很大的优点,武汉大学在推动冷喷涂技术进步方面起到了重要推动作用。虽然我国喷涂设备取得了很大进展,也具备喷涂设备开发的能力,但是由于喷涂设备的研究单位分散在多家研究机构,各个单位之间的联系较少,未将各个研究单位的成果相结合,并且这些单位的生产能力还未形成,因此相对国外设备来讲,我国喷涂设备还有很多差距,还有很长的路要走。

冷喷涂技术(cold spraying)是 20 世纪 80 年代俄罗斯科学院的理论与应用力学研究所的 Papyrin 等科学家在进行风洞试验时,基于测速示踪颗粒在速度超过一定临界值后发生沉积的现象而提出的。在我国,据不完全统计,目前有近 10 个研究机构装备了冷喷涂系统以从事相关的研究开发。西安交通大学于 2000 年底研制成功冷喷涂系统(CS-2000 型)(见图 8-16),成功沉积了 Cu、Ni、T 等涂层材料,为系统开展冷喷涂研究奠定了基础。中科院金属研究所于 2001 年从俄罗斯引进了冷喷涂系统,同年大连理工大学组装了冷喷涂试验系统。第二炮兵工程学院(现更名为"中国人民解放军火箭军工程大学")2002 年在采用自主研发的超声速火焰喷涂系统的基础上,通过向燃气系统中添加惰性气体或水降低火焰温度,提出了具有特色的冷喷涂方法。哈尔滨焊接研究所(现为哈尔滨焊接研究院有限公司)于 2007 年组装了冷喷涂系统,并研究了 Cu 涂层组织变化规律。宝山钢铁股份有限公司技术中心前沿技术研究所引进了 KS-

3000M 冷喷涂系统,与上海交通大学合作开展了 N 粒子沉积行为的研究。此外,北京航空航天大学引进了美国 Inyati 公司生产的 KMCD 冷喷涂系统、北京科技大学自主组装了冷喷涂系统、九江学院装备了西安交通大学研制的冷喷涂系统。

图 8-16　冷喷涂系统及工作状态的喷枪

　　传统冷喷涂工艺中喷涂颗粒粒径较小时,受激波影响很难实现有效沉积,电场辅助冷喷涂技术作为冷喷涂技术的衍生技术,通过外加电场作用,使被冷喷涂流场加速的纳米颗粒进一步加速,使之穿透基体前的激波区域而沉积获得涂层。电场辅助冷喷涂技术不仅能够在大气中实现纳米颗粒的沉积,还可以同时实现微米颗粒和纳米颗粒的共沉积。

　　上海航天设备制造总厂联合宁波材料所开展了电场辅助冷喷涂技术研究,通过电场辅助冷喷涂数值模拟的方法,研究纳米颗粒在静电场辅助作用下气固两相流特性。通过 Fluent 数值模拟计算,结合 DPV-2000 测量来调控,并采用 ANASYS15.0 建立的电场辅助冷喷涂空气流场和电场模型实现冷喷涂空气流畅和对电场的调控,研发出双送粉管喷枪及电场辅助系统(见图 8-17)。

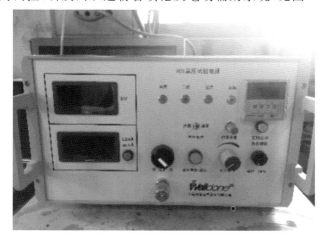

图 8-17　电场辅助冷喷涂电场发生控制器

为了减少冷喷涂气体压力、减小材料表面的孔隙率、提高冷喷涂质量,上海航天设备制造总厂联合武汉大学开展激光同步辅助冷喷涂系统研究。通过引入的激光能量改善颗粒和基板的力学性能,同时对颗粒具有软化效果,达到提高涂层厚度、沉积效率、致密性和结合强度,降低孔隙率的目的。激光同步辅助冷喷涂系统的开发使颗粒和基板的选材更加宽泛,其最关键的技术是光束能量和粉末流态协调控制技术。超快激光束具有较高的能量密度,其点光源作用于待修复表面和高速金属合金粉末上,易使材料产生汽化而改变材料的物质状态。控制光束能量分布和粉末颗粒流态,不仅要避免基材与粉材的物质状态发生改变,还要满足材料快速沉积结合的要求。上海航天设备制造总厂通过仿真与试验研究光束能量和粉末流态协调控制技术,开发了激光辅助冷喷涂一体化同轴喷头(见图 8-18)。

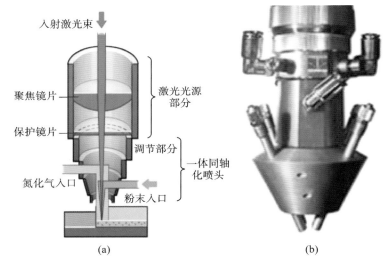

入射激光束

聚焦镜片

激光光源部分

保护镜片

调节部分

氮化气入口

一体同轴化喷头

粉末入口

(a)　　　　　　　　　(b)

图 8-18　激光辅助冷喷涂一体化同轴喷头

(a)示意图;(b)实物图

8.3.3　喷涂技术应用

20 世纪 50 年代后期,由于航空航天技术的迫切需要,美国发明了爆炸喷涂设备和等离子喷涂设备。20 世纪 60 至 70 年代,等离子喷涂在工业生产上得到应用,使得热喷涂技术的应用范围越来越广泛。等离子喷涂几乎适用于各种材料,且工艺较简单,涂层与基体结合良好,因此得到了广泛应用,可喷涂产品如柱塞泵、阀门平板、密封耐磨件、轴类磨损件、活塞、气缸等其他防腐配件。另外,等离子喷涂硅灰石涂层、硅酸二钙涂层及 W7T3、W3Z7、W7Z3 三种复合涂层都具有良好的生物活性,且与钛合金基体有较高的结合强度,在人工骨制造领域较有应用前途。

等离子喷涂高的热源温度使等离子喷涂 Al_2O_3、ZrO_2 和 Cr_2O_3 等陶瓷材料成为可能。这些材料具有非常优良的耐磨性能。美国海军已将等离子喷涂 Al_2O_3-TiO_2 纳米涂层作为新型耐磨涂层应用于船舶和舰艇。我国从 20 世纪 70 年代引进美国 Metco 公司等离子喷涂装置起,就开始了对等离子喷涂设备的开发与仿制(见图 8-19),但与国外的先进水平相比,还有较大的差距。目前,国内等离子喷涂设备生产商(机构)主要有中国航空制造技术研究院、航天材料及工艺研究所、中国人民解放军陆军装甲兵学院等。北京航空制造工程研究所研制的 APS-2000 型等离子喷涂设备采用了许多新技术,总体性能达到国外 20 世纪 90 年代水准,代表了目前国产等离子喷涂设备的较高水平。由航天材料及工艺研究所研制成功的 HT-200 型超声速等离子喷涂设备额定使用功率为 200 kW,填补了我国在研制生产大功率等离子喷涂设备方面的空白。中国人民解放军陆军装甲兵学院自行研制的具有自主知识产权的高效能超声速等离子喷涂系统,各项性能指标明显优于国外同类产品。目前,在小功率喷涂设备方面,北京航空制造工程研究所正在开展层流等离子喷涂设备的研制。

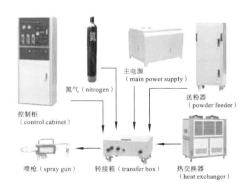

图 8-19　国内等离子喷涂设备及喷涂加工操作

等离子喷涂的热障涂层在航天领域应用最为广泛。火箭发动机喷管延伸段内壁在工作时要承受 1500 ℃ 以上高温焰流的冲蚀,时间长达几十秒至上百秒,一般采用等离子喷涂热障涂层对喷管延伸段内壁进行防护,涂层结构是 MCrAlY 结合底层 YPSZ(Y_2O_3/ZrO_2)工作面层。火箭级间段材质一般为铝合金,内壁装有许多测试仪器,为减轻重量,内壁采用化铣工艺铣成网格形状,最薄处仅有 1.2 mm,发射过程中级间段短时承受几千摄氏度的高温,内壁需制备等离子喷涂热障涂层(见图 8-20)进行防热处理,否则内壁会在瞬间烧毁。火箭发射车架发射时承受高温焰流的冲蚀也可以通过喷涂热障涂层进行防护（见图 8-21）。我国载人航天工程也应用了热障涂层技术，飞船逃逸系统的关键部件栅格翼大面积使用了等离子喷涂 Al_2O_3 涂层（见图 8-22）。

(a)　　　　　　　　　　　　　　　(b)

图 8-20　火箭发动机热障涂层

（a）喷管内壁喷涂热障涂层；（b）2 级间段内壁喷涂热障涂层

图 8-21　喷涂 ZrO_2 涂层的火箭发射车架

采用冷喷涂技术能够制备性能优良的防腐蚀涂层。与传统的 Zn、Al 及其合金制成的多孔易氧化热喷涂保护涂层相比，冷喷涂保护涂层更耐腐蚀，使用寿命更长，涂层制备费用更低。此外，冷喷涂更易在用于恶劣环境的钢材上沉积像 Ti、Ni 及不锈钢这样的阴极金属涂层。随着冷喷涂技术研究的深入，一些功能涂层，如非晶涂层、生物 Ti 材料及其复合材料、金属间化合物涂层、光催化 TiO_2 涂层、热塑性材料沉积物等也得到了一定程度的研究。另一个值得关注的是纳米结构涂层和块材的冷喷涂层制备，它给纳米材料的结构化应用提供了技术支持。冷喷涂依据自身的喷涂特点，具有成形制造零部件的巨大潜力，对于一些形状并不复杂的轴对称旋转件或者平面状工件，都有可能直接喷涂成形。不仅是 Ti 及 Ti 合金，其他工程材料，如 Al 及 Al 合金、Cu 及 Cu 合金、Ni

图 8-22　表面喷涂 Al_2O_3 涂层的栅格翼

及 Ni 合金等都可以通过冷喷涂成形来经济地制造零部件。而冷喷涂技术具有操作方便的优点，配套便携式冷喷涂设备，可用于工业零部件的快速修复。

美军 B1 轰炸机采用冷喷涂技术修复后的设备舱板如图 8-23 所示，并通过载荷传递、疲劳和拉伸试验，三维剪切试验和金相分析来检验修复效果。结果表明冷喷涂工艺能够为这个零件提供永久性的修复，恢复整个舱板的功能。上海航天设备制造总厂针对可重复使用航天器对高强铝合金薄壁构件高质高效的修复需求，结合高强铝合金薄壁构件的材料特性及结构特点，提出了激光同步辅助冷喷涂复合修复新技术。通过研究铝合金薄壁结构表面激光同步辅助冷喷涂修复机理，开发了铝合金薄壁结构表面激光同步辅助冷喷涂修复工艺参数的优化控制系统（见图 8-24），以解决现有冷喷涂及常规激光冷喷涂修复过程中因高反射、高热输入导致的铝合金薄壁结构变形、性能下降等问题，为实现运载火箭的快速重复利用提供技术支撑。

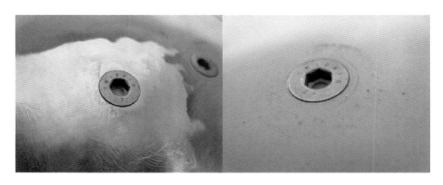

图 8-23　冷喷涂修复后的设备舱板与新舱板对比

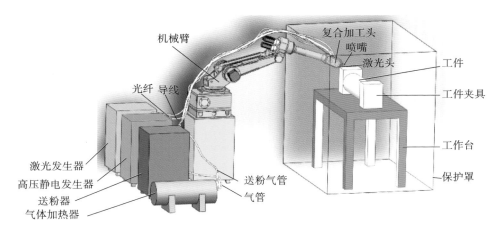

图 8-24　激光同步辅助冷喷涂平台集成方案

同时美国将冷喷涂技术用于制备一级火箭发动机集束管的高纯铜涂层,制备汽车底盘的防腐蚀锌铝涂层,还将冷喷涂技术用于生产汽车和飞机用的新型韧性涂层,在梯度涂层中连接异种金属,制造小型涂层复合件及进行低温涂覆等。德国已将冷喷涂的涂层用于汽车尾气排气管的防护,解决了采用热喷涂技术时涂层易疲劳断裂的问题,提高了涂层寿命。日本将冷喷涂的高性能导电涂层用在了电子工业中。俄罗斯已经在电器、机械制造和汽车行业应用冷喷涂技术,并在西伯利亚钢铁厂建立了钢管内表面防腐涂层制备的自动生产线,可以处理管径在 65 mm 以上、长度在 6000 mm 以内的钢管。

8.4　激光表面处理技术

8.4.1　激光表面处理技术概述

激光表面处理是利用激光束快速、局部地加热工件,实现局部急热或急冷,对工件表面进行相变处理、激光熔覆和表面合金化等处理。激光表面处理技术属于高能量密度表面强化技术,其能量密度可以为 $10^2 \sim 10^3$ kW/cm^2,远远大于传统的火焰表面淬火和感应表面淬火时的加热能量密度。通过改变激光参数,此技术可解决不同的表面处理工艺问题,是一种非接触式处理方法,工件变形极小。

近年来,迅速发展的激光表面处理技术主要是通过短脉冲、高峰值功率的激光束作用于材料表面,使得材料在吸收了激光能量后温度迅速升高并发生熔化乃至汽化,从而达到材料精确去除的目的。激光表面处理技术作为一种高速、非接触式特种加工技术,具有加工效率高、无刀具磨损、对材料不产生机械挤压或机械应力、可对绝大多数材料进行加工和易于与多轴数控驱动装置集成等优势,因而在精密制造领域逐渐展现出了良好的潜力。虽然飞秒、皮秒级激光具有脉冲作用时间超短、几乎无热影响区等优点,但由于飞秒、皮秒级激光器本身造价高昂、体积大、不易于集成、去除效率较低,因而目前尚难以在实际生产中应用。而纳秒级多脉冲激光加工虽然存在一定的热影响区,但激光器去除效率高、体积紧凑,且易于与多轴数控驱动装置集成,因而成为了解决复杂曲面零件表层宏观图案高效制造难题的有效手段之一。

8.4.2　激光表面处理技术的发展现状

从 1961 年中国第一台激光器宣布研制成功至今,在全国激光科研、教学、生产和使用单位共同努力下,我国激光产业创造了门类齐全、水平先进、应用广泛的激光器产品,并在产业化上取得可喜进步,为我国科学技术、国民经济和国防建设做出了积极贡献,在国际上了也争得了一席之地。激光表面处理设备的核心在于激光器。随着激光技术的迅速发展,各种类型的固体、气体、半导体和化学激光器相继研制成功。目前主流的激光器主要有 CO_2 激光器,YAG 激光器和光纤激光器。

激光表面处理主要是采用高能量密度的激光束,以非接触的方式加热材料表面,在材料表面制备一定厚度的处理层,从而达到改善材料表面硬度、耐磨性、耐腐蚀性及抗高温氧化性能等目的。由于激光束具有单色性好、相干性好、方向性好和能量密度高的特点,因此与其他表面改性技术相比,激光表面处理具有表面改性层厚度可控、改性层与基体呈典型的冶金结合、热影响区小及工件变形小等优点,因而广泛应用于铁及铁合金等材料的表面改性处理。根据激光表面改性层的特点,激光表面改性处理技术可分为激光表面相变硬化(LTH)、激光表面熔化(LSM)、激光表面合金化(LSA)、激光表面涂敷(LSC)和激光表面冲击硬化(LSH)等。

(1) 激光表面相变硬化是用高能激光束扫过可硬化材料表面,使表面温度达到相变点以上,当激光束移开时由于基体的传热使表面快速冷却(自淬火作用),从而使材料表面硬化的技术。

(2) 激光表面熔化在满足表面某些需要,如耐磨性、耐腐蚀性、防止氧化等方面显示出独特优点。可用激光表面熔化技术得到细晶组织、非晶态和亚稳相,低的气孔率和光滑的表面,同时获得基体中较小的热影响区,以及良好的基体与表面的结合。

(3) 激光表面合金化就是利用激光照射使基体表层熔化并把供给表面(预

敷或喷射)的含合金元素的物质熔化,混合均匀,以便在基体表面形成一个理想的合金层,从而改善表面性质的技术。

(4)激光表面涂敷与激光表面合金化相似,不同的是前者处理后的材料表面成分被基体稀释的程度非常低。这种技术同样会改善表面性质,经常用来提高材料的耐磨性、耐腐蚀性和耐高温性能。

(5)激光表面冲击硬化是指采用脉冲激光使材料表面薄层(几个原子厚)快速蒸发,并在材料表面原子移走的时候,发生动量脉冲并产生一个冲击波或应力波(需要的能量密度为 $10^7 \sim 10^{11}$ W/cm^2,脉冲时间为几皮秒至几百纳秒),从而使材料表面强化的技术。

8.4.3　激光表面处理技术的应用

中国电子科技集团公司第十二研究所开发了感光抗蚀掩膜图像的激光立体扫描曝光成像技术,利用短波、长激光、高强度光点,以多坐标联动加工中心为运动执行机构、配合计算机控制系统,直接在已涂覆感光抗蚀涂层的曲面金属镀层上进行扫描曝光,然后进行化学腐蚀,形成所需金属层图案。该技术结合复合材料成形技术、复合材料表面金属化技术、化学蚀刻技术,能够在抛物面、双曲面、圆锥面等载体上制造金属图案。将激光刻蚀与化学腐蚀技术相结合制造的圆锥螺旋天线如图 8-25 所示。

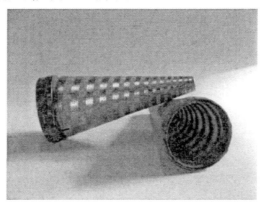

图 8-25　将激光刻蚀与化学腐蚀相结合制造的圆锥螺旋天线

资料来源　聂延平,陈乃奇,刘丽,等.激光立体扫描曝光成像技术及其应用[J].
国防制造技术,2009(5):57-59.

拉夫堡大学 Patrick McEvoy 等针对 GSM、蓝牙、无线局域网、GPS(全球定位系统)等通信设备小型化问题,提出了激光辅助掩膜刻蚀技术。以 GPS 设备的制造为例,选择陶瓷材料作为基底,依次进行电镀铜层、涂光刻胶、激光曝光照射、氨氧化钢溶液刻蚀未曝光区域，最后剥离未刻蚀部分光刻胶。英国杜伦大学 Alan Purvis 等通过改进平面光刻技术，提出了三维全息光刻法，并利用该方法制造了圆锥螺旋天线（见图 8-26）。具体做法为：首先在锥度为 54°的待加工锥面上喷涂 5 μm 的光刻胶，并利用计算机生成的全息图像刻蚀出带平面图案的玻璃掩膜板，然后将激光光束投射到锥面上，最后通过镀金制成了厚度为 2 μm、平均宽度为 66 μm 的螺旋天线。然而该研究预期制造的螺旋天线宽度是 42 μm，可见制造误差较大。此外，英国谢菲尔德大学 J. Toriz-Garcia 等人同样研究了三维全息影印技术（3DHP），但是仍存在制造精度差等问题。

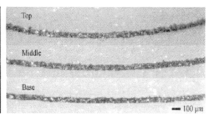

图 8-26　采用三维全息光刻法制造的圆锥螺旋天线

在国内，复旦大学的叶匀分和上海航天测控通信研究所朱荣林等人采用激光刻蚀法和激光成膜法，分别以聚四氟乙烯、聚酰亚胺和环氧树脂为基体，制造了圆锥微带天线。其中在以聚四氟乙烯作为基底构件制造微带天线时，首先对聚四氟乙烯的表面进行活化，以增强其与金属锻层的结合力，然后用高能激光束照射不需金属化的区域，进而对基体表面的活化物质进行灭活处理，使得金属无法沉积，最后通过整体沉积铜层并进行电镀加厚，得到以聚四氟乙烯作为基底的微带天线。

此外，随着市场对高性能、多功能手机需求的增加，人们对手机宽频天线的尺寸和总效率提出更高的要求。法国尼斯大学 AykutCihangir 等人为促进 4G 商业手机的发展，采用激光直接构型制造技术，实现不规则单级天线在曲面上的保形制造。具体做法为：首先制备含有特殊物质的基底材料，然后利用激光束对基底表面拟得到金属图案的区域进行激活，使其能够与金属有效结合，最后在化学池中整体镀铜，完成特定电气元件的制作与集成。便携式移动设备尺寸的减小，对天线系统的整合性也提出了挑战。共形天线具有空间尺寸缩小、性能可靠等优点，可应用于无人驾驶与分布式自主控制系统。美国海军研究实验室结合显微加工与激光直写技术研究了 GPS 共形天线（见图 8-27）的快速成形技术，其具体操作过程为：首先对玻璃纤维基体进行热处理，提升其热变形温度至 200 ℃，然后在基体表面覆盖 100～150 μm 厚的含银环氧树脂层，并采用光斑直径为 10 μm、脉冲能量为 2 J/cm^2 的光束照射树脂层,同时采用 CCD 相机与放大装置进行监控,最终实现共面波导传输线的加工。

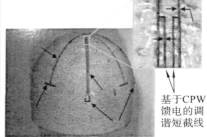

基于CPW
馈电的调
谐短截线

图 8-27　GPS 共形天线制造

　　虽然以上激光加工工艺研究为实现工程塑料表层复杂图案的精密制造做出了有益的探索,但仍然存在一定的不足。激光直接去除法加工中,因激光能量呈高斯分布,因而去除材料边缘呈斜坡状,且金属层厚度大于 10 μm 时热影响区显著增大。激光间接去除法由于包含激光加工、化学腐蚀等多种加工步骤,制造效率较低、成本较高,且金属涂层厚度较大时,易造成表层图案边缘过腐蚀或欠腐蚀,制造结果一致性难保证,零件质量严重降低。通过比较可知,激光直接去除法加工效率高,适用性广,但现有研究未考虑与数控驱动装置结合后,进给速度始终无法达到预设值、诱发激光累积热能不平衡导致的去除量不一致的问题。因此,对于应用数控激光加工制造复杂曲面零件表层复杂图案,尚需进一步的研究与完善。

　　运载火箭舱体结构件大部分采用铝合金材料,为了避免表面腐蚀,通常零组件均采用阳极氧化处理工艺,阳极氧化层厚度一般为 8～12 μm。贮箱结构舱体属于大型的焊接结构件,对于施焊位置,在焊前需清除其铝合金的氧化层。上海航天设备制造总厂将激光清洗技术作为一种新型的焊前清理技术,应用到贮箱铝合金零件焊前预处理(见图 8-28)。图 8-29 所示为激光清洗前后区域的显微形貌和成分分析,左图为激光清洗铝合金阳极氧化层的边界表面在扫描电镜下的显微形貌,白色区域为激光作用的区域,黑色区域为阳极氧化层未处理的区域。经能谱分析(EDS)后,激光作用区域仅含有微量的氧,已经彻底去除了阳极氧化层,且未探测到阳极氧化层中的 Cr、S。进一步对比焊前分别采用激光清洗和手工刮削的焊缝表面形貌(见图 8-30),可以看出这两种方法处理后焊缝质量相当,均能达到 QJ2698A Ⅰ级标准,具有相同的接头强度。

图 8-28　利用激光清洗技术对铝合金贮箱焊缝氧化皮进行清洗

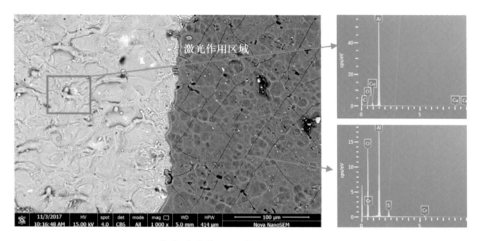

图 8-29　激光清洗前后区域的显微形貌和成分分析

图 8-30　焊前分别采用激光清洗和手工刮削的焊缝表面形貌

第 9 章
典型航天结构件智能焊接技术与装备

9.1 焊接工艺及仿真技术

9.1.1 焊接仿真技术

焊接作为一种重要的材料连接工艺,广泛应用于航空航天制造、桥梁建造、机械加工制造、海洋钻井平台等领域。焊接是一个涉及大量传热、电弧热物理、力学和冶金等多门学科的复杂工艺过程。焊接构件经常出现热裂纹、冷裂纹、气孔、夹渣、咬边等焊接缺陷。焊接热裂纹出现的原因是:焊接材料中存在一些低熔点的物质,它结晶比较慢,由液态变为固态后强度比较低,在焊后凝固过程中受到材料的收缩作用或外力的拉压作用就会被破坏。焊接冷裂纹的产生是因为焊后材料在迅速冷却过程中出现了淬硬组织——马氏体,在外力作用下就容易开裂。焊接气孔的产生多是由于焊接处没有清理干净,仍存留着少量的锈斑或水渍。焊接夹渣的产生则是由于焊接材料中杂质较多,存在不能与母材有效融合的物质。焊接咬边则是因为焊接过程中焊接速度设置不合理,造成填充金属不足引起的。同时,焊接过程的瞬时热输入高度集中和焊后迅速冷却,必然会造成焊后材料中出现很大的残余应力,甚至导致焊接变形。焊接残余应力和变形在一定程度上会影响焊接结构的加工精度,使焊接结构焊后尺寸发生变化,甚至会缩短焊接结构的使用年限,严重时甚至会造成生产安全事故。由此可以看出,虽然焊接工艺得到了十分广泛的应用,但是焊接缺陷的存在将严重影响焊接结构质量及安全性能,是焊接工艺中亟须解决的一个重要问题。

目前工人们通常凭借经验,采用一些工艺方法来避免一些焊接缺陷。例如,采用降低起弧处的焊接速度来避免起弧处由于热累积不足而产生未焊透缺陷;应用多层多道焊,控制焊间冷却时间来降低焊后的冷却速度,从而避免冷裂纹的出现;采用调整焊接顺序和改变焊接坡口类型的方法来降低焊后焊接结构的变形;等等。对于一些常用的焊接结构和焊接材料,经验丰富的工人可以凭借经验很好地避免这些焊接过程中出现的问题。但是随着生产力的迅速发展，新型材料和新型结构层出不穷，这种凭借经验避免焊接缺陷的方法会造成极高的生产成本，而这是作为发展中国家的中小型企业所无法承担的。焊接工艺过度依赖经验不仅制约了焊接技术的发展，而且制约了我国制造技术的发展。

如今，计算机技术飞速发展、数值模拟技术日益成熟，在计算机辅助制造和计算机辅助设计的背景下，计算机数值仿真技术将促使焊接工艺产生质的提升。目前的数值仿真技术已经可以采用形状和热分布都比较接近实际热源的热源模型，成功模拟焊接过程的温度场和应力场。对于新型的焊接材料和焊接结构，只要能测得焊接材料的热物理性能参数并施加合理的约束即可准确模拟其焊接过程的温度场和应力场，可以极大地降低生产成本。采用数值模拟方法不仅可以精确地改进焊接工艺，避免焊接缺陷，提高焊接质量，还可以提供焊后精确的应力场，从而可以准确计算焊接结构的强度，为焊接结构的安全工作提供保障。

但是就目前而言，虽然焊接数值仿真技术已经有了极大的发展，但是若要将其成功应用于实际生产，还需要对其进行进一步的完善，需要研究者进行大量的实验验证及改进工作。

1. 焊接温度场仿真

焊接应力变形是在非平衡加热、冷却过程中产生的，因此进行焊接热过程模拟是进行焊接应力变形数值模拟的前提。焊接温度场的准确计算或测量，是焊接冶金分析和焊接应力、应变热塑性动态分析的前提。研究焊接温度场是进行焊接力学分析的基础。温度对材料的力学性能有显著影响，很多材料参数是温度的非线性函数。焊接热过程直接决定了焊缝和热影响区焊后的显微组织、残余应力与变形。在焊接过程模拟的研究中，一般仅考虑温度场与应力场的弱耦合，即单向耦合，只考虑温度场对应力场的影响，而忽略应力场对温度场的作用。焊接过程的传热问题十分复杂，影响因素繁多，直到 20 世纪 30 年代人们才开始系统地对其传热问题进行研究。

焊接热过程是影响焊接质量和生产效率的主要因素之一。对焊接热过程的准确计算和测定，也是采用热弹塑性有限元法预测和控制焊接变形的前提。焊接热传导研究已经有 70 年的历史。20 世纪 30 年代早期，D. Rosenthal、H. H. 雷卡林等采用解析法研究焊接热过程，做了许多工作并形成系统理论。这些研究一般假定：热源瞬时集中于一点、一线或一面；材料在任何温度下都是固体，不发生相变；材料的热物理性能不随温度而变化；焊件尺寸无限大。这些假设条件与焊接传热的实际情况有较大的差异，致使距离热源较近部位的温度存在较大的偏差。解析法的优点是物理概念及逻辑推理清楚，所得到的结果能比较清楚反映出各种因素的影响。另外，得到的解析解可以用于对其他方法，尤其是对数值解法的结果的精确性进行校核。但解析法只能用在有限的范围内，对许多用以描述复杂系统的高阶、非线性、时变的微分方程就很难用解析法进行求解。

20世纪60年代，有限差分法（FDM）被引入焊接问题的分析中，并随着计算机的发展被广泛应用。差分法常用于分析焊接热传导、熔池流体动力学、氢扩散等。加拿大的Z. Paley考虑了材料热物理性能与温度的关系，并将熔化区内的单元作为加热的热源来处理，采用差分法编制了可以分析非矩形截面及常见的单边U形、双边U形、双边V形坡口的焊接传热计算机程序。S. Kou建立了模拟厚板钨极氩弧焊或等离子弧堆焊的准稳态三维温度场的差分计算模型。差分法的优点是对于具有规则的几何特性和均匀材料的特性问题，其程序设计和计算过程较简单，收敛性也较好，但差分法往往受限于规则的差分网格（如正方形、矩形、正三角形等），显得较呆板、不够灵活。随着热源模式的改进，计算精度得到提高，计算所需的时间和容量也变大，而有限元法（FEM）的提出则使得各种复杂焊接现象的计算问题得以解决。1966年，Wilson和Nickell首次把有限元法用于固体热传导的分析计算中。20世纪70年代，有限元法逐渐在焊接温度场的分析计算中得到应用。1976年，美国的G. W. Krutzy在其博士论文中用有限元法建立了二维焊接温度场的计算模型，并考虑了相变潜热问题。有代表性的是加拿大学者J. Goldak提出的双椭球热源模式。对于通常的焊接方法，采用高斯热源即可；对于电弧冲力较大的焊接方法，如熔化极氩弧焊和激光焊接，采用双椭球热源的效果较好。当前对复合焊接热源的研究与开发也是一个热点及难点问题。

在国内，1981年，西安交通大学唐慕尧等首先用有限元法计算了薄板准稳态焊接温度场。之后，上海交通大学在焊接热传导数值分析方面做了许多工作，提出了求解非线性热传导方程的变步长外推方法，建立了焊接温度场的有限元计算模型和相应的计算机程序，并针对脉冲TIG焊接温度场及局部干法水下焊接温度场等问题进行了成功的实例分析。

对于三维问题，国内外也是近十年来才刚开始研究。其原因是焊接过程温度梯度很大，在空间域内，大的温度梯度会导致严重的材料非线性，导致求解过程的收敛困难和解的不确定性；在时间域内，大的温度梯度决定了必须加大在瞬态分析时的离散度，导致求解时间步的增加。汪建华等人和日本大阪大学合作，采用有限元法对三维焊接温度场问题进行了一系列研究，探究了焊接温度场的特点和提高精度的若干途径，并针对几个实际焊接问题进行了三维焊接热传导的有限元分析。蔡洪能等建立了运动电弧作用下的表面双椭圆分布模型,在此基础上编制了三维瞬态非线性热传导问题的有限元程序,程序中利用分析节点热熔的方法对低碳钢(A3 钢)板的焊接温度场进行了计算,计算结果和实验值吻合得很好。清华大学的蔡志鹏等根据输入热功率相当的原则提出了段热源模型和串热源模型,并应用于实际焊接结构的模拟。通常对于焊接变形问题可以利用粗网格与段热源进行计算,对于计算应力问题则采用细网格与段热源。焊接热传导分析一般基于固体导热微分方程,并且不考虑焊接熔池内部液态金属的对流传热特点。将固体的导热微分方程一并应用于液态熔池和熔池外部的固体区域,忽视高温过热液态金属熔池对传热过程的影响,处理上往往采用增大有效热传导系数的方法来考虑熔池内流体流动对整个温度场的影响。通常这种方法对于焊接力学行为的分析已具有足够的精度。

2. 焊接应力场仿真

极不均匀的焊接温度场将导致塑性应变与相变,应变是产生焊接残余应力与变形的根本原因。焊接应力和变形计算以焊接温度场的分析为基础,同时考虑焊接区组织转变对应力应变场带来的影响。温度、相变、热应力三者之间的耦合效应如图 9-1 所示。

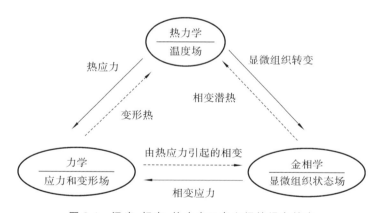

图 9-1　温度、相变、热应力三者之间的耦合效应

目前,研究焊接应力和变形的方法很多,如热弹塑性分析、固有应变法、黏弹塑性分析、考虑相变与热应力耦合效应的分析等。热弹塑性分析方法是在焊接热循环过程中通过一步步跟踪热应变行为来计算热应力和应变的,该方法需要采用有限元法在计算机上实现。采用这种方法可以详尽地掌握焊接应力和变形的产生及发展过程。随着大型有限元软件的开发,该方法取得了良好的效果,被越来越多的学者采用。

1）弹簧单元法与收缩力法

弹簧单元法利用线性弹簧单元加到弹性体上求变形，其关键是弹簧单元参数及其位置的确定。收缩力法与弹簧单元法类似，只需将弹簧单元替换为按照经验公式求得的焊缝收缩力即可。举一简单情况说明这两种方法的局限性。若在一长平板中间表面堆焊一道焊缝，则实际变形将包括沿板厚方向产生的翘曲，但如果按这两种方法计算变形，计算结果是不会产生翘曲，而只产生纵向收缩，在构件变形形式上产生不一致。其原因是，这两种近似方法将与焊接过程及焊接结构有关的非常复杂的塑性应变和相变应变转化为与焊接过程、焊接结构均无关的恒定的收缩力。这种转换在定性分析上有一定的合理性，但从量值上简单取代则显得很勉强，无法反映出同一道焊缝不同位置的区别，也不能反映出焊接顺序的影响。在实际计算中，不可能精确确定弹簧单元参数、位置或收缩力的分布。因为准确确定上述参数的工作量甚至比进行全过程热弹塑性分析还要大，所以只能作出大致的估计，这样必然造成计算结果的误差。由此可见，这两种方法只适用于一定条件下的定性计算，用于指导生产则有很大的局限性。

2）线弹性体积收缩法

线弹性体积收缩法假定熔化金属冷却过程中的热收缩是导致焊接变形的主要因素，因此利用试验或者数值模拟得到接头处垂直于焊缝方向发生熔化部分的截面形状，在有限元模型中对该部分单元一次性地施加温度初始条件，然后模拟冷却过程，得到残余变形量。其中假定了材料热膨胀系数为一常量，冷却过程发生线弹性收缩。采用该方法可避免对焊接热循环过程的描述和计算，同样不能体现同一焊缝不同位置的区别，不能体现焊接顺序的影响，但与采用弹簧单元法及收缩力法相比，由于将难以确定的边界因素如弹簧单元参数、收缩力的大小等转变为易于测量的熔化区截面形状，因而在边界条件的描述上准确性大为提高。与固有应变法相比，线弹性体积收缩法将焊接过程中发生的塑性应变、温度应变及相变应变转化为过于简单的线弹性热应变，也会造成变形计算误差较大。

3）固有应变法

20 世纪 70 年代，在焊接热弹塑性理论发展的同时，日本一些学者提出了固有应变概念。Ueda 等利用这一概念发展了基于线弹性有限元的固有应变模型。在此基础上，Murakawa 等根据热弹塑性有限元模拟结果及其与试验结果的比较，引入弹性约束参数，分别获得弹性约束参数与固有应变、最高温度与固有应变的相互关系，建立了简单而准确的固有应变分布模型。后来，Jang 等通过对材料温度特性的研究，得出了考虑材料非线性的固有应变模型，并提出用单位载荷法计算结构的约束度。

3. 焊接流动场仿真

1）熔化焊流动场仿真

目前,许多学者对焊接数值模拟的研究主要是针对焊接过程中的熔池行为、焊接温度场、流动场等展开的。要精确地计算焊接温度场,必须考虑熔池内的流体流动对焊接过程的影响。激烈运动的液态金属对熔池内传热、传质过程的影响决定了熔池内一系列物理化学反应进行的程度。此外,熔池的流动与熔池的形状、结晶、气体和夹杂物的吸收、聚集、溢出,化学成分的均匀性及化学反应动力学等密切相关,所以熔池中的流体流动情况是影响焊缝中组织结构和性能的重要因素。从 20 世纪 60 年代中期开始,已经有学者对熔池中液态金属在表面张力梯度、电磁力等力作用下的剧烈运动进行了研究。1983 年,MIT(麻省理工学院)的 G. M. Oreper 首次对熔池中流体在表面张力梯度、电磁力和浮力共同作用下所产生的流动及传热过程建立了数学模型,从此熔池中流体流动及传热过程的数值模拟受到普遍的关注。50 多年以来,该领域的研究取得了长足的进步,但主要都是针对 TIG 焊接。为了考虑熔池内部流体的流动情况,最早人们建立了固定容器内流体流动的数学模型,之后一些学者分别用不同的方法建立了接近实际情况的电弧作用下的焊接熔池流动和传热的数学模型。S. Kou 和 T. Zacharia 都以假设熔池表面为不可变形的平面为前提条件分别建立了三维和二维 TIG 焊熔池流体流动及传热模型。后来,M. E. Thampson 和 R. T. C. Choo 的模型中涉及了熔池表面的变形,但其变形是预先给定的,并且都只是二维对流模型,没有考虑工件的熔透情况。武传松、曹振林建立了熔透情况下的 TIG 焊接熔池的流场与热场的数学模型,计算值与实测值之间比较吻合。密西根的 J. Zhou 等做了激光-MIG 复合焊接时小孔成形、熔滴过渡和熔池流动熔合的数值模拟,研究了小孔内的热质传输、熔液流动和温度分布。模型中采用了 VOF(volume-of-fluid)方法跟踪自由表面。模型考虑了等离子体中激光能量的逆韧值吸收、反射吸收(fresnel absorption)和小孔壁的多次反射、等离子体热辐射损失等诸多因素。模拟反映了复合焊接过程的热流、熔池的动态过程,以及熔滴和熔池的相互作用。为了考虑熔滴的冲击力对焊接熔池的影响,曹振宁、武传松建立了熔滴以射流方式过渡时 MIG 焊熔池流体流动及传热过程的数学模型,重点分析了熔滴过渡带入熔池的热量及动量对焊接熔池的影响。雷永平、顾向华等把焊接电弧与熔池作为一个研究整体进行了研究,建立了电弧/熔池系统的统一数值模型,通过动态交互边界条件的不断更新,实现了电弧/熔池系统双向耦合求解。2007 年,清华大学的李志宁等建立了激光等离子弧复合焊接过程中液相区、糊状区和固相区的统一模型,重点研究了电磁力对熔池流动和传热的影响。

2）搅拌摩擦焊材料流动场仿真

搅拌摩擦焊接是一种固相焊接法，对搅拌摩擦焊而言，焊接流动场即焊接过程中接头塑性材料的流动行为。对材料流动行为的研究，对于焊缝成形的把握、搅拌头的设计和研究至关重要，但由于材料呈固态，对材料的流动的假设条件较多、计算非常复杂，目前仍然在探索更为准确的仿真方法。

Xu 等提出了两种有限元模型（界面滑动模型和摩擦接触模型）来模拟搅拌摩擦焊过程，由此模拟计算得出的焊缝材料流动状态与 Reynolds 等使用示踪技术得到的试验结果基本一致。

Colegrove 等利用流体软件 FLUENT 对简化的搅拌针周围的材料流动形态进行了二维模拟，得到了以下重要结论。

（1）利用滑动模型模拟得到的材料流动行为与利用通常假设条件下的黏性模型得到的材料流动行为有很大不同。在滑动模型下，由于搅拌针形状的改变，材料流动形态有很大不同；而使用黏性模型时差别不大。

（2）在使用滑动模型模拟时，搅拌头前进侧的焊缝变形区较返回侧小得多。

（3）在使用滑动模型模拟时，搅拌针前方的金属进入返回侧。

（4）在使用滑动模型模拟时，在搅拌针后方出现流线图有膨胀迹象，材料的拖曳现象出现在搅拌头前进侧。这与 Reynolds 等进行的试验结果也是一致的。

Dongun Kim 等采用基于欧拉方程的有限体积法模拟 AA5083-H18 薄板焊接的热机耦合过程。通过试验与仿真结果的对比，发现工件与底板的传热边界条件对数值仿真的精确性有较重要影响；通过模拟焊接过程中金属材料的温度与应变，可以预测金属组织的变化情况。

Mohamed Assidi 等采用了 Arbitrary Lagrangian Euledan 方程以更加精确地模拟搅拌工具与工件表面的接触应力与摩擦运动，试验结果与模拟结果非常吻合。同时，经仿真发现焊接旋转力矩与焊接温度对摩擦系数非常敏感，通过多次试验的方法获取合适的摩擦系数是建立精确模型的有效办法。

Zhang 等采用完全的热机耦合模型模拟焊接进给速度对焊接热流场的影响，研究发现：随着焊接速度提高，搅拌头的搅拌作用减弱，导致焊接缺陷出现，焊接速度对焊接的热输入影响并不明显。计算机技术的发展，将继续推动搅拌摩擦焊材料流动场仿真的研究，为其提供更加可靠的计算手段。

9.1.2 焊接专家系统

所谓专家系统（expert system），是指具有专家知识和经验，并具有解决领域内问题能力的计算机系统。该技术是人工智能（artificial intelligence）的一个重要分支。焊接专家系统包括开发环境、知识系统和操作环境,如图 9-2 所示。

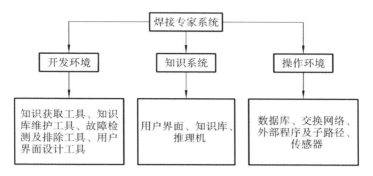

图 9-2　焊接专家系统的组成

1. 知识系统

知识系统中知识库存放专家提供的专门知识。推理机在一定的控制策略下,针对数据库中的当前问题信息,识别和选取知识库中的相关规则进行推理,进而修改数据库,直至得出问题的答案。用户界面主要是指人机接口,以用户熟悉的形式(自然语言、图形、表格)输出内部信息,或将用户输入的信息转换为系统内部的表示形式。

知识库分为事实类知识库和规则类知识库,主要包含接头知识库、设计质量要求知识库、接头参数设计知识库、焊接工艺免评判规则知识库和其他知识库。其中,事实类知识库有以下几个。

(1)母材知识库:根据标准规定,包含航天构件制造常用铝合金、不锈钢等的牌号、成分、组别等信息。

(2)焊材知识库:存储焊材牌号、成分、性能等参数。

(3)工艺参数实例知识库:存储经试验验证可行的焊接工艺参数信息。对于熔化焊,包括电流、电弧电压、电流种类/极性、功率、焊接速度、热输入量等信息;对于搅拌摩擦焊,包括焊接转速、焊接速度、焊接倾角、压入量等信息;对于激光焊接,包括激光功率、焊接速度、离焦量等。根据不同的焊接方法,分别设置专业焊接工艺参数实例知识库。

(4)焊接热处理知识库:存储焊前热处理信息、层间温度、焊后热处理信息等。

(5)材料焊接基础性能知识库:存储常用焊接材料的物理性能、力学性能、国内外牌号对照等信息。

规则类知识库如下:

(1)工艺设计推理规则知识库;

(2)焊接工艺评定项目提取规则知识库。

2. 开发环境

开发环境中知识主要由知识工程师与领域专家通过会议等方式来提取,并由知识工程师将其转化为机器内部的表示形式;或者通过一个智能接口,与领域专家对话来获取专门知识;还可以建立一个具有归档、类比或其他高级学习功能的知识发现系统,直接从领域经验中获取重要知识。用户界面的设计工具已广泛采用可视化的面向对象的开发工具,可以设计出非常友好的用户界面。

3. 操作环境

操作环境包括数据库、交换网络、外部程序及子路径、传感器。其中,数据库用来存放系统运行过程中所需要和产生的所有信息,包括问题的描述、中间结果、结题过程的记录等;交换网络一般有基于客户机/服务器的 C/S(client/server)和基于浏览器/服务器的 B/S(browser/server)两种模式。

焊接专家系统的主要优点在于:

(1) 可降低焊接成本,比如通过提高焊接工艺的编制效率来降低成本;

(2) 为焊接专家提供技术支持,甚至有时可完全取代焊接专家;

(3) 系统所产生的所有信息均可存入数据库,有利于工艺数据的积累和继承;

(4) 结论基于多个人类专家的知识,更科学、更具权威;

(5) 专家系统的知识库易于修改、更新,反映领域最新成果,适应不同用户需要;

(6) 推动领域相关知识的讨论,促进知识的广泛理解和固化。

对比国内外焊接专家系统的发展水平,可以看到,国外的焊接专家系统起步较早,研发投入大,发展快,水平高,主要表现为覆盖领域广、更新速度快、商品化程度高,比较有代表性的有 C-spec 公司开发的 WeldOffice 系列软件。从软件功能及内容上看,该系列软件包含多个子系统,功能全面,囊括焊接工艺文件生成、工艺文件管理、焊工资质评定、焊工工作记录管理、无损检测报告生成和管理等焊接中的常用功能。从涉及标准看,该系列软件专注于 ASME 标准,但同时也有符合 AWS 及 EN 标准的软件产品在售。从 WeldOffice 系列软件的用户看,该系列软件的用户包括卡特彼勒、西门子、劳斯莱斯等国际知名企业,足以说明该系列软件的市场认可度。

国内对焊接专家系统的研究工作起步稍晚一些,最早见诸报端的是南昌航空工业学院(今南昌航空大学)方宇洞等研制开发的焊接方法选择焊接专家系统。由于研究初期我国计算机发展水平较低,研究基础比较薄弱,因此焊接专家系统的研发效果不是非常理想,研发的系统多局限于实验原型阶段。但随着参与焊接专家系统研究单位的增多和科研人员规模的扩大,用户需求的日渐具体化,我国的焊接专家系统研究也取得了非常多优质的成果。很多焊接专家系统业已在企业用户中装机使用,并获得了不错的反响。并且,我国焊接专家系统软件的商品化程度近些年也有了很大的提高,已经有相当多成熟的商品化专家系统软件进入市场,为用户提供便利。目前,我国的焊接专家系统已经覆盖焊接中的各个过程,如焊接工艺设计、焊接工艺评定、材料焊接性分析、焊工及其工作记录管理等;涉及行业有压力容器制造、汽车制造、船舶制造、机械重工等。现有的焊接专家系统有以下特点。

(1) 在性能上,焊接专家系统实际上基本只覆盖了人工智能领域三大分支中的两个分支,即知识表示和智能推理,在自动知识获取上仍旧未能从根本上突破"知识获取"这一瓶颈,这也制约了专家系统的发展。

(2) 在焊接专家系统目前的推广应用上,各企业自行开发的焊接专家系统应用良好,通用性的商品软件的应用则相对低效。

(3) 从焊接专家系统的发展类别来看,焊接工艺选择类的焊接专家系统数量最多。究其原因,这反映了焊接工艺本身的复杂性,说明焊接工艺是焊接工程师希望首先解决的问题。

(4) 专家系统与人工神经网络(ANN)、面向对象技术(OO)及模糊系统(FUZZY)等智能技术结合起来形成混合系统,可克服单一技术的缺陷与不足,是当今智能系统的发展方向。

(5) 充分利用焊接数据库,研究以当前获得快速发展的焊接数据库作为知识源的自动知识获取机制,是焊接工程各种专家系统值得重视的研究方向。

(6) 多媒体技术在焊接专家系统中得到进一步应用。多媒体技术因其具有生动的图、文、声效果和强大的感染力等优点而有着广阔的发展空间。

(7) 建立共享性的统一数据库,开发基于局域网的 C/S 模式和基于internet/intranet 的 B/S 模式的焊接专家系统成为主流趋势。

9.2 基于自适应检测与反馈控制的智能焊接技术与装备

焊接是制造业中重要的加工工艺方法之一,在诸多飞速发展的因素(如复杂的焊接冶金物理化学过程、合理工艺的制定与实现、焊接质量的稳定性、应用的灵活性、操作的安全性及经济性等)的推动下,焊接制造工艺正经历着从手工焊到自动焊的过渡。焊接过程自动化、机器人化,以及智能化已成为焊接行业的发展趋势。

焊接传感方式主要包括接触式和非接触式。接触式传感器主要形式有接触探头式和电极接触式。非接触式传感器主要有：①利用物理现象的传感器，如电磁传感器、电容传感器、超声传感器、红外辐射传感器、涡流传感器；②利用电弧现象的传感器，如电弧传感器、电弧光传感器、电弧声传感器；③利用光学视觉的传感器，如激光视觉传感器、图像传感器、工业电视传感器。

焊接质量控制方法随着科学的不断进步，尤其是计算机技术的迅速发展，得到了很快的发展。在焊接生产中广泛应用及逐步用于生产的焊接质量控制方法主要有：①经典控制方法，如 PID（proportional-integral-derivative）控制方法；②现代智能控制方法，如专家系统控制方法、模糊控制方法、人工神经网络控制方法、复合控制方法。

下面对焊接过程传感与反馈控制技术进行介绍。

9.2.1　基于电弧稳定性控制的焊接过程传感与反馈控制技术

电弧过程包括起弧、燃弧和收弧，起弧和收弧过程主要由焊接设备及相应的控制程序来保证，基本不受焊接过程的随机干扰影响，而燃弧过程稳定性，可能受到焊接过程的许多随机干扰因素的影响而遭受破坏，且影响重大。现代焊接生产中，需要对影响燃弧稳定性的因素进行传感和反馈控制。

弧长跟踪控制系统的研究起源于 20 世纪 50 年代，但直至 20 世纪 80 年代，其控制方式均采用模拟式，稳定性低，抗干扰能力差，因而限制了其在生产实际中的应用。近年来，随着计算机技术的发展与普及，计算机控制技术已逐步渗透至各个领域，并日益显示出优异的控制性能，也带动了弧长跟踪控制系统的发展。

1. TIG 焊弧长控制

在 TIG 焊中，弧长是最敏感的因素，对保证燃弧稳定性也非常重要。由于工件存在加工误差，弧长发生变化的范围有时达 2 cm。如果弧长过短，则容易使电极和工件短路而损坏钨极；而如果弧长过长，电弧的有效加热面积过大，则会使熔深过小而熔宽过大，从而影响焊缝成形。一般的弧长调节方式分为两种，接触方式和非接触方式。在采用接触方式的装置中，通常采用探针或滚轮来测工件型面的变化，这种方法不适用于焊接圆筒形的工件，其弧长控制精度难以保证。非接触方式又分为采用电信号和采用光信号的两类。电信号通常是取电弧电压信号，由于电弧电压受电弧动特性的影响较大，而且易受电源品质的干扰，因此调节精度很难达到精确调节的要求。

在国内，哈尔滨工业大学（简称哈工大）、清华大学、上海交通大学等高等院校都在弧长跟踪系统方面做了大量的研究工作，取得了较大的成绩和进展。哈工大杨春利利用弧光传感来进行弧长的自动控制，由于弧光辐射的惯性和辐射的强烈程度不同,因此这种方法能克服取电信号所带来的缺点。同时采用弧光传感器,可以对整个电源和硬件设备不做改动,而且还可提高弧长的控制精度。杨春利还设计组装了弧长控制系统,系统框图如图 9-3 所示;编制了实现弧长自动控制软件,弧长控制流程如图 9-4 所示;通过试验测试了弧长控制系统的效果,将焊接过程弧长准确地控制在±0.1 mm 的范围内,无短路和断弧现象。

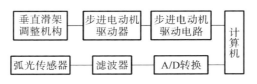

图 9-3　弧长控制系统框图

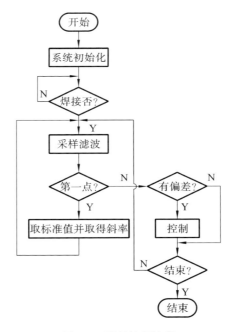

图 9-4　弧长控制流程

清华大学的孙振国等在小电流脉冲 TIG 焊接中焊接弧压与弧长对应关系的基础上,提出了采用脉冲峰值稳态弧压偏差的累积积分值来表征弧长偏差的新方法,采用独立的硬件电路实现了弧长信息传感、弧长信息处理及弧长控制参量的提取与输出,使系统资源需求最小化,易于与其他电源控制系统的集成。所研制的弧长跟踪系统,工作稳定可靠,动态响应快,跟踪精度高;在平均焊接电流为 20 A,弧长设定高度为 1 mm 时跟踪的静态误差为±0.1 mm,斜坡焊跟踪角度大于 30°。

哈工大的刘会杰等研究了交流 TIG 焊弧长控制系统,讨论了如何从交流信号波形中提取出能够真实反映弧长的反馈信号,结果表明以交流正半波电压作为弧长反馈信息,能很好地实现交流 TIG 焊的弧长自动控制。

国外对弧长跟踪控制研究进行得较早,研究得也更成熟。L. Y. Zhang 等设计了一种基于微机的 TIG 焊数字控制系统,该系统能灵活地控制引弧、焊接及收弧过程中的弧长,并使接触引弧更加可靠,同时多数据的分析系统能提供给用户更多的信息,如质量预测、焊缝的几何外形等。JonB. Bjorgvinsson 等通过试验研究了电流、弧压与弧长的关系,设计了焊接过程 AVC 控制器,通过前反馈闭环控制系统,实现了在较大电流范围内弧长的精确控制。Kenichi Miyazaki 等发展了使用 AVC 调节器的焊接机器人系统,AVC 法是指采集电压信号,并对其与实际焊接电弧长度之间的关系建模,从而实现通过电弧信号进行焊缝位置的自动检测与实时控制。Poolsak Koseeyaporn 等建立了能够识别电弧敏感特性,并能进行实时调整的焊接过程控制系统。

2. MIG 焊熔滴过渡控制

对 MIG 焊来说,影响燃弧稳定性的因素较多,主要针对熔滴过渡进行传感和反馈控制。熔滴过渡的稳定是整个焊接过程能稳定的前提,是决定焊缝成形是否均匀、飞溅多少、内部是否存在缺陷的重要因素。熔滴过渡稳定是指焊丝金属熔化后形成的熔滴,被平稳而规律地送入熔池,不会受外界干扰。熔滴过渡形式主要有短路过渡和自由过渡(主要是射滴过渡)。这两种熔滴过渡的控制方法主要有两类:一类是开环控制,如恒定参数控制、脉冲电流控制、振动送丝控制、协调控制;一类是闭环控制。下面介绍典型的熔滴过渡控制方法。

1)短路熔滴过渡的传感与控制

(1)多外特性控制方法。在焊接中,焊接电源的工作状态可以根据熔滴过渡的控制需要,利用电子控制电路,快速地由一种外特性状态转换到另一种外特性状态,控制方法原理如图 9-5 所示。

(2)表面张力控制方法(STT 方法)。在焊丝与熔池之间形成液态金属"小桥"后,单靠液态金属表面张力的作用就可以将"小桥"拉断并完成熔滴过渡过程,此即所谓的表面张力控制方法(STT 方法)。该方法的实质就是在焊丝与熔池之间形成液态金属"小桥"后,将流经"小桥"的电流尽量降低,不造成"小桥"汽化和爆断的条件,而充分创造让表面张力拉断"小桥"的条件,从而实现熔滴的过渡。逆变电源的出现使电源的动态品质有了飞跃的提高,为在焊接过程中精密控制焊接电流创造了有利条件,使采用 STT 方法控制短路熔滴过渡成为可能。

(3)实时回抽焊丝表面张力控制方法。该方法实质上是一种直接从电弧本

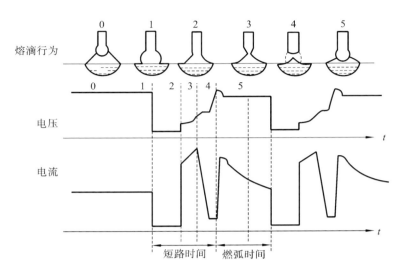

图 9-5   多外特性控制方法原理

身实时提取电弧电压信号,按熔滴稳定过渡的需要去实时控制电弧电流的升降和焊丝的送进与回抽,以实现熔滴短路后,使缩颈产生更理想的失稳破断,完成更优异的熔滴短路过渡过程。

2）自由熔滴过渡的传感与控制

（1）弧光传感脉冲电流稳定射滴过渡实时控制方法。首先,预先将脉冲电流值设置在射流过渡临界电流值以上,电弧在脉冲的电流作用下,加热并熔化焊丝,此时弧光强度信号数值较高。当焊丝端头积聚较多液态金属形成熔滴,在电弧力的作用下,熔滴沿焊丝轴线向熔池方向运动,缩颈被拉断时,弧光强度信号陡降。接着,根据大量试验结果,设置一个合适的弧光强度信号下降阈值,当弧光强度下降值大于或等于此阈值时,控制系统向焊接电源发出一个控制脉冲信号,使电弧电流值迅速由脉冲电流降至维弧电流值（一般为 50 A）,这样就没有了由射滴过渡转变为射流过渡的条件,故在产生第一次射滴过渡之后,不会再继续产生熔滴过渡。脉冲电流的作用时间由第一个射滴过渡所引起的光强下降值大于阈值的时刻所决定。最后,脉冲电流值降到维弧电流值,延迟一定时间再升高到脉冲电流值,重复下一次射滴过渡过程。维弧电流延时的长短是由弧长反馈控制的需要自动确定的。

（2）弧光传感附加惯性力稳定射滴过渡控制方法。这种控制方法的首要目的也是实现常规焊接方法不能自然产生的稳定射滴过渡。其实现方法不是控制脉冲电流延时；当电弧已在焊丝端头加热熔化了一定量的液态金属,并使其形成了熔滴时,通过送丝系统驱动焊丝瞬时快速回抽,对熔滴施加一定的惯性力,使熔滴主要受这种外加惯性力的作用脱离焊丝端头而过渡。这种控制方法打破了熔滴过渡过程对电弧力,亦即电弧电流的依赖,从而使熔滴过渡不再受临界电流强度大小的限制。只要焊丝端头靠电弧的加热能积聚一定量的液态金属形成熔滴即可,这种焊丝瞬时快速的回抽动作对熔滴施加的惯性力,则成为使熔滴脱离焊丝而过渡的主要作用力。

9.2.2 搅拌摩擦焊恒压力/温度自适应控制技术

搅拌摩擦焊恒压力/温度自适应控制需要通过具有高灵敏度的压力/温度自适应控制装备来实现,由于焊接过程中工况复杂,存在大量的振动和噪声信号,因此压力/温度信号检测的灵敏度和精度会受到较大的影响。此外,由于贮箱类结构件对焊接质量要求较高,对检测信号的分析、处理及响应具有极高的时间要求,因此在搅拌摩擦焊接过程中要实现恒压力/温度的自适应控制难度较大。另外,环境温度、湿度和飞边会导致焊接高精度温度实时采集较为困难。

搅拌摩擦焊恒压力/温度自适应控制的智能刀柄采用将主轴刀柄进行传感器改造的方式来对搅拌摩擦焊接过程中的压力进行实时测量,然后将测量数据输入数控系统,数控系统根据实时数据进行位移控制从而实现恒压力过程控制。

智能刀柄是一种无线携能的新型无线传感器,以无线的方式向传感器提供电能和信息传输。由于不需要供电电池或者外界电源连接线,因此智能刀柄可以实现小型化和薄膜化。并且,由于完全密封,智能刀柄可用于特殊或者恶劣的环境。同时,智能刀柄可以实现电能和信号的多通道混合传输,组成无线电能和信息传输网络,达到传输通道冗余,提高系统的可靠性,实现实时动态、持续的无介入原位检测。

1. 智能刀柄的本体结构

智能刀柄既是主轴的连接部件和承重部件,又是力学信息的感应端,因此其结构需要具备类似于弹性体的特点,如图 9-6 所示。

2. 电磁感应的电能和信号混合传输系统

磁耦合谐振(magnetic coupling resonance)原理基于系统能量及信息传输的基本理论。磁耦合谐振式无线电能传输利用电源侧的发射线圈产生交变磁场,耦合到负载侧的接收线圈,进而将电能传递给负载。由于融合了共振技术,在传输距离一般为传输线圈直径几倍的情况下(耦合系数很小),磁耦合谐振式无线电能传输仍能达到较大的功率和较高的效率,是一种中尺度无线电能传输方式,而且电能传输不受空间非磁性障碍物的影响。无线电能与信息同步传输技术能够应用于特殊场合下传感器的无线供电和测量信息的无线传输。在主

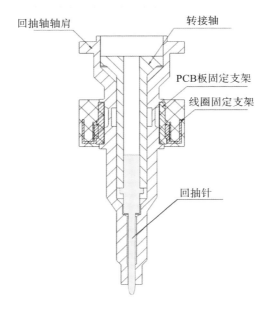

图 9-6 智能刀柄结构示意图

轴力矩传感器应用中,可应用无线电能和信息同步传输技术实现传感器的无线供电和测量信息的回传。实际设计中,能量和信息传输共用同一耦合机构,可有效减小主轴传感器的外形尺寸和质量;同时,采用自适应频率跟踪技术,可保证系统工作在谐振频率点上,有效地提高传输功率及传输效率。

电磁感应的电能和信号混合传输系统采用磁耦合谐振形式的无线电能和信息同步传输机制。图 9-7 所示为系统的总体结构,左边(原边)为无线电能发射端和无线信息接收端,其中包括主控单元、逆变电路、谐振回路、信号解调部分等;右边(副边)为无线电能接收端与无线信息发送端,包括谐振回路、整流滤波部分、A/D 转换部分、信号调制部分等。原边发射线圈中的交变电流产生角频率为 ω 的交变磁场,副边接收线圈通过磁耦合谐振方式将交变磁场重新转换为交变电流,经过整流滤波后为负载持续供电,从而完成电能从发送电路向接收电路的非接触传输。副边利用阻抗调制方式实现信息的加载:A/D 转换器将测量单元输出的模拟信号转换为数字信号,通过控制副边开关管的通断对调制电阻的接入状态进行控制从而实现负载调制。通过调制电阻的接入与断开控制副边总负载的变化,从而使副边对原边的反应阻抗也随之改变。最后通过采集原边谐振电容两端的电压即可得到需要解调的信号。

3. 被测信号特征提取及软件系统

智能刀柄的软件系统主要功能是实现对力矩信号的采集、处理和监测。信

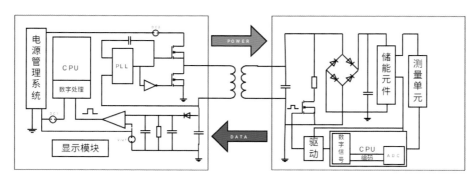

图 9-7　系统总体框图

号处理功能是指采用相应的信号特征提取算法进行信号特征提取，从而将主轴轴向力和扭矩的信号从电磁感应传输系统中提取出来，同时可与主轴的控制系统通信，实现基于主轴轴向力和力矩的反馈控制。基于电磁感应的电能和信号混合传输系统，采用了电力载波的通信方式，因此需要将电信号进行处理，主要是对信号的调制与解调技术进行研究并设计。

4. 智能刀柄软、硬件子系统的集成、标定与调试

首先，要实现智能刀柄软、硬件子系统的集成；然后根据实际应用工况，对系统进行标定和调试；最后，根据标定和调试结果，对系统进行完善和改进。

9.2.3　基于激光跟踪的焊缝路径自适应控制

焊接坡口轮廓及装配高精度在线测量系统的原理是采用线激光传感器扫描焊缝，获得焊缝在激光传感器坐标系下的点云数据，通过图像处理算法，获得焊缝测量指标如间隙、错边量等关键点数据，然后计算出相应测量指标。通过开发传感器控制单元的人机交互界面，提供不同接头形式等因素可选择的检测算法，并能够实时监控检测的结果。该系统通过传感器控制单元记录和存储检测所有数据，由工控机通过以太网访问采集的检测数据，实现数据工位显示和保存，并上传至精益生产管理系统显示和存档。

焊缝路径自主跟踪系统通过激光传感器实现焊缝位置检测，计算焊枪与焊缝位置偏差量并输出至控制系统，由机器人或调整结构修正焊枪位置，实现焊缝自动跟踪。焊缝路径自主跟踪系统主要设备包括激光传感器、机器人，其中激光传感器负责实时检测焊缝，将焊缝中心位置计算出来发送给机器人，机器人收到焊缝中心位置后，实时修正运动轨迹，使得焊枪始终保持在焊缝上方。

由于针对产品的焊接工艺主要为 TIG 焊，该工艺主要采用高频起弧方式，起弧瞬间会干扰其他电气回路，因此有必要做好传感器的隔离。通过设计绝缘支架将激光传感器与焊枪绝缘,并在传感器控制单元内设计高频干扰模块以解决 TIG 焊接高频干扰问题。通过多次试验,调整激光传感器位置和角度,确保不影响送丝导嘴又能够准确稳定地获得焊缝信息。一方面,为了焊接时减小弧光干扰问题,应尽量放大激光传感器的前置量;另一方面,针对复杂空间曲面焊缝,需要减少激光传感器的前置量,故最终确定前置量约为 75 mm,如图 9-8 所示。

线激光传感器带有内置 2D CMOS 摄像头,激光发生器将线激光投射到工件接头处形成激光条纹,CMOS 相机对激光条纹成像,反馈给控制器进行后续处理,检测激光器技术参数见表 9-1。

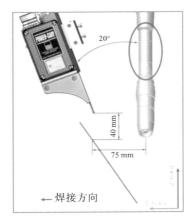

图 9-8　激光传感器标准安装位置

表 9-1　检测激光器技术参数

参　　数		描　　述
光源		IIIb 可见 130 mW 二极管激光
高度/mm		5.5
景深/mm		140
视场	近平面/mm	27
	远平面/mm	76
平均深度分辨率/mm		0.09
平均水平分辨率/mm		0.05
采样周期	最大帧率/Hz	1000
	最大处理频率/Hz	30
尺寸/(mm×mm×mm)		108.1×58×33.3
质量/g		475
安全等级		NEMA 3;IP 64
工作温度/℃		5~40

焊缝路径自适应控制系统激光功率控制、CMOS 相机参数设置、滤波参数设置、检测算法选择及参数设置的软件界面,如图 9-9 所示。

为了确保检测数据的正确性,再进行检测有效性判断。在检测模式下,通过选择需要检测出的特征及对应的尺寸大小,设计相应容差范围,从而进行有

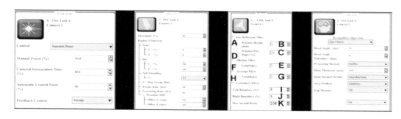

图 9-9　激光传感器参数设置界面

效性判断。如图 9-10 所示，已经勾选间隙和错变量，则检测系统在对该文件进行检测时将输出所检测焊缝的间隙尺寸和错变量大小。

图 9-10　检测变量及容差范围设置

在标准工艺试板和平板法兰上进行功能测试，编制机器人程序和焊接装配检测程序模块，控制激光头获取图像并进行校正，然后处理焊缝接头的图像，得出相应特征的尺寸，经过测试获取焊前间隙、错变量、坡口角度的稳定性。

针对焊前点固工件，调试系统功能，实现点固段的识别和标识；当无法检测到 V 形或者 Y 形坡口时，软件记录在相应数据位置，表示该处是点固段，当再次检测到 V 形或者 Y 形坡口时，再记录数据位置，如图 9-11 所示。

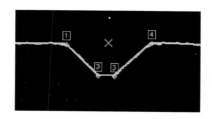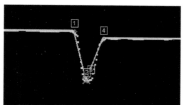

图 9-11　不同坡口的焊缝检测图像

通过预置接头识别算法，激光器实时获取焊缝接头的中心位置，并将其传给机器人，机器人将位置数据转换为机器人 TCP 位置数据，并将其与当前位置作比较，通过差值进行位置修正，实现机器人焊缝路径自适应控制功能。具体算法流程如图 9-12 所示。

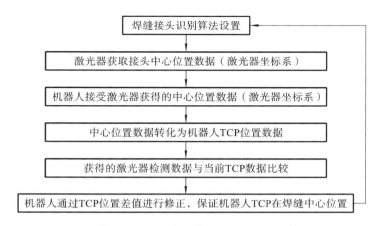

图 9-12　基于激光跟踪的焊缝路径自适应控制算法流程

激光传感器能够准确采集焊缝特征参数,并且采集过程中数据稳定性较好;检测过程中抗干扰性较好,在材料表面反光情况下特征数据采集仍旧准确;采集数据能够正确记录并以实时动态图像的方式显示在界面上,最终生成某条焊缝的焊前检测数据包。

根据检测数据预先设置报警和报错阈值,在相应的检测数据管理软件上,可直观地观察该数据是否符合装配要求。如图 9-13 所示,红色代表间隙超过预设定允许范围,黄色代表间隙超过预设阈值但仍在可焊范围内,灰色表示间隙在正常范围内。

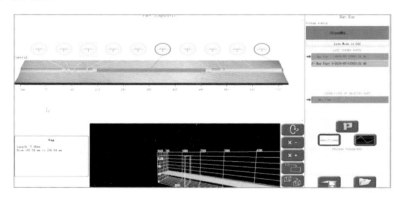

图 9-13　检测值三维显示

可以通过焊接过程实时检测和计算的数据显示来判断焊缝路径自适应控制效果,实时监视检测数据是否稳定、计算结果是否正确,并可在开发的焊缝路径自适应控制监视软件上显示,如图 9-14 所示。

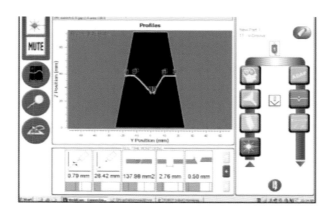

图 9-14　焊缝路径自适应控制监视软件界面

9.2.4　基于熔池视觉检测的熔化焊自适应控制

基于熔池视觉检测的熔化焊自适应控制是在焊接动态过程中利用焊接视觉信息模仿焊工眼睛的技术,具有设备简单、技术成熟等优势,且不易受到焊接过程的干扰,因此被广泛使用。这些年,CCD 摄像机及图像处理技术的发展日新月异,这也为视觉传感系统的更新优化奠定了良好的基础。在视觉信号采集过程中主要是借助于电弧光及辅助光源来观察熔池的可见区域,采集到的信息量较丰富,包括焊缝熔池的熔宽、熔长及熔透状态等,都能直观地反映出实时的焊接质量状况。而根据光源的不同,视觉传感系统一般可分为两种:主动视觉系统和被动视觉系统。

以铝合金贮箱结构焊接为例,熔池视觉检测的熔化焊自适应控制技术采用观测焊缝熔池区域的视觉传感器,结合铝合金 TIG 电弧光强和光谱特征,选择合适的减光、滤光系统,获取熔池图像,基于特定焊接工艺和焊接工件材料开发一套鲁棒性图像处理算法,提取焊缝熔池视觉特征,给出与焊接过程稳定和质量控制相关的特征信息。基于焊缝动态熔池几何尺寸、焊缝前段间隙和焊接熔透状态等信息,运用模糊辨识技术对焊接过程进行知识建模,并设计控制焊缝成形过程及成形质量的智能控制策略。采用基于视觉的传感技术解决焊缝熔池的视觉采集,通过数据采集卡、图像处理软件包、预测控制模型、控制算法和通信系统,实现焊缝成形自适应控制。

自适应成形控制系统平台主要涉及系统硬件如下几个部分。

(1) 焊机及其外围设备:Fronius 公司生产的 MagicWave 5000 型交流 TIG 焊接电源、送丝机、气体流量控制器、水冷 TIG 焊枪、水箱和保护气瓶等辅助设备。

（2）机器人及其外围设备：YASKAWA 公司 HP20D 型机器人本体、箱底法兰工装、箱底瓜瓣焊接工装及转台、DX100 型机器人控制柜、机器人电源变压器等设备。

（3）视觉传感系统：激光传感器 PowerCam、铝合金 TIG 焊液态熔池视觉监控传感器，以及夹持机构等。

（4）主控计算机模块：研华 IPC-610L 工控机、西门子 PLC 控制模块、模拟量输入/输出扩展模块、Robot5000 通信模块等。

焊接过程中，工业控制计算机通过图像采集卡实时采集熔池图像并计算出焊接熔池动态特征信息，系统采用监控分离的设计原则，电流、电压由采集模块获取并上传到工控机端，图像信号由 CCD 摄像机获取，控制信号由 PLC 转发至送丝机与焊机端，实现送丝速度与焊接电流控制，机器人参数（位置、姿态、速度）直接通过机器人通信接口上传至工控机端。由于该焊机为高频起弧焊机，整个控制系统需要考虑高频隔离与电路保护，因此加入了额外的继电器与隔离模块。Fronius 焊机-安川机器人控制系统内部硬件模块如表 9-2 所示。

表 9-2　Fronius 焊机-安川机器人控制系统内部硬件模块

模 块 明 细	型号或尺寸
西门子 1200CPU	6ES7 214-1AE30-0XB0
输入模拟量扩展	6ES7 231-5ND32-0XB0
输出模拟量扩展	6ES7 232-4HD32-0XB0
DC 24 V 开关电源	EDR-120-24
模拟量信号电缆	RVSP2 芯对绞双层屏蔽镀锡
负荷开关	KCF1PZC＋V01C
2P 空气开关	OSMC321C10
电源指示灯	XB2BVM4LC
单相隔离变压器	GB-200 V・A
三孔导轨插座	EA9X310
带锁电柜	300 mm×200 mm×500 mm
485 通信模块	6ES7 241-1CH30-0XB0
Profinet 金属网络插头	6GK1901-1BB10-2AA0
Profinet 通信电缆	6XV1840-2AH10
固态继电器	SSL1D03BD＋SSLZVA1
电气耗材	线槽＋导轨＋端子＋单股软线等其他辅材

控制柜中的主要模块包括：空气开关、熔断器、插座、固态继电器、开关电源、PLC、输入模拟量扩展模块、输出模拟量扩展模块和变压器，如图 9-15 所示。

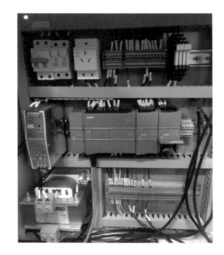

图 9-15　安川机器人铝合金 TIG 智能焊接监控系统控制柜

9.2.5　激光焊接过程质量在线检测

激光焊接具有焊接速度快、焊缝美观等明显优势。激光功率、光束特性、离焦量、辅助吹气和焊接速度等工艺参数都会影响焊缝的质量。影响激光焊接质量的因素有两个：焊前的装配精度和焊接过程的稳定性。激光焊接工作站经过长期运行，机械系统的重复定位精度会下降，定位系统长期磨损，都会造成误差；长焊缝激光焊接过程中工件的热变形也是造成拼缝间隙发生变化的重要因素。因此，在激光焊接批量生产过程中难以保持焊前拼缝间隙、错边和焊接头对中等装配情况始终不变。即使焊前装配精度能够始终满足要求，激光焊接过程还受众多因素，如材料的蒸发、等离子体的产生和熄灭、保护气体流量、透镜聚焦时的热透镜效应、被焊材料的表面状态等的影响。对目前常规存在的激光焊接，焊接过程质量在线检测方法主要是通过对焊接出现的各种光电磁信号及焊接状态进行监测。激光深熔焊中激光和金属材料相互作用时会产生剧烈的物理化学变化，并出现等离子体、超声波、紫外辐射、可见光和红外辐射等信号。这些信号和焊接过程的稳定状态密切相关。通过监控这些信号来分析焊接过程是否稳定，可间接判断焊缝焊接质量的好坏。目前，对激光焊接过程质量的在线检测主要是监测等离子体、熔池、小孔和熔深等信息。

1. 等离子体信号监测

激光功率大于 10^6 W/cm^2 时，金属蒸气在激光的作用下将发生电离，形成等离子体。等离子体会对激光产生反射、散射、吸收和负透镜效应，在不同程度上影响焊缝的质量，通过观测等离子体信号可间接分析焊缝质量。英国曼彻斯特大学的 L. Li 和利物浦大学的 W. M. Steen 最早设计了 PCS 传感器，用来测量等离子体的温度。随后，滑铁卢大学的 Gu Hongping 等检测并分析了小孔前沿的红外辐射和等离子体紫外信号，发现小孔前沿的紫外辐射信号强度与焊缝宽度成一定关系。大阪大学的 Migamoto 则采用光电二极管检测连续激光焊接等离子体在控制和未控制情况下的动态行为，根据等离子体波形起伏可初步判断焊缝穿透情况和焊接质量。

2. 熔池及小孔监测

焊缝质量从根本上来说是由熔池与小孔的行为决定的。近些年机器视觉技术的不断进步，为直接观测激光焊接熔池与小孔行为提供了可能。对熔池与小孔行为的直接观测主要有三种方法。

第一种是采用 X 射线摄像机拍摄熔池与小孔的动态图像，该方法最早由日本大阪大学提出，可实现熔池与小孔行为的直接观察，对于深入认识激光深熔焊的本质有重要意义，但拍摄的图像模糊，设备复杂，价格昂贵，没有实用价值。

第二种方法如图 9-16 所示：通过对外光路的适当改造，从熔池的正上方获取熔池与小孔的图像，并配以适当的窄带滤光片以尽可能降低等离子体弧光的干扰，借助图像处理技术可获取熔池温度分布与轮廓、小孔出口大小及是否穿透等信息，再配以适当的模型可对小孔三维形貌进行重建。1997 年，德国 Fraunhofer 激光技术研究所和加拿大滑铁卢大学合作，首次采用 CCD 摄像机来监测焊接过程。此后，日本的 Matsunawa 等采用主动视觉传感技术研究了熔池和小孔的动态行为及其对气孔形成的影响。Kamimuki 等以 Ar$^+$ 激光作为光源对熔池和小孔照明，采集到了清晰的熔池图像。Kratzsch 采用同轴成像信号采集光路，利用 CCD 摄像机所采集的小孔同轴视觉图像实现了熔透判断、焊缝质量分析和对接间隙的监测。目前，德国 Fraunhofer 激光技术研究所将视觉传感器 CMOS 和激光输出镜头集成在一起推出了 CPC 产品，Prometec 公司也基于 CMOS 开发出了同轴视觉传感系统 PD2000。在激光焊接过程检测技术应用方面，德国的研究机构走在世界的前列。

第三种方法无须改造外光路，采用偏轴方式拍摄熔池图像。该方法一般用窄带单色光源（通常为 Ar$^+$ 激光）照射熔池，CCD 摄像机仅能接收经熔池反射的该窄带光信号，从而获取熔池与小孔的图像。该方法理论上只要选择适当波段的"照亮"光源即可完全避开等离子体光的干扰。

3. 焊缝熔透状态的监测

焊缝熔透状态是激光深熔焊的重要质量检测参数。大量对焊接过程和焊缝背面熔透状态的观察与分析，证明激光深熔焊存在四种典型熔透状态：未熔透、仅熔池透、适度熔透（小孔穿透）和过熔透。其中：未熔透为焊接过程中小孔

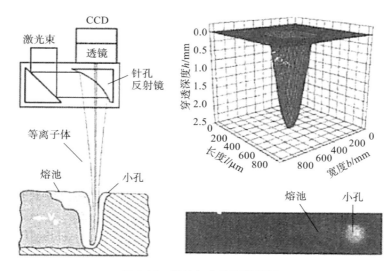

图 9-16　熔池与小孔直接观测

资料来源　王春明.基于多传感器的激光焊接质量实时诊断及其理论基础[D].武汉:华中科技大学,2005.

及其下方的液态金属都没有穿透工件,属于明显的焊接缺陷。仅熔池透为焊接过程中小孔未穿透工件,靠小孔下方的液体金属透过工件背面,焊后背面熔宽窄、堆高细,熔透状态不够可靠。适度熔透(小孔穿透)为焊接过程中小孔刚好穿透工件,焊后背面熔宽适度均匀,基本无堆高,是最为理想的熔透状态,可作为熔透检测与控制的基准。过熔透是指焊接热输入过大,焊后背面熔宽和余高尺寸较大,一般容易造成焊缝正面下凹。

　　激光深熔焊的熔透检测可以有两种基本方法:①检测小孔内等离子体光辐射(或声波)总体信号,通过时域或频域的分析,获得间接反映激光深熔焊熔透状态发生变化时的特征信息;②通过视觉传感器从小孔上方获得小孔二维图像(空域),据此实时识别激光深熔焊的熔透状态。第一种方法硬件较简单(可用分立光电器件作为传感器),其关键在于信号处理技术,关于这方面发表的研究报告也相对较多;第二种方法要排除等离子体的干扰以获取小孔图像,对硬件的要求较高,但信息更丰富,可以获得识别激光深熔焊熔透状态的直接判据。

　　图 9-17 所示为在焊接过程中四种熔透状态对应的熔池状况、小孔图像及焊后焊缝成形的示意图,其中小孔图像是指焊接过程中设想能够有效滤去等离子体光的强烈干扰而可能获得的小孔俯视二维图像。由于小孔的内壁上气液界面处温度达到材料沸点,为整个熔池温度最高区域,因此此处红外辐射强度也最大,在二维图像中将形成高灰度的椭圆形光斑。对于未熔透和仅熔池透两种状况,由于小孔未穿透工件,小孔内壁是连续的,因此这两种状况下二维图像中

的椭圆形光斑也将是完整连续的。一旦小孔穿透工件达到适度熔透,二维图像的椭圆形光斑中央即出现低灰度的黑点,这一现象可以作为这种理想熔透状态的典型特征。如果低灰度的黑点过大,则预示熔透过度(过熔透),有可能造成焊后成形不良,应予避免。为了获得反映小孔穿透状态的二维图像,需采取两条措施:①构建与激光同轴的面阵视觉传感器,实现对小孔的直视式监测;②消除等离子体强辐射的干扰,获得反映小孔内壁液体金属的辐射信号。

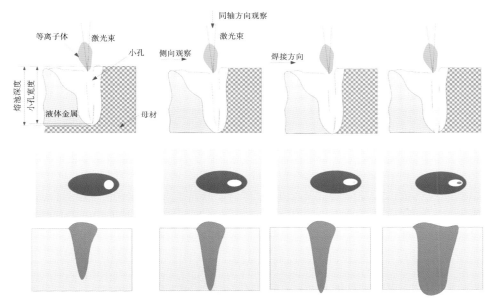

图 9-17　四种熔透状态对应的熔池状况、小孔图像及焊后焊缝成形示意图
(a)未熔透;(b)仅熔池透;(c)适度熔透(小孔穿透);(d)过熔透

4. 紫外辐射和可见光

在激光深熔焊过程中,被焊材料吸收激光能量后大量蒸发,从小孔中喷射出的金属蒸气吸收激光能量而电离,从而产生等离子体(光致等离子体)。光致等离子体是激光深熔焊过程中在高能量密度激光束作用下伴随小孔同时存在的不可避免的物理现象,又是影响焊接质量的重要因素。伴随着等离子体的产生有强烈的紫外光和可见光辐射,对这两种波段光辐射的检测与分析是了解等离子体的重要手段。研究表明,一定波长的等离子体光辐射强度与被焊物质蒸发量、等离子体温度和长度等有关,对其检测是焊接质量监测的重要手段;对等离子体紫外辐射或可见光辐射信号的检测与分析可以用来监测等离子体与小孔的波动情况及焊缝熔深,是目前应用最为广泛的一种监测激光焊接质量的方法。但由于等离子体、熔池和小孔等信号和焊接质量之间的联系仍然处于试验

研究状态,因此这种方法只能用来辅助分析焊接状态及焊接质量,而其结果不能作为焊缝是否合格的直接判断依据。

5. 声信号的监测

在小孔模式下进行激光焊接时焊接处会发出一种特定频段可听的声音。当因某种原因使激光深熔焊不能进行或在传导焊时,该可听声信号消失。一般认为这种声信号是由金属蒸气及等离子体从小孔中喷射时的压力波所造成的,该信号与等离子体、小孔和熔池行为密不可分,可反映焊接质量的变化。如 Gu 和 Duley 等的研究结果表明,声信号在 4.5 kHz 处出现较窄带宽的峰值信号则表明焊接质量良好;达不到此峰值,且整个频谱强度都很低则表明焊接质量差。而 Mao 等直接使用麦克风测量焊接过程中的声信号,对信号进行快速傅里叶变换,研究频谱的分布特点,发现频谱中所有频率分量之和与激光能量、焊速和离焦量有一定关系。该方法的缺点是声信号易受喷嘴气流和环境噪声的影响;优点是信号拾取容易,对焊接头和外光路不会造成负担或不良影响,且对传感器装夹的方向、距离等不敏感。

在制造业中,激光焊接生产过程自动化、智能化是今后发展的方向。激光焊接过程质量控制及焊后焊缝质量检测是实现生产自动化的基础。目前激光焊接过程控制和质量检测技术仍然处于基础试验研究状态。虽然已有焊缝缺陷视觉表面检测产品应用于生产,但还不能完全实现焊接过程质量检测自动化、智能化,如何继续推进试验研究并把成果应用于实际生产是未来的研究方向。

9.2.6 激光-电弧复合焊接过程质量在线监测

作为激光焊的重要补充和发展,激光-电弧复合焊由于熔深大、桥接能力强、效率高、气孔少等优点,在汽车、造船、起重机械等领域逐渐得到广泛的应用。对于间隙焊接,衡量焊接成形质量的一个重要指标是焊缝的熔透状态,一般要求完全熔透。因此,为保证焊接质量,有必要对复合焊接过程进行检测,以保证良好的熔透状态。

视觉传感器能够检测到信号的强度和空间分布等大量信息,是一种有效的检测手段。在复合焊中,国内外的许多学者也通过视觉传感器对焊接过程进行了检测。日本大阪大学的研究人员应用 CCD 摄像机拍摄了焊接过程中的电弧和等离子体的行为,以解释复合焊中等离子体的相互作用规律;哈尔滨工业大学的研究人员通过 CCD 摄像机侧面拍摄复合焊过程中等离子体形态,发现等离子体形态的变化反映了复合焊的焊接模式;法国国家科学研究中心(CNRS)的研究人员在焊接过程中采用主动照明的方式从同轴方向检测了小孔和熔池图像;日本庆应义塾大学的学者在 YAG-TIG 复合焊中检测激光作用点的位置,通过控制激光作用点相对电弧的距离来保证激光作用在最优位置。在上述应用中,视觉传感器主要用来获取电弧、激光等离子体及熔池的图像,用于分析焊接过程的机理,建立视觉图像和熔透状态之间的关系。

第一种手段是熔池正面图像的视觉检测,所采用的系统结构如图 9-18 所示。熔池正面图像能够比较直观地反映焊接状态。在复合焊中,为排除等离子体的干扰,通过采用合适的滤光片及适当的采样时间,获得清晰的熔池正面图像。要从熔池正面图像推测熔透状态,需要建立熔池正面几何参数与熔深或熔透状态表征参数之间的关系。复合焊熔深受激光功率影响较大,正面熔宽受焊接电流影响较大,激光功率和电流是相互独立的调节参数,因此正面熔宽和熔深之间并没有必然的联系,正面熔池长度、面积等其他几何参数和熔深之间也没有必然的联系,只从熔池正面几何信息来推测熔深甚至熔透状态是不可行的,需结合其他特征信息综合判断。

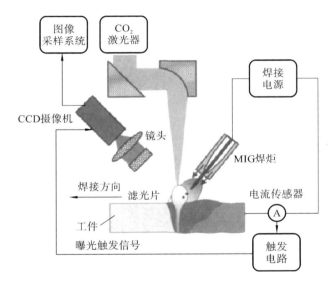

图 9-18　复合焊熔池正面视觉传感系统结构

第二种手段是对小孔图像进行视觉检测,系统结构如图 9-19 所示。激光深熔焊的基本特征是产生小孔效应,而在激光-电弧复合焊中,同样存在小孔。由于复合焊中熔深主要由激光决定,因此小孔完全有可能成为复合焊正面熔透检测中有用的信息源。激光焊中,当工件适度熔透时,在同轴方向观察到的小孔热辐射图像中心会出现一个较暗区域,这可以作为熔透的绝对判据。目前应用该原理进行熔透控制的研究已成功应用于薄板焊接。但随着工件厚度增加,小孔熔透的特征图像较难获取。在复合焊条件下,检测系统受到电弧和过渡熔滴的强烈干扰,不仅成像条件恶劣,而且小孔不稳定性增加,因此更难从小孔热辐射中获取熔透的特征图像,因此该技术在厚板中的应用较为困难。

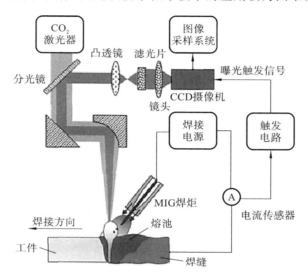

图 9-19　复合焊同轴视觉传感系统结构

第三种手段是熔池背面图像的视觉检测,所采用的系统结构如图 9-20 所示。CCD 摄像机置于工件下方。为获得更清晰的背面熔池图像,一般需要采用辅助光源。检测熔池背面图像是判断熔透状态的最直接方法。

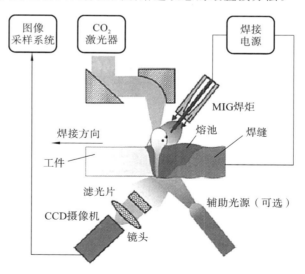

图 9-20　复合焊熔池背面视觉传感系统结构

9.3　焊接缺陷实时智能评定技术

相对于熔化焊,搅拌摩擦焊接头中的未焊合等缺陷具有紧贴、细微和位向复杂等特点,进而导致这些缺陷对检测信号的反射不明显,难以通过传统的无损检测方法发现。此外,在焊接过程中实时检测焊接缺陷会受到搅拌摩擦焊动态飞边等因素的干扰,存在检测探头随焊精确移动和快速定位等难题。在本小节中笔者将针对这些问题研究焊接缺陷的自动识别与智能评定方法。

1. 训练数据集制作

经过深入调研,采用开源库 Federal Institute for Materials Research and Testing(BAM),Unter den Eichen 87,D-12205 Berlin,Germany 作为训练用数据集。该数据集包含 67 张焊缝图,其中包括了夹杂、未熔合、气孔等焊缝缺陷。

首先对 67 张图像进行截取,得到图片的焊缝区域,去除文字与边界区域。然后从截取到的焊缝区域中进一步截取 128 px×128 px 大小的图片作为训练集,每一种缺陷类型截取 1000 张。为了应对样本图片不足的问题,我们采用旋转、镜像等操作,将数据集扩充到 15000 张图片,其中 9000 张用于训练,3000 张用于验证,3000 张用于测试。

2. 基于 CNN 的缺陷检测总体框图

基于 CNN(convolutional neural networks,卷积神经网络)的焊接缺陷检测核心技术:根据深度学习理论,将缺陷检测看作一个分类问题。最简单的缺陷检测是一个二分类器,它将输入的焊缝图像分为有缺陷的和无缺陷的两类。而进一步判定具体缺陷类型的检测可以看作一个多分类器。缺陷检测和图像分类是两个相似的任务,因此缺陷的识别可以借鉴一些经典的图像分类网络。

VGG 是从 AlexNet 发展而来的网络。主要修改以下两个方面:在第一个卷积层使用更小的滤光镜尺寸和间隔(3 px×3 px);在整个图片和多尺度上训练和测试图片。

VGG 主要的作用是展示网络的深度,是 CNN 算法性能优良的关键所在。VGG 16 网络结构(见图 9-21)包含了 16 个卷积/全连接层。网络的结构非常一致,从头到尾全部使用的都是 3×3 的卷积和 2×2 的汇聚。VGG 的缺点在于它会耗费非常多的计算资源,并且使用很多的参数,导致大量内存被占用。

在基于 CNN 的缺陷检测流程框图(见图 9-22)中,蓝色表示主干分支,其中包含一个二分类器,用于对图片按是否有缺陷进行分类;黄色部分为非主干分支,使用多分类器分辨不同类型的缺陷,并对缺陷图像进行多尺度的检测。

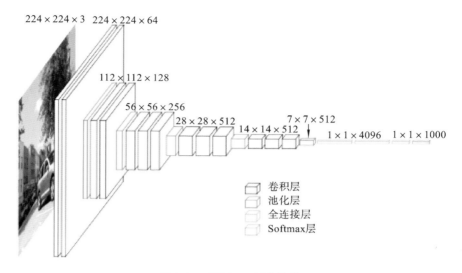

图 9-21　VGG 16 网络结构

图 9-22　基于 CNN 的缺陷检测流程框图

3. 目前达到的识别效果和存在的问题

以分类为目标训练目前的卷积网络,在训练用数据集(train)上的分类准确率约为 93%,在验证用数据集(validation)上的准确率大约为 90%,如图 9-23 所示。

目前存在的主要问题是过拟合(overfitting)。模型在验证用数据集上的分类准确率明显低于在训练用数据集上的分类准确率。缓解过拟合问题的常见方法有引入 residual 结构、引入 Dropout 方法并调节相应参数、调节学习率、增加训练数据量、采用迁移学习方法等。

4. 检测软件

根据实际应用的需求,设计了相应的检测软件。检测软件采用图形界面,

准确率/（%）

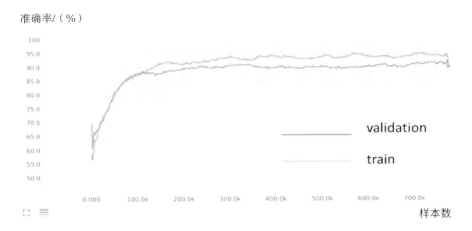

图 9-23　训练结果

如图 9-24 所示。界面左侧预留，用于显示被检测的焊缝图像。界面右边最上方设置了一个警报器，在检测到缺陷时亮起，同时会有蜂鸣声响起。其下一片区域用于显示缺陷的细节放大图。界面右下方用于选择检测的文件与输出检测信息。

　　该检测软件通过包含 15000 张图片的训练用和验证用数据集，基于数据库 Federal Institute for Materials Research and Testing（BAM），Unter den Eichen 87，D-12205 Berlin，Germany 训练了一个针对不同焊接缺陷类型的图像分类器，完成了焊接缺陷自动检测、识别和标注，缺陷识别准确率达到 90%。

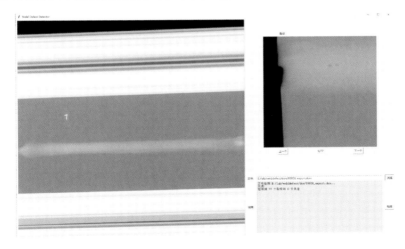

图 9-24　检测软件界面

第 10 章
大温差弱刚性航天夹层构件制造技术

10.1 大型共底夹层构件特点及需求

大型共底夹层构件是新一代长征六号运载火箭燃料贮箱的关键部件,由聚甲基丙烯酰亚胺(PMI)泡沫夹芯和铝合金上、下面板配合、粘接固化组成,如图 10-1 所示,其制造质量对运载火箭的安全飞行极其重要。为了维持箭体稳定性、确保发射成功,要求共底夹层构件具有很高的隔温隔热和抗压能力,以及较轻的重量,需满足以下技术指标:板与芯材脱胶单处最大脱粘面积,顶端不大于 1000 mm²,裙部不大于 5000 mm²;脱粘总面积不大于面板总面积的 0.5%。

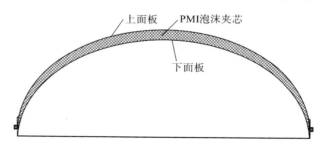

图 10-1 共底夹层构件示意图

上、下面板是薄铝合金板拼合的焊接件,上面板如图 10-2 所示。面板分为环向加强区、化铣区和焊缝等几个区域。加强区的厚度为 2 mm,化铣区的厚度只有 0.8 mm。蒙皮上有四条相间约 90°的纵向焊缝和两条横向焊缝,焊缝宽度约20 mm。蒙皮内表面(蒙皮与夹芯复合材料接触的一面)设计为理论椭圆回转面,由于薄铝合金板在制造过程中有弹性变形,焊接时有较大的焊接变形,造成型面和焊缝不规则,因此蒙皮内表面的实际形状相对理论椭圆回转面有较大的误差,采用常规椭圆面数控加工方法进行泡沫夹芯表面的加工是无法保证配合精度要求的。因此必须根据上下面板的实际形貌,对夹芯内外表面进行数控加工,保证夹芯表面与上下铝合金面板内表面的形状尺寸高度一致,进而达到构件的整体粘接质量标准。

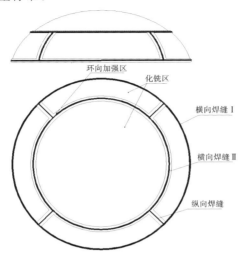

图 10-2　上面板示意图

　　针对长征六号运载火箭推进剂贮箱共底夹芯泡沫配合加工的技术难题,笔者在本章研究综合运用上下面板蒙皮配合型面的数据采集、数据处理、泡沫夹芯数控加工程序生成、泡沫夹芯热成型与数控加工、面板蒙皮与泡沫夹芯的粘接固化,以及共底粘接质量的无损检测等技术,为共底夹层构件配合加工提供高效率、低成本、高可靠性、高稳定性的技术方案,如图 10-3 所示。

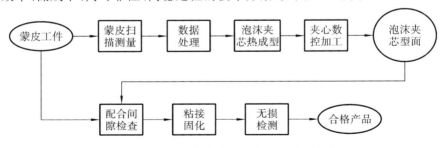

图 10-3　共底夹层构件配合加工的技术方案

10.2　共底蒙皮数据采集及处理技术

10.2.1　共底蒙皮数据采集

　　采集数据时要根据被测工件的特征选择合适的测量设备。共底蒙皮大型、薄壁的特点,使得传统扫描测量方法都显示出难以克服的局限性,如:采用触发测头测量速度慢、时间长;采用模拟测头测量力大,影响测量精度,而且需要设计制造大型专用设备和系统,成本高昂,生产周期长。

在研究中,笔者采用手持型三维激光扫描仪 HandySCAN 进行共底蒙皮表面扫描测量。该手持型三维激光扫描仪是加拿大 CREAFORM 公司生产的,体积小巧,操作方便,通用性好。它由两台高分辨率相机、一个激光传感器和若干 LED(发光二极管)照明灯组成。该扫描仪通过两台高分辨率相机识别和拍照,用 LED 照明灯和激光传感器照亮被测件表面上的反射参考标记,记录它们各自相对扫描仪的位置,建立扫描仪参考标记的模型,运用 GPS 技术原理实现扫描仪的自定位。由于使用布置在被测表面上的反射参考标记来自定位,因此允许工件和扫描仪各自独立运动而不会失去扫描仪相对工件的位置,从而可进行任何尺寸、形状工件的断续或连续、部分或全部扫描测量。

该扫描仪基于三角测量原理,利用两台高分辨率相机获得激光传感器投射到被测物体表面上的十字线的点云信息,并通过采集软件 VXscan 实时生成三角网格曲面。这些数据可以自动转换为 STL 文件,它记录的数据为测量点 x、y、z 轴坐标及其法向方向,其数据格式大多数 CAD/CAM 的处理和建模软件,如 Geomagic、PolyWorks、Rapidform 和 SOLIDWORKS 等都兼容。手持型三维激光扫描仪的 x、y、z 轴分辨率均为 0.05 mm,测量精度均为 0.04 mm。为了避免共底蒙皮产生变形,以共底环形支撑法兰作为定位基准,设计扫描测量定位装置。扫描测量前,在蒙皮表面上布置参考标记,从而使扫描仪可以计算出它的空间位置。每台相机必须能够同时捕获至少三个目标标记,标记数量依赖于被测表面形状和尺度。标记不必规则排列,它们之间的距离应该是 20～100 mm。然后,配置扫描仪的激光强度和相机曝光时间两个物理参数。最后设置像素尺寸参数 Voxel,它代表了决定采集精度和采集软件生成曲面的分辨率。该值越小,扫描空间越小,像素分辨率越高。扫描测量时,为保证零件表面尖角、弯角、边缘等细微之处的数据准确、完整,设置了最高的像素分辨率(Voxel=0.2 mm)。200 多个反射目标标记被布置在大型薄壁曲面零件表面。共底蒙皮数据采集过程如图 10-4 所示。

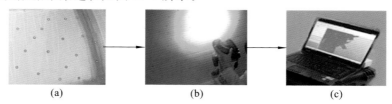

(a)　　　　　　　　　　　(b)　　　　　　　　　　　(c)

图 10-4　共底蒙皮数据采集过程

(a)反射标识点;(b)激光扫描测量;(c)获得数据点云

10.2.2　采集数据处理

经扫描测量获得了由 500 多万个点组成的数据点云。采用 VXscan 软件进行初步处理,消除冗余点和重叠点数据后将数据点云以 STL 格式输出,采用 Geomagic 软件做进一步处理来生成最终模型。

运用 Geomagic 软件,对采集数据点云进行多边形网格化处理,并对网格使用 NURBS 曲面进行拟合,建立曲面模型,分析原始数据点云相对于曲面模型的误差。与通常的逆向工程要求不同,为保证共底夹层构件的配合精度,曲面模型既要准确表征大型薄壁曲面零件,又要平滑,因此,控制曲面模型与原始数据点云间最大误差小于 0.1 mm。

1. 点云处理

点云处理阶段主要去除采集点云中的体外孤点、噪声点,并对庞大的点云按曲率进行统一采样,减少点云数量,以方便后续处理。首先采用手动和自动结合的方式去除模型的体外孤点。这些体外孤点是用户在扫描过程中不小心扫到背景物体而产生的,如地面和夹具等。模型在变化相对剧烈的焊缝区域会产生噪声点,采用 Reduce_Noise 命令降低噪声。经去除体外孤点、噪声点后点云有 500 万个点,如此庞大的点云会给后期处理带来很大困难,所以按曲率对点云进行统一采样,采样后的点云有 91 万个点,处理后的点云如图 10-5 所示。

2. 三角形网格处理

对处理好的点云进行封装处理,使不规则散布的点云以规则的网格数据结构呈现,图 10-6 所示为模型部分网格图。在自动生成网格的过程中会出现局部的拓扑错误,产生重叠小曲面,有时小曲面的法线方向和模型的法线方向相反,在连续的表面上局部的点云数据缺失会导致小孔出现。在这里采用网格医生命令,对拓扑错误区域和数据缺失区域进行相应的修复。为了得到光滑的曲面,需要对多边形模型进行整体的松弛,在松弛过程中对其进行误差控制,误差范围为 ±0.023 mm,满足了模型重构要求。

图 10-5　处理后的点云

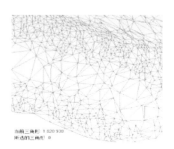

图 10-6　模型部分网格图

另一项重要工作是分析模型的典型特征,重新建立模型坐标系。以模型的下边缘拟合 xOy 特征平面,提取模型面与下边缘平面的交线,在该交线上撒 400 个点生成圆环点云。将圆环点云的拟合中心点作为模型的特征原点,用特征原点并参照 xOy 特征平面的法线创建特征轴 z。导入扫描时的定位文件,在定位文件中有一点标记在模型的 x 轴上,参照此点与特征轴 z 创建 xOz 特征平面。xOy 特征平面与 xOz 特征平面的交线即 x 特征轴。最后以 xOy 特征平面、x 特征轴、z 特征轴对齐模型。经对齐处理后的模型如图 10-7 所示。

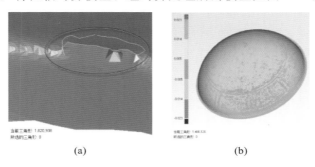

(a)   (b)

图 10-7   经过对齐处理后的模型

3. 曲面建模

完成三角形网格处理后,进入曲面建模阶段。曲面片的划分及曲面重构的具体过程为:探测曲面轮廓线、构建曲面片、构造格栅、拟合曲面。曲面片的合理划分是建立高质量曲面的关键。如果曲面片划分得太小,则得到的曲面零碎且模型的数据量过大,不利于后期的分析与加工应用;如果曲面片划分得过大,则不能很好地捕捉点云的形状,得到的曲面质量也较差。经过试验分析把模型分成 120 个曲面片,能得到高质量的数模。传统的逆向工程建模格栅的分辨率一般为 20,而这样的分辨率不能满足该模型的高精度要求,本研究中设计格栅分辨率为 60。拟合的曲面模型如图 10-8 所示。

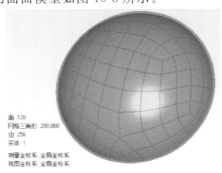

图 10-8   拟合的曲面模型

4. 误差分析

在 Geomagic Qualify 软件中分别导入点云和曲面模型,进行 3D 测量和比较,生成误差分布图,如图 10-9 所示。可见,误差在 ±0.05 mm 内的点占点云总数的 99.7%,所以基于该方法可以构建高精度的曲面模型。

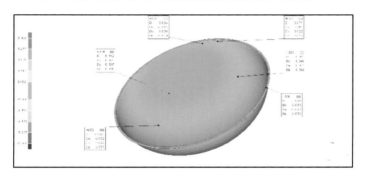

图 10-9　点云与曲面模型比较的误差分布

导入曲面模型和理论模型,进行 3D 测量和比较,生成误差分布图和偏差分布图,如图 10-10 所示。误差分析为蒙皮焊接工艺改进提供了参考,也为夹层蜂窝型面加工的加工余量选择提供了依据。

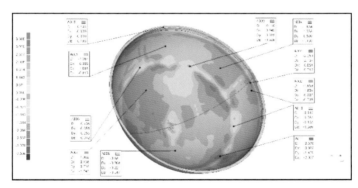

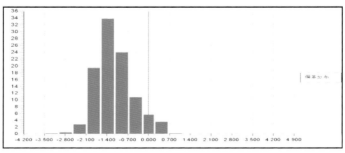

图 10-10　理论模型与曲面模型比较的误差和偏差分布

10.3 共底蒙皮的制备技术

10.3.1 泡沫夹芯热成型与数控加工

1. 泡沫夹芯的热成型

泡沫夹芯为聚甲基丙烯酰亚胺泡沫(简称 PMI 泡沫)塑料。该泡沫塑料在高温下也具有出色的耐压缩蠕变性能,易于成型,即使是成型复杂的双曲面的形状也很容易。在 165～230 ℃温度下,PMI 泡沫变成热塑性弹性体,因而可以用来热成型。成型所需温度取决于变形情况、泡沫型号。热成型前,PMI 板材需要在 130 ℃的空气循环烘箱中进行干燥处理,干燥时间取决于板材厚度(一般按 1 min/mm 计算干燥处理的时间)。烘箱加热的方法特别适合样件的制作,但须注意,热空气在泡沫板的两面应均匀流动并且不能有热量积聚。在加热板之间加热更简单且更可靠,加热板制作起来也很方便。加热板加热的方法适用于批量生产。由于刚性泡沫的质量较小、热容较低,而且由于大量被割开的泡孔像散热片一样,因此板材表面温度会很快降低。在泡沫板从烘箱或加热板中移到成型装置时,必须保温以防冷却。

泡沫夹芯是曲面形状的,泡沫板弯曲变形幅度很大。由于泡沫夹芯尺寸大,只能采取分块弯曲成型,因此,笔者根据面板理论曲面设计了专用成型模具,确保成型后的泡沫板完全包容泡沫夹芯,即泡沫板的两侧均留有数控加工余量。为了准确控制成型温度,采用将成型模具、泡沫板和真空袋一起加热成型的方法。成型模具为单边模具,成型前,将泡沫板用固定装置定位在指定位置,然后将成型模具和泡沫板一起封装入真空袋,放入空气循环烘箱加热到成型温度,然后吸真空将泡沫板均匀施压到模具表面。真空压力一般设置为0.09 MPa。当成型泡沫板冷却到 80 ℃以下时,就可以从模具中取出。

2. 泡沫夹芯数控加工程序编制

泡沫夹芯配合表面为大型空间曲面,需要采用五坐标龙门式数控加工中心进行加工。为了避免加工过程中刀架对型面的干涉,将曲面分成七个部分进行编程。在 Pro/E 零件模块下,对曲面进行分割修剪,因加工过程中要保证加工完成后各部分之间不留下刀痕,所以每块加工区域要和相邻的区域有重叠区,设置重叠区为一个刀具直径的距离。泡沫夹芯曲面模型区域划分如图 10-11所示。

泡沫夹芯曲面模型周边部分各个区域采用五坐标联动的方式进行加工,而中心圆区域采用三坐标联动进行加工。选择球铣刀进行加工,确定刀具几何参

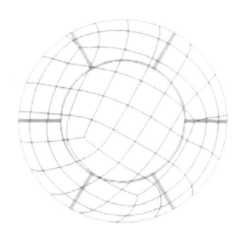

图 10-11 泡沫夹芯曲面模型区域划分

数和切削参数,利用 Pro/E 软件对泡沫夹芯曲面模型各个区域进行自动编程,生成泡沫夹芯配合表面各个区域的加工程序。曲面模型仿真加工的周边部分刀位轨迹如图 10-12 所示。

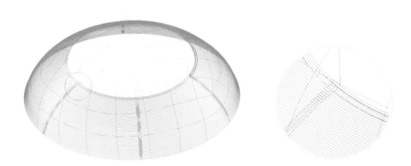

图 10-12 曲面模型仿真加工的周边部分刀位轨迹

3. 泡沫夹芯的数控加工

因为 PMI 是 100％闭孔结构,故采用普通的高速钢刀具和硬质合金刀具很容易进行加工。加工前一定要进行干燥处理,加工时不能使用切削液。主轴转速一般可以高达 18000 r/min,进给速度为 7600～10000 mm/min。加工过程中,使用真空吸附装置吸走加工进程中产生的灰尘。

由前面分析可知,若单纯按照面板理论设计曲面来加工泡沫夹芯,并不能保证泡沫夹芯表面与面板完全匹配吻合。因此,必须根据上下面板的实际形貌,对相应的泡沫夹芯内外表面进行数控加工。加工数据模型通过扫描测量夹层构件面板的内表面,经数据处理后获得。

泡沫夹芯的内外表面都需要进行加工,为了安装定位和加工方便,首先加工泡沫的凸面。泡沫夹芯凹面待与上面板粘接固化后再进行加工。泡沫凸面加工方案有两种:第一种是分别加工每个弯曲成型后的泡沫板块,再将它们按顺序对应关系与曲面夹层构件的上面板配合;第二种是将热成型后的泡沫板修剪后,按顺序对应关系拼合、粘接为一整体夹芯,并保证夹芯内外侧均留有足够的加工余量,泡沫夹芯的凸面加工完成后,再与曲面夹层构件的上面板配合。第一种方案不易保证每块泡沫夹芯与面板的位置匹配,以及每块泡沫夹芯之间的结合质量,而且加工时安装定位也比较烦琐。第二种方案则不存在上述缺点,加工时仅需采用简单工艺装备将泡沫夹芯固定在大型 CNC(计算机数控)铣削加工中心台面上即可。PMI 泡沫夹芯凹面加工如图 10-13 所示,PMI 泡沫夹芯凸面加工完成后扫描检查如图 10-14 所示。

图 10-13　PMI 泡沫夹芯凹面加工

图 10-14　PMI 泡沫夹芯凸面扫描检查

10.3.2　蒙皮与 PMI 泡沫夹芯的粘接固化

PMI 泡沫夹层结构的主要成型工艺有手糊成型、树脂传递模塑(RTM)成型、液态树脂灌注(LRI)/真空袋成型、树脂膜熔渗(RFI)及预浸料/高压罐成型、压模(PM)成型等,如图 10-15 所示。由于本书研究的大型曲面夹层结构的上下面板形状与尺寸各不相同,呈现大型、不规则特征,采用需要大型模具的树脂传递模塑的成型方法根本不可行,而树脂膜溶渗及预浸料/高压罐成型方法需要大型高压罐设备,生产成本高。液态树脂灌注/真空袋成型工艺的树脂灌注与固化过程在环境压力下即可完成,生产成本低、效益高、质量好,完全能够满足生产需要,故采用该成型工艺来成型大型曲面泡沫夹层结构,选用聚氨酯改性环氧树脂为黏结剂。在成型过程中,上下面板被分别作为单边模具使用。

共底夹层胶接工艺过程如下。

(1)上面板与泡沫夹芯试配。泡沫夹芯上型面加工时预留 0.2 mm 间隙。

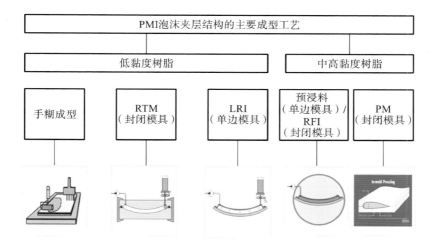

图 10-15　PMI 泡沫夹层结构的主要成型工艺

在上面板内涂抹粉笔灰,试配结果良好,泡沫上基本出现粉笔灰。

（2）泡沫上型面封孔。在试配良好的情况下,采用 DW-1 胶对泡沫夹芯上型面进行填胶,涂胶方式为塑料刮板刮涂,胶黏剂用量为 3 kg,在 40 ℃ 的温度下固化 1.5 h。固化完成后沿泡沫瓜瓣拼接缝开 V 形溢胶槽,宽度约为 5 mm,深度约为 4 mm（用 DW-3 胶胶接时可以填满）。

（3）上面板与泡沫夹芯胶接。泡沫夹芯填胶后,采用 DW-3 胶将上面板与泡沫夹芯胶接为整体,采用滚筒刷刷涂的方式涂胶,胶黏剂用量为 6 kg,在面板及泡沫面上刷涂完后,在面板凹面底部堆积一定量 DW-3 胶；装配完后,制作真空袋；固化压力为 0.097 MPa,温度为 60 ℃,时间为 4 h。

（4）下面板与泡沫夹芯试配。泡沫夹芯下面板加工时预留 0.2 mm 间隙。采用涂抹粉笔灰的方法试配时,发现下面板落到位后,泡沫上仍然未沾粉笔灰,遂采用在泡沫型面粘贴密封条的方法试配,确定下面板与泡沫夹芯的间隙,确定在 0.5 mm 左右。

（5）下面板与泡沫夹芯胶接。下面板与泡沫夹芯试配完成后,在泡沫夹芯下型面涂覆 DW-1 胶封孔,用胶量为 3 kg,常压下加热到 40 ℃ 固化 1.5 h,然后在泡沫夹芯和下面板分别涂覆 DW-3 胶,进行下面板与泡沫夹芯的胶接。

同时,采用 DW-3 胶与 EW-200 玻璃布制作预浸料,在非金属垫圈两面各铺 4 层预浸料,非金属垫圈与溢胶槽口处配打 ϕ7 mm 孔,保证与溢胶槽连通,形成溢胶通道,加压后能够排胶；夹层共底下面板存在一些支架,制作真空袋时需避开支架位置。

采用真空袋加压固化，固化压力为 0.093 MPa，温度为 60 ℃，时间为 4 h。共底夹层胶接过程中的用胶量见表 10-1。

表 10-1　共底夹层胶接过程中的用胶量

名　　　称	质量/kg	位　　　置
DW-1 胶	3	泡沫夹芯上型面封孔
DW-3 胶	6	上面板与泡沫夹芯胶接
DW-1 胶	3	泡沫夹芯下型面封孔
DW-3 胶	6	下面板与泡沫夹芯胶接

10.4　共底粘接质量检测

目前对复合材料胶接结构的无损检测方法主要有利用超声波、射线、红外热成像、激光错位散斑、声发射等。鉴于大型泡沫夹芯共底构件的结构特点，利用超声波与红外热成像是检测共底粘接质量的最有效、最可靠的两种无损检测方法。依据工艺设计及工艺要求，其共底粘接质量控制主要指标包括：

（1）对复合材料粘接面进行 100% 质量检测；

（2）单个脱粘缺陷面积不大于 625 mm²，间距大于 50 mm；

（3）脱粘缺陷总面积与检测区域面积比不大于 5%。

10.4.1　接触式超声检测技术——多次纵波脉冲回波法

超声检测的基本原理：当超声波在介质中传播的时候，总是携带能够对声学性能进行表征的各种不同信息，可以通过对超声波的各种传播特性进行分析来提取信息，并将其用于对被检测物体的评价和分析。泡沫夹芯共底粘接质量的超声检测正是利用了超声波在两种不同介质界面产生反射和透射的特性。若共底 PMI 泡沫夹芯与铝蒙皮间无脱粘，当超声波从铝蒙皮向 PMI 泡沫传播时，超声波会在铝蒙皮/泡沫夹芯界面上产生反射和透射，但反射次数不会太多。而当共底 PMI 泡沫夹芯与铝蒙皮间出现脱粘缺陷时，粘接界面就会存在部分空隙，超声波由铝蒙皮入射时，超声波将几乎 100% 反射。当超声波从透声性较好的介质向透声性差的介质传播时，只要透声性的差介质的声阻抗大于 0，其界面反射系数的绝对值就小于 1，此时界面反射信号幅度会迅速降低，反射信号的次数也会变少。通过比较界面反射信号的次数，就可以区分共底 PMI 泡沫夹芯与铝蒙皮间是否存在脱粘缺陷。

采用接触式超声检测技术的多次纵波脉冲回波法可以用于检测金属与非

金属胶接界面,但需要从金属面入手。该方法适合结构较为复杂的构件,不适合自动检测及在外场检测的构件,对产品尺寸和形状的要求较自动检测低,但该法对检查人员要求较高。共底夹层的具体粘接状况及超声波的实际传播路径都比较复杂,影响因素也较多,这个检测方法适用于共底夹层铝蒙皮与胶层之间绝大多数脱粘缺陷的监控与判别,检测结果的规律性、准确性、可靠性均比较高。

1. 测试标准样件制备与评判标准

运载火箭煤油/液氧燃料隔离层大型共底夹层构件脱粘缺陷包括铝合金面板与胶层间脱粘和胶层与泡沫间脱粘。为验证超声波检测两种脱粘缺陷的有效性并建立脱粘缺陷和检测结果的对应关系,需要制作已知缺陷类型(金属板与胶层之间脱粘和胶层与泡沫之间脱粘)的标准样件,用来对超声检测设备进行调试。无损检测样板的制备主要有在铝板/芯材胶接面之间预埋入金属箔片、添加厚度为 20 μm 聚四氟乙烯薄膜,以及在泡沫夹芯上刻槽缺陷深度为 5 mm 左右圆形或方形孔三种方法。

工艺件、静力件及第一件热试车件无损检测样板由前期夹层结构解剖件中切割制备。上、下铝板均与实际产品一致,厚度为 0.8 mm,泡沫为 71WF 泡沫,采用 DW-3 胶和 DW-1 胶进行粘接,经过超声检测,得到如图 10-16 所示的无脱粘与脱粘波形对比。挑选脱粘明显和无脱粘的试件,作为标准试件。

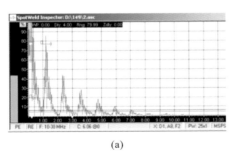 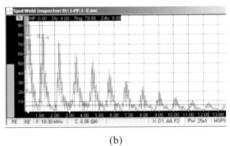

(a)   (b)

图 10-16　无脱粘与脱粘波形对比

(a)无脱粘波形;(b)脱粘波形

第二件热试车件由于铝蒙皮加厚(厚度为 1.5 mm),需要重新制备无损检测样板,铝板采用厚度为 1.5 mm 的 2A12 板材,在 71WF 泡沫上制备人工缺陷,人工缺陷设计为刻槽缺陷,深度为 5 mm、直径为 5 mm。铝板与泡沫采用 DW-1 胶及 DW-3 胶,模拟产品实际胶接情况进行粘接。

对于检测结果,根据图 10-17 所示的波形图对产品进行缺陷评估。若出现

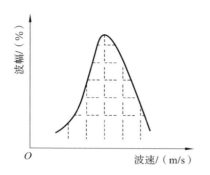

图 10-17　用于缺陷评估的波形

完整波形,且波形形状与样件对比为典型波形,则判定该位置为脱胶点;而对应半波峰状态波形的位置,一般不标记为缺陷点。

2.　第二件热试车件检测

第二件热试车件的主要结构参数如表 10-2 所示,顶盖和圆环处蒙皮厚度为 1.5 mm,顶盖处焊接边厚度均为 2.6 mm,圆环处焊接边厚度均为 2.8 mm。

表 10-2　第二件热试车件结构参数

项　　目	结　构　参　数
上、下面板顶盖蒙皮厚度/焊接边厚度	1.5 mm/2.6 mm
上、下面板圆环蒙皮厚度/焊接边厚度	1.5 mm/2.8 mm
泡沫原材料	71WF
胶	DW-1/DW-3
叉形环与圆环对接处厚度	2.8 mm

表 10-3 所示为第二件热试车件的超声无损检测结果,以及下面板红外无损检测结果。检测结果表明超声无损检测的可靠性较高,数据较符合实际,可作为热试车件的胶接质量检测依据。

表 10-3　超声无损检测及下面板红外无陨检测结果

位　　置	超声无损检测结果	红外无损检测结果
上面板	缺陷数量:67 处 超差数量:11 处 最大面积:4250 mm² 缺陷总面积:26399 mm²	
下面板	缺陷数量:48 处 超差数量:4 处 最大面积:6305 mm² 缺陷总面积:24333 mm²	缺陷数量:34 处 超差数量:6 处 最大面积:2970 mm² 缺陷总面积:13523 mm²

10.4.2　脉冲相位红外热成像无损检测技术

红外热成像无损检测技术是一种基于热波理论的无损检测技术。红外热成像基本原理是：材料内部缺陷处与材料完好处对入射热流的热导率反映在表面温度会有瞬间的不同，利用热像仪记录这种温度场的变化可以评估材料内部缺陷的存在与否。红外热成像无损检测技术原理如图 10-18 所示。

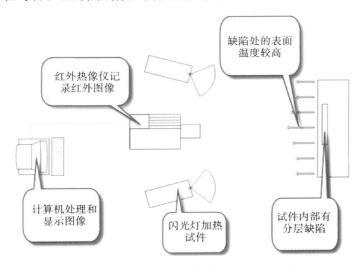

图 10-18　红外热成像无损检测技术原理示意图

传统的用热像仪记录温度场的检测方法易受到各种因素，如热加载不均匀、材料表面发射率不同等的干扰，从而影响检测灵敏度。脉冲相位处理方法是用一束脉冲热强流照射被测物体，脉冲加热时间可以控制，持续时间一般为5 ms，同时用红外热像仪高速采集并记录被测物表面温度场变化。根据以上热传导理论，由于有缺陷部分和无缺陷部分的热物理性质不同，被测物中将产生不均匀热流，从而造成有缺陷与无缺陷部分各自对应的表面温度不同，于是可以判定是否存在缺陷。根据采集时间序列和缺陷处温度的差异，进行数据分析、处理。

1. 红外热成像无损检测标准样件制备与缺陷识别

红外热成像无损检测标准样件采用双层聚四氟乙烯膜插片和在样件边缘插入金属片再将其拔出的两种方式进行制备。从制作的整个过程和试验结果来看，采用双层聚四氟乙烯膜（单层厚度为 0.1 mm）制作人工缺陷样件工艺比较简单，但会使样件表面产生一定高度的凸起，仿真效果不如插入金属片再将其拔出的方式，采用这一种方式制备的样件缺陷更加接近实际缺陷。此外，采用双层聚四氟乙烯膜制作人工缺陷时缺陷对应的区域会被压紧,甚至会改变缺陷附近材料的密度和热导率,使得该部分材料的密度和热导率大于材料的正常值。这种情况下缺陷对应的表面温度可能低于无缺陷区的表面温度,而非所预期的缺陷对应表面温度大于无缺陷区表面温度。若出现上述情况,则该缺陷已不能被用来模拟分层缺陷和脱粘缺陷。

图 10-19 所示为红外热成像无损检测标准样件设计图,分别采用双层聚四氟乙烯膜插片和边缘插入再拔出金属片制作两种人工缺陷。1 号样件含有四列双层聚四氟乙烯膜制成的人工缺陷,每一列由两个相同缺陷组成。第一列缺陷大小为 $\phi6$ mm,埋深 1 mm;第二列缺陷大小为 $\phi6$ mm,埋深 2 mm;第三列缺陷大小为 $\phi10$ mm,埋深 1 mm;第四列缺陷大小为 $\phi10$ mm,埋深 2 mm。2 号样件采用边缘插入金属片再将其拔出的方式制成的缺陷呈楔形,最窄处为 6 mm,最宽处为 12 mm,金属片厚度分别为 0.02 mm、0.03 mm、0.05 mm 和 0.1 mm,插入深度为 16 mm,面板厚 0.08 mm。

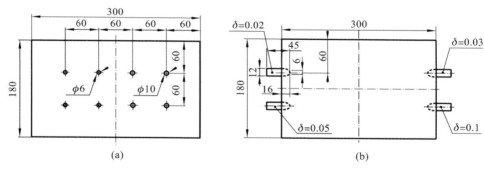

图 10-19　红外热成像无损检测标准样件设计图
(a)1 号样件;(b)2 号样件

主动红外热成像法中采用的激励方式很多,如闪光灯阵列脉冲加热、激光脉冲加热、调制灯加热、热吹风加热、电热毯加热、超声振动激励及多种冷激励等。对于泡沫夹层结构,闪光灯阵列脉冲加热方式是一种最为合适的加热方式,7.47 kJ 的加热量已经能够满足检测要求,在不损坏试样条件下,加热量越大,检测结果越明显。采样频率设置为 60 Hz,加热时间固定为 2 ms。图 10-20 所示为 1 号样件的红外测试示意图,从图中可以清楚看到所有预置缺陷,且缺陷边界清晰。该检测方法检测灵敏度高、响应速度快、结果直观形象、受周围环境干扰小,但不适用于小面积缺陷的检测。

样件缺陷识别方法:一是利用原始热图像及其一阶微分图像;二是对比温度对数曲线和二次微分曲线上的明显差异。缺陷识别首先可以利用一阶微分图像序列进行可疑区域的排查,如明暗有明显差异的区域,然后辅助原始热像

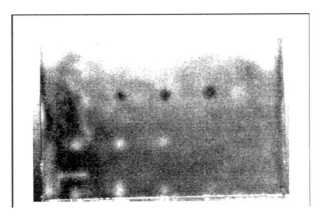

图 10-20　1 号样件的红外测试示意图

图进行分析,找出脱粘缺陷和分层缺陷。较大面积的脱粘缺陷还有如下特点:脱粘边界通常为圆滑的曲线,在一阶微分图中边界更为明显,颜色更深,随着时间的推移,边界会向脱粘区的中心移动,如图 10-21 所示。这主要是由于存在横向导热。这种圆滑边界是由复合材料制作工艺本身所决定的。

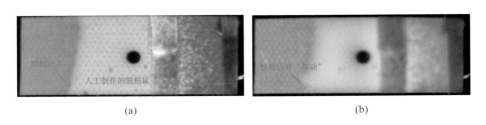

(a)　　　　　　　　　　　　　　　　　　　(b)

图 10-21　脱粘边界的移动
(a)$t=0.5$ s 时的原始热像图;(b)$t=4$ s 时的原始热像图

缺陷区和无缺陷区在温度对数曲线上也存在明显的区别,在温度对数曲线上缺陷区对应的曲线有明显的分离点,在二阶微分曲线上峰值时间明显前移。图 10-22 和图 10-23 所示分别为 2 号样件缺陷区与无缺陷区的温度对数曲线和二次微分曲线。可以看出,缺陷区和无缺陷区在两种曲线上差异均较大。

2. 共底夹层实物检测

通过对泡沫夹层结构试样红外热成像技术的研究,确定共底夹层红外热成像无损检测参数:加热量为 7.47 kJ,加热时间为 2 ms,采样频率为 60 Hz。共底夹层红外热成像无损检测过程如图 10-24 所示,具体检测结果如表 10-4 和表 10-5 所示。

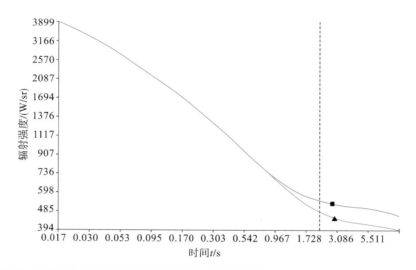

图 10-22　2 号样件缺陷区与无缺陷区的温度对数曲线(红色为缺陷区,蓝色为无缺陷区)

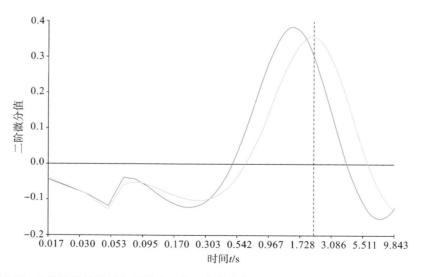

图 10-23　2 号样件缺陷区与无缺陷区的二次微分曲线(红色为缺陷区,蓝色为无缺陷区)

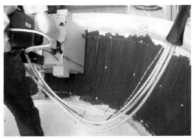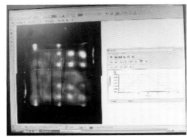

图 10-24　共底夹层红外热成像无损检测过程

表 10-4　上面板缺陷统计结果

位　置	编　号	尺　寸	面积/mm²
顶部	R-1-3-1(1)	ϕ12 mm	113
	R-1-3-1(2)	ϕ18 mm	254
	R-1-4-1	ϕ20 mm	314
	R-1-4-3	22 mm×31 mm	682
	R-2-1-1	24 mm×34 mm	816
	R-2-1-2	22 mm×36 mm	792
	R-2-2-1(1)	20 mm×38 mm	760
	R-2-2-1(2)	ϕ20 mm	314
	R-2-2-2(1)	ϕ23 mm	415
	R-2-2-2(2)-1	ϕ25 mm	491
	R-2-2-2(2)-2	30 mm×32 mm	960
	R-2-2-2(3)-1	26 mm×35 mm	910
	R-2-2-2(3)-2	28 mm×35 mm	980

续表

位　　置	编　　号	尺　　寸	面积/mm²
	R-2-3-2	15 mm×34 mm	510
	R-2-3-3	27 mm×32 mm	864
	R-2-4-1-1	23 mm×15 mm	345
	R-2-4-1-2	29 mm×34 mm	986
	R-3-1-1-1	26 mm×27 mm	702
	R-3-1-1-2	$\phi27$ mm	572
	R-3-1-2	25 mm×38 mm	950
	R-3-2-1	$\phi28$ mm	615
	R-3-2-2	23 mm×34 mm	782
	R-3-3-2(1)	28 mm×35 mm	980
	R-3-3-2(2)	24 mm×40 mm	960
裙部	R-3-3-3(1)	25×35 mm	875
	R-3-3-3(2)-1	22 mm×45 mm	990
	R-3-3-3(2)-2	28 mm×32 mm	896
	R-3-4-1-1	$\phi32$ mm	804
	R-3-4-1-2	$\phi25$ mm	490
	R-3-4-3(1)-1	$\phi30$ mm	707
	R-3-4-3(1)-2	$\phi15$ mm	177
	R-3-4-3(2)	30 mm×31 mm	930
	R-4-4-2(1)	28 mm×29 mm	812
	R-4-4-2(2)-1	$\phi14$ mm	154
	R-4-4-2(2)-2	22 mm×32 mm	704
	R-4-4-3	$\phi22$ mm	380
上面板缺陷比例	20054 mm²/6500000 mm²＝0.31%		

注:一个编号的位置存在多个缺陷,在编号后用"-x"进行了区分,其中 x 为具体数字,1 表示该位置的第一个缺陷,2 表示该位置的第二个缺陷,依此类推。

表 10-5　下面板缺陷统计结果

位　　　置	编　　　号	尺　　　寸	面积/mm²
顶部	1-2(1)-1	ϕ18 mm	254
	1-2(1)-2	15 mm×28 mm/2	210
	1-2(2)-1	ϕ12 mm	113
	1-2(2)-2	ϕ13 mm	133
	2-1	11 mm×25 mm	275
	2-4	ϕ24 mm	452
	2-5	20 mm×28 mm/2	280
	3-6(1)	21 mm×28 mm/2	294
	3-6(2)-1	ϕ16 mm	201
	3-6(2)-2	17 mm×38 mm/2	323
	3-6(3)	19 mm×26 mm	494
	4-2	74 mm×117 mm	227
	4-3	38 mm×51 mm/2	969
	4-5(1)	ϕ16 mm	201
	4-5(2)	ϕ25 mm	491
	4-6(1)	20 mm×31 mm/2	310
	4-6(2)-1	19 mm×30 mm/2	285
	4-6(2)-2	ϕ16 mm	201
	5-1(1)-1	ϕ15 mm	177
	5-1(1)-2	ϕ24 mm	452
	5-2(2)	12 mm×25 mm	300
	5-3(1)	16 mm×20 mm	320
	5-3 (2)-1	ϕ13 mm	133
	5-3 (2)-2	12 mm×25 mm	300
	6-1(1)-1	10 mm×11.5 mm	115
	6-1(1)-2	ϕ24 mm	452
	6-1(2)	ϕ15 mm	177
	6-2(1)	40 mm×35 mm/2	700
	6-2(1)-1	ϕ19 mm	283
	6-2(1)-2	ϕ22 mm	380
	6-3(1)	14 mm×107 mm/2	749

位　　置	编　　号	尺　　寸	面积/mm²
顶部	6-3(2)-1	$\phi 15$ mm	177
	6-3(2)-2	$\phi 19$ mm	283
	6-4(1)-1	$\phi 18$ mm	254
	6-4(1)-2	$\phi 34$ mm	907
	6-4(2)	14 mm×28 mm/2	196
	6-5(1)	18 mm×50 mm/2	450
	6-5(2)	$\phi 19$ mm	283
	7-1(1)	$\phi 23$ mm	415
	7-2(1)-1	$\phi 27$ mm	572
	7-2(1)-2	$\phi 30$ mm	707
	7-2(2)	$\phi 20$ mm	314
	7-3	$\phi 17$ mm	227
	7-4	$\phi 21$ mm	346
	8-1(1)	17 mm×33 mm/2	280
	8-1(2)-1	$\phi 21$ mm	346
	8-1(2)-2	15 mm×32 mm/2	240
裙部	1-1	$\phi 15$ mm	117
	1-2(1)	17 mm×30 mm/2	255
	1-2(2)-1	$\phi 28$ mm	615
	1-2(2)-2	31 mm×30 mm / 2	465
	1-3-1	$\phi 29$ mm	660
	1-3-2	$\phi 17$ mm	227
	1-4-1	$\phi 26$ mm	531
	1-4-2	$\phi 29$ mm	660
	1-5(1)-1	24 mm×43 mm/2	516
	1-5(1)-2	$\phi 20$ mm	314
	1-5(2)	$\phi 17$ mm	227
	1-6(1)	12 mm×25 mm/2	150
	1-6(2)	18 mm×20 mm/2	180
	1-7(1)-1	$\phi 18$ mm	254

位　　置	编　　号	尺　　寸	面积/mm²
裙部	1-7(1)-2	19 mm×24 mm/2	228
	1-7(2)-1	ϕ13 mm	133
	1-7(2)-2	ϕ15 mm	177
	1-8(1)	ϕ17 mm	227
	1-8(2)	ϕ16 mm	201
	1-10	ϕ22 mm	380
	1-11-1	ϕ14 mm	154
	1-11-2	11 mm×28 mm/2	154
	1-12(1)-1	ϕ16 mm	201
	1-12(1)-2	11 mm×38 mm/2	209
	1-12(2)-1	ϕ25 mm	491
	1-12(2)-2	ϕ26 mm	531
	1-12(3)-1	15 mm×35 mm/2	263
	1-12(3)-2	39 mm×25 mm/2	488
	1-13	20 mm×30 mm/2	300
	1-14	21 mm×36 mm/2	378
	1-15	ϕ13 mm	133
	1-16	30 mm×36 mm/2	540
	1-18	ϕ12 mm	113
	1-20	ϕ38 mm	1134
	1-21-1	ϕ18 mm	254
	1-21-2	18 mm×20 mm/2	183
	1-22	25 mm×25 mm/2	313
	2-5	36 mm×67 mm/2	1206
	2-6-1	14 mm×28 mm/2	196
	2-6-2	ϕ15 mm	177
	2-9	ϕ29 mm	660
	2-10(1)	ϕ20 mm	314
	2-10(2)-1	37 mm×51 mm/2	944

续表

位　　置	编　　　　号	尺　　寸	面积/mm²
裙部	2-10(2)-2	ϕ22 mm	380
	2-11(1)-1	ϕ25 mm	491
	2-11(1)-2	ϕ16 mm	201
	2-11(2)	ϕ14 mm	154
	2-12	21 mm×35 mm/2	368
	2-13	ϕ16 mm	201
	2-14	ϕ16 mm	201
	2-15-1	ϕ12 mm	113
	2-15-2	ϕ22 mm	380
	2-16	ϕ22 mm	380
	2-17	10 mm×20 mm	200
	2-19-1	26 mm×53 mm/2	689
	2-19-2	24 mm×64 mm/2	768
	2-20-1	ϕ21 mm	346
	2-20-2	ϕ27 mm	572
	2-23	15 mm×26 mm	390
下面板缺陷比例	31135 mm²/6500000 mm²＝0.479％		

注:(1)同表 10-4 下注;

　　(2)1-9 区域没有缺陷。

从实际检测数据可以看出,共底夹层可检测缺陷最小直径为 12 mm;上面板顶部和裙部最大缺陷面积分别为 980 mm² 和 990 mm²,缺陷总面积为 20054 mm²,约占上面板总面积的 0.31％;下面板顶部和裙部最大缺陷面积分别为 969 mm² 和 1206 mm²,缺陷总面积为 31135 mm²,约占下面板总面积的 0.479％,均满足设计指标要求。

10.4.3　无损检测技术验证

共底夹层实物分别采用超声无损检测法、红外热成像无损检测技术进行检测,发现超声无损检测方法对于多层界面的缺陷判断存在一定难度,脉冲相位红外热成像无损检测技术显示缺陷较直观。为验证检测方法的可行性,对实物进行解剖。

图 10-25 所示为共底夹层红外热成像无损检测结果与解剖图,共底夹层中

的界面有上面板与 PMI 泡沫夹芯之间的界面、PMI 泡沫夹芯与下面板之间的界面,以标准样件为依据,对实物进行无损检测,检测方法为红外热成像无损检测;从图中可以看出蓝色标记处为采用红外热成像无损检测技术检测出的脱粘缺陷,红色标记处为解剖后脱粘缺陷。从实际产品共底夹层解剖数据统计中可以看出,直径在 12 mm 以上的缺陷基本上都能检测出来,采用脉冲相位红外热成像检测技术所检测到的缺陷边界清晰,且与实物解剖确定缺陷吻合度较高。

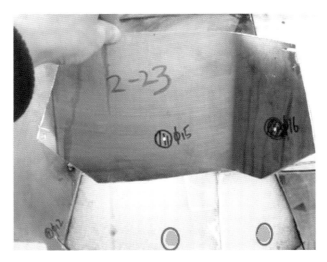

图 10-25　共底夹层红外热成像无损检测结果与解剖图

超声无损检测和红外热成像无损检测均可应用于泡沫夹层结构无损检测。采用脉冲相位红外热成像无损检测方法能够准确判断多层胶接界面共底夹层缺陷位置和尺寸,检测灵敏度最高、响应速度快、结果直观形象、受周围环境干扰小,且从实物解剖结果分析,吻合度较高,但采用该方法不易判断小面积缺陷。

第 11 章
复合材料制造技术与装备

复合材料由两种或两种以上的组分材料(如纤维、树脂)按一定方式复合而成。与组分材料相比,复合后形成的新材料会具备某些特殊的性能优势,从而使有相应需求的应用对象显著受益。

复合材料制造技术泛指不同类型复合材料产品制造所依赖的工艺和装备技术系统。复合材料制造技术一方面要保证组分材料按预先设计的排列方式实现复合,另一方面则要保证产品的外形和质量按设计要求得以稳定和可重复地实现。

对于不同类型的复合材料,所涉及制造技术的内容各不相同。本书的讨论范围仅限于树脂基复合材料。因此,本书中所出现的"复合材料"这一术语,如无特殊定语说明,均特指树脂基复合材料。

复合材料制造技术具备以下特点。

(1) 材料的复合和产品形状的生成同步完成。

如上所述,复合材料制造技术同时涉及组分材料的复合和产品最终外形的实现,两者在同一制造步骤中完成。而大部分金属产品与此不同,其制造过程在已经是成品的材料对象上展开,这种方式的一个突出优点是:材料如有不能允许的缺陷,可通过必要的检测规程来阻止其进入产品制造阶段,从而有利于最终产品的质量稳定性控制。复合材料产品的制造无法采用这种方式,对于其成形过程,既须考虑产品形状能否按要求实现,又须兼顾材料能否按要求生成,工艺上所面临的问题相对较多。

(2) 产品制造质量的影响因素错综复杂。

复合材料产品的制造过程同时是材料的生成过程。复合材料的生成既涉及组分材料的相互结合,又涉及组分材料自身物理特性或化学结构的变化。工艺的成败不仅取决于产品成形过程中温度、压力场控制的合理与否,同时还有可能受到组分材料存储热历程的影响。此外,由于复合材料的各向异性特征,成形后产品会因各向收缩的不一致,以及残余应力的特殊分布方式而产生变形。如何合理、统筹地应对上述影响因素,以获得高度重现性的制造结果,无疑是复合材料制造技术最主要的关注点之一。

（3）对产品制造缺陷进行修复的可行空间窄小。

对于复合材料，特别是目前大量应用的热固性树脂基复合材料，其产品在固化过程中一旦发生缺陷（包括材料质量缺陷、产品尺寸缺陷、形状缺陷），则要通过修复来改变产品，使其与无缺陷产品完全一致，可行性受限极大。限制因素有三：其一，复合材料内部的纤维如在修复过程中被切断，再行续接目前尚无可能；其二，在尺寸超出容差范围的情况下，即便可以通过机械加工将产品的尺寸修至要求范围内，但加工后材料组分的复合状态（如纤维的连续性，纤维/树脂的相对比例等）一般会与要求相差甚远；其三，热固性树脂一旦固化，降低其黏度以重现流动性的可能即不复存在。因此，此类树脂基复合材料内部如有缺陷，修复工作无法通过熔融树脂、调整材料的内部状态进行，而只能采用挖除缺陷部位后胶接或机械连接补片的方式进行。修复结果与无缺陷产品相比，差异一目了然。

（4）存在特殊的制造过程数字化和自动化问题。

从产品数字化定义的角度看，复合材料产品与一般金属产品的一个显著不同之处在于：其数字模型要提供的信息不仅包含产品的形状、尺寸、材料，还包含产品内部纤维的排列方式。由于大部分复合材料产品采用"层合"的结构形式，因此在产品制造中，如何流畅实现铺层展开、切割、铺叠等复合材料制造特有工序中产品数据的准确传递和转换，也是制造过程数字化面临的特殊问题。同时，铺层的切割、定位、铺叠操作也成为复合材料产品制造过程自动化所关心的，不同于一般金属加工的特殊问题。

（5）提供了实现高度整体化产品的可能性。

一个产品往往由多个零件组合而成。在功能要求给定的前提下，零件数量越少，可认为其整体化程度越高。相对于金属材料，复合材料产品因其制造工艺特点，可以以较低的成本代价来实现整体化程度较高的结构方案。这类结构方案的一个突出特点是，用于零件组合的紧固件数量和相应的装配工作量可大幅度降低，而对于复合材料结构，无论是所用金属紧固件数量的减少，还是结构上连接孔洞数量的减少，均有利于结构的减重。这一优势对于结构设计人员，尤其是飞机结构设计人员，无疑极具吸引力。

本章主要介绍航天制造中常用的复合材料相关工艺及智能制造技术（包括缠绕、模压和热压罐等典型的复合材料制造技术）及设备。

11.1　纤维缠绕成型工艺与制造技术

在复合材料成型技术中，纤维缠绕是最早开发且使用最广泛的加工技术之一,是目前用于生产复合材料的重要技术。纤维缠绕成型工艺的示意图如图11-1所示,在控制纤维张力和预定线型的条件下,将纤维粗纱或布带浸渍树脂胶液连续地缠绕在相应于制品内腔尺寸的芯模或内衬上,然后在室温或加热条件下使之固化,制成一定形状的制品。

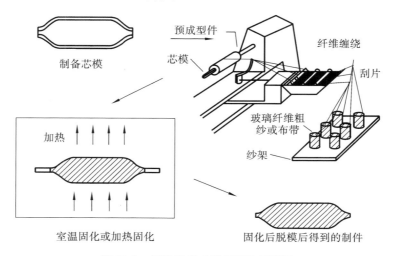

图 11-1　纤维缠绕成型工艺的示意图

11.1.1　纤维缠绕成型工艺

1. 纤维缠绕成型工艺特点

1) 优点

纤维缠绕成型工艺作为一种常用的复合材料成型方法,主要优点如下。

(1) 易于实现高比强度制品的成型。与采用其他成型工艺相比较,以缠绕工艺成型的复合材料制品中纤维按规定方向排列的整齐度和精确度高,制品可以充分发挥纤维的强度,因此比强度和比刚度均较高,例如,普通玻璃纤维增强复合材料的比强度为钢的 3 倍、钛的 4 倍。

(2) 易于实现制品的等强度设计。由于缠绕时可以按照承力要求确定纤维排布的方向、层数和数量,因此纤维缠绕成型工艺易于实现等强度设计,制品结构合理。

(3) 制造成本低,制造质量高。缠绕制品所用增强材料大多是连续纤维、无捻粗纱和无纬带等材料,无须纺织从而可减少工序,降低成本,同时可以避免布纹交织点与短切纤维末端的应力集中。纤维缠绕成型工艺容易实现机械化和自动化,产品质量高而稳定,生产效率高,便于大批量生产。

(4) 适用于耐腐蚀管道贮罐和高压管道及容器的制造,这是其他工艺所不及的。

2）缺点

虽然纤维缠绕成型工艺拥有诸多优点，但该工艺也存在一定的局限性，其主要缺点如下。

（1）在缠绕过程中，特别是湿法缠绕过程中易形成气泡，造成制品内部孔隙过多，从而会降低层间剪切强度，并降低压缩强度和抗失稳能力。因此，在生产中要求使用活性较强的稀释剂，采用控制胶液黏度、改善纤维的浸润性及适当增大纤维张力等措施，以减少气泡和降低孔隙率。

（2）缠绕制成的复合材料制品开孔时，在孔的周围出现应力集中现象，同时制品层间剪切强度也会降低。因连接需要进行的切割、钻孔或开槽等操作都会降低缠绕结构的强度。因此要对结构进行合理的设计，要尽量避免完全固化后对制品进行切割、钻孔等破坏性操作。对必须开孔、开槽的复合材料制品，需要采取局部补强措施。

（3）纤维缠绕成型工艺不太适用于带凹曲线部件的制造，在制品的形状上存在一定的局限性。到目前为止，采用纤维缠绕工艺制成的制品多为圆柱体、球体及某些正曲率回转体。非回转体或负曲率回转体制品的缠绕规律和设备都比较复杂，尚处于研究阶段。

2. 纤维缠绕成型工艺分类

纤维缠绕成型工艺按其工艺特点，分为以下三种。

1）干法缠绕成型工艺

首先将树脂与溶剂混合以降低黏度，有利于浸润纤维，然后将连续的玻璃纤维粗纱浸渍树脂胶，在一定温度下烘烤一定时间，除去溶剂并使树脂胶液进入半固化状态，最后络纱制成纱锭，缠绕时将预浸纱带按给定规律直接排布于芯模上，这样的成型工艺称为干法缠绕成型工艺。

干法缠绕成型工艺过程易于控制，设备比较清洁，采用此法可以改善劳动卫生条件。采用该法制成的制品质量较为稳定，缠绕速度可以大大提高，为 $100 \sim 200 \ \mathrm{m/min}$，并且此法较易实现机械化和自动化。该工艺要求所使用的固化剂在纱带烘干时不应出现升华、挥发等现象，但常常会出现制品内层贫胶、外层富胶的现象，有的表面会有较大气泡，还会出现表面不光滑的现象，尤其是在采用酸酐及氨苯砜等高温固化的树脂基体体系时。并且由于纱片缠绕时每束已浸渍树脂胶的纤维束被张紧成连续均匀的薄片状，此时需要预浸、烘干和络纱，因此所需设备比较复杂，成本也比较高。该工艺在一些对制品性能要求比较高的领域，如航空航天、军事等领域使用。

2）湿法缠绕成型工艺

将连续玻璃纤维粗纱或玻璃布带浸渍树脂胶后，直接缠绕到芯模或内衬上然后固化的成型工艺，称为湿法缠绕成型工艺。湿法缠绕成型工艺的设备比较简单，对原材料的要求不是很严格，便于选择不同的材料。

由于纱带是浸胶后马上缠绕，因此纱带的质量不易控制和检验。同时，因为胶液中存在大量的溶剂，所以固化时容易产生气泡，并且缠绕过程中纤维的张力不容易控制。缠绕过程每个环节中所用到的工具，如浸胶辊、张力控制器、导丝头等工具，经常需要维护，需要不断清洗，以使其保持良好的工作状态。如果某一环节发生纤维间互相缠绕，那么整个缠绕成型工艺及缠绕质量将受到影响，有时会造成浪费。

3）半干法缠绕成型工艺

此种工艺与湿法缠绕成型工艺相比，增加了烘干程序；与干法缠绕工艺相比，缩短了烘干时间，降低了绞纱烘干程度，可在室温下进行缠绕。这种成型工艺既除去了溶剂，提高了缠绕速度，又减少了设备，提高了制品质量，产品中产生气泡、空陷等缺陷的概率都会大大降低。

11.1.2　纤维缠绕设备

1. 缠绕机简介

作为缠绕生产工艺必备的设备，缠绕机也经历了几个不同的发展阶段。从原来的机械式、数字控制式到现在的计算机控制式，缠绕机的发展经历了半个世纪。虽然用于纤维缠绕的缠绕机种类很多，但就控制方式而言都离不开上述几种类型。目前比较常用的缠绕机为机械式和计算机控制式两种。

按实现纵向缠绕规律的特征，机械式缠绕机大致分为平面缠绕机和螺旋缠绕机两大类，其中常见的机械式缠绕机包括绕臂式缠绕机、卧式轨道缠绕机、立式轨道缠绕机、滚转式缠绕机、螺旋缠绕机、小车环链式缠绕机、球形容器缠绕机等。机械式缠绕机结构相对简单，但要改变产品规格和线型即调整绕丝嘴与芯模的运动关系相对困难，且无法实现复杂形状和复杂线型的缠绕。计算机控制式缠绕机可以很好地解决这些问题。

计算机控制式缠绕机与机械式缠绕机的根本差别在于，它的执行机构动力源均采用独立的伺服电动机，各个机构（运动轴）间的运动关系不是由机械传动链确定，而是由计算机控制的伺服系统实现，因此可以实现多轴缠绕，如图 11-2 所示。计算机控制式缠绕机的执行机构多采用精密的传动器件，落纱准确、张力控制稳定。计算机控制式缠绕机除缠绕机主体外，还有控制和伺服传动两个系统。控制系统由控制介质及控制装置组成。控制介质用于记载整个加工工艺过程，以便为控制装置所接受。控制装置也就是整个设备的计算部分。伺服传动系统主要是指控制系统结合检测装置反馈的信息给出相应的控制指令，由伺服机构（包括伺服放大及功率放大）驱动执行机构最终实现缠绕机的连续稳定工作。

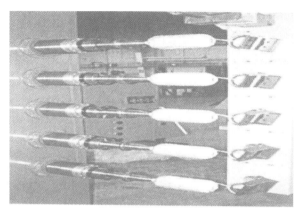

图 11-2　伺服系统实现的多轴缠绕

随着微处理计算机和数控设备的不断发展，用计算机控制的纤维缠绕机也用于缠绕弯管。由于用计算机进行数据采集及控制，因此计算机控制式缠绕机运动精度高，误差在长度方向上为 ± 0.02 mm，在旋转方向上为 $\pm 0.96°$，编程灵活。德国亚琛工业大学研制的计算机控制式弯管缠绕机如图 11-3 所示。缠绕机的丝嘴可在三维空间中运动，而芯模绕其轴线回转。设备上有与缠绕机自由度数相同的坐标测量装置，它经过多路调制器与计算机相连，把各坐标方

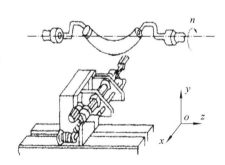

图 11-3　德国亚琛工业大学研制的
计算机控制式弯管缠绕机

资料来源　许家忠.纤维缠绕复合材料成型原理及工艺［M］.北京：科学出版社，2013：72.

向信息传递给计算机，以便处理。它还设有专门的纤维或布带控制装置，以保证纤维或布带等宽地缠到芯模表面上。计算机控制的缠绕机出纱速度快，纱团数多且纤维支数股数不限，因而生产效率高。加上纤维浸渍、胶槽较热、张力稳定、纱带随动的特点，计算机控制式缠绕机可制造高质量、高精度的产品。

计算机控制式缠绕机和机械式缠绕机相比，具有无可比拟的优点。它可以使缠绕工作变得更加科学，如对工艺参数的优化组合不需再进行常规试验，借助于计算机就可以直接完成，这就保证了整个缠绕工艺过程中，每一个对产品

质量有影响的因素都可被视为工艺参数。此外,对工艺参数可以在计算机上用示数法进行优化组合。优化组合工艺参数被作为指令输入计算机控制系统中付诸实施,这不仅改变了过去反复试验、归纳数据、分析计算的工作模式,减轻了工作量,也扩大了缠绕制品的应用领域。目前,已有机械手操纵的缠绕机,使用它进行缠绕制品的生产可大大减轻工人的劳动强度,并且使复合材料生产向机械化、自动化方向发展。

2. 缠绕机的自由度

在纤维缠绕成型工艺中,称纤维的每一个可以移动的方向为一个自由度,也称为一个轴。自由度越多,可以实现的缠绕方式就会越复杂。机械式缠绕机是最先发展起来的缠绕机,其实现的工艺比较简单,通常情况下只能实现两个方向上的运动,即只有两个自由度。在进行缠绕工作时,主轴绕自身轴线做圆周运动,同时小车沿轴向运动,因此机械式缠绕机也被称为两轴缠绕机。

计算机控制式缠绕机的控制功能是靠事先存放在存储器里的系统程序来完成的,改变系统程序就改变了控制逻辑。其特点是采用系统程序先计算出纤维的轨迹,然后求解出缠绕机各坐标轴的成型轨迹。缠绕机采用计算机控制后,用软件代替了齿轮、链条的调整和凸轮的加工。另外,计算机还可以存储多种形状的零件缠绕程序,这就大大增加了缠绕机的灵活性和适应性,即计算机控制式缠绕机具有良好的柔性,缠绕效率也大大提高。计算机控制式缠绕机的发展,使多自由度的运动变得越来越简单,也使各种多轴缠绕机不断被研制出来。目前在国际市场上实现商品化的计算机控制式缠绕机达到了六轴,如图11-4所示,该缠绕机具有以下六个自由度:

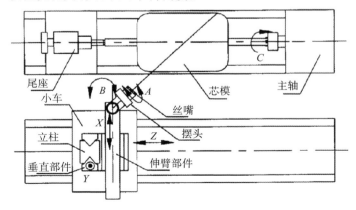

图11-4　计算机控制式缠绕机运动的六个自由度示意图

资料来源　文立伟,路华,富宏亚,等.六轴联动缠绕机数控系统应用软件的开发[J].
宇航学报,2003(03):76-79+107.

（1）小车伸臂轴（X 轴），使丝嘴沿芯模径向做往复运动；

（2）升降轴（Y 轴），使丝嘴沿立柱方向做往复运动；

（3）小车水平轴（Z 轴），使丝嘴沿芯模轴向做往复运动；

（4）丝嘴翻转轴（A 轴），使丝嘴绕摆头做回转运动；

（5）扭转轴（B 轴），使丝嘴绕升降轴做回转运动；

（6）主轴（C 轴），使芯模做回转运动。

11.1.3　纤维缠绕成型工艺的发展趋势

纤维缠绕成型工艺已经是比较先进的复合材料成型工艺，它通过选用增强材料、基材及工艺结构可以使制品达到最优指标。随着复合材料相关技术的发展，纤维缠绕成型工艺呈现出多工艺复合化、热塑性树脂缠绕逐渐增多，以及新型固化技术不断应用的发展趋势，具体体现在以下几方面。

（1）拉挤成型、带铺放、带缠绕及纤维编织、压缩模塑等工艺与传统缠绕工艺相结合，提高了缠绕工艺的适应性。

纤维缠绕成型工艺有一个明显的缺陷，就是沿制品轴向缠绕较为困难，这就限制了它在某些结构类管状制品制造中的应用。将纤维缠绕成型工艺与带铺放工艺、拉挤工艺结合起来可解决这一问题。纤维铺放工艺集传统缠绕工艺与带铺放工艺于一体，可进行任意角度缠绕，也可任意增减纤维，还可在凹形表面缠绕，克服了传统缠绕工艺的不足，与其他成型工艺相比，具有很大的优势，解决了某些结构类管状构件的缠绕成型问题；采用缠绕拉挤工艺制造的薄壁管力学性能有较大提高，已用于汽车司机驾驶室框架缠绕与注射模塑结合制造的自润滑多面滑动轴承，具有卓越的摩擦学行为；将干纤维缠绕工艺与树脂传递模塑成型（RTM）技术相结合，扩大了纤维缠绕成型工艺的应用范围。图 11-5 所示为西北工业大学自主研发的多功能布带数控缠绕机。

图 11-5　西北工业大学自主研发的多功能布带数控缠绕机

（2）由热固性树脂缠绕工艺向热塑性树脂缠绕工艺方向发展。

据统计，1994年以来，热塑性复合材料增长速度是同期热固性复合材料增长速度的2倍。该高速增长可以用热塑性复合材料良好的力学性能、高的耐温性、良好的介电常数和良好的可循环性来解释，尤其是它的可回收、可重复利用和不污染环境的特性适应了当今材料环保的发展方向。欧美一些国家已有热塑性树脂缠绕产品用于航空航天和民用领域，如美国用CF/PEEK缠绕制件作为飞机水平安定面，德国用CF/FA缠绕管件制造超轻质自行车等。国外已有杜邦公司、帝国化学工业有限公司、巴斯夫股份公司等大公司和科研机构对热塑性树脂缠绕工艺进行了研究和实践。国内有北京航空材料研究院先进复合材料国防科技重点实验室等少数机构对热塑性预浸带进行了缠绕实验，并对制品性能进行了初步分析。可以说，在国内这种工艺还处在逐步开发的阶段，发展空间较大。

（3）出现新型固化技术及在线固化监测技术。

红外加热、微波加热、火焰加热、电子束加热等技术可缩短固化周期，减少残余应力，提高复合材料力学、物理性能，降低成本。图11-6所示是缠绕过程中HPTE芯模、射频感应线圈和缠绕机主轴箱，图11-7所示是新型内加热芯模，均是新型固化技术的典型应用。缠绕完成后，感应线圈使HPTE芯模的外表面加热到目标温度，改进的热传导方式也有利于部件的均匀加热固化过程。这种新型内加热固化技术使得热固性纤维缠绕管道不需要固化炉或热压釜的加热就能够实现对缠绕构件的高效均匀加热固化。法国航空航天公司已对固体火箭发动机纤维缠绕壳体的电子束固化技术进行了成功演示，其综合性能优于常规的加热固化复合材料。此外，超声技术及光纤传感技术等都被用于在线固化监测。

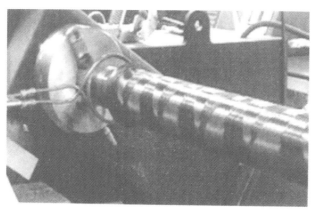

图11-6　缠绕过程中HPTE芯模、射频感应线圈和缠绕机主轴箱

图 11-7 新型内加热芯膜

11.1.4 纤维缠绕成型实例

随着纤维缠绕技术的不断发展,纤维缠绕成型工艺在航天产品上的应用范围也在不断扩大,如固体火箭发动机壳体、复合材料贮箱、复合材料承力筒段等具有回转体的结构件均可采用纤维缠绕技术制备。复合材料桁架广泛应用于航天承力结构,它通常由复合材料杆件和复合材料接头经胶接、铆接或胶铆等连接技术组合而成,是纤维缠绕技术的主要应用点。现以桁架(见图 11-8)为例介绍纤维缠绕成型工艺流程。

图 11-8 桁架产品

(1)纤维缠绕工艺仿真:CADWIND 是目前较为专业的复合材料纤维缠绕成型工艺模拟软件,适用于 2～6 轴纤维缠绕机床,包含芯模建模、缠绕线型计算、缠绕程序生成、机床运动仿真、缠绕结果 FEA 数据接口、经典层合板强度计算等模块。通过 CADWIND 参数设置界面（见图 11-9），设计生成参数化集合芯模或导入集合芯模，然后进行多种缠绕线型计算、缠绕轨迹仿真（见图 11-10）及实时机床运动仿真（见图 11-11），可三维动态地分析缠绕线型畸变、纤维架空、纤维滑纱、厚度堆积，以及布纱是否均匀布满等问题。

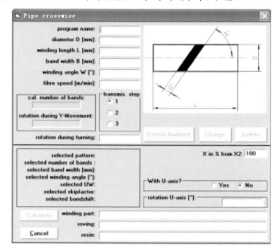

图 11-9　工艺参数设定

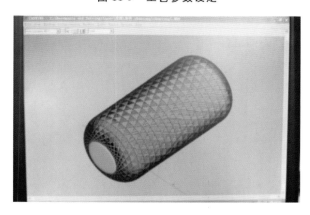

图 11-10　工艺仿真图形输出

（2）芯模准备：用量具检测芯模尺寸，并在芯模表面涂覆脱模剂。

（3）机器调试：采用手动模式让缠绕机各轴空运行一次，保证设备的正常运行；同时，设定纱架张力值，并用弹簧秤测纱架张力值，保证纱架张力系统正常。

（4）安装芯模：把缠绕芯模安装到缠绕机上；若要求包聚四氟乙烯薄膜，在芯模表面涂上硅脂，并确保芯模表面硅脂均匀平整，然后缠绕一层聚四氟乙烯薄膜，包裹范围应大于纤维缠绕范围，保证薄膜缠绕均匀、紧密、无气泡。

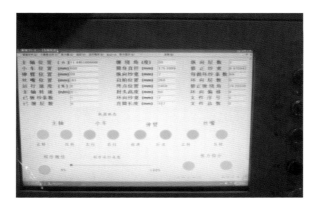

图 11-11　参数实时监测界面

（5）程序调试：调出缠绕程序，设置起始点，将丝嘴与芯模之间的最近距离调整到 5～10 mm 以内。首个缠绕程序试运行，进给倍率不高于 6%，观察丝嘴的位置，避免丝嘴与设备或工装碰撞。

（6）配胶：按照工艺需要进行胶液的配制，并将配好的胶液倒入胶槽。

（7）穿纱：将纤维从纱架穿过胶槽再引至丝嘴。穿纱前，务必确定纱架存在一定张力，防止打开纱架开关时纤维回转。

（8）缠绕：如图 11-12 所示，把纤维绑在芯模上，当缠绕程序中有不大于 5° 的小角度时，需试线型，以观察角度是否有偏差、展纱是否均匀及两端挂纱是否有异常。在缠绕第一个循环时应缓慢启动（进给倍率在 10% 以下），确定运行稳定后，将张力调成自动控制，缓慢加快缠绕速度。缠绕过程中，需要及时调整胶液密度，并向胶槽中补充胶液。缠绕程序即将结束时，应将转速缓慢降低，直到程序终止。

图 11-12　纤维缠绕现场

（9）合模：针对有外模的产品，确定模具组合方式，保证合模到位。装炉时产品长度方向与热压罐长度方向一致。

11.2　模压成型工艺与智能制造技术

11.2.1　模压成型工艺概述

模压成型工艺是将一定量的模压料放入金属对模中，在一定的温度和压力作用下，使之固化成型的一种方法。早在 20 世纪初就出现了酚醛模塑料模压成型，而我国玻璃钢模压工艺起始于 20 世纪 60 年代初期，主要受到军事工业强烈需求的推动而得以迅速发展。在 20 世纪 80 年代末之前，我国模压成型工艺主要以酚醛及其改性型模塑料为原料，于 1976 年成功开发出片状模塑料（sheet molding compound，SMC）并应用于汽车工业、浴缸制造等方面。模压成型技术随着国内复合材料成熟度的提高和相应设备的逐步完善，实现了专业化、自动化和高效生产；同时，模压制品成本不断降低，被用于结构件、连接件、防护件和电器绝缘件，应用领域遍及工业、农业、交通运输业及电气、化工、建筑、机械等行业。近年来，模压制品由于质量、可靠性进一步提高，在兵器、飞机、导弹和卫星上也得到了应用。

1. 模压成型工艺特点

模压料是模压成型工艺的基本原料，主要由增强纤维及其织物浸渍树脂基体后制得。采用模压成型工艺生产制品时，首先需要向金属模具型腔内填充模压料，模压料在成型过程中不仅外观状态发生变化，结构和性能也发生了质的变化。但其中增强材料基本保持不变，发生变化的主要是树脂。模压成型工艺是利用树脂固化反应中各阶段的特性来实现制品成型的，因此，可以将成型过程分为黏流、凝胶和硬固三个阶段。当模压料在模具型腔内被加热到一定温度时，树脂转变为黏流态而具有一定的流动性，在外加压力的作用下，树脂粘裹增强纤维一起流动直到充满整个模腔，这一阶段称为黏流阶段。继续提高温度，树脂发生交联反应，分子量急剧升高，黏度也随之增大，流动性显著降低，直至表现出一定的弹性，这一阶段称为凝胶阶段。继续加热，树脂交联密度进一步加大，树脂完全失去流动性，成为不熔不溶的体形网状结构，此时制品具有稳定的外形和力学性能，这一阶段称为硬固阶段。模压成型工艺过程中上述各阶段是连续出现的而没有明显的界限，并且整个反应过程具有不可逆的特性。

由于模压成型工艺通常采用金属对模，属于双面贴模成型，因此制品表面光洁，尺寸准确。对于多数结构复杂的制品，模压成型工艺均可以一次整体成型,减少胶接或机械连接等工序,不需有损制品性能的二次加工,制品外观和尺寸的重复性高,生产效率高,易于实现机械化和自动化。但模压成型模具设计制造较为复杂,由于需要加热加压,模具必须具有很高的强度、精度和高温尺寸稳定性,因此模具成本高。为了提供足够高的外加压力,液压设备和压机的投资高。同时,模压成型制品尺寸受设备限制,很难实现大尺寸制品的成型。

模压成型工艺凭借上述优点,已经成为中小型复合材料制品的重要生产方法,其稳定的成型质量使其应用范围不断拓展,同时 SMC 等新型模压料的出现使得模压成型工艺向智能制造方向发展,在制造成本和生产效率上也具有突出的优势。

2. 模压成型工艺的分类

目前常用的模压成型工艺按增强材料的形态和模压料的品种可以分为以下几类。

(1)纤维料模压成型工艺。模压料的增强材料通常是具有一定长度的切断纤维,其中高强度短纤维预混料在我国得到了广泛的使用,纤维长度多为 30~50 mm。

(2)编织物模压成型工艺。这种模压成型工艺通过机织等方式制备出所需形状的两向、三向及多向编织物(如 2.5D、针刺和穿刺等编织物),将其浸渍树脂后放入金属对模中加热加压成型制品。该工艺由于通过在不同方向配制纤维,可以满足绝大多数载荷要求,特别是在厚度方向上因有纤维增强,制品的层间剪切性能和耐剥离性能得到大幅提升,故非常适用于喉栓外隔热套或尾管扩散段等需要在高温冲蚀气流下服役的制品,但该工艺成本也较高,应用范围具有一定局限性。

(3)层压模压成型工艺。这种模压成型工艺的流程是:将预浸胶布或毡裁剪成一定的形状后进行叠合,再将其送入层压机,在加热和加压下,材料固化成型复合材料板材或几何外形简单的薄壁制品。该成型工艺通常采用多层压机,可同时压制多个叠合体,因此生产效率得到极大提高。

(4)碎布料模压成型工艺。这种模压成型工艺通过将预浸胶布裁剪成碎布块,放入金属对模中加热加压而成型制品。

(5)SMC 模压成型工艺。SMC 即片状模塑料,是将树脂浸渍短切纤维或毡片,经增稠后制得的薄片状模塑料。这种模压成型工艺通过将 SMC 片材按制品尺寸和几何外形等方面要求进行裁剪,然后将多层片材叠合后放入模具加热加压成型制品。该成型工艺适用于大面积制件成型,其自动化和机械化程度高,已经成熟应用于汽车工业。

(6)BMC 模压成型工艺。BMC 即块状模塑料(bulk molding compound),

其与 SMC 的组成相似,两者的主要区别在于模压料的形态和制备工艺不同。BMC 的制备方法是将树脂和增强材料等用捏合机捏合均匀,经增稠后制成块状。BMC 中纤维含量较少,纤维长度较短,一般为 $5 \sim 20$ mm,填料含量比 SMC 大。因此,BMC 制品的强度低于 SMC 制品。该工艺适用于压制小型的异型制品。

(7) 定向铺设模压成型工艺。这种模压成型工艺通过将单向预浸料(纤维或无纬布)沿制品主应力方向取向铺设,然后模压成型。制品中的纤维含量可达到 70%。这种模压成型工艺适用于成型单向强度要求高的制品。但由于增强材料在成型过程中基本不发生长程流动,因此该工艺不适用于结构复杂的制品成型。

11.2.2 模压料的工艺性及自动化生产

1. 模压料的工艺性及其影响因素

模压料的工艺性主要包括模压料的流动性、收缩率和压缩性。

1) 模压料的流动性

模压料的流动性是影响充模的重要因素。在实际生产中,模压料能否压成一定形状的制品主要取决于其是否能流动。流动性好,则可选较低的压制温度或外加压力,更易成型结构复杂的制品;流动性差,则必须提高压制温度或外加压力,但成型较复杂的制品易出缺陷。模压料熔体的黏度 η 是流动性的表征参数。对于热固性模压料,熔体黏度主要受剪切速率 ν、温度 T 和固化度 α 的影响,可以用函数式表示为

$$\eta = f(\nu, T, \alpha) \tag{11-1}$$

加热一方面使大分子链段活动能力增加,体积膨胀,分子间作用力减小,黏度降低;另一方面使活性基团发生交联反应,黏度升高。因此,温度对模压料流动性的影响是由分子热运动能力和聚合物交联反应速度两种矛盾因素决定的。加压一方面使物料产生剪切变形,大分子链发生局部取向及触变效应等,从而导致黏度下降;另一方面,剪切作用又会增大活性基团碰撞概率,降低反应活化能,导致交联反应加快,黏度随之上升。但在模压成型工艺过程中,由加压引起的剪切作用对交联反应速率的影响并不显著,因此,在一定范围内,提高剪切速率(即增大成型压力)通常会使模压料黏度下降,流动性增加,而过高的剪切速率并不能使黏度进一步下降。需要注意的是,虽然降低模压料熔体的黏度有利于模压成型过程中充模,但过低的黏度会导致树脂和纤维离析,树脂无法粘裹纤维一起流动,进而造成模压制品出现树脂富集和贫胶等缺陷,甚至导致制品内出现裂纹。

在模压成型中热塑性模压料的流变过程与热固性模压料有很大差别。热塑性模压料的模压成型不存在交联反应,在加热和冷却过程中,仅发生玻璃态(或结晶态)与黏流态相互转变的物理变化。热塑性模压料通过加热达到黏流状态,并在压力作用下流动充满模腔,再冷却即成制品定型。

2)模压料的收缩率

模压制品冷却脱模后的尺寸通常比压制温度下的尺寸小,这是模压料的固有特性,称为收缩性,用收缩率 Q 表示模压料的收缩程度。收缩率有两种表达形式,分为实际收缩率和计算收缩率。实际收缩率反映了模压制品在压制温度下的尺寸与在室温下尺寸之间的差值,即模压料在模压成型过程中所发生的收缩。计算收缩率反映了在室温下模具型腔尺寸与室温下模压制品尺寸之间的差值,是设计模具型腔尺寸的重要依据。

模压制品发生收缩的根本原因是模压料发生热收缩和结构(化学)收缩,主要受到树脂固化反应类型和成型工艺条件的影响。

(1)树脂固化反应类型的影响。目前常用树脂中,环氧树脂结构收缩率较小,而酚醛树脂和不饱和聚酯树脂结构收缩率较大。环氧树脂的固化是通过加成方式进行的,固化过程中没有水和其他挥发性副产物放出(见图 11-13)。另外,环氧树脂本身具有仲羟基,再加上环氧基固化时派生的部分残留羟基,它们的氢键缔合作用使分子排列紧密,在固化前后密度变化小,因此结构收缩率小。

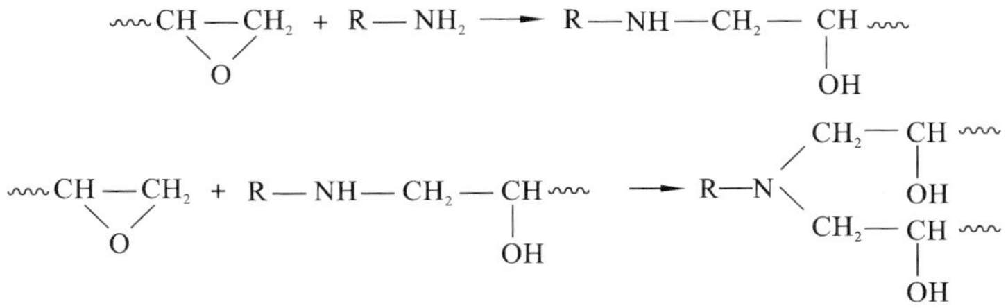

图 11-13　环氧树脂与伯胺固化剂反应

热固性酚醛树脂是体型缩聚控制在一定程度内的产物,因此合适的反应条件(如加热或在酸性条件)可促使热固性酚醛体型缩聚继续进行,固化成为体型高聚物,同时有水分子放出,因此结构收缩率大。不饱和聚酯树脂的固化是自由基型共聚反应,用苯乙烯作为交联单体,在固化过程中苯乙烯单体参与交联反应后分子距离变化很大,导致固化前后树脂密度存在明显的差异,结构收缩率也较大。

(2)成型工艺条件的影响。温度参数(涉及装模温度、升温速率、固化温度和保温时间)和压力参数(涉及成型压力、加压时机、卸压放气等)对模压制品的热收缩率具有显著影响。增加保温时间会使树脂交联密度升高,内部结构更紧密,线膨胀系数减小。在一定范围内提高成型压力会增加模压料的密实程度,减小树脂交联时的收缩空隙,也可以减小制品收缩率。

3)模压料的压缩性

模压料的压缩性通常用压缩比来表征:

$$压缩比 = \frac{模压料的比容}{模压制品的比容} \tag{11-2}$$

模压料的压缩比主要受模压料组成和制造工艺的影响,并与模压制品的结构具有一定的相关性。常用的短切纤维模压料的压缩比在 6~10 内,其组织结构蓬松,在装模时需要预压实,以避免模压料之间存在空隙。可以看出,使用压缩比大的模压料必须设计较大的装料模腔,这样不仅会增加模具的质量和制造成本,而且会增大成型过程中的热量消耗,对温度控制产生不利的影响。因此,在模压成型工艺中应选择压缩比尽量小的模压料,如编织物模压成型工艺中,编织物模压料具有较为紧密的组织结构,因此其压缩比仅为 1.2~1.4。

2. 短切纤维模压料及自动化生产

短切纤维模压料的基本组成为:短切纤维、树脂基体和辅助材料。其中,短切纤维多为玻璃纤维、高硅氧纤维、碳纤维和尼龙纤维,纤维长度为 30~50 mm,纤维质量含量一般在 50%~60% 内。树脂基体应用最多的是各种类型的酚醛树脂和环氧树脂。常用的酚醛树脂有氨酚醛树脂、钡酚醛树脂和镁酚醛树脂。常用的环氧树脂类型有双酚 A 型、酚醛型及其他改性型。加入辅助材料是为了提高模压料的工艺性和满足制品特殊的性能要求,如加入卤族元素是为了提高制品的阻燃性。

短切纤维模压料的生产目前多采用机械预混法,现以黏胶基碳纤维 RCF-2 或 NCF-2/酚醛 616 预混料为例,说明主要生产流程如下。

(1)剪除连续黏胶基碳纤维的捆绑线,将纤维整理整齐,放入纤维切割机短切至 30~50 mm。

(2)将短切纤维放入洁净的容器,并放入烘箱进行干燥处理。对于常用的黏胶基碳纤维 RCF-2 或 NCF-2,干燥处理条件如表 11-1 所示。

表 11-1　短切黏胶基碳纤维 RCF-2 或 NCF-2 的干燥处理条件

阶　　段	温　　度	升(降)温速率
1	室温至 105 ℃	5 ℃/min
2	(105±2)℃,保温 1 h	——
3	随炉降温至 60 ℃以下	≤2 ℃/min

(3)开启蓬松机,调节气压为 0.5~0.6 MPa,均匀放入短切纤维,每次放料后控制蓬松时间为 4~5 min。

（4）按照树脂胶液的配方将定量无水乙醇和树脂混合,配制成胶液。

（5）将一定量短切纤维放入捏合机内,合盖并拧紧,抽真空至压强小于等于－0.80 MPa,开启捏合机,将一定量树脂匀速导入捏合机,关闭真空。使捏合机正、反转若干次,以使树脂和短切纤维充分混合。

（6）将捏合后的预混料逐渐加入撕松机中撕松。

（7）将预混料均匀平铺在烘料盘中,手工将结团的大纤维丝束撕抖开,随后放置于敞晾架上晾置。晾置期间需翻料数次以使预混料内溶剂均匀挥发。

（8）将敞晾后的预混料放入 80 ℃烘箱中进行 B 阶段处理,时间为 30～40 min,进一步去除预混料中的水分和挥发物,并使树脂发生轻度交联,增加树脂对纤维的黏结力。

（9）将预混料放入洁净的塑料桶内封闭待用。

由上述机械预混法的生产流程可知,短切碳纤维模压料的生产所用设备主要有纤维切割机、蓬松机、捏合机和撕松机,在生产过程中仍需要人工参与物料投放、转移,操作环境差,纤维碎屑和挥发性溶剂易对人体造成损伤。因此,短切纤维模压料的连续预混法得以开发,其生产线示意图如图 11-14 所示。主要操作步骤如下。

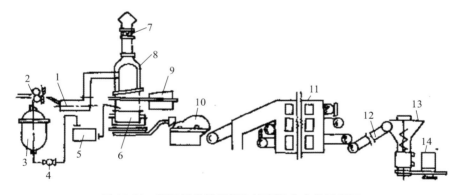

图 11-14　短切纤维模压料连续预混生产线示意图

1—蓬松机;2—纤维切割机;3—胶液配制釜;4—齿轮输送泵;5—自动计量槽;

6—捏合机;7—除尘排风器;8—风丝分离器;9—移动式风罩;10—撕松机;

11—履带式烘干炉;12—带式输送机;13—螺旋式出料器;14—装料桶

资料来源　梁国正,顾嫒娟.模压成型技术[M].北京:化学工业出版社,2000:115.

（1）将胶液配制釜内的树脂胶液通过齿轮输送泵输入自动计量槽,计量后放入捏合机。

（2）将风丝分离器活动罩移至捏合机上,连通风丝分离器与捏合机。

（3）启动风丝分离器上排风器、蓬松机及纤维切割机。连续纤维在纤维切割机上切断,由蓬松机将短切后的纤维送入捏合机。

（4）开动捏合机进行捏合,正反转若干次使树脂和纤维充分混合。

（5）捏合完毕后,开动捏合机升降阀使其倾斜 70°~80°,将预混料导入撕松机撕松。

（6）人工将预混料均匀地摊放在输送带上,送入烘干炉内进行敞晾、烘干和B 阶段处理。

（7）烘干处理后的预混料由带式输送机送入料斗并经过螺旋式出料器包装入桶。

短切纤维模压料的连续预混法与普通机械预混法相比,所用纤维切割-蓬松系统是特有的,其主要结构包括纤维切割机、（卧式）蓬松机和风丝分离器三个部分。开启蓬松机后,传动轴上的风机叶片产生风压,从而在进料口形成一定负压,使切割后的纤维吸入蓬松机内,在风力和传动齿机械力的作用下分散蓬松。蓬松机在出料口附近产生风压,将蓬松后的纤维吹入导风管,然后进入风丝分离器。移动风斗移动至图 11-15 中虚线位置,排风机排风量与蓬松机产生的风量达到基本平衡,因此在风丝分离器内部形成常压,短切纤维在自重作用下通过移动风斗沉降至捏合机内。然后,短切纤维在捏合机内与树脂胶液充分混合,完成切割—蓬松—浸胶过程。该方法具有自动化程度高,可连续生产,效率高,整个生产线可在封闭系统内运作等特点,并能大幅度改善劳动环境,减少对人体的损伤。

3. SMC 及自动化生产

SMC 内含固化剂、脱模剂、填料、低收缩剂、增稠剂等,是干法生产复合材料制品的一种中间材料,与其他成型材料的根本区别在于其具有化学增稠作用,在浸渍增强纤维时树脂体系黏度较低,浸渍完成后树脂黏度迅速升高,达到不粘手的状态,并稳定在可供模压的程度。由于它具有原料成本低、生产效率高、产品质量稳定可靠、刚度和强度较高、综合力学性能优良、对环境污染小、可机械化自动化生产等优点,因此得到了广泛应用,如：用于生产电器,包括开关柜外壳、灭弧片、隔护板等；用于生产建筑用设施,包括浴盆、净化槽等；用于生产汽车零部件,包括内装饰板、仪表盘、车灯、车门内把手、转向杆、引擎盖、顶盖、车身、框架、底盘、保险杠、车门、阻流板、翼子板、座椅骨架等。

SMC 的生产工艺流程如图 11-16 所示,主要包括树脂糊制备、添加保护薄膜、粗纱切割、沉降、浸渍等过程。SMC 成型机组主要结构如图 11-17 所示,设备简单且具有很高的自动化和机械化程度。

SMC 的自动化生产具体流程有以下几个步骤。

（1）树脂糊的制备和上糊操作。该方法是将树脂糊分为两部分单独制备,

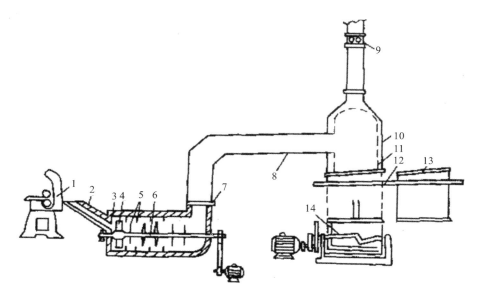

图 11-15　连续预混法中切割-蓬松系统示意图

1—纤维切割机;2—进料口;3—蓬松机外壳体;4—风机叶片;5—传动齿;6—传递轴;

7—出料口;8—导风管;9—排风机;10—风丝分离器外壳体;

11—分离器铁丝网;12—导轨;13—移动风斗;14—捏合机

资料来源　梁国正,顾媛娟.模压成型技术[M].北京:化学工业出版社,2000:16.

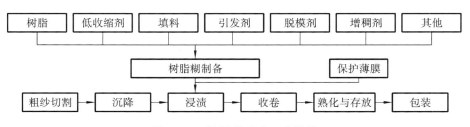

图 11-16　SMC 的生产工艺流程

A 组分包含树脂、引发剂和填料,B 组分包含惰性聚酯和其他载体、增稠剂、少量填料,通过专用的计量装置将双组分按比例输入静态混合器进行充分混合,然后将树脂糊送入 SMC 成型机组的上糊区。树脂糊连续计量混合装置如图 11-18 所示。

　　(2)纤维切割与沉降。连续纤维纱束经切割机切成短切纤维。纤维切割机位于 SMC 成型机组的上部,通常采用三辊式结构。短切纤维依靠自重自然沉降。为使沉降均匀,可在纤维切割机下方设置打纱器或吹入空气。整个纤维切割机的长度应大于 SMC 片材的幅宽。纤维切割速度一般控制在 80～130

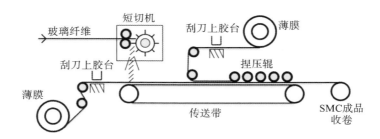

图 11-17　SMC 成型机组主要结构

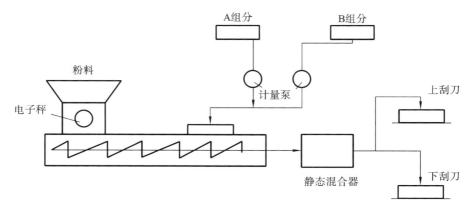

图 11-18　树脂糊连续计量混合装置示意图

m/min之内,速度过慢不利于纤维纱束分散,过快易产生静电、起毛。静电和起毛将严重影响纤维的均匀分布。为防止静电效应,应严格控制切割区的温度和湿度,可采用纤维纱束浸润剂中加入抗静电剂、设备上安装纤维纱束静电消除装置等方法。

　　(3)浸渍和压实。在 SMC 成型机组中,浸渍、排泡和压实主要靠各种辊及片材自身所产生的弯曲、延伸、压缩和揉捏等作用。为使短切纤维被树脂充分浸渍、排除气泡并使 SMC 片材厚度具有良好的均一性,SMC 成型机组通常采用以下两种浸渍压实机构:多辊筒环槽压辊式和采用输送带的弯曲双带式。如图 11-19 所示,多辊筒环槽压辊式浸渍压实机构由一系列上下交替排列的成对辊筒组成,每对辊筒中上压辊表面带有环槽,下压辊表面是平的,当 SMC 片材通过辊筒时,在环槽的凹凸部分分别形成高压区和低压区。相邻两个上压辊的环槽是错开的,因此 SMC 片材在通过下一对辊筒时的高压区和低压区相互转化,反复若干次后即可使短切纤维充分浸渍树脂。采用输送带的弯曲双带式浸渍压实机构如图 11-20 所示,SMC 片材在两条导带之间被牵引前进,受到的压力由导带的张力获得。SMC 片材在绕过辊筒时,一面受应力呈疏张状态,一面受压力呈密缩状态;通过下一个辊筒时,受拉位置和受压位置交换,疏密状态随之交替变化,片材被充分捏合,达到浸渍的目的。

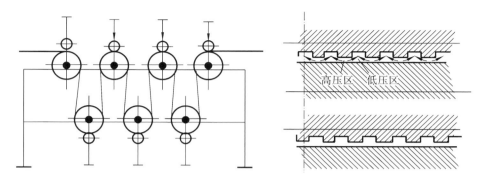

图 11-19　多辊筒环槽压辊式浸渍压实机构

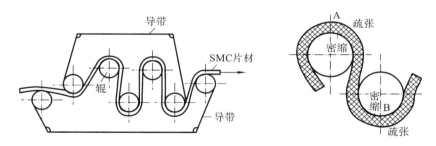

图 11-20　采用输送带的弯曲双带式浸渍压实机构

(4) 收卷。当 SMC 片材通过浸渍压实机构后,用收卷装置将其卷成质量一定的卷。

(5) 熟化与存放。SMC 片材收卷后,需要经过一定时间熟化,当树脂黏度上升到稳定值时才能用于模压成型工艺。常用的玻璃纤维/不饱和聚酯 SMC 片材在 40 ℃下熟化 24～36 h 便可以交付使用。

11.2.3　模压成型工艺参数优化技术

模压成型工艺的基本过程是:将一定量的模压料经过预处理后放入预热的金属模腔内,闭合上、下对模,施加较高的压力使模压料填充模腔;在一定的压力和温度下,模压料逐渐固化;然后将模压制品从模腔内取出,再进行必要的辅助加工,获得最终的产品。模压成型工艺主要分为压制前的准备和压制两个阶段,其工艺流程如图 11-21 所示。

模压成型工艺过程中最关键的技术环节是工艺参数的选定和控制。模压工艺参数主要指温度参数和压力参数,这两项参数因模压料的类型和制品的结

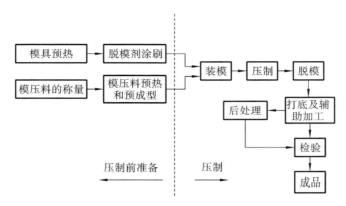

图 11-21　模压成型工艺流程

构等条件的不同而具有明显的差异。

1. 温度参数

模压成型工艺的温度参数主要涉及装模温度、升温速率、固化温度和保温时间的选择与控制。

1）装模温度

装模温度是指模压料装入模具型腔时模具的温度。选择装模温度时应注意溶剂的挥发温度,此温度应有利于排除低分子物且树脂不会发生明显的化学反应。对于大批量生产的制品,提高装模温度是缩短生产周期和提高生产效率的一种方式。对于快速模压成型的模压料,如短切纤维/镁酚醛模压料,为追求生产效率最大化,选定的装模温度和后续成型固化温度基本相同;而对于慢速模压成型的模压料,如短切纤维/氨酚醛模压料,挥发物含量较高,需要提供足够的时间来排除低分子物,因此装模温度通常比后续成型固化温度低很多。常见的几种酚醛类模压料的装模温度和成型固化温度如表 11-2 所示。

表 11-2　酚醛类模压料装模温度和成型固化温度

模压料类型	成型速度	装模温度/℃	固化温度/℃
短切纤维/镁酚醛	快速	150～160	155～160
短切纤维/氨酚醛	慢速	80～90	175±5
短切纤维/钡酚醛	慢速	80～90	160±5

2）升温速率

升温速率是指模压料由装模温度升至成型固化温度的温度变化快慢。对于快速模压成型工艺,由于装模温度与成型固化温度基本一致,不存在升温过程,因此不需考虑升温速率问题;而对于慢速模压成型工艺,需根据模压料中树脂固化反应历程和制品结构尺寸等选择合理的升温速率。若升温过快,那么由于模压料热导率比金属低得多,因此与金属模具接触的表层模压料与内层模压料存在一定温度梯度,易造成树脂固化不均匀而产生内应力,影响制品的力学性能或造成薄壳类制品在脱模后出现卷曲的现象,甚至有可能导致温度升高较快的表层模压料过早固化,限制内层模压料的流动,从而引起模腔填充不足,形成废品。较低的升温速率可以保证模压料温度的均匀性,但会降低生产效率。

3) 成型固化温度

成型固化温度是模压成型过程中的最高温度,目的是使树脂发生交联反应,达到较高的固化度。树脂在固化过程中会发出或吸收一定的热量,可利用差热分析法(DTA)或差示扫描量热法(DSC)等分析方法的相关电子仪器自动连续地测定树脂固化过程中的放热和吸热情况,判断树脂交联反应的程度,从而初步确定成型固化温度。图 11-22 所示是不同升温速率下某种酚醛树脂的放热曲线(DSC 曲线),可以看出,扫描速度(升温速度)越快,曲线峰值温度越高,峰形越陡,峰越靠右,这主要是因为随着升温速率增加,单位时间的热效应增加,导致温差变大,反应的滞后现象加剧。通常模压制品的固化是在恒定温度下进行的,因此,为接近模压成型中实际的固化情况,可由外推法找出升温速率趋于 0 的烯反应(也称为 Ene 反应,是一个带有烯丙基氢的烯烃和一个亲烯体之间发生的反应)温度、凝胶温度、固化温度和后处理温度。某种改性双马树脂在不同升温速率下 DSC 测试的重要温度点如表 11-3 所示。将四个温度点以升温速率为自变量进行外推,获得升温速率为 0 时的各温度点,其结果如图 11-23 所示,烯反应温度为(124±1)℃,凝胶温度为(185±2)℃,固化温度为(198±18)℃,后处理温度为(252±12)℃。

由于模压过程中树脂的固化涉及导热(包括模具与表层模压料之间的热传递和模压料在制品厚度方向上的热传递)和固化反应所产生的热量之间的平衡问题,因此通常成型固化温度在通过 DSC 等手段初步确定后,仍需要根据脱模后制品内树脂的固化度和力学性能进行调整。成型固化温度过低,模压料内树脂交联反应不充分,制品强度不高,外观质量下降。成型固化温度过高,较厚制品接触模腔的外层模压料将比内层模压料固化得早,这样一方面会导致制品内部固化度不均匀,产生很高的内应力,另一方面,已经固化的外层模压料会阻碍内层模压料产生的低分子物排出,易造成肿胀、气泡、疏松或翘曲等缺陷。

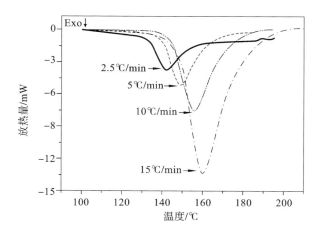

图 11-22   不同升温速率下某种酚醛树脂的放热曲线(DSC 曲线)

表 11-3   某种改性双马树脂在不同升温速率下 DSC 测试的重要温度点

升温速率/(℃/min)	烯反应温度/℃	凝胶温度/℃	固化温度/℃	后处理温度/℃
5	130.31	189.59	207.30	261.49
10	137.97	198.20	254.46	294.44
15	143.71	203.52	266.48	304.62
20	159.91	207.88	273.60	311.87

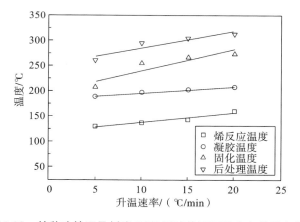

图 11-23   某种改性双马树脂 DSC 测试的重要温度点的拟合曲线

4) 保温时间

保温时间是指在成型压力下保持成型固化温度的时间。其主要目的是使制品固化度进一步提高并趋于一致,从而消除内应力。其主要确定的依据是经历一个完整的模压温度历程后的树脂固化度,可根据 DSC 放热曲线测得:

$$C = 1 - \frac{Q}{Q_{\mathrm{T}}} \tag{11-3}$$

式中：C——树脂的固化度；

Q——已发生固化反应的树脂至完全固化时反应过程放出的热量；

Q_{T}——未反应的树脂至完全固化时反应过程放出的热量。

2. 压力参数

模压成型工艺中外加压力是模压料流动的驱动力，压力参数主要涉及成型压力、加压时机、卸压放气。

1）成型压力

成型压力是指制品水平投影面单位面积上所承受的压力。其作用是克服模压料的内摩擦及模压料与模腔内壁的外摩擦，驱使模压料充满模腔；克服模压料内由溶剂、水分及反应放出的低分子产物等所产生的蒸汽压，避免制品产生气泡、分层和疏松等缺陷，从而保证制品具有低的孔隙率和精确的尺寸。一般情况下，成型压力越高，模压料的流动性越好，越有利于填充模腔和密实模压料，进而提高制品的成型质量。但过高的压力不仅容易损伤纤维和使模压料溢出模腔，而且会增加压机设备的能耗和缩短其使用寿命。目前，合理的成型压力主要通过工艺试验确定。

2）加压时机

加压时机是指在装模后加全压的时间点。加压过早，树脂交联反应程度低，模压料流动性大，在压力作用下容易流失，甚至出现纤维和树脂离析现象，导致模压制品中出现富树脂、贫胶或纤维分布不均匀等缺陷；加压过迟，树脂交联密度高，模压料流动性大幅度下降，难以填充模腔。因此，只有在树脂反应程度适中，分子质量增大所引起的黏度增加适度时加全压，才能使树脂和纤维一起流动并充满模腔，得到高成型质量的制品。国内众多学者均对加压时机的确定方法进行了讨论，普遍认为树脂接近凝胶的时刻是合理的加压时机。目前常用的确定加压时机的方法主要有以下两种。

（1）拔丝试验。将模具边缘或间隙流出的树脂可以拔丝的时刻作为加压时机。这种方法类似于 ASTM D3532/D3532M—2012 中碳纤维/环氧树脂预浸料凝胶时间的测定方法和 JC/T 774—2004 中预浸料凝胶时间的测定方法，主要区别在于拔丝试验是在升温过程中进行的。

（2）流变曲线测试。树脂的流变曲线一般用来描述黏度和温度、时间的关系，分为黏度-温度曲线和黏度-时间曲线，前者反映某一升温速率下黏度随温度的变化，后者反映某一恒定温度下黏度随时间的变化。实际生产中，主要以黏度-温度曲线来确定加压时机。图 11-24 所示是某种层间增韧双马树脂的黏度-温度曲线。树脂黏度先随温度升高而出现大幅度下降，树脂由室温下的玻璃态转变为黏流态,黏度下降至某一稳定值后基本不随温度升高而变化,这一段区间称为工艺窗口;当温度升至 178 ℃时,曲线出现拐点,黏度随温度升高而急剧增大,工程应用上认为这一拐点是凝胶点,即在指定工艺条件下树脂发生激烈的交联反应的时刻,一般在该时刻稍前加全压。

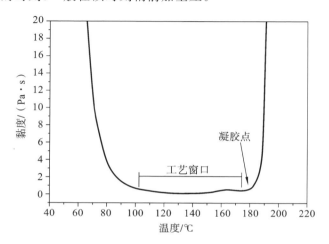

图 11-24　某种层间增韧双马树脂的黏度-温度曲线

3）卸压放气

卸压放气是指将模压料中残余的挥发物、固化反应放出的低分子产物和包裹的空气排出的过程。其主要目的是保证制品高的密实程度,避免出现气泡、分层和疏松等缺陷。对于挥发物较少且固化反应无小分子产生的模压料,一般不需采取特别的放气措施。但对于常用的酚醛树脂模压料,由于固化反应有小分子产物,则必须采取放气措施。通常卸压放气是在闭模后加压到一定值时,立即抬起上模,产生适量的间隙以排除气体,然后再立即加压,重复 3～5 次,每次间隔 10～60 s。

11.2.4　短切纤维模压成型实例

模压结构在航天产品中的应用十分广泛,如前所述,复合材料桁架结构由接头和杆件组成,这些多通接头形状复杂,工艺难度大,故采用多拼块斜楔结构实现其模压成型。而发动机喷管、尾管(见图 11-25)等部件则采用短切纤维模压成型工艺制备。以发动机尾管为例来介绍短切纤维模压成型工艺流程。

（1）正交试验设计:正交试验设计是安排多因素试验、寻求最优水平组合的一种高效率试验设计方法,可以大大缩短试验周期、降低成本,能够很好地支持模压成型工艺参数优化的实现。本例中正交试验以制品抗弯强度作为评价指

图 11-25 发动机尾管

标,对升温速率(A)、保温时间(B)和加压时机(C)三个工艺参数进行优化,其正交试验设计和结果如表 11-4 所示。

表 11-4 短切纤维模压成型工艺参数正交试验设计及制品抗弯强度结果

序号	升温速率/(℃/min)	保温时间/min	加压时机/℃	制品抗弯强度/MPa
1	A_1(0.2)	B_1(10)	C_1(80)	183.0
2	A_1(0.2)	B_2(15)	C_2(90)	179.5
3	A_1(0.2)	B_3(20)	C_3(100)	169.2
4	A_2(0.5)	B_1(10)	C_2(90)	178.6
5	A_2(0.5)	B_2(15)	C_3(100)	226.4
6	A_2(0.5)	B_3(20)	C_1(80)	192.3
7	A_3(1)	B_1(10)	C_3(100)	176.2
8	A_3(1)	B_2(15)	C_1(80)	217.6
9	A_3(1)	B_3(20)	C_2(90)	213.8
K_1	531.7	537.8	592.9	
K_2	597.3	623.5	571.9	
K_3	607.6	575.3	571.8	
R	25.3	28.6	7.0	

表 11-4 中:K_i 表示任一列上水平号为 i($i=1,2,3$)时,所对应的试验结果之和;R 称为极差,根据其大小可以判断各因素对评价指标(此处指制品抗弯强度)的影响主次,R 可表示为

$$R = \max(K_1, K_2, K_3) - \min(K_1, K_2, K_3) \tag{11-4}$$

或

$$R = \frac{\max(K_1, K_2, K_3) - \min(K_1, K_2, K_3)}{s} \tag{11-5}$$

式中：s——任一列上各水平出现的次数。R 值愈大则该因素对评价指标的影响较大，该因素越重要；R 值愈小则该因素对评价指标的影响较小，该因素越不重要。

根据正交试验分析结果可知，上述三个工艺参数对制品抗弯强度的影响大小依次为：保温时间＞升温速率＞加压时机。其最优的工艺参数方案为 $A_3B_2C_1$，即升温速率为 1 ℃/min，保温时间为 15 min，加压时机为 80 ℃时。后续工艺实施按此方案制备产品。

（2）准备：即生产准备工作，包括清理短切纤维生产线，领取树脂、纤维和无水乙醇，检查剪切机刀片刀口，清理模压用模具并涂覆脱模剂。

（3）短切：取出合格的纤维，剪断并剔除纤维捆绑线及纤维中其他杂物；将纤维理顺，放到剪切机上；送料短切。

（4）脱水：将要脱水的短切纤维放入烘箱，按工艺要求设定温度进行脱水处理。

（5）蓬松：将脱水完毕的短切纤维倒入蓬松机，设置相应的工艺参数进行蓬松处理，并在收料口收集经过蓬松处理的短切纤维。

（6）树脂稀释：将胶液缓慢倒入专用容器，称好后电子秤清零，再将无水乙醇倒入，两次称量要求均不能超过计算值，被称物不能溢出；称量结束，将气动搅拌机装入盛有胶液和无水乙醇的容器内，逆时针旋转气动阀门打开搅拌机，先缓慢旋转后逐渐增大转速，保证桶内溶液充分搅拌且溶液不会溅出，搅拌 5 min 后将搅拌机转速减小至搅拌机关闭。

（7）捏合：将蓬松的短切纤维和树脂按照工艺要求的比例称重，将称重好的短切纤维放入捏合机，使纤维在捏合机内部均匀松散铺覆；闭合捏合机盖后，将胶液通过盖顶上方的胶桶倒入捏合机，控制胶桶开关让胶液缓慢浸入并与纤维混合。

（8）撕松：将捏合好的短切纤维预混料倒入撕松机（见图 11-26），利用撕松机的撕松机构实现预混料的蓬松化。

（9）敞晾：将撕松后的预混料平均分配至 5 个烘料盘中，用不锈钢夹子将预混料抖散，如有团状料则将其撕松，使预混料均匀平铺于烘料盘底部，再将盛有预混料的烘料盘放入敞晾架敞晾。注意，要求烘料盘周围无散落的预混料，盘内预混料厚度不大于 60 mm，且无团状料。

（10）转移加料：将敞晾完毕的预混料称重装箱，转移至模具旁，取出保温

图 11-26　撕松机构

罩,将预混料放入模套中,要求模腔(模套的型腔)前后左右及 4 个角共 8 个部位都均匀加料,在工艺要求的时间内完成加料,并清理干净掉落在模腔外的预混料。

(11)加压固化:按工艺要求设定上、下加热板和加热套的温度,以使模具温度符合工艺要求。按下工作按钮,对产品进行加压。观察压力值,达到工艺要求的压力值后放开工作按钮,进行保压,如图 11-27 所示。保温结束后将加热电源关闭,让模具自然冷却,达到工艺要求的脱模温度后可进行脱模。

图 11-27　模压固化

11.3 热压罐成型工艺与智能制造技术

11.3.1 热压罐成型工艺概述

1. 热压罐成型工艺原理及设备

热压罐成型工艺是目前先进复合材料制件最常用的成型方法之一，不仅在中央翼盒、机身、机翼、襟翼、尾翼和扰流板等航空用复合材料制件上得到广泛应用，而且在星载反射器、承力筒和太阳翼基板等航天用复合材料制件的生产中占据了很大比重。热压罐成型工艺是利用热压罐内部的高温压缩气体产生压力，对封装在真空袋内的复合材料坯料进行加热、加压以完成固化成型的方法，如图 11-28 所示。

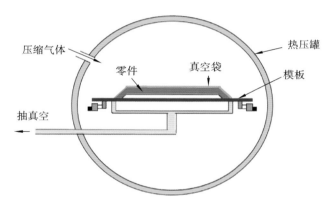

图 11-28　热压罐成型工艺原理示意图

热压罐是一个具有整体加热系统的大型压力容器，如图 11-29（a）所示，主要组成有罐体系统（包括壳体等）、加热系统、加压系统、真空系统、鼓风系统、冷却系统、控制系统和输送系统（包括架车、滑轨等），如图 11-29（b）所示。

罐体系统主要由壳体、罐门机构、密闭电动机和隔热层构成，它们形成一个耐高压、耐高温的密闭体系。加压系统主要组件有压缩机、储气罐、管路、变送器、压力调节阀和压力仪表等，用以实现调控罐体内部气压的功能。加热系统由加热管、热电偶、温度记录仪、控制仪等构成，加热管通常分布于罐体的尾部，加热功率应满足罐体的最高温度和升温速率的要求。真空系统包括真空泵、管路、真空阀和真空仪表，其主要作用是为封装在真空袋内的复合材料坯料提供真空环境。鼓风系统主要由搅拌风机、导风筒和导流罩组成，其作用是加速热流传递，确保罐体内部温度场的均匀性。冷却系统一般采用水冷方法，主要由

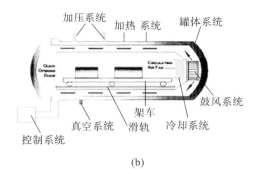

(a) (b)

图 11-29 热压罐设备及系统组成

(a)热压罐;(b)热压罐系统的组成

进水阀、加水截止阀、冷却水循环管路、排水管路等组成,用于控制固化完成后复合材料制件的降温速率。控制系统是热压罐自动化运行的核心组件,一般连接有温度记录仪、压力仪表和真空仪表,以对温度、压力、真空度进行显示和远程调控,还连接有超温报警器、超压报警器、指示灯等,主要实现对压力、温度、真空度的全程精确调控与实时记录,并确保运行安全性。输送系统一般是指架车、滑轨、拖车等,便于复合材料制件进出罐体。

热压罐成型工艺中,一般以气体为传热载体,加热系统对气体进行加热,鼓风系统驱使受热的气体在罐体内循环流动,完成复合材料坯料的加热。同时,加压系统压缩气体,在罐内形成较高的气压,从而在复合材料坯料表面形成均匀的外加压力,完成复合材料坯料的密实处理。当成型压力低于 1.0 MPa、成型温度低于 120 ℃时,通常可以采用空气作为加热加压的载体。但随着现代航空航天用复合材料耐温性要求的逐步提高,成型温度常超过 170 ℃,如 T700 级碳纤维/QY9611 双马树脂复合材料的固化温度为 185±5 ℃,而后固化温度高达 200 ℃,因此必须采用惰性气体作为加热加压的载体,否则容易因真空袋与压缩空气摩擦而引发火灾等事故。目前最常使用的惰性气体是氮气,但氮气以液态的形式存储,增加了制造成本。

热压罐成型工艺具有罐内压力场均匀和固化温度场均匀的特点,可以保证成型构件的质量稳定。一般采用热压罐成型工艺制造的构件孔隙率较低、树脂含量均匀,相对采用其他成型工艺热压罐制备的构件力学性能稳定可靠。目前,航空航天领域要求高承载的绝大多数复合材料构件都采用热压罐成型工艺。另外,在实际生产过程中,将复合材料坯料送入热压罐内,只需在控制系统上输入加热和加压程序,即可使复合材料坯料在预设温度参数和压力参数下完成固化,基本无须人工参与,自动化程度很高。

2. 热压罐成型工艺用材料和工艺组装

热压罐成型工艺一般使用预浸料作为复合材料成型的原材料。根据增强体的组织结构，预浸料主要分为以下种类：①单向预浸料；②织物预浸料；③窄带预浸料；④预浸纱。复合材料制品在成型过程中密封于真空袋内。常用的辅助材料特点与主要功能如表 11-5 所示。复合材料毛坯由预浸料贴附模具表面逐层铺叠而成，然后依次铺放辅助材料，典型的工艺组装如图 11-30 所示。

表 11-5 热压罐成型工艺辅助材料特点与主要功能

辅助材料名称	特点与主要功能
透气毡	作为复合材料毛坯中的气体向外流动的通道，便于排除内部的溶剂和包裹的空气，避免孔隙形成
真空袋	具有较好的强度、延展性、耐温性、耐磨性和韧度。使用时，用密封胶带将真空袋粘贴在模具上，包裹复合材料构件，形成独立的密封系统，在真空泵的作用下提供真空环境
密封胶带	具有常温下黏性佳，高温下密封性好，固化后易清理和贮存时间长等特点；用于真空袋与模具之间的密封
吸胶材料	可定量吸出复合材料毛坯中的多余树脂，有一定透气性能。分类有吸胶毡、玻璃布、吸胶纸等，其单位面积吸树脂量随材料而异
隔离材料	使复合材料毛坯固化后不黏附在模具或盖板或辅助材料上，也叫脱模材料，分为：有孔隔离膜、无孔隔离膜、透气膜、透气透胶膜
压敏胶带	定位和固定辅助，具有良好的耐温性
可剥离布	具有良好的透气性，并可以吸收一定的多余树脂，固化后容易去除，提供可以胶接或喷涂的表面

11.3.2 热压罐成型工艺数字化制造技术

热压罐成型工艺的流程主要为：工艺装备准备→预浸料裁剪→预浸料铺贴→预压→工艺组装→固化→脱模→修整。其中除了固化需在热压罐内完成，其他工序均在热压罐外完成。预浸料裁剪和铺贴是影响制品内部纤维排列和分布情况的最主要因素，是决定复合材料制品成型质量的关键。预浸料的裁剪和铺贴是整个工艺流程中最耗时的环节。一方面，预浸料的铺层方向误差会破坏制品的对称平衡性，从而产生内应力，特别是对于薄壁制件，铺层方向的微小偏差都会引起翘曲、马鞍形等不可预测的变形，因此必须确保预浸料裁剪和铺贴过程中预浸料方向和尺寸的准确性。另一方面，对于结构复杂的复合材料制件，预浸料的铺贴型面比较复杂，通常存在拼接和搭接的部位，而拼接和搭接意味着纤维的断裂，所以每一层预浸料拼接和搭接位置的选择对整个制件的力学

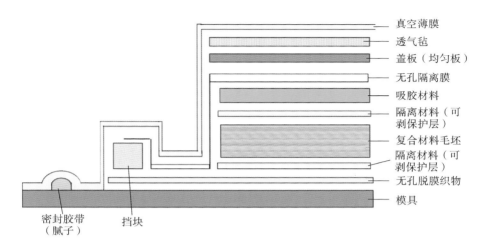

图 11-30　典型的复合材料工艺组装示意图

性能具有显著的影响,只有在裁剪时保证预浸料尺寸的准确性和铺贴时预浸料方向的准确性,才能确保拼接和搭接的部分处于合理的位置。

　　早期预浸料的裁剪和铺层都是通过手工完成的。手工裁剪预浸料之前,会先制作所需形状的样板,然后比照样板进行裁剪。有时则借助直尺和三角尺等工具直接进行裁剪。手工裁剪无法很好地保证预浸料尺寸和纤维排列方向的准确性和稳定性,同时耗费大量的时间和人力。这一误差将在后续手工铺贴时进一步放大,最终导致实际铺层角度偏离设计角度。为了避免上述问题,预浸料的自动裁剪技术和激光铺层定位技术在先进复合材料制造过程中得到应用和推广,不仅消除了人为的误差,而且显著提高了生产效率和铺层质量的一致性。

1. 预浸料自动裁剪技术

　　预浸料自动裁剪的原理是:采用复合材料设计制造软件将制件的三维实体数模展开生成复合材料制件各铺层的二维轮廓数据,并将轮廓信息输入数控剪裁机进行自动下料。预浸料自动裁剪的主要流程如图 11-31 所示。目前预浸料自动裁剪技术的难点集中于复杂制件曲面的自动展开。一般预浸料都是平面二维的,而复合材料制件是空间三维的,因此使用数控裁剪机裁剪预浸料之前必须获取复合材料制件上每一个区域三维铺层曲面所对应的二维平面几何轮廓数据,这是将空间三维曲面展开到二维平面的过程。复杂制件曲面的自动展开需要预先进行区域划分和剪口设计,例如圆锥面、圆柱面或一些完全封闭的曲面,必须通过剪口才能将它们展开至二维平面上,剪口设计还需要考虑位置相互错开,避免剪口位置强度损伤过大。

　　根据曲面展开所采用的理论方法的特点,可以将曲面展开方法大致分为以

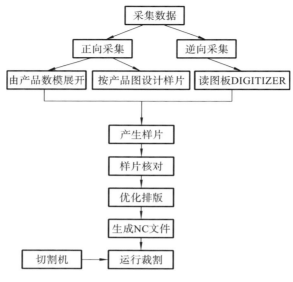

图 11-31 预浸料自动裁剪的主要流程

下两类。

（1）几何方法：从曲面的几何特性出发，按一定的规则，如尽量保持面积不变、长度不变或角度不变等，将整张曲面展开到平面上。

（2）力学方法：从分析和模拟曲面材料中的应力与应变出发，计算曲面的优化展开结果。

对于相同的铺设方向，根据不同的展开方法得到的展开形状往往不同，一般按照以下三个评价指标判断展开方法的合理性。

（1）展开预浸料裁片的面积。将二维的预浸料铺设到三维的模具上时，预浸料适应型面时会发生一定的变形，选用不同的展开方法得到的展开预浸料裁片的总面积会有一定的差异。对于对称均衡的复合材料铺层，一般认为预浸料裁片的总面积越小，其展开方法越合理，这意味着相同的铺层数量下，预浸料的用量减少，结构的重量减轻，从而使成本降低、结构效率提高。

（2）预浸料的变形能。预浸料的变形能一般根据纤维束的弯曲程度、经线与纬线的夹角变化来定义，变形能越小，制件固化后的残余应力越小，尺寸稳定性更高。

（3）褶皱情况。复杂制件曲面从严格数学角度来说都属于不可展开曲面，目前的展开方法都是用近似的方法得到相应尺寸的预浸料裁片，对于一些曲率变化很大的区域，实际铺贴的时候可能会出现褶皱，容易发生屈曲失效。因此，合理的展开方法不应该在实际铺贴时引起褶皱。但这一点不仅跟展开方法本身有关，也跟预浸料的铺覆性有很大的关系，需对不同种类的预浸料进行实际考察。

目前美国 Siemens PLM Software 公司的 Fibersim 软件不仅能够建立完整的三维铺层模型，如图 11-32 所示，而且能够将设计好的三维铺层数据展开为二维平面数据，实现复杂制件曲面的自动展开，如图 11-33 所示。将曲面展开后的二维轮廓数据导入自动排样软件（如 AM-IN-SW 软件）进行排样，图 11-34 所示是某方向舵蒙皮的 AM-IN-SW 软件自动排样实例。在自动排样过程中，需要根据材料的特性具体设置排样方式，如平纹布预浸料在排样时可以设置允许旋转 90°和允许翻转；单向预浸料则需设置禁止旋转，但允许翻转。

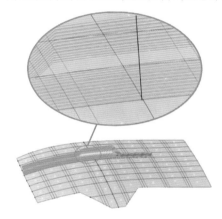

图 11-32　基于 Fibersim 软件建立的三维铺层模型

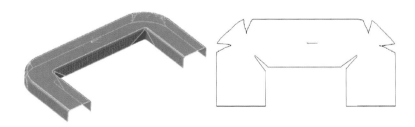

图 11-33　利用 Fibersim 软件将三维曲面展开为二维平面

2. 激光铺层定位技术

目前，在复合材料热压罐成型工艺中，手工铺层是最主要的预浸料铺贴方式。但传统的手工铺层采用模线样板等方式进行定位，不仅铺层角度的准确性差，而且工作量大，效率低。为了提高预浸料铺放精度和工作效率，采用激光器进行精密定位，将预先设计好的铺层边界投影到三维立体工艺装备上，工人按照投影线进行铺层即可。这种激光铺层定位技术已经在各类航空航天复合材

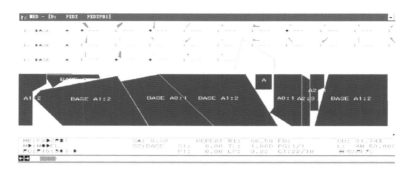

图 11-34　AM-IN-SW 软件自动排样实例

料制件上得到了很好的应用。

激光铺层定位技术是通过激光投影定位系统以 1:1 的比例将各铺层的二维轮廓投影到铺贴工艺装备的表面,帮助操作工人准确而快速地在工艺装备表面铺设预浸料裁片。激光投影定位系统以直观的图示方式显示并引导操作工人完成铺贴作业,代替了传统手工铺层中使用的铺层样板和工艺装备表面标记的铺层位置线,不仅定位精准,而且大幅度提高了操作工人的铺贴效率。

激光投影定位系统的组成及激光投影示意图如图 11-35 所示。该系统主要由以下四个部分组成。

（1）激光定位投影仪:一般安装于工作区上方,根据实际需求,可以安装多个投影仪组成投影系统。

（2）激光头支架:分为固定式和可移动式支架。

（3）控制计算机:用于建立铺层数据的信息库,建立后将生成的铺层二维轮廓文件传送到激光发射头上进行投影。

（4）定位靶标:用于确定模具与激光头的相对位置关系,从而快速准确地调整激光头的位置。

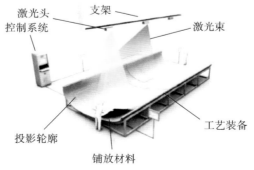

图 11-35　激光投影定位系统的组成及激光投影示意图

11.3.3 复合材料锥段热压罐成型实例

热压罐成型具有罐内压力场均匀和固化温度场均匀的特点,这些使其在各种航天大型复杂型面复合材料构件(如复合材料天线反射面部分、运载支承舱、承力筒、太阳翼基板等)中的应用范围极其广泛。下面以某型号复合材料锥段产品(见图 11-36)为例,介绍热压罐成型工艺的技术路线。

图 11-36 热压罐成型复合材料锥段产品

(1) 准备:准备好所需预浸料和辅料,清理模具并涂覆脱模剂备用。

(2) 裁布:利用 Fibersim 软件设计曲面模型的平面展开图(见图 11-37),并利用图 11-38 所示的自动裁布机裁切设计好的预浸料片。

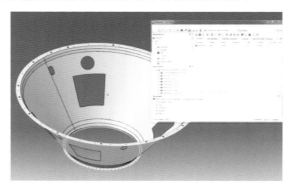

图 11-37 Fibersim 软件设计复合材料锥段产品界面

(3) 安装靶标:用洁净的干纸巾或软布清理靶标表面(注意不要触碰银色反射面),清理靶标孔内流胶等异物;将靶标插入靶标孔中,使靶标与模具面紧密贴合。

(4) 布置投影机:将投影机均匀布置在模具四周,调整投影机底座与模具边

图 11-38　自动裁布机

缘间距,使投影机底座在模具边缘外 1 m 左右位置(见图 11-39)。调整底座角度,使投影灯指向模具中心位置。将投影机底部地脚锁死,轻推底座投影机无可见晃动即可。

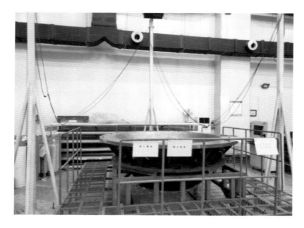

图 11-39　激光辅助铺层设备布局

(5) 启动设备和程序:长按电源控制按钮,启动投影机,投影灯信号指示灯(绿色)长亮;启动控制计算机,待所有图标稳定显示后启动程序。

(6) 校准系统坐标:进入投影机定位界面,选择手动(Manual)、跟踪(Track)模式,使投影机投出绿色圆形投影线;将标尺反射面放置在圆形投影线内,缓慢移动标尺将投影线引至靶标处,调整标尺位置,将投影线照射的绿色圆圈与靶标重合;倒扣反射面、抽离标尺,等待系统识别靶标;系统识别靶标后,使反射面朝向投影灯,系统接收反射信号,完成靶标点定位,显示器界面上对应编号的靶标由白色变为红色,如图 11-40 所示。

图 11-40　靶标定位界面

（7）铺层边界投影：单击需要投影的铺层，投出该层边界线，此时系统界面也显示出铺层边界的形状、靶标位置。检查投影线，要求产品毛坯线投影与模具刻线偏差不大于 1 mm，各条投影线接缝处错位不大于 1 mm。将预浸料边界对齐投影线铺层，预浸料边缘与投影线偏差不大于 1 mm。该层铺设结束后，选择本层关闭本层投影，依次逐层完成投影、铺层。如铺层过程中需停顿 15 min以上，应暂停投影，并确认投影灯全部熄灭；如停顿时间超过 2 h，应关闭系统。

（8）铺层：按照激光定位投影所示边界，将先前裁切好的预浸料铺覆在模具面上，如图 11-41 所示。

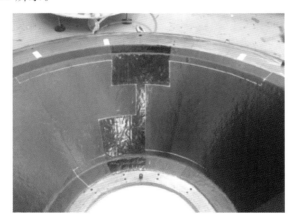

图 11-41　激光辅助铺层

（9）固化：将铺层好的毛坯表面按照透气 F4 布、吸胶毡、真空袋的顺序依次铺覆，并用密封胶条密封，然后将模具推入热压罐，按照工艺需要设定相应的固化参数，完成固化。

第 12 章
增材制造技术与装备

12.1 增材制造技术概述

随着时代的飞速发展,科学技术日新月异。新兴技术的出现、使用和交叉融合正逐渐改变人类传统的生产方式与生活方式。增材制造技术以其与传统去除成形和受迫成形完全不同的制造理念和技术优势迅速发展成为制造技术领域新的战略方向。增材制造技术作为具有前沿性、先导性的新兴智能制造技术,正在使传统生产方式和生产工艺发生深刻变革,被认为是推动新一轮工业革命的原动力,引起了世界各国的广泛关注。

增材制造指通过层层叠加制造实体的技术。其制造出的实体可用于从试制(即快速原型)到最终产品的规模化生产(即快速制造)整个流程内任何地方。它是一种以数字模型文件为基础直接制造几乎任意形状三维实体的技术。与传统的机械加工不同,增材制造通过逐层堆叠累积的方式来构造物体。过去增材制造常在模具制造、工业设计等领域被用于制造模型,现正逐渐用于一些产品的直接制造,这意味着增材制造这项技术的普及。

目前应用比较普及的增材制造技术包括:

(1)激光选区熔化(selective laser melting,SLM)技术,主要应用于不锈钢、高温合金、钛合金、模具钢及铝合金等金属或复杂金属构件的成形;

(2)激光熔融沉积(laser melting deposition,LMD)技术,主要应用于大型复杂金属构件的成形;

(3)激光选区烧结(selective laser sintering,SLS)技术,主要应用于尼龙等非金属复杂构件的成形;

(4)熔融沉积(fused deposition modeling,FDM)式 3D 打印技术,主要应用于热塑性材料及可食用材料的打印;

(5)电子束/电弧熔化成形技术,主要用于金属材料的成形。

增材制造技术目前在民用领域得到了广泛的应用,已深入到人类生活的各个角落。世界首款 3D 打印汽车 Urbee 2 已经面世,它是一款混合动力汽车,其亮点是绝大多数零部件都是 3D 打印成形的。传统的汽车车身制造是先生产出汽车各部分然后再组装到一起,而 3D 打印机能打印出单个的、一体式的汽车车身,再将其他部件填充进去。据称,新版本 3D 汽车需要约 50 个零部件,而一辆标准设计的汽车需要成百上千的零部件。此外,3D 打印技术还应用于珠宝、服饰、鞋类、玩具、创意 DIY 作品、生物医学及模具制造等领域产品的设计和制造。

增材制造技术凭借其独有的技术优势,也在航空航天领域展现出了无穷的魅力,其优势主要体现在三个方面:

(1)不需要铸模或锻模,能够直接制造最终产品,省去了传统加工工艺烦琐的工艺流程;

(2)不存在加工死角,尤其适合复杂异型结构的成形;

(3)实现了设计思路上的革命,为设计者提供了充分想象的平台,可以说"没有做不到,只有想不到"。

航空航天产品不断推陈出新和升级换代,研制周期不断缩短,从而对复杂精密构件的制造提出了越来越高的要求,不仅要求具有高效、高性能制造能力,而且要求具有大型复杂结构件的直接制造能力。传统的制造技术难以满足上述要求,而增材制造技术可以扬其所长,助力航空航天事业的发展。尤其是先进战机用到的大型整体钛合金关键构件,航空发动机用到的四大热端部件(包括燃烧室、导向器、涡轮叶片和涡轮盘),以及航天产品复杂关键结构件,可利用 3D 打印技术实现高效、快速制造。

为此,各国政府投入巨资对增材制造技术展开研究与应用,利用增材制造技术突破航空航天领域的技术瓶颈,提高航空航天领域的制造水平。以美国为首的西方军事强国,采取了一系列有力措施推动增材制造技术的发展。2006年,美国国防部"下一代制造技术计划"(NGMTI)重点支持增材制造技术研究与应用;2009 年,美国制定了增材制造发展路线图;2012 年,美国由国防部牵头组建了"国家增材制造创新研究院"(NAMII),致力于增材制造技术的研究、技术转移、人才培养和主流制造的推广应用。

目前,我国在增材制造技术领域已经取得了一定的成果。但是与发达国家相比,我国增材制造技术仍然较为落后,尤其是在大幅面 3D 打印设备和粉末材料研制方面。为此,我国政府顺应 3D 打印技术的发展潮流,制定了《国家增材制造产业发展推进计划》。《国家增材制造产业发展推进计划》的制定,为我国 3D 打印产业明确了发展目标,构建了宏伟蓝图,为 3D 打印全面发展与深化应用提供了良好平台。

12.2 增材制造技术的典型工艺与装备

12.2.1 激光选区熔化技术

1. 激光选区熔化成形原理

激光选区熔化(SLM)技术是 20 世纪 90 年代中期出现的一种新型的快速成形(RP)技术,具有直接快速成形三维立体零件的特点,其成形原理如图 12-1 所示。首先对成形的零件进行分层切片处理,然后采用铺粉装置将一层粉末预置在基板的上表面,控制激光束对成形零件的横截面轮廓区域内的粉层进行扫描,使金属粉末完全熔化再凝固;一层扫描完成后,安装工作台的基板下降一个层厚,铺粉装置又在上面预置一层金属粉末,进行新一轮激光熔化再凝固,周而复始,直至整个零件完成。

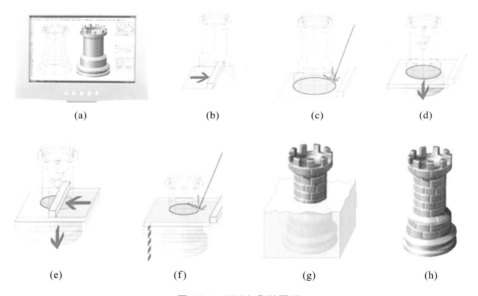

图 12-1 SLM 成形原理

(a)导入分层切片模型;(b)铺粉;(c)激光熔化粉末;(d)工作台下降;
(e)重复铺粉;(f)重复激光熔化粉末;(g)循环往复;(h)获得最终成形零件

激光选区熔化技术主要适用于不锈钢、钛合金、铝合金、高温合金及钴铬合金等材料的复杂精密金属构件的整体一次成形。对于各种形状复杂的航天工件,尤其是内部有复杂异型结构、用传统方法无法制造的复杂工件,激光选区熔化技术可以省掉中间众多过渡环节，实现复杂结构件无模、快速响应制造。

2. 激光选区熔化成形工艺研究

目前，激光选区熔化成形工艺研究主要集中在不锈钢、工具钢及钛合金等材料的应用上，对铝合金的激光选区熔化成形工艺研究尚处于起步阶段。张冬云等采用 SLM 技术加工铝合金粉末，结果表明，不同的铝合金粉末具有不同的加工阈值；顾冬冬等应用 SLM 技术对机械合金化后的钛、铝、石墨元素进行了加工，并成功制备出铝合金模型；白培康等采用 SLM 技术对铝合金粉末进行加工试验，结果显示，粉末在低于一定加工功率时会发生严重的球化结晶现象。国外，Meiners 等采用 SLM 技术对铝合金粉末进行了加工，在加工过程中出现铝合金粉末铺粉性能差、模型表面质量差及球化结晶等现象。我国航天工业企业针对铝合金、钛合金及不锈钢等进行了大量的 SLM 成形工艺研究，制备的零件已在运载火箭、卫星等航天产品上得到应用。

1）粉末微观形貌对成形质量的影响

利用 SLM 技术能够直接成形高性能金属零件。首先要考虑粉末材料对成形质量的影响，然后才考虑工艺参数对成形质量的影响。各类激光选区熔化技术用金属粉末 SEM（扫描电子显微镜）形貌如图 12-2 所示。图 12-3 所示是两种不锈钢粉末 SEM 形貌对比，气雾化 316L 不锈钢粉末颗粒为较规则的球形，水雾化 316L 不锈钢粉末的颗粒呈不规则形状。由图 12-4 可以看出，两种 316L 不锈钢粉末的单道熔覆线条成形效果无明显差别，均呈连续直线状，中间无断裂，且未发生球化现象，粉末颗粒形状对激光选区熔化单道熔覆线条成形质量不会产生影响。但是，粉末颗粒形状会影响粉末的流动性，进而会影响铺粉的均匀性。在多层成形过程中，如果铺粉不均匀，会导致扫描区域内的金属粉末熔化量不均匀，从而造成成形件内部组织不均匀。因此，球形颗粒粉末相对于不规则颗粒粉末，更适用于 SLM 成形。

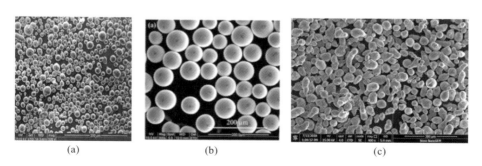

（a）　　　　　　　　　　（b）　　　　　　　　　　（c）

图 12-2　各类激光选区熔化技术用金属粉末 SEM 形貌

（a）316L 不锈钢；（b）Ti6Al4V 钛合金；（c）AlSi10Mg 铝合金

(a)　　　　　　　　　　　(b)

图 12-3　两种不锈钢粉末 SEM 形貌

(a)气雾化；(b)水雾化

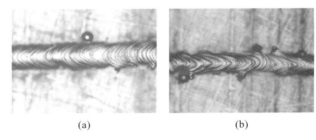

(a)　　　　　　　　　　　(b)

图 12-4　两种不锈钢粉末单道熔覆线条形貌

(a)气雾化；(b)水雾化

2）倾斜表面的成形质量与成形机理分析

SLM 成形是一种逐层累加的制造方式，为了能够获得致密优质零件，激光穿透距离大于一个铺粉层厚。在成形大角度倾斜面时，便会发生激光深穿透非成形区粉末颗粒的现象，如图 12-5 所示。由图 12-5 可以看出，零件的设计轮廓与分层轮廓并不一致，对分层轮廓而言，大角度倾斜面在分层切片后被简化为台阶面，于是每一层均会产生水平悬空部分，水平悬空部分的长度 $L = h \cdot \tan\alpha$，其中 h 为铺粉层厚，α 为倾斜角度。对 AlSi10Mg 铝合金粉末而言，铺粉层厚为 0.025 mm，因此，水平悬空部分的长度与倾斜角度有关，水平悬空部分的长短对于能否成形及倾斜面成形质量的好坏有着重要影响。

由图 12-6 可以看出，在倾斜角度 $\alpha \leqslant 45°$ 时，单层悬空部分的长度较小，倾斜面不仅能够成形而且成形质量较好；在倾斜角度 α 达到 50° 时，倾斜面发生了一定程度的翘曲变形；在倾斜角度 $\alpha \geqslant 55°$ 时，倾斜面发生了坍塌现象，并且随着倾斜角度的增大，单层水平悬空部分的长度随之增大，坍塌现象变得越来越严重。因此，对大角度倾斜面而言，有必要在倾斜面下表面添加支撑，这样才能尽量减小激光深穿透与悬空部分对 SLM 成形造成的不利影响，有利于大角度倾斜面

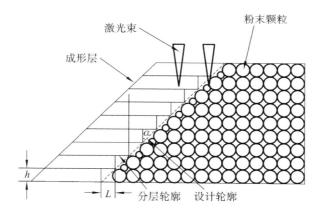

图 12-5　激光深穿透非成形区粉末颗粒示意图

的成形。

图 12-6　不同倾斜角度倾斜面的成形效果

（a）$\alpha=0°$；（b）$\alpha=20°$；（c）$\alpha=30°$；（d）$\alpha=40°$；（e）$\alpha=45°$；（f）$\alpha=50°$；（g）$\alpha=55°$；（h）$\alpha=60°$；（i）$\alpha=65°$

3）悬空面的成形质量与成形机理分析

倾斜下表面成形机理及质量分析表明，随着倾斜角度的增大，倾斜下表面坍塌现象变得越来越严重。由此可以看出，在 SLM 成形过程中，并非所有的复杂零件不经任何处理便可以整体一次成形。对于包含悬空面与大角度倾斜面结构特征的复杂零件，必须在悬空面的下表面添加支撑才能成形。

由图 12-7 可以看出，若直接以实体为支撑（一般是间距为 2 mm 的点支撑），则在激光作用下，熔化形成的熔滴将沿着球形粉末颗粒表面流淌继而凝固成形，这样将难以获得平整的单层熔覆层；另外，若直接以粉体为支撑或者支撑间距太大，在刮刀的作用下，将会造成单层熔覆层层片的飘移，从而形成缺陷或者翘曲变形或者表面质量较差。

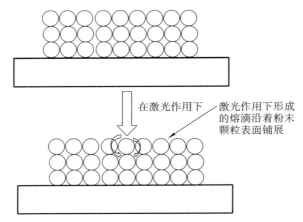

图 12-7　激光作用下形成的熔滴沿着粉末颗粒表面铺展示意图

因此，有必要对悬空面支撑设计进行研究，包括支撑的结构形式与支撑间距。悬空面支撑分布示意图如图 12-8 所示。

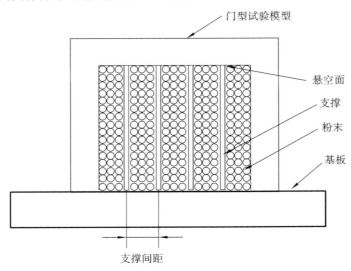

图 12-8　悬空面支撑分布示意图

4）不同热处理状态铝合金 SLM 成形件拉伸性能对比分析

由图 12-9 可以看出，未经热处理的 SLM 成形试样拉伸性能存在各向异性，垂直于 SLM 成形方向试样的抗拉强度与断后伸长率均全面高于平行于 SLM 成形方向试样，抗拉强度平均高出 23％左右，断后伸长率平均高出 100％左右。由图 12-10 可以看出，与未经热处理相比，经 T6 热处理后平行于 SLM 成形方向试样的平均抗拉强度有所下降，塑性明显上升，断后伸长率可达到未经热处理试样的 3 倍；垂直于 SLM 方向试样的断后伸长率稍有上升，但是平均抗拉强度有一定下降。这主要是因为 SLM 是一种微区（微米级）内急冷急热的成形过程，从材料内部产生明显的织构，导致材料性能的各向异性，相当于对材料进行淬火处理。试验结果表明 T6 热处理对材料织构改变能力低于 SLM 制造本身，因此经过 T6 热处理后材料的织构没有 SLM 直接成形试样强，从而造成材料的抗拉强度降低、塑性升高，且材料性能的各向异性减弱。

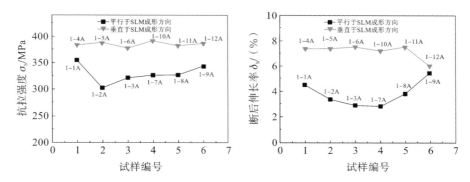

图 12-9　未经热处理的 SLM 成形件不同方向拉伸性能对比

（a）抗拉强度对比；（b）断后伸长率对比

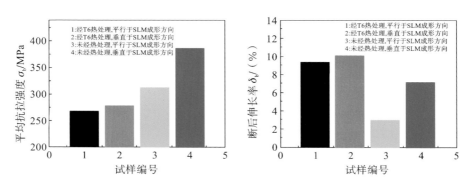

图 12-10　不同状态 SLM 成形件拉伸性能对比

（a）抗拉强度对比；（b）断后伸长率对比

5) 铝合金 SLM 成形件显微组织不同方向对比分析

由图 12-11 可以看出,平行于 SLM 成形方向(即平行于 z 向):在较大放大倍数下,白色组织为穿插相邻熔池生长的柱状晶,柱状晶平行于试样成形方向生长,排列整齐;较暗组织分布于熔池内部,为细小均匀的共晶组织,这主要是由熔池的顶部和底部存在温度梯度造成的。

由图 12-12 可以看出,垂直于 SLM 成形方向(即垂直于 z 向):熔池呈现拉长的椭圆形,根据棋盘式扫描的方向,在不同棋盘格内熔池长边呈现不同方向的排列。在较大放大倍数下,可见最后凝固区域贴近熔池边缘,且在熔池边缘区域或最后凝固区域的边缘有较为明显的沉淀相。

(a) (b)

图 12-11　平行于 z 向的显微组织

(a)低倍;(b)高倍

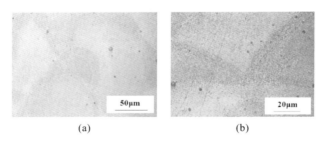

(a) (b)

图 12-12　垂直于 z 向的显微组织

(a)低倍;(b)高倍

3. 激光选区熔化成形设备与智能软件系统

在 SLM 装备研发方面,德国 EOS、SLM Solutions、Concept Laser 及英国雷尼绍等公司成功研发了多种稳定可靠的 SLM 设备,在国际市场具有垄断地位。为了进一步满足航空航天大尺寸构件的 SLM 成形要求,以及提高 SLM 技术的成形效率和成形质量,国外 SLM 设备开始向大成形缸尺寸、高功率、智能化方向发展。德国 EOS 公司先后开发了 EOS-M280 设备(成形尺寸为 250 mm ×250 mm×325 mm)、EOS-M290 设备(成形尺寸为 250 mm×250 mm×325 mm)及 EOS-M400 设备(成形尺寸为 400 mm×400 mm×400 mm)等系列化 SLM 设备,并开发了 EOSTATE 模块,可对成形过程中熔池和气孔进行监测。德国 SLM Solutions 公司开发了 SLM®280HL 设备(成形尺寸为 280 mm×280 mm×365 mm)、SLM®500 设备(成形尺寸为 500 mm×280 mm× 365 mm)、SLM®800 设备(成形尺寸为 500 mm×280 mm ×875 mm),并开发了 MPM 模块、LCS 模块和 LPM 模块,分别用于熔池检测、层质量检测和激光功率检测。德国 Concept Laser 公司开发了 X Line 1000 R(成形尺寸为 630 mm ×400 mm×500 mm)和 X Line 2000 R(成形尺寸为 800 mm×400 mm×500 mm)两款大幅面 SLM 设备。国内西安铂力特增材技术股份有限公司(简称西安铂力特)、湖南华曙高科、江苏永年激光成形技术有限公司(简称江苏永年)、华中科技大学等先后成功研发了 SLM 设备。但目前多数的增材制造设备需要人为参与监控和干涉,生产效率低、成形质量难以控制。基于人工智能技术,发展形性可控的智能化增材制造技术和装备、构建完备的工艺质量体系是未来增材制造面临的重要挑战。

在航天领域,上海航天设备制造总厂先后成功研发了多款 SLM 设备,并探索研究了智能在线监测及反馈调节、装备自诊断及自检测、激光超声在线质量检测(及其智能软件平台)等技术,以开发具有自采集、自建模、自诊断、自学习、自决策功能的智能化增材制造装备,推动了增材制造技术在航天领域的大规模应用。

1) SLM 设备

智能大幅面 SLM 设备(见图 12-13)具备可对高温合金、镁合金、铝合金、钛合金材料进行 SLM 成形的能力,成形最大尺寸为 350 mm×350 mm×400 mm,激光功率是 400~1000 W,最大扫描速度为 7 m/s,成形装置定位精度优于 5 μm。同时,该设备集成了智能工艺参数库与知识库、智能在线监测及反馈调节系统、装备自诊断及自检测系统等智能化增材制造系统,能够实现粉末自动回收、筛分功能,成形过程自动化、智能化控制及精度补偿功能,为解决影响增材制造成形精度、质量的关键瓶颈问题,以及提高我国航天智能增材制造装备研制与应用能力提供了技术支撑。

高频超声 SLM 设备为集增材制造技术和制件内部缺陷在线监测功能于一体的 SLM 智能制造设备。该设备具有增材与检测协同扫描控制、激光超声缺陷信号判断、打印-检测-反馈控制等功能,其智能化的 SLM 数据处理和加工检测工艺协同控制系统为自主开发软件。设备成形和检测覆盖范围为 250 mm×250 mm×300 mm;检测同步扫描速率不低于每秒 1000 点,扫描盲区达到 0.05 mm,扫描深度达到 1 mm。

图 12-13　智能大幅面 SLM 设备

　　多激光束金属熔化增材制造设备可用于制备多种金属复杂结构件,有效解决单激光熔覆过程中产生的内应力大、表面粗糙等难题,目前已经成功用于航天、汽车、医疗、磨具制造等领域高性能关键零件的制造。

　　上海航天设备制造总厂自主研发的标准型金属 SLM 设备 SLM280(见图 12-14)成形空间为 250 mm×250 mm×250 mm,成形件相对密度接近 100%,表面粗糙度 Ra 为 30～50 μm,尺寸精度可达 ±0.1 mm;自主开发的控制软件具备自动工艺环境控制管理、智能化的 SLM 数据处理功能,还具有添加支撑、分层切片、路径扫描功能,实现了高效、无人值守的自动化生产。

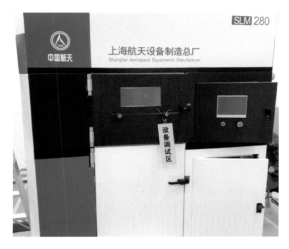

图 12-14　标准型金属 SLM 设备

2）智能化的 SLM 数据处理软件

上海航天设备制造总厂开展了智能 SLM 数据处理软件的分块变向扫描、带状变矢长变向相结合的复合扫描技术等关键技术研究，突破了国外数据处理软件及控制软件的技术封锁。SLM 数据处理软件包含路径规划、多种扫描策略选择、支撑添加、工艺参数设置等功能。为了更好地满足加工工艺要求，该软件系统将部分工艺信息融入路径规划的算法，实现了加工理论与实践的结合。

（1）区域划分。根据工艺需求，系统对切片悬挂部分、轮廓部分和实体部分进行区域划分，如图 12-15 所示。各个部分在成形过程中对应的工艺参数不尽相同，主要体现在激光功率和扫描速度上，而对于实体部分的扫描，还存在填充策略的不同。

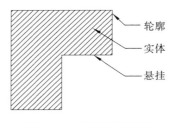

图 12-15　切片区域划分

（2）轮廓处理。由 STL 模型切片得到的截面轮廓线是一组封闭的多边形，每一个多边形由顺序相连的顶点坐标表示，称之为轮廓环。轮廓环的个数与零件截面的复杂程度密切相关，含有型腔或分枝的物体在每一层上有多个边界轮廓，每一轮廓分别与物体上的不同表面相对应。为了从组成三维模型的三角面片信息中获得某一截面的轮廓信息，笔者设计了线段和轮廓数据结构，使用内存链表，以及单次处理和销毁的方式，完成轮廓的拓扑结构成形，极大地减少了系统资源的开销，提升了软件运行速度。图 12-16 所示是本软件系统解析的某层轮廓图形。

（3）扫描策略。实体扫描的需求包括：减少空行程、减少扫描头的跳转次数；成形时保证扫描路径间的温度，以减少黏结间应力变化和应力变形；优化光路的使能与屏蔽逻辑开关频率，提高激光的使用效率。针对以上需求，系统提供了以下几种扫描策略：轮廓扫描，如图 12-17（a）所示；平行方向 Z 字形扫描，如图 12-17（b）所示；垂直方向 Z 字形扫描，如图 12-17（c）所示；分块扫描，如图 12-17（d）所示。其中分块扫描又可分为顺序扫描（1→2→3→4）和随机扫描（2→4→3→1），各个块可以有不同的扫描方式（轮廓扫描、Z 字形扫描）。对于每一层的扫描，也可以选择不同的方式，具有较高的灵活度。

图 12-16　切片轮廓

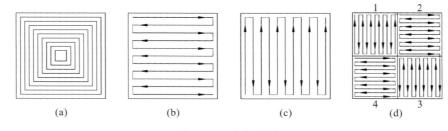

图 12-17　扫描策略

(a)轮廓扫描；(b)平行方向 Z 字形扫描；(c)垂直方向 Z 字形扫描；(d)分块扫描

经过分析可知,在扫描路径规划过程中需要融入的工艺信息主要包括切片层厚及实体填充策略,而激光功率、激光扫描速度、光斑大小、光斑补偿等均是为了后续加工控制的顺利进行而附加的信息。实体填充策略对应于实际加工需求,所需的参数包括扫描间距、扫描长度、扫描方式等。对于影响扫描路径的特殊工艺需求,同样在扫描工艺处理模块中进行处理。如图 12-18 所示,依次为产品的三维模型三角面片显示、根据相关工艺参数进行切片的路径规划显示(中间层),以及顶层的路径规划显示。

（4）扫描算法实现。对于某个实体轮廓,如图 12-19 所示,设矢量块为正方形,对实体进行复合扫描,可得到如图所示的扫描路径,具体算法步骤如下。

①根据轮廓信息得到块划分的起始点 O 和矩形边框,具体做法为:分别取轮廓 X 轴和 Y 轴方向的坐标最小值 X_{min} 和 Y_{min},将 $O(X_{min}, Y_{min})$ 设为块划分的起始点,取轮廓 X 轴和 Y 轴方向的坐标最大值 X_{max} 和 Y_{max},得四条直线 $X=X_{min}$、$X=X_{max}$、$Y=Y_{min}$、$Y=Y_{max}$,从而构成块划分的矩形边框。

②设矢量线段长度为 d_1,将轮廓沿 X 轴方向进行块切割,可得到 n 个条状

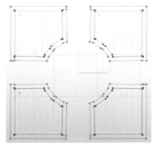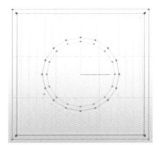

图 12-18　扫描轨迹生成

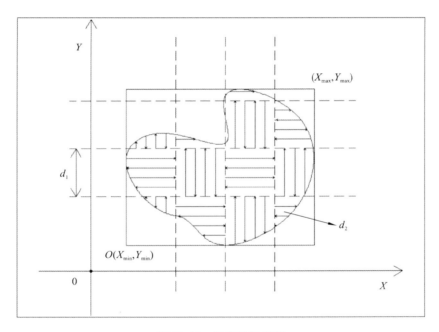

图 12-19　扫描路径规划

块，$n=(Y_{\max}-Y_{\min})/d_1$。设两平行扫描线之间的间距为 d_2。对于每一个条状块，使用 m 次平行于 X 方向的切割，获取切割线与轮廓的交点，从而得到条状块的切割线段，其中 $m=(d_1/d_2)$；对于每一条切割线段，取 k 次短线切割，进而将条状块划分为平行于 X 轴扫描的矢量块，并得到块扫描路线，其中 $k=(X_{\max}-X_{\min})/(2d_1)$。

③使用与步骤②相同的方法，将轮廓沿 Y 轴方向进行切割和块划分扫描，得到平行于 Y 轴扫描的矢量块及扫描路线。

④最后通过循环 vertiBlockList 和 horizenBlockList 列表,完成分块变向矢量切割扫描。

通过计算,得算法的时间复杂度为 $(X_{max}-X_{min})\times(Y_{max}-Y_{min})\times d_2/d_1$,处理时间由矢量线段长度、两平行扫描线之间的间距及二维切片轮廓的坐标范围共同决定。

3)增材制造智能软件平台

智能化增材制造系统平台的开放性是实现跨行业、跨领域推广应用的关键,而增材制造平台的软件体系是实现开放性的核心模块。为此,上海航天设备制造总厂研究了针对多材料、多工艺的开放式软件体系结构,并将其集成于装备本体,实现软硬件高耦合地协同工作。

该平台软件体系建设采用如下技术路线:首先建立面向多材料、多工艺、多行业、多领域的开放式软件体系结构,构建工艺参数库、工艺知识库等底层数据层;然后研究软件体系与装备本体的集成、协同的工作方法及流程、基于数据总线交换机制的决策机制和冲突消解方法;接下来研究智能工艺参数库、知识库的共享开放机制、维护与监控机制;最后实现增材制造智能软件系统云平台开发,实现远程装备监测、远程数据库维护等。智能化增材制造软件平台构建技术路线如图 12-20 所示,整体化智能平台框架如图 12-21 所示。

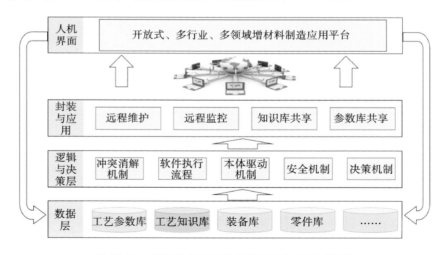

图 12-20　智能化增材制造软件平台构建技术路线

12.2.2　激光熔融沉积技术

1. 激光熔融沉积成形原理

激光熔融沉积(LMD)技术是由美国桑迪亚国家实验室(Sandia National

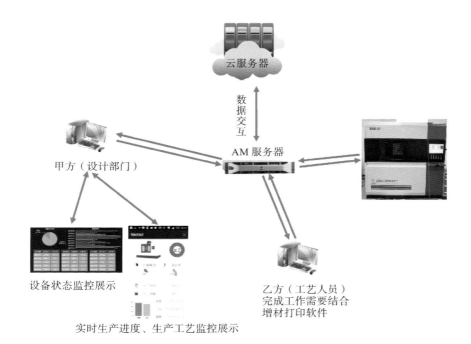

图 12-21　整体化智能平台框架

Laboratories)1984 年开发并获得专利的一种增材制造成形工艺,也有学者称其为激光近净成形(laser engineered net shaping,LENS),主要适用于不锈钢、钛合金及高温合金等大型复杂金属构件的快速制造,具有无模具、短周期、低成本及快速响应等技术优势,在航空航天领域得到了广泛应用。

激光熔融沉积成形原理如图 12-22 所示。金属粉末通过送粉喷嘴进入激光束作用区域内,粉末熔化形成熔池,随着喷头相对工作台运动形成熔道。控制系统通过成形零件的单层横截面轮廓信息引导熔道搭接成与零件轮廓相对应的熔覆层,然后喷嘴相对工作台沿成形方向移动一个切片层厚,接着在前一层的基础上叠加形成后续的熔覆层,保证前后两层熔合在一起,循环往复便可以得到最终成形的零件。

2. 激光熔融沉积成形工艺研究

1)激光熔融沉积基础工艺研究

激光熔融沉积成形过程中最基础、最关键的两个形状参量是单层的沉积高度和宽度,单层沉积高度决定了成形效率,能否精确控制单层沉积高度将直接影响最终的成形精度。决定单层沉积高度最根本的因素就是单位时间内进入熔池的粉末数量,而影响粉末熔化数量的主要工艺参数有激光功率、扫描速度和送粉速度等。决定单层沉积宽度最根本的因素就是形成的熔池大小,显然,

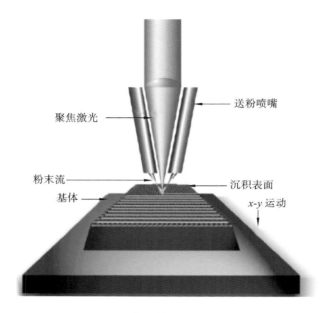

图 12-22 激光熔融沉积成形原理

聚焦激光

送粉喷嘴

粉末流

沉积表面

基体

x-y 运动

熔池越大,沉积层的宽度越大,熔池越小,沉积层的宽度越小。而影响熔池大小的主要工艺参数是线能量的大小,即激光功率和扫描速度。不同激光功率下钛合金单道熔覆线条晶粒形态如图 12-23 所示。

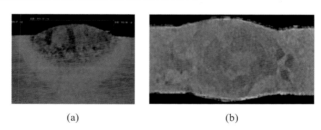

(a)   (b)

图 12-23 不同激光功率下钛合金单道熔覆线条晶粒形态
(a)500 W;(b)1500 W

不同单道熔覆层将影响熔覆层间搭接率和沿沉积方向的切片厚度,对零件成形形貌、零件性能和成形过程稳定性均具有重要影响,因此根据单层单道熔覆层的宽度和高度来预测熔覆层最优搭接率和最优切片层厚度,对获得平整的熔覆层表面和稳定的成形过程具有重要意义。

对于熔覆层临界搭接率的预测,部分学者将单层单道熔覆层轮廓面近似为圆弧,如图 12-24 所示,当 GDJ 围成的阴影部分面积等于 DAB 围成的阴影部分面积时,由式(12-1)和式(12-2)可以获得熔覆层的临界搭接率 η_c。

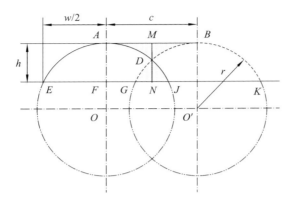

图 12-24　多道搭接示意图

$$c = \cfrac{\left[\cfrac{\left(\frac{w}{2}\right)^2 + h^2}{2h}\right]^2 \cfrac{\arcsin(wh)}{\left(\frac{w}{2}\right)^2 + h^2} - \cfrac{\left(\frac{w}{2}\right)^2 - h^2}{2h \cdot \left(\frac{w}{2}\right)}}{h} \qquad (12\text{-}1)$$

$$\eta_c = \frac{w - c}{w} \qquad (12\text{-}2)$$

式中：w——单层单道熔覆层宽度；

h——单层单道熔覆层厚度；

c——两单层单道熔覆层中心间距；

η_c——熔覆层临界搭接率。

针对切片层厚度预测，部分学者将单层单道熔覆层轮廓面近似为圆弧并对薄壁零件成形的切片层厚度进行了预测，如图 12-25 所示。当在第一层轨迹基础上进行第二层熔覆时，第一层熔覆轨迹会使当前轨迹与其重合部分的液态金属补充、铺展到两侧，只有这样才能保证成形零件表面的平整性，即满足 HAB 所围成的阴影面积等于 FGH 和 DBC 所围成的两个阴影面积之和。最终获得切片厚度预测公式(12-3)。而对于多层多道熔覆层切片层厚度，一般采用单因素实验的方式确定。

$$\Delta z = \cfrac{\left(\cfrac{4h^2 + w^2}{8h}\right)^2 \arcsin\left(\cfrac{4wh}{4h^2 + w^2}\right) - \cfrac{w(w^2 - 4h^2)}{16h}}{w} \qquad (12\text{-}3)$$

在进行钛合金激光熔融沉积过程中，必须充分考虑氧化保护问题。钛合金具有很高的化学活性，与空气中的氧、氮及氢之间有较强的亲和力，钛在300 ℃以上时会吸氢，超过 600 ℃时，钛开始吸氧，若温度更高，钛合金的活性会急剧增加，并与氧发生激烈反应而生成钛的氧化物。此外，钛在 700 ℃以上开始吸

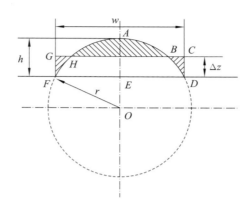

图 12-25　薄壁零件成形切片层厚度预测示意图

氮。氧、氮等与钛的作用的结果将使钛合金强度和硬度增高而塑性降低。同时,激光熔融沉积过程是一个快热与快冷的过程,在这个过程中将会产生很大的残余应力,在拉伸应力的作用下,沉积层将会产生垂直于基体的裂纹,如图 12-26(a)所示。在充氩环境下制备的 TC4 钛合金成形件,表面会呈现出银白色,粘有未熔的粉末颗粒,无裂纹等缺陷,如图 12-26(b)所示。激光熔融沉积成形件表面粘粉是因为部分粉末未完全熔化,仅在表面发生了熔化,碰到了已凝固的成形件表面。

<table>
<tr><td>(a)</td><td>(b)</td></tr>
</table>

图 12-26　不同环境下 TC4 钛合金激光熔融沉积成形件

(a)大气环境下;(b)充氩环境下

激光功率主要影响柱状晶的尺寸,如图 12-27 所示,不同激光功率下的宏观组织为外延生长的粗大柱状晶,晶粒宽 300～1000 m,高几毫米,贯穿多个沉积层,其方向倾斜于激光扫描方向。随着激光功率增加,原柱状晶尺寸增加,由 300 W 时的约 330 m 变到 800 W 时的 868 m。

2)激光熔融沉积典型构件成形工艺研究

下面以航天领域钛合金球形贮箱为例,论述激光熔融沉积典型构件成形工艺及其优势。随着航天技术应用需求的不断增长,航天器需要携带越来越多的推进剂以提升其运载和机动能力,从而完成复杂程度日益增加的航天任务。飞行器球形燃料贮箱壳体是壁厚约 1mm 的钛合金球体。传统加工方式一般采用旋压技术制造,生产周期为 2～3 个月,需要制备对应尺寸模具,生产成本高,交货周期长,加工难度大;而且由于不同型号飞行器对应球形燃料贮箱尺寸不同,

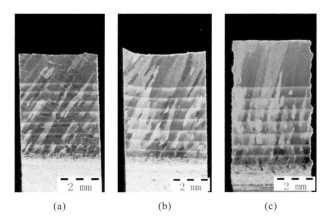

图 12-27　激光功率对柱状晶形态的影响($v=0.36$ mm/min)

(a)300 W;(b)500 W;(c)800 W

因此用传统加工方法加工此类零件会使生产费用大大增加,生产进度很难适应多频次航天型号任务需求。采用激光熔融沉积成形技术进行钛合金球形贮箱制造,可避免模具的使用,并可缩短交付周期、降低生产成本、提高生产效率。

图 12-28 所示为钛合金球形贮箱激光熔融沉积成形示意图和加工现场,成形过程中通过轨迹规划及五轴联动机床实现激光熔覆头始终沿半球切线方向,可避免熔池受重力、气体及粉末冲击作用力而产生坍塌。激光熔融沉积成形获得的钛合金贮箱半球如图 12-29 所示。其单侧加工余量大于 1 mm 而小于 1.5 mm,通过机加工内外表面质量均达到要求,最后通过激光焊接获得完整的飞行器钛合金球形贮箱。对获得的球形贮箱进行 X 射线检测、CT 扫描检测及压力测试,结果表明其质量满足设计需求。

3)激光熔融沉积在线监测及闭环控制技术

激光熔融沉积是一个复杂的冶金过程,过程中激光、粉末与基材交互耦合作用,全过程的持续稳定进行受诸多因素影响,且这些因素之间也存在交互耦合及干扰,因此激光增材制造过程也必然受到影响,并具有一定非预期性。理想的 LMD 系统不仅能实现复杂结构件的高精度成形制造,而且需要具有很好的鲁棒性。引入在线检测及闭环控制技术不仅能削减设备本身的误差对零件成形精度的影响,还能实时抑制激光加工环境的各种恶劣条件。

对于一个闭环控制系统,监测量的选取对控制效果具有很大影响。在目前的研究中,激光熔融沉积闭环控制系统的监测量多选取熔池尺寸、熔池温度及成形件高度。在激光熔覆过程中,对熔池进行观测,可以获得大量信息,例如熔池的高度决定了熔覆层的厚度,熔池的宽度决定了熔覆层的宽度;另外,熔池的温度对熔覆层的质量有着很重要的影响。因此,近些年来国内外的学者都致力

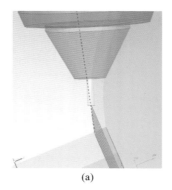

(a)   (b)

图 12-28　钛合金球形贮箱激光熔融沉积成形示意图和加工现场

(a)示意图；(b)加工现场

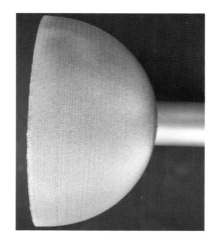

图 12-29　激光熔融沉积成形的钛合金贮箱半球

于研究通过对熔池属性的监测、控制，构建相应的控制系统来保证较好的熔覆层质量。图 12-30 所示为基于熔池尺寸和温度的在线监测系统示意图。

以堆高为监测量的闭环控制系统的主要控制思想是：依据当前熔覆层离散点的堆高数据，规划下一道熔覆层的工艺参数，以补偿堆高误差，使实际堆高最终收敛于期望层高。有些研究通过高清 CCD 摄像机对熔池进行观测，间接得到激光头到熔池中央的距离，从而构建闭环系统。图 12-31 所示为以成形件生长高度为监测量开展闭环控制所得观测图像及实验图像处理界面。

激光熔融沉积在线监测和闭环控制技术综合利用了信息技术、冶金技术、材料科学及先进制造技术等高新技术，随着各个学科领域及其工业技术的飞速发展，激光熔融沉积在线监测和闭环控制技术研究方向也在向智能化、综合化

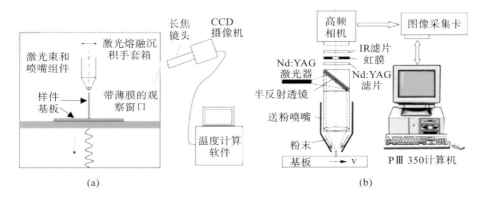

图 12-30　基于熔池尺寸和温度的在线监测系统示意图

(a)基于高温视觉测量的在线监测系统；(b)基于熔池尺寸的在线监测系统

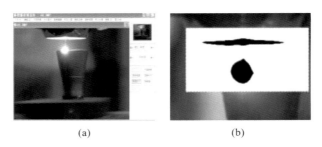

(a)　　　　　　　　　(b)

图 12-31　以成形件生长高度为监测量开展闭环控制所得结果

(a)CCD摄像机观测图像；(b)实验图像处理界面

及工业集成化方向迈进，具体体现在以下方面。

（1）控制算法智能化。在线监测及闭环控制技术的控制策略或算法，将针对工业应用背景实际，融入更多优秀的控制理论，结合机器学习和人工智能的控制策略，提高整个系统的鲁棒性和灵活度。

（2）多参量控制综合化。随着研究和生产要求的逐步提升，对产品的各方面都提出更高的标准，监控的控制参量不断增加，激光熔融沉积成形精度将进一步提升。因此，系统控制也将向多工艺参量变量综合检测控制的方向发展。

（3）传感器高端集成化。激光熔融沉积设备的不断进步与完善，对全系统的可靠性和反馈系统传感器性能都提出了更高要求。因此，传感器性能的高端集成化应用，对提高系统的可靠性、推动增材设备的工业化应用有着重要意义。

3. 激光熔融沉积设备

目前，美国 Optomec、韩国 InssTek、法国 BeAM、西安铂力特、南京中科煜宸激光技术有限公司(简称南京煜宸激光)、上海航天设备制造总厂等多家公司均已研发出工业级激光熔融沉积设备,在市场上发售并投入使用。国内外部分典型激光熔融沉积设备主要特性如表 12-1 所示,设备外形如图 12-32 所示。

表 12-1　国内外部分典型激光熔融沉积设备主要特性

公　司	型　号	成形空间 /(mm×mm×mm)	激光功率	成形效率	技术特征
美国 Optomec	LENS 850-R	900×1500×900	1/2/3/4 kW	1.5 kg/h	五轴 气氛保护
韩国 InssTek	MX-1000	1000×800×650	2 kW/定制	—	五轴 闭环控制
法国 BeAM	Magic 800	1200×800×800	400~2000 W	50~280 cm³/h	五轴 气氛保护
南京煜宸激光	RC-LDM8060	800×600×900	2~15 kW	—	五轴 气氛保护
西安铂力特	BLT-C1000	1500×1000×1000	2~4 kW	50~200 g/h	三轴 气氛保护
上海航天设备 制造总厂	Kre-LMD6000	1100×1200×1000	6 kW	2 kg/h	七轴 气氛保护

Optomec 公司推出的 850-R 型 LENS 设备,采用 IPG 公司 500 W~4 kW 的光纤激光器,使用五轴数控系统,运动速度为 60mm/s,最高沉积速率可达到 0.5 kg/h(200 cm³/h)。其手套箱内部惰性气体加工室尺寸为 900 mm×1500 mm×900 mm。Optomec 公司的 Aerosol Jet 5X 型五轴 LENS 设备总体尺寸为 1020 mm×1375 mm×2240 mm,成形尺寸为 200 mm×300 mm×200 mm,$X/Y/Z$ 运动精度为 ±10 μm/100 mm,旋转轴和回转轴的位置精度均为 80 rad/s。图 12-33 所示为 Aerosol Jet 5X 型五轴 LENS 设备及其所成形零件。Optomec 公司还将激光熔融沉积成形设备集成至多款 CNC 机床,图 12-34 所示为其中一款与 CNC 集成的激光熔融沉积设备及其应用。

在国内,上海航天设备制造总厂自主研发了多款激光熔融沉积设备,其中主要是机器人型激光熔融沉积设备和机床型激光熔融沉积设备。机器人型激光熔融沉积设备成形零件尺寸可以达到 1500 mm×1200 mm×900 mm,可成形材料包括钛合金、不锈钢、镍基高温合金、锡基巴氏合金等,特别适用于大型金属构件激光熔融沉积成形、高价值零件局部修复、零部件表面熔覆改性等,如图 12-35(a)所示。机床型激光熔融沉积设备成形尺寸可达 1100 mm×1300 mm×

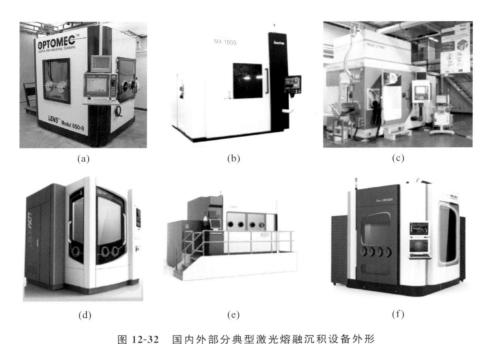

图 12-32　国内外部分典型激光熔融沉积设备外形

(a)美国 Optomec LENS 设备外形;(b)韩国 InssTekLMD 设备外形;

(c)法国 BeAMLMD 设备外形;(d)南京煜宸激光 LMD 设备外形;

(e)西安铂力特 LMD 设备外形;(f)上海航天设备制造总厂 LMD 设备外形

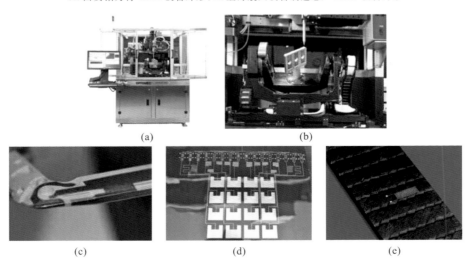

图 12-33　Aerosol Jet 5X 型五轴 LENS 设备及其所成形零件

(a)装备外观;(b)装备内部;(c)智能手机主天线;

(d)薄膜上的银材料打印天线阵;(e)铝合金结构上的应变片

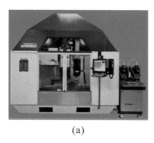  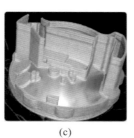 

（a）　　　　　　　　（b）　　　　　　　　（c）　　　　　　　　（d）

图 12-34　Optomec 公司与 CNC 集成的激光熔融沉积设备及其应用

（a）机床外观；（b）激光熔融修复；（c）激光熔融制造防护壳体；（d）激光熔融制造压缩机叶片

1000 mm，该设备水氧含量可控制在 50 ppm（1 ppm＝0.0001％）以内，整个设备具有完备的状态监控及报警、状态实时记录等功能，可较好地实现成形过程控制，自动化程度在国内处于较领先水平。

（a）

  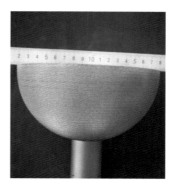

（b）

图 12-35　机器人型及机床型激光熔融沉积设备及其应用

（a）机器人型激光熔融沉积设备及钛合金燃料贮箱制造过程；

（b）机床型激光熔融沉积设备及飞行器贮箱制造过程

12.2.3 空间增材制造技术

1. 空间增材制造技术概述

空间增材制造技术,是指在以微重力为主导特点,并在具有高真空、大幅高低温差、强电磁辐射等工况之一或全部工况特点的超常规环境中,利用空间增材装备在空间资源有限条件下制备可用零件或产品的技术。根据空间探索对增材制造技术的不同需求,空间增材制造技术应用环境可以划分为空间舱内环境、在轨原位环境、星球基地环境三种;其打印材料类型可以划分为金属、非金属、生物化学材料等。

目前,空间增材制造技术主要是面向空间在轨维修与维护、空间飞行器与地外星球设施原位资源建设、空间生物打印等方向开展研究。该技术在成形原理上与地面打印技术类似,采用数字模型的分层处理,通过"实体→面片→路径线、点"逐级离散形成加工数据,然后在空间环境下通过粉体、线材乃至片材等低维材料逐点逐线逐层地实现物理实体构建,获得制件。

空间增材制造的成形过程必须充分考虑空间微重力条件的影响,认识相应的微重力成形机理,通过一些方法采用多场手段进行重力补偿,确保材料沉积到位,或者针对微重力环境修改增材制造的过程来使设备平稳运行。同时,由于空间环境具有很典型的尺度大、真空度极高、粒子和波辐射丰富、电场和磁场位形多种多样等特点,空间增材制造的成形过程还需要同时考虑传质、传热、物理化学及临界点和广义相对论等学科的基础规律问题。在缺少航天员甚至无人监督的情况下,制作、提取、运送、安装等整个打印过程,还需要空间增材制造系统借助高度自动化甚至全自动化手段完成系统操作和协调工作。

空间增材制造技术主要应用在以下几方面。

(1) 空间飞行器在轨维护保养。将空间站某个舱段作为空间飞行器维修、维护的加工工厂。一方面,利用空间增材制造技术可以充分利用空间环境特点,在空间中制备出在地面难以制备的材料,通过现在越来越强大的可回收火箭的运载能力不断运入原材料和运回新开发的材料/结构,从而解决地面需要高强与特种功能材料与结构的问题,反过来促进地面工业发展;另一方面,这样可以实现对空间飞行器失效的功能部件和损坏的结构部件的维护与维修,快速及长期保持飞行器在轨服务时间、降低成本。

(2) 空间材料科学实验。利用空间增材制造技术可以制备大量的功能试片及试样并开展空间环境的材料科学实验,获取大量的空间材料数据,发现新的材料和新的材料形成方法,探索出更多未知领域,为航天工程提供更多先进材料与先进器件等高技术成果。苏联在 20 世纪 90 年代发射的第三代空间站中就研制过材料加工舱并进行了试验(在 1990 年 5 月 30 日发射过晶体号空间站

航天智能制造技术与装备

的技术舱）。长期研究结果发现,利用空间环境可以使材料在深过冷(材料在温度远低于熔点时仍保持液态)及微重力条件下凝固,此时晶体生长的速度很快,会发生快速凝固,从而可以获得成分分布均匀、弥散细化的组织结构和新颖的相结构,这对寻找新材料具有重要意义。

（3）建设月球基地和火星基地。随着月球基地和火星基地科学设想的深入推进和开展,未来在地外星球上建造基地设施必然需要一种制造手段,而使用增材制造技术并利用一些地外资源来成形零件和产品则成为一种必要的技术途径。

相对其他加工制造方法,空间增材制造技术具有突出的先进性,可以缩短加工工艺流程,不需刀具、模具及夹具,成形速度快,生产周期短,能源和材料利用率高,智能化及数字化程度高。为了实现在月球上进行科研、资源开发甚至是居住,在月球上建立永久性基地成为最基本要求。一旦该目标实现,月球将成为庞大而稳固的天然空间站,是人类征服太阳系开拓宇宙的前哨阵地和转运站。因此,针对在月球及火星进行"原位取材利用"的空间增材制造研究具有重要价值。

2. 空间增材制造关键技术

空间增材制造重点面向微重力、热辐照、高低温等复杂空间环境,主要开展以下关键技术研究。

1）微重力材料体系热力学与固结成形可控研究

材料体系的操作过程中流布固结成形现象,包含组元能量起伏、客体扩散、有序化及凝结等热力学行为。微重力条件下纤维与聚合物材料体系有其与常规表现不同之处,原先地面环境可以忽略的效应在空间微重力、真空及电磁辐射等条件的影响下,会被放大成不可忽略的材料成形主导机制。通过理论与实验相结合,研究微重力材料体系热力学与固结成形行为,认识和掌握空间环境下材料成形的科学原理,获得机理突破,可以为打印头的在位热场和外场的装置设计提供科学理论基础。

2）外场复合物理与材料制备化学协同机制研究

热场施加是纤维与聚合物基体界面结合的主要能量来源,其作用是实现材料物相转变,提高材料变形基础。外场主要包括高能光场、力场、电磁场等,是实现材料流变与分布调节的重要辅助手段,基于外场可以实现各组分材料在预定区域就位,形成制件实体。复合材料加工工艺主要依赖于高分子化学效应,使其纤维与聚合物基体发生化学键结合,这是改善复合材料体系纤维受载传力路线、提高材料性能的关键环节。系统研究外场条件、材料结构和性能之间的影响关系,分析化学结合正效和负效反应参与机制,并利用光/微波等外场辅助的化学过程催化与抑制效应,在连续纤维增强复合材料制备和性能研究过程中引入光场、磁场和电场等外场,进而为高性能复合材料的研究和制备提供可能的途径。

3)微重力增材制造系统仿真及其优化设计研究

在空间环境中,人力、时间、材料、设备及能量十分有限,微重力增材制造需要考虑在这些多约束条件下根据特定任务通过最优化方法制造数值求解,实现给不同角色人员(解域)提供相关的任务信息(最优解),如将制件设计缺陷的预测预警给设计人员以改进零部组件设计,将制造后的可能缺陷分布给航天员工程师以决策使用场景。通过研究空间增材物理模拟,研究如何采用代用材料、简化条件、缩小尺度比例等手段,用试验模型代替原型的研究,为微重力增材制造系统设计优化提供科学依据。

4)超常环境增材制造材料设计技术

在金属材料方面,根据空间环境微重力特点,选择不同表面张力的金属材料,进行增材制造地面模拟研究,以期考察在空间微重力条件下占成形主导因素的表面张力对金属增材制造成形性能的影响规律,为开发空间增材制造装备和材料谱系提供基础。

在非金属材料方面,针对高性能纤维复合材料空间增材制造需求,基于碳纳米管(CNTs)、碳纳米纤维(CNF)及石墨烯等增强的聚合物基复合材料可显著改善聚合物力学、电学、热学等方面性能的原理,以碳纤维为主体增强组元并添加纳米低维材料第二增强组元,以高性能热塑性丝材为基体多元复合纤维复合的原材料,通过材料设计与优化,开发空间增材制造纤维丝状材料。

5)微重力环境模拟技术

目前在地面上进行微重力环境模拟试验的方法主要有落塔法、悬吊法、水浮法、气浮法及抛物线飞行法(即失重飞机做抛物线飞行)等,其中落塔法与抛物线飞行法可用于验证增材制造设备的微重力适应性。由于国内落塔法可创造的微重力时间只有 3.2 s,日本落塔法可创造的微重力时间最长约为 10 s,而国际抛物线飞行法可创造的微重力时间则为 20 s,因此抛物线飞行法比落塔法更适合用于对增材制造工艺装备的微重力适应性进行验证,但抛物线飞行成本较高,完成一轮实验需要 100 万元。因此,结合我国设备的特色,可采用多次落塔累加的方式,创造更长时间的零重力增材制造环境,其中,对于中间间隔时间,可采用设备热床进行工艺状态的延迟处理。

3. 复合材料空间增材制造设备设计技术

高性能的连续纤维增强复合材料增材制造凭借其所制造的材料具有优异的力学性能、灵活多样的类型、更轻的质量、更高的强度等优势,成为目前空间增材制造发展的重要方向。目前用于连续纤维增强复合材料 3D 打印的技术主要包括激光选区烧结(SLS)技术、多射流熔融(multi jet fusion,MJF)技术和熔融沉积(FDM)技术。在空间微重力环境下,粉末或液体飘浮在空中,常规手段难以附着成形,基于这两种形态原材料的增材制造技术不便于在空间实现,使用丝材的熔融沉积成形技术或电子束自由成形制造技术相较而言更易于实现,因此基于丝/线材的熔融沉积(FDM)成形方法是空间增材制造的最可能考虑的方式。

基于丝/线材的熔融沉积(FDM)设备的研制一般涉及以下内容。

1) FDM 设备机身结构及其布局

FDM 式 3D 打印设备的运动方式一般有 XYZ 坐标式、柱坐标式及极坐标式等几种,与之匹配的机身结构常见的有龙门架式、三角洲式、极坐标式及矩形盒式等几种。

龙门架式机身结构又有定梁式龙门架机身结构(见图 12-36(a))和动梁式龙门架机身结构(见图 12-36(b))两种不同结构。定梁式龙门架机身结构的特点是龙门架与机床底座采用刚性连接,龙门架与机床底座之间没有相对运动。动梁式龙门架机身结构的特点是龙门架与机床底座通过 Y 轴运动副连接,龙门架作为一个整体机构在 Y 轴方向上做直线运动,工作台作为固定件,安装在机床底座上,X 轴模组设置于龙门架横梁上,Z 轴模组安装于 X 轴滑块上,打印头则安装在 Z 轴滑块上,随 Z 轴做垂直运动。相对定梁式龙门架机身结构而言,动梁式龙门架机身结构较为笨重,Y 轴负载较大,机身易抖动、易变形,稳定性较差。

三角洲式机身结构(见图 12-36(c))采用拥有三自由度的 DELTA 机器人并联机构,由三根直立的轴均匀分布在等边三角形的三个顶点作为机身框架,三套驱动杆分别安装在三根直立轴滑块上,打印头安装在 DELTA 机器人的动平台上,在电动机的驱动下实现三自由度的运动,具有速度高、打印精度高的特点。

极坐标式机身结构(见图 12-36(d))类似塔式起重机的结构,其 X 轴模组采用悬臂梁结构,安装于 Z 轴滑块上,而 Z 轴模组则安装于直立的 Z 轴立杆上,打印头设置于 X 轴滑块上,Y 轴模组设置于机床底座上,工作台安装于 Y 轴滑块上随 Y 轴做直线运动。该结构较为简洁,但是受悬臂梁的刚度及尺寸影响,不宜安装高强度及大尺寸打印头,难以打印大尺寸零部件。

矩形盒式机身结构(见图 12-36(e))由一个矩形框作为机床机身的支撑,工作台安装在 Z 轴滑块上,随 Z 轴做垂直升降运动,X 轴模组和 Y 轴模组交叉安装于框架顶部,打印头则采用十字交叉滑块安装在二者的交点上。此种结构稳定性较好,但是由于受十字交叉点的运动协调性和机身空间限制,速度无法大幅度提升,且难以打印大尺寸零部件。

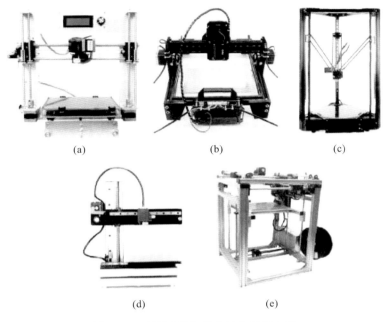

图 12-36　FDM 设备机身结构及其布局

(a)定梁龙门架式机身结构;(b)动梁龙门架式机身结构;(c)三角洲式机身结构;
(d)极坐标式机身结构;(e)矩形盒式机身结构

2) 打印头的设计与布置

一般 FDM 设备具有 1 个打印头,打印头有 2 个出料口:1 个出支撑物料,1 个出制件实体材料。传统 FDM 设备与短切纤维增强复合材料的打印头非常相似,但连续纤维增强复合材料 3D 打印设备具有不同的结构,其纤维丝的铺置也必须由打印头完成,一般采用 1 个具有打印预浸料腔体的打印头(见图 12-37),设计打印头时需考虑材料出丝及凝固电磁调控、材料送进与浸渍流动、喷嘴温度控制。

此外,打印头的设计还要解决 FDM 设备在打印过程中一个无法避免的阶梯效应问题,即在层层叠加的打印过程中,由于每一层的形状都不尽相同,因此在模型的边缘处会形成如阶梯一般的痕迹,此现象不仅会影响打印模型的表面粗糙度,还会影响模型的形状精度,使曲面结构的表面不再圆滑。通过建立如图 12-38 所示的加工头成形出丝受力分析与模拟模型,研究材料挤出体积定量层厚控制方法,精确控制挤出材料分层流动,并结合多头复合材料增材制造加工头设计,可实现实体与边界轮廓采用不同扫描策略进行扫描,在电磁

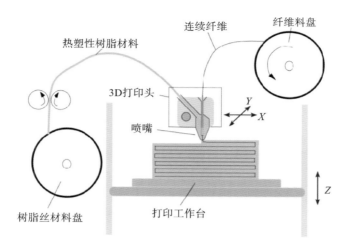

图 12-37　连续纤维增强热塑性树脂复合材料 3D 打印工艺原理图

调控的联合作用下，获得材料成形最佳温度，最终协同消除阶梯效应，实现高精度打印。

图 12-38　加工头成形出丝受力分析与模拟

(a)丝材进给力与挤出阻力示意图；(b)材料黏性力导致挤出材料分层流动示意图

多头打印机能够根据需求增减打印头数量，从理论上说可以无限制地增加打印头数量，但是考虑到实际生产中 X 轴的尺寸及强度限制，最多可增加 5 组打印头，这样可以极大地提高打印的速度，但也给控制带来了较高的复杂度。对于一个空间给定的设备，可以将打印头做成模块可拆的结构，当需要打印的零部件尺寸较大时，应该适当减少打印头数量，以便于给零部件提供适当的成形空间；当需要打印的零部件尺寸较小而不影响打印头安装及零部件成形空间时，应该适当增加打印头数量，以便于提高打印机的工作效率和设备利用率。多头模块式的 3D 打印设备布局如图 12-39 所示。

3）控制与软件技术

纤维增强复合材料的 FDM 设备的控制结构通用性比较强，与传统 FDM 控制结构几乎没有差别，主要特点是其加工喷头的温度控制和送料控制相对略复杂，热床加热温度更高一些。主要难点在于软件部分，对于连续纤维增强复合材料的 3D 打印，其流程中最为复杂的是如何进行纤维的编织，因此纤维增强

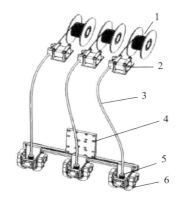

图 12-39　多头打印模块式的 3D 打印设备布局

1—线材；2—送料电动机；3—喉管；4—X 轴滑块；5—挤出头；6—散热风扇

复合材料 FDM 设备的难点在于软件部分。其路径算法最为关键，需要可以控制相应的速度、加速度，并且能够尽量高质量地实现闭环控制。此外，为了降低设备的操作复杂度和使用难度，提高设备的工作稳定性，软件还需要具备数据库及对参数的挖掘和诊断功能。图 12-40 所示为传统 FDM 控制软件流程图。

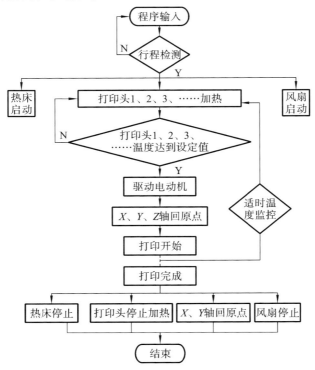

图 12-40　传统 FDM 控制软件流程图

12.3　增材制造技术的应用

12.3.1　激光选区熔化技术在航天领域的应用

基于激光选区熔化增材制造技术在航空航天领域应用的独特优势,美国政府及欧盟都制订了相应的发展规划,并通过政府资助、企业投入研发资金等方式支持以 NASA、GE 公司、波音公司、洛克希德·马丁公司等为代表的大型军工企业的增材制造技术研究应用工作,积极研究各种 3D 打印技术在航空航天领域的应用并推动其趋于成熟。

CFM 国际公司是 GE 航空公司和赛峰飞机发动机公司的合资公司,凭借 40 多台 3D 打印机和奥本大学的人才储备,该公司在 2017 年总共交付了 8000 个燃油喷嘴。截至 2020 年 2 月,该公司完成的 3D 打印燃油喷嘴头总数已超过 3.3 万个。该公司制造的部件已经搭载到了空客 A320neo 和波音 737MAX 飞机的 LEAP 发动机上。增材制造甚至成就了 GE 新型涡轮螺旋桨发动机 Catalyst(见图 12-41),让它打入了小型飞机市场。通过 3D 打印,工程师们将 855 个零件整合成了 12 个部件,极大地增强了 Catalyst 的竞争力。

图 12-41　新型涡轮螺旋桨发动机 Catalyst

美国宇航局(NASA)在 2015 年使用一台 SLM 金属 3D 打印机制造出了全尺寸铜质火箭发动机燃烧室内衬,如图 12-42 所示,该部件能够承受极高和极低的温度。2013 年马歇尔太空飞行中心采用 SLM 技术成形了 J-2X 火箭发动机喷嘴(见图 12-43),使得单个喷嘴的研制费用从 10000 美元降为 5000 美元,研制周期从 6 个月减为数星期。

2016 年 3 月 31 日,俄罗斯首个增材制造的立方体卫星(CubeSat)Tomsk-TPU-120 搭载太空货运飞船 Progress MS-02 成功进入太空。该卫星(见图 12-44)由俄罗斯托木斯克理工大学(TPU)设计批准的材料 3D 打印而成,电池

图 12-42　SLM 成形的全尺寸铜质火箭
发动机燃烧室内衬

图 12-43　SLM 成形的 J-2X 火箭发动机喷嘴

组的外壳采用氧化锆陶瓷,尺寸为 300 mm×100 mm×100 mm,是一颗标准的立方体卫星。这也是世界上首颗被送入太空的增材制造的卫星。

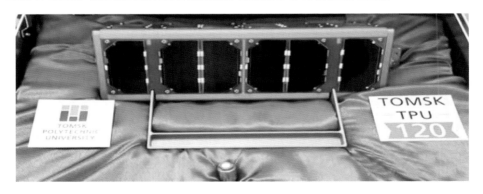

图 12-44　Tomsk-TPU-120 立方体卫星

在国内,上海航天设备制造总厂于 2017 年 6 月 15 日首次实现了金属 3D 打印技术在运载火箭上的工程应用。首都航天机械有限公司将 SLM 技术应用于氢氧发动机、运载火箭等不同产品中的高温合金、不锈钢、铝合金、钛合金复杂构件的生产,如图 12-45(a)(b)所示。西安航天发动机厂将其用于试制的航天液氧煤油发动机一级氢泵叶轮等的生产,如图 12-45(c)所示。某运载火箭的一级箱间段支架原设计为钣金成形件,材料为 2A12 铝合金;如图 12-45(d)所示,现设计为 3D 打印成形件,材料为 AlSi10Mg 铝合金,外形尺寸为 236 mm×224 mm×52.7 mm,壁厚 2 mm,用于固定某智能测量单元。

(a)　　　　　　　　　　　　　　　　(b)

(c)　　　　　　　　　　　　　　　　(d)

图 12-45　我国航天产业利用 SLM 技术研究的部分产品

(a)铝合金阀门壳体;(b)发动机中高温合金多孔结构;(c)氢泵叶轮;(d)一级箱间段支架

　　在飞行器领域,北京卫星制造厂有限公司研制的星敏支座(见图 12-46 (a)),上海航天精密机械研究所研制的卫星光学镜片支座(见图 12-46(b))、姿控发动机阀体(见图 12-46(c)),均实现了 SLM 的初步工程化应用。上海航天设备制造总厂采用 SLM 技术成形的卫星用十一孔接头如图 12-47 所示,其外形尺寸为 160 mm×152 mm×120 mm。该零件若采用铸造方式制造,则容易出现疏松或者气孔等缺陷,并且尺寸精度难以保证;若采用数控加工方式,即便采用特殊夹持工装,关键接口精度也难以保证,最重要的是成品率极低。采用 SLM 技术可以实现该零件的整体一次成形,从而避免传统加工过程中零件因残余应力大发生变形而无法满足装配精度要求的问题。

　　2018 年 6 月,某微纳卫星用主体集成结构的材料为 AlSi10Mg 铝合金,内外表面质量要求不高,有气密性要求,且要求不能出现多余物。该零件结构复杂,具有内部型腔及微细弯曲流道,结构、功能一体化程度高,无法采用传统机加工制备。为实现该零件的高精度制造,上海航天设备制造总厂采用增材制造毛坯,然后局部精加工的方法(见图 12-48),实现了该零件小批量应用。

　　在空间站上,舱外天线支架外形尺寸为 188.9 mm×192.7 mm×98.7 mm,薄壁壁厚为 2.5 mm。该零件为复杂异型薄壁件,若采用传统加工工艺,则耗时

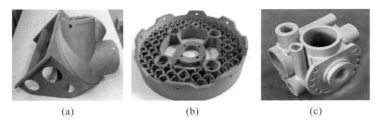

(a)　　　　　　　　(b)　　　　　　　　(c)

图 12-46　我国开展 SLM 技术研究的部分产品

(a)星敏支座;(b)卫星光学镜片支座;(c)姿控发动机阀体

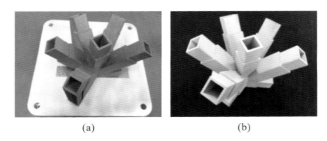

(a)　　　　　　　　　　(b)

图 12-47　采用 SLM 技术成形的卫星用十一孔接头

(a)去除支撑前;(b)去除支撑后

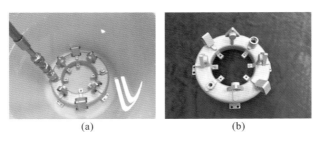

(a)　　　　　　　　　　(b)

图 12-48　微纳卫星用主体集成结构研制

(a)气密性检测;(b)耐压强度检测

较长。上海航天设备制造总厂采用 SLM 技术将该零件加工时间缩短为 38 h 10 min。同时,将 SLM 成形拓扑优化的复杂铝合金支架应用在空间站载荷舱上,实现了空间站上复杂零件的高质量成形,如图 12-49 所示。

12.3.2　激光熔融沉积技术在航天领域的应用

近年来,在国际竞争日益凸显的背景下,新一代航空航天装备逐渐向轻量化、结构复杂化、功能多样化、高可靠性、长寿命、低成本的方向不断发展,对传统制造方法提出了很大的挑战,尤其是在大型复杂结构一体化成形方面。激光

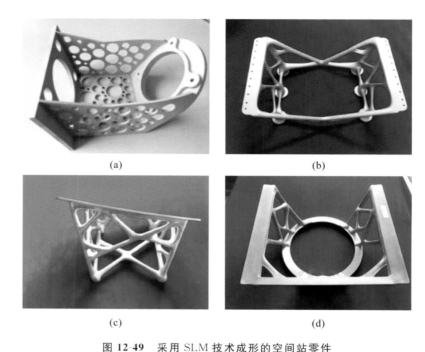

图 12-49 采用 SLM 技术成形的空间站零件

(a)舱外天线支架;(b)反推机组支架;(c)全景相机支架;(d)主动热控适配器支架

熔融沉积技术有着其他传统制造技术无法比拟的优势,也为实现大型复杂结构的轻量化、快速制造、多功能设计和提升研发效率等创造了重要条件,从而推动了增材制造技术在航空航天领域的发展与应用。

在美国制造业回归战略及德国工业 4.0 的背景推动下,国际环境为 3D 打印技术的快速发展提供了必不可少的动力。1997 年 MTS 公司出资,与约翰斯·霍普金斯大学(Johns Hopkins University,简称 JHU)、宾夕法尼亚州立大学(Pennsylvania State University,简称 PSU)合作成立了 AeroMet 公司。为了提高沉积效率并生产大型钛合金零件,AeroMet 公司采用 14~18 kW 大功率 CO_2 激光器和尺寸为 3.0 m×3.0 m×1.2 m 的大型加工舱室,Ti-6Al-4V 合金的沉积速率为 1~2 kg/h。AeroMet 公司与波音公司、洛克希德·马丁公司、诺斯罗普·格鲁曼公司等美国三大军用飞机制造商合作,致力于飞机钛合金结构件激光熔融沉积技术研究及其在飞机应用上的关键技术研究,并于 2000 年 9 月完成了激光快速成形机翼钛合金次承力结构件(见图 12-50)的研究,构件的静强度及疲劳强度达到了飞机设计要求。此外,2001 年,AeroMet 公司为波音公司制造了 F/A-18E/F 舰载联合歼击/攻击机小批量试制发动机舱推力拉梁、机翼转动折叠接头、翼梁、带肋壁板等钛合金次承力结构件,并于 2002 年率先进行了激光快速成形钛合金次承力结构件,且在 F/A-18 等战机上完成了验证考核和装机应用,试验结果表明其疲劳寿命有明显提高。具体设备与构件如图 12-51所示。

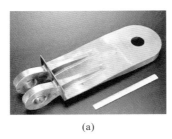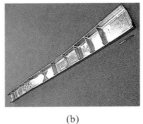

(a)　　　　　　　　　　　　(b)

图 12-50　激光快速成形的机翼钛合金次承力结构件

翼根吊环(900 mm×300 mm×150 mm);(b)翼梁(2400 mm×225 mm×100 mm)

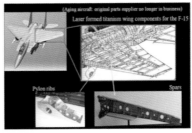

图 12-51　AeroMet 公司的 LasformSM 系统设备及其制备的飞机构件

除此之外,2017 年 GKN 公司宣布向空客和赛峰集团提供 Ariane6 火箭喷嘴,通过激光焊接和激光熔融沉积技术使得喷嘴零部件数量减少 90%,成本降低 40%,交货时间缩短 30%,图 12-52 所示为 Ariane6 火箭喷嘴。

图 12-52　Ariane6 火箭喷嘴

在欧洲,Airbus 公司也于 2006 年启动了集成机翼计划,并开展了起落架激光增材制造技术研发工作。Airbus 公司对于该技术最感兴趣的地方还在于这项技术对结构设计的引领作用。Airbus 公司通过对飞机短舱铰链进行拓扑优化设计,使最终制造的零件减重 60%,并解决了原有设计所存在的使用过程中应力集中现象严重的问题。随后,英国技术战略委员会(TBS)在 *Shaping our National Competency in Additive Manufacturing* 报告中将航空航天作为增材制造技术的首要应用领域。英国焊接研究所(TWI)通过两年的研发工作和六个月的验证活动,于 2014 年成功开发了激光熔融 CAM 软件工具,该软件工具作为 TWI 的 ToolCLAD 软件插件而研制。ToolCLAD 软件是 TWI 为激光金属熔融沉积"CAD-零件"制造过程而特殊研发的软件包。利用该插件,可根据沉积参数绘制五轴矢量工具轨迹,以引导三轴的同轴 LMD 喷嘴穿过移动的基体(该基体由两轴 CNC 转台操纵)。

该软件工具通过对基体旋转、倾斜运动与同轴喷嘴增量运动(主要是在 Z 轴方向)的精确同步,可以以层层叠加的方式,实现基体上连续的螺旋焊缝沉积或生长。采用这种螺旋状多层叠加技术可以形成薄壁 3D 轮廓,并能够精确跟随原始 CAD 表面轮廓(STL 文件)的方向变化。整个过程在一定程度上类似于陶工旋盘上黏土陶罐的形成过程。使用该软件工具成形的直升机发动机壳体如图 12-53 所示。

图 12-53　直升机发动机壳体的五轴激光熔融制造

我国开展航空制造领域增材制造技术和应用研究最具代表性的单位主要是西北工业大学和北京航空航天大学(简称北航)。西北工业大学于 1995 年开始在国内率先提出以获得极高性能(相当于锻件)构件为目标的激光增材制造的技术构思,并在之后 20 多年的时间里持续进行了激光熔融沉积技术的系统化研究工作,形成了包括材料、工艺、装备和应用技术在内的完整的技术体系,并且其研制的产品在多个型号飞机、航空发动机上获得了广泛的装机应用。西北工业大学黄卫东教授带领的团队成功研制了系统集成完整、技术指标先进的同轴送粉激光熔融沉积成形装备,利用激光增材制造技术成形了 C919 的中央翼缘条,最大制造尺寸达 2.83 m,最大变形量小于 1 mm,填补了我国制作大型钛合金结构件的技术空白,为中国商用飞机有限责任公司(简称商飞)等企业制备了多种大型桁架类钛合金构件。西北工业大学研制的同轴送粉激光熔融沉积设备及制备的飞机机身钛合金产品如图 12-54 所示。

图 12-54　西北工业大学研制的同轴送粉激光熔融沉积设备及制备的飞机机身钛合金产品

此外,北航还重点研究了飞机大型钛合金结构件的激光熔融沉积技术,在军用飞机大型钛合金结构件的激光立体成形方面做了大量研发工作。北航王华明团队与中国航空工业集团公司沈阳飞机设计研究所、航空工业第一飞机设计研究院、沈阳飞机工业(集团)有限公司(简称沈飞)、西安飞机工业(集团)有限公司(简称西飞)等合作,于 2005 年突破了飞机钛合金小型、次承力结构件激光增材制造关键技术,并成功实现应用该技术生产的次承力结构件在飞机上的装机应用。在此基础上,又突破了飞机钛合金大型、主承力构件激光增材制造工艺、工程的成套装备,构件的内部质量及力学性能控制关键技术,并初步建立了整套技术标准体系,研制出了具有系列核心技术、能成形尺寸达 4000 mm×3000 mm×2000 mm 的飞机钛合金构件的激光增材制造成套装备系统,制造出了 TA15、TC18、TC4、TC21、TC11 等钛合金的大型、整体、复杂的主承力飞机加强框和主风挡整体窗框等关键构件,以及 A100 等超高强度钢飞机起落架关键构件,如图 12-55 所示,并在多种型号飞机研制和生产中得到工程应用。

增材制造技术在航空航天领域的深化应用,极大地促进了航空航天结构设计的灵活性,实现了由"制造约束设计"向"功能引领设计"的根本转变,大幅缩短了航空航天产品研发周期,提高了产品设计质量。上海航天设备制造总厂应用 LMD 技术对某卫星钛合金球形燃料贮箱进行了制造,如图 12-56 所示,避免了传统制造方式中模具的使用,不仅能提高生产效率,缩短交付周期,降低生产成本,且其成形的贮箱性能满足使用要求。由中国空间技术研究院总体部设计的我国新一代载人飞船返回舱防热大底钛合金框架结构(见图 12-57)全部采用激光熔融沉积工艺制造,成功实现了减轻重量、缩短周期、降低成本等目标,其成功返回标志着大型关键结构件整体 3D 打印技术通过大考。

图 12-55　北航采用同轴送粉激光熔融沉积成形技术制备的飞机机身钛合金产品

图 12-56　钛合金球形燃料贮箱增材制造现场

图 12-57　激光熔融沉积成形的返回舱防热大底钛合金框架结构

12.3.3 增材制造技术在深空探测领域的应用

1. 空间增材制造技术

中国航天科技集团面向未来空间在轨零部件应急/应需制造、超大型结构在轨构建、地外天体基地建设等长远战略需求,开展了空间环境下增材制造设备工作参数分析、微重力环境增材制造原理样机研制、空间站增材制造的地面模拟试验验证及空间环境下增材制造设备的性能分析等研究工作,成功研发了微重力环境增材制造原理样机,如图 12-58 所示。2020 年 5 月 5 日,由北京卫星制造厂有限公司研发的碳纤维增强树脂复合材料空间 3D 打印系统搭载由长征五号 B 运载火箭发射的新一代载人飞船试验船,开展了我国首次太空 3D 打印试验,这也是国际上第一次在太空中开展连续纤维增强复合材料的 3D 打印试验。飞行期间该系统自主完成了连续纤维增强复合材料的样件打印(见图 12-59),并验证了微重力环境下复合材料 3D 打印科学实验目标的可行性。

图 12-58　微重力环境增材制造原理样机

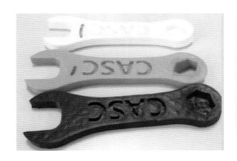
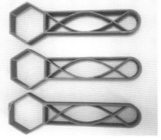

图 12-59　打印样件

由 NASA 委托的 Made In Space 公司和其他多家公司正在研究适合于微重力制造、具有高鲁棒性的增材制造技术和装备。首台太空增材制造装备于

2014 年 9 月搭载 SpaceX 公司的"龙"载运太空舱发射，NASA 于 2014 年 11 月 17 日宣布该设备已在国际空间站(ISS)成功安装，以帮助宇航员在微重力环境下进行增材制造试验。近期，NASA 在太空国际空间站运用增材制造技术成功打印出印有"MADE INSPACE NASA"字样的非金属铭牌（见图 12-60），这让科学家们看到了国际空间站自行打印零部件的曙光。美国空军和 NASA 发布的 NSF 联合报告《太空 3D 打印》指出，"现在已经是不要去关注 3D 打印如何取代传统制造技术，而是如何创造全新的空间结构和功能"。图 12-61 所示为在国际空间站上运用 3D 打印技术打印的套筒扳手。

图 12-60   NASA 在国际空间站打印的"MADE INSPACE NASA"铭牌

图 12-61   在国际空间站上运用 3D 打印技术打印的套筒扳手

SpaceX "龙"货运飞船将特殊的 3D 打印机送上了国际空间站，该 3D 打印机外形如图 12-62 所示。这种 3D 打印机由美国加利福尼亚州一家公司生产，专门适用于低重力工作环境。随后美国航空航天局通过电子邮件向国际空间站发送了空间站上 3D 打印机的使用说明及空间站专用套筒扳手的 3D 打印资料。

在适用于太空环境的增材制造设备领域，美国已经取得两项重要研究成果：一是 NASA 兰利研究中心研发的电子束自由成形(EBF3)系统；二是 Made

图 12-62 国际空间站上的 3D 打印机

In Space 公司开发的太空增材制造设备。美国航空航天局现已在喷气式飞机上测试了 EBF3 系统，并经历了短暂的失重状态，如图 12-63 所示。

图 12-63 NASA 在喷气式飞机上进行 EBF3 系统测试

NASA 现已开始开发适用于空间应用的 EBF3 系统，其首先考虑的就是小型化及轻量化装备。NASA 目前已成功将重达 1×10^5 lb(1 lb≈0.45 kg)的基本型 EBF3 系统(见图 12-64(a))改进为只有 1800 lb 重的小型化测试型装置(见图 12-64(b))，并实现其在微重力环境下的分析测试工作。另外，NASA 已开始设计规划空间应用型 EBF3 系统(见图 12-64(c))。由于空间环境自身为高真空，因此设备无须抽真空系统，整个体系质量大为减小，规划质量小于 100 lb。同时，NASA 也在着手开发可用于人类远距离星际探索的 EBF3 系统及基于 EBF3 技术的手持工具，如图 12-65 所示。

目前，美国、俄罗斯等国家在太空中的 3D 打印研究主要围绕着生物 3D 打印方面。在地球上，软组织在自身重量的作用下会坍塌，而在国际空间站上地球的引力要弱得多，3D 打印的软组织能够保持其形状。2020 年 5 月 14 日，微喷涂(microdispensing)专家 nScrypt 和航空航天公司 TechShot 已经成功地完成了太空中的第一个功能性生物 3D 打印实验。他们利用国际空间站上的生物

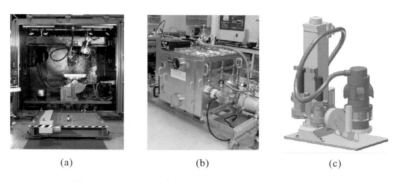

(a)   (b)   (c)

图 12-64   NASA 空间应用型 EBF3 系统规划发展

(a)地面基本型(100000 lb)；(b)小型化测试型(1800 lb)；(c)空间应用型(小于 100 lb)

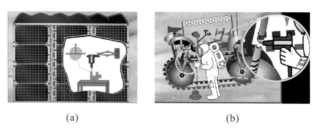

(a)   (b)

图 12-65   用于人类远距离星际探索的 EBF3 系统及基于 EBF3 技术的手持工具概念图

(a)EBF3 自动控制成形系统；(b)基于 EBF3 技术的手持工具

3D 打印机(biofabrication facility,BFF)，对人类膝关节半月板进行了生物 3D 打印(见图 12-66)，这是 4D Bio3 计划的一部分。该计划将有朝一日在微重力的太空中制造出先进的软组织和整个器官。

图 12-66   宇航员 Andrew Morgan 在太空中 3D 打印人类膝关节半月板

2. 月面增材制造方案设想

NASA 资助的"SpiderFab"项目计划通过星载超级 3D 打印装置在空间中在轨打印零件以实现轨道飞行器的自我修复,同时该项目提出了在太空轨道打印大型飞船零部件(如太空望远镜的巨大结构)的想法。在轨制造的优势是可不用考虑飞行器超重的问题,同时可以避免火箭发射时的震动和加速度对卫星结构的影响。美国 Made In Space 公司已经成功实现在零重力状态下打印零件。

1)美国 3D 打印方案设想

NASA 将进行巨大的 3D 打印蜘蛛机器人研制,利用微波技术进行月球基地 3D 打印,如图 12-67 所示。据悉,这种机器人可以将月球上的泥土结合成巨大的泡沫结构,宇航员可以在里面生活居住,并进行实验或培养农作物等。

图 12-67 NASA 利用蜘蛛 3D 打印机微波打印出月球基地

由于月球火山口边缘有一定坡度,该位置光线几乎是恒定不变的,因此 NASA 综合考虑了欧洲航天局(简称欧空局)和 Foster+Partners 公司关于 3D 打印月球基地给出的建议,一致认为将基地设在月球南极沙克尔顿环形山的附近比较合适,并且将月球上的尘土作为基地建筑的基本材料。

2)欧空局 3D 打印方案设想

欧空局正尝试利用 3D 打印技术建造月球基地,如图 12-68 所示。按照设计,月球基地将供 4 人居住。首先利用太空火箭将管状模块发射到月球上,再在月球上将管状模块沿一端展开成充气式的圆屋结构。中空的闭孔结构的特点是强度大、质量小。由机器人操作的 3D 打印设备将利用月球土壤,在圆屋周围构建基地。若干公司(包括著名建筑公司 Foster+Partners)已经加入,与欧空局共同演示验证利用月球土壤实施 3D 打印的可行性。目前,Foster+Partners 公司已经利用模拟的月球土壤建造了 1.5 t 的建材模块。

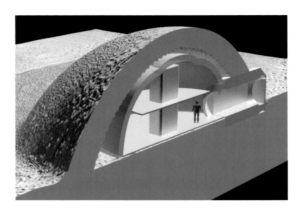

图 12-68　欧空局 3D 打印月球基地概念图

12.4　增材制造技术发展趋势

1. 增材制造设备向多激光头方向发展

增材制造设备向多激光头方向发展是未来发展的必然趋势。多激光头优势主要体现在两个方面：

（1）提高成形效率，增加一个额外的激光器可以提高 50%～80% 的成形效率；

（2）提高大幅面成形质量与成形效率，单个激光器勉强可以满足成形 250 mm×250 mm 幅面的复杂金属构件的需求，若是成形更大幅面的复杂金属构件，需采用多个激光头（双激光或者四激光）。双激光 SLM 成形过程如图 12-69 所示，四激光 SLM 成形过程如图 12-70 所示。

图 12-69　双激光 SLM 成形过程

2. 增材制造技术监测方法向多样化发展

质量保证和过程监控是将增材制造技术从模型加工水平提高到一流车间

图 12-70　四激光 SLM 成形过程

制造水平的必要手段，有效的质量保证是增材制造产品用户的重要需求。SLM成形系统中需要监控一系列关键的工艺参数，包括氧含量、激光输出功率及铺粉质量等。但是，仅仅简单地基于设备工艺参数去综合评价成形零件的质量是远远不够的，成形过程本身同样需要监控。

德国 Concept Laser 公司开发了一套 QM 熔池监控系统（其界面见图 12-71），该系统使用一个光电二极管和一部相机来监控部件的打印。这个系统主要是通过光敏二极管和 CMOS 摄像头来监控整个成形过程，可以对熔池采用非常高的取样率，QM 熔池 3D 监控器可以直接透过激光光学器件，以极大的保真度来监控整个成形过程，同时输出整个成形过程的 3D 模型，其原理类似 CT 逐层扫描得到实物模型的原理。

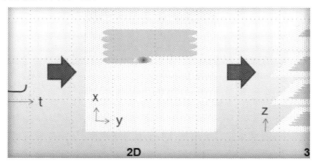

图 12-71　QM 熔池监控系统界面

3. 增材制造材料向新材料与多材料复合方向发展

面向产品光、机、电、热、磁等多学科功能特性的需求，增材制造材料必然向新型材料、陶瓷复合材料及梯度材料等方向发展，实现性能需求与经济性的高度统一。采用增材制造技术可以实现陶瓷和金属复合材料的一体化成形，如图12-72 所示，其中红色部分为钛合金，灰色部分为碳化硅。采用彩色打印技术可以实现彩色异质结构眼镜打印，如图 12-73 所示。德国斯图加特大学打印的功能梯度混凝土（见图 12-74），在强度、热导率、气密性等方面较传统工艺混凝土都有了提高。

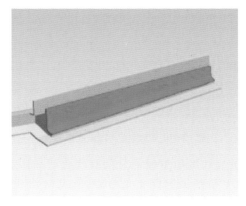

图 12-72　陶瓷和金属复合零件

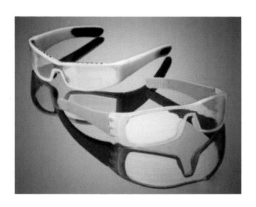

图 12-73　采用增材制造技术成形的彩色异质结构眼镜

图 12-74　德国斯图加特大学打印的功能梯度混凝土

第 13 章
航天大型部件自动化柔性对接装配技术

航天制造业的发展水平和生产能力综合反映了一个国家制造业的实力,以及国防工业与科技现代化的水平。在航天制造业中,火箭、卫星和飞船等物体的尺寸非常大,所需的加工制造和装配空间也很大,通常其主体不是整体加工,而是分段制造,然后再把各个零部件装配连接在一起。以多级火箭结构安装为例,其总装对接装配任务主要包括火箭发动机与过渡段对接、氧化剂箱与箱间段对接、燃料箱与箱间段对接、尾段与过渡段对接、级间杆系与氧化剂箱对接、级间段与燃料箱对接、组合体对接等。因此,自动对接技术成为航天制造装配中的关键技术,对装配过程的控制和优化起到重要作用。我国正在积极研制新一代运载火箭等工程项目,自动对接技术不仅可以大大缩短火箭从设计、制造到装配的生产周期,提高效率,而且能够提高装配的最终质量(精度、强度、应力等),能够进一步提高我国整体制造装配水平。因此,本章将主要介绍航天大型部件自动化柔性对接装配技术。

13.1 大型部件自动化装配技术现状

20 世纪 80 年代,随着数字化测量技术及自动化定位控制、精密制孔等多种先进自动对接技术的发展,大部件自动对接技术被逐步应用到西方发达国家航空制造领域,特别是在飞机制造领域,装配技术已从传统装配阶段发展到柔性自动化装配阶段。

波音公司在 737、787 等飞机大部件对接装配过程中使用了自动对接技术,如图 13-1 所示。

波音公司使用室内 GPS 测量飞机部件和装配型架,使用先进联合技术(Advanced Integration Technology,AIT)公司提供的自动化定位系统对部件进行调姿和对接装配。在 787 机身段连接工序中,波音公司使用了柔性定位支撑和自动对接装配系统:使用 4 台激光跟踪仪测量部件空间位姿,然后依靠集成分析控制软件规划机身各段的空间运动轨迹,驱动多轴联动数控机械传动装

图 13-1　波音 787 大部件自动对接装配

置，实现机身段空间位姿定位调整，进而实现机身对接装配工作。

　　国外飞机装配采用大部件自动对接装配技术，使得飞机装配数字化、柔性化、自动化，大幅提高了飞机装配质量和效率。随着数字化装配技术的优势越来越突显，我国的飞机装配技术也开始逐渐向数字化、柔性化方向发展。例如，沈阳飞机工业(集团)有限公司(简称沈飞)与大连四达高技术发展有限公司(简称四达)合作研制了飞机大部件自动化柔性对接装配平台，其结构如图 13-2 所示。定位器安装在沿 X 轴方向平行放置的三组导轨上，可沿 X 轴方向大范围移动以适应多机型变化要求，也可沿 Y、Z 轴方向小范围调整。结合室内 GPS测量系统，该平台能实现飞机部件六自由度精确调姿。该平台已应用于多架飞机的大部件自动对接装配，装配效率比传统方法提高了 50% 以上。

图 13-2　沈飞与四达合作研制的飞机大部件自动化柔性对接装配平台

　　在航天领域，运载火箭总装已采用了先进的自动化柔性对接装配技术。美国是世界航天强国，其火箭装配技术已经非常成熟。肯尼迪航天中心作为NASA 进行载人与不载人航天器测试、准备和发射的重要场所，最早是为了用于发射阿波罗登月的土星 5 号运载火箭而设计的,后来成为美国航天飞机和各种航天器发射的重要平台。其火箭总装大楼结构简图如图 13-3 所示,其用于进行美国运载火箭的装配工作,主要包含垂直装配大楼(VAB,现称为运载具装配大楼)和发射控制中心(LCC),其中 VAB 负责运载火箭零部件的存储和装配,LCC 负责火箭发射过程中各种状态的监控和调整。VAB 分为两大隔间,其中高隔间内含 4 个装配和检测车间,低隔间含 8 个级段准备和模拟系统检测单元。火箭吊装示意图如图 13-4 所示。首先,火箭各个级段从制造中心通过水路运输到 VAB,在低隔间区域内接受各种实验检测和装配准备,然后被竖直吊放在高隔间区域,接着吊车通过吊索吊着第一级安放在移动发射台上。4 个维持架保持在第一级的位置,为整个火箭提供支架支持。紧接着,发动机外壳被安装在第一级,尾翼也线性安装在 4 个外部引擎上。最后,上面级也通过吊索进行配合安装,每个级间段安装后,都会进行火箭的垂直校正。通过驱动控制吊索机构,实现了自动化调整和装配。

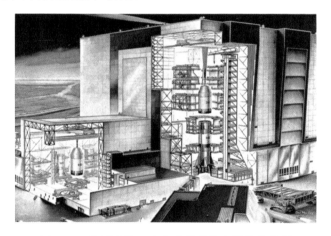

图 13-3   肯尼迪航天中心火箭总装大楼结构简图

美国 SpaceX 公司作为私人的航天技术公司,也很好地采用了火箭自动对接技术。图 13-5 所示是美国 SpaceX 公司 Falcon 9 火箭装配筒段对接现场,整个火箭的各级筒段置于伺服调姿架车上,由多台激光跟踪仪测量系统形成对接过程的闭环控制,辅助总装的对接工作。在各级组合体装配完成后,再进行火箭整体测量及相关的测试工作。

俄罗斯火箭装配技术与美国相比仍有一定差距。俄罗斯联盟号火箭基本采用水平装配的方式,如发动机与一子级进行的装配及级段之间的装配。图 13-6 所示为俄罗斯联盟号火箭的装配现场,该火箭在局部采用了一些自动化装配手段,并辅以手工装配,整个装配过程基本实现自动化。

图 13-4　火箭吊装示意图

图 13-5　SpaceX 公司 Falcon 9 火箭装配筒段对接现场

在航天领域，卫星的舱体与整星也通过吊具吊装、垂直对接的方式实现了自动化对接。如图 13-7 所示，日本宇宙航空研究开发机构（简称 JAXA）研制了自动水平调节吊具，用于卫星对接。JAXA 常用的吊具一般采用吊带或钢丝绳加花篮螺栓的形式，星体上的吊点可以斜拉受力。整星吊具的吊梁安装在外舱板上，吊梁的安装和起吊操作方便。

欧空局在自动化对接中使用专用吊具研制了相应的自动化调节系统，如图 13-8 所示。其中 Y 型吊具由圆周上均布的三根吊梁组成，每一根吊梁下方有一滑道，悬挂吊索的吊点可在滑道里移动，可实现吊点跨距可调，以适应不同跨距要求的卫星吊装需求，同时，三点也利于吊具与卫星的对中。鹰爪型吊具圆周上均布三根吊爪，每一根吊爪由中部的机构牵引，以实现吊爪张开与握紧及吊

图 13-6　俄罗斯联盟号火箭的装配现场

爪的握紧程度调节,可适应不同尺寸卫星
的吊装,同时也省去了吊索等装置,简化
了吊具结构,提高了吊装可靠性,并可有
效地避让星表凸出物。另外,三爪有自定
心的功能,利用机械结构实现了吊具与卫
星的自动对中,刚性吊具也容易实现自动
控制。

　　综上可知,不论是航空领域还是航天
领域,大部件自动对接装配系统均集成了
对接装配调姿定位机构、数字化装配位姿
测量系统、计算机集成控制系统等部分。

图 13-7　JAXA 研制的自动化调平吊具

(a)

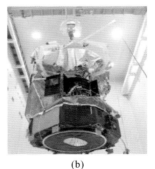

(b)

图 13-8　欧空局专用吊具

(a)Y 型吊具;(b)鹰爪型吊具

　　(1) 对接装配调姿定位系统。对接装配调姿定位系统主要为机械随动定位
装置,由多个支撑定位器组成。定位器一般由伺服电动机、光栅尺、编码器等组

成,起支撑和定位大型部件的作用,可在 Z、Y、Z 三个自由度方向运动。多个定位器联动,可在六个自由度上调整部件位姿,使之达到准确位置。定位器柔性支撑阵列形式有三点式、四点式、六点式等,由大型部件结构特征确定。

(2)数字化装配位姿测量系统。要实现大部件自动化柔性对接装配,不仅需保证调姿机构的精度,更要保证测量精度,只有高精度测量才能实现大部件精确的位置标定,从而实现调姿机构的位置补偿。随着测量技术的发展,数字化测量技术得到了迅速的发展及应用,为数字化装配系统中装配精度场的建立提供了数据支持。数字化测量技术应用几乎贯穿于航空、航天数字化装配的整个工艺流程,为大部件的调姿与对合、交点孔面的加工、系统件的安装、水平测量点的打制等工序奠定了技术基础。

(3)计算机集成控制系统。大型部件自动对接过程涉及内容广泛,主要有大尺寸数字化测量、部件位姿解算与调整、测量设备布站和部件调姿过程仿真模拟、定位器解算与驱动、数据管理和分析等,需要一个集成化的控制系统统一管理和协调各部分之间的关系,以确保大部件自动对接工程的有效实施。根据用户系统设计需求,集成控制系统既可以通过与对接装配调姿定位系统、数字化装配位姿测量系统通信来实施运动和测量控制,完成自身部件位姿解算和调整、定位器解算等功能,也可以直接集成对接装配调姿定位系统和数字化装配位姿测量系统的功能,即集成测量、部件调姿、运动控制、工艺规划、数据管理等功能,构建一体化的集成控制系统。

13.2 对接装配调姿定位系统

一般航天大部件对接装配调姿定位系统如图 13-9 所示,大部件由定位器支撑,定位器对称布置于部件轴线两侧。其中柔性定位与夹持技术是柔性对接装配调姿定位系统的基础与核心,而定位器是装配型架中广泛采用的定位元件,主要用于支撑、定位和夹紧工件,保证所定位的工件处于正确、可靠的位置,以及各部件的互换和对接接头的协调等。

定位器是一种可以实现三个相互垂直方向的平移运动、定位精度高、工作可靠的模块化单元。图 13-10 所示为定位器 X、Y 轴传动简图,图 13-11 所示为定位器 Z 轴传动简图。伺服电动机通过减速器、联轴器将运动传递至滚珠丝杠,推动中拖板运动,从而带动中拖板以上部件在 Y 轴方向运动;同理,伺服电动机推动上拖板,可以带动上拖板以上部件在 X 轴方向运动;Z 轴的运动类似,由伺服电动机推动伸缩柱在垂直方向上运动。三坐标定位器不仅可以实现 X、Y、Z 三轴的单轴运动,还可以实现三轴联动。运动精度除了通过带预载的高精

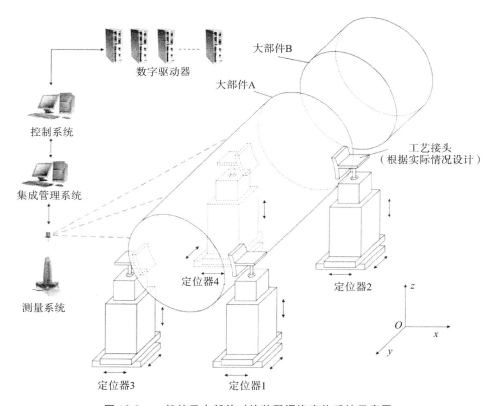

图 13-9　一般航天大部件对接装配调姿定位系统示意图

度滚珠丝杠和高精度滚动导轨保证外,还可以利用绝对式光栅尺为控制系统提供高精度位置反馈信号,实现位置控制精度的进一步提升。

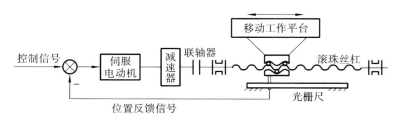

图 13-10　定位器 X、Y 轴传动简图

　　目前,国内外大部件对接装配调姿定位系统主要有分布式和托架式两种类型。分布式对接装配调姿定位系统中定位器的布局和数量不同,因此定位器构成的组合定位系统的调姿定位性能也不同。分布式对接装配调姿定位系统一般包括冗余三定位器支撑定位系统、非冗余三定位器支撑定位系统、四定位器

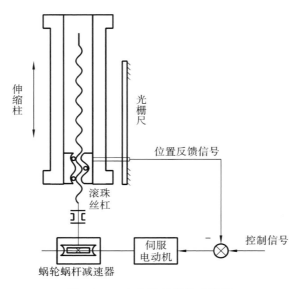

图 13-11　定位器 Z 轴传动简图

支撑定位系统和多定位器支撑定位系统四种类型。

（1）冗余三定位器支撑定位系统。该类型的定位系统所用的定位器在数量上最少，其结构如图 13-12 所示，仅仅只是由三台定位器和飞机部件组成。图中坐标系 $O\text{-}xyz$ 为现场装配参考坐标系，坐标系 $O_1\text{-}x_1y_1z_1$ 为飞机部件自身的零部件坐标系。

图 13-12 中三台定位器对称分布，因为一般航天大部件具有对称性质，对于不具对称性的部件，可以根据具体需求再设计定位器的布置方式。由于定位系统中每台定位器的每个运动轴都可以通过电动机驱动，因此整个系统的移动关节都可作为驱动关节。如此总共产生九个驱动关节，而整个系统只有六个自由度，驱动数明显超过输出自由度，因此该类型的定位机构被定义为冗余驱动的并联机构。

（2）非冗余三定位器支撑定位系统。非冗余三定位器支撑定位系统和冗余定位系统在结构布局上一致。与冗余定位系统不同的是，非冗余定位系统为了确保驱动数与系统的自由度相等，避免发生驱动冗余的情况，须降低控制系统的难度和复杂度，将多出的三个驱动关节改为被动关节。例如，可以将定位器 1 的 X 轴向和 Y 轴向的驱动关节，定位器 2 或 3 的 X 轴向（或 Y 轴向）驱动关节作为被动关节，其余六个驱动关节不变，构成非冗余定位系统。与冗余定位系统进行对比，非冗余定位系统降低了一定的整体刚度。但采用非冗余定位系统也有优点，比如在定位调整过程中可以避免由定位器运动不完全同步带来的定

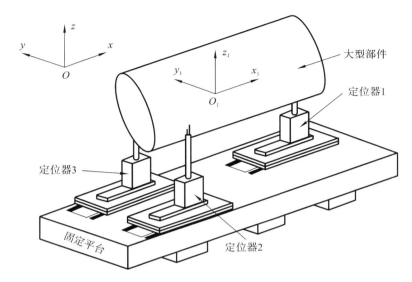

图 13-12　冗余三定位器支撑定位系统示意图

位应力,从而降低定位控制的难度和复杂度。

(3) 四定位器支撑定位系统。与三定位器支撑定位系统相似,四定位器支撑定位系统结构如图 13-13 所示。四台定位器依据对称原则布置,构成一个矩形结构,四台定位器分别位于矩形顶点处。与冗余三定位器支撑定位系统一样,该系统每台定位器的移动关节均为驱动关节,驱动关节数达到 12 个,是自由度数目的 2 倍。与三定位器支撑定位系统相比,该系统多了一个运动分支,进一步增加了系统的复杂度;当然系统的刚度得到进一步提高,整个定位系统的安全性能也得到了提高。当三定位器支撑定位系统中的一台定位器出现故障时,三定位器支撑定位系统只剩下两台定位器能正常工作,系统便无法继续稳定支撑调姿部件,此时可能很容易造成飞机部件的摔落和损坏。在同样的情况发生时,四定位器支撑定位系统还剩下的三台定位器仍然可以正常支撑着整个部件,可以为操作人员提供足够的时间去发现和解决定位器的故障问题,只不过此时的三点支撑可能无法继续精准地完成部件的调姿、对接等工作任务。此外,相对三点支撑来说,四点支撑更为稳定。

(4) 多定位器支撑定位系统。以上几种类型的定位系统适用于装配过程中的部件体积和质量较小,整体刚度较高的情况。当出现超大型部件的需支撑定位的质量和体积较大而刚度又较低的情况时,可以考虑适当增加定位器的数量,采用多定位器支撑定位系统。选用多定位器支撑定位时,多个定位器同时提供支撑作用力,可缓解单个定位器受力过大的情况,能够增加系统的整体刚

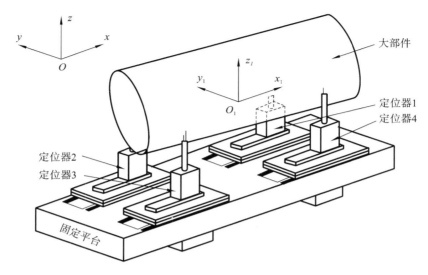

图 13-13　四定位器支撑定位系统示意图

度。由于所采用的定位器数量较多,有利于支撑点位的选择与设计,同时又能成功地降低每台定位器所需的驱动力,因此大型部件上相应支撑点的受力情况也得到改善,有效地防止了支撑过程中支撑点受力过大导致部件损伤的情况发生。多定位器布局的结构能最大限度地减少部件的变形量,使得装配过程中部件能有效保型,为部件的姿态评估、对接和加工等操作都提供了更好的条件。但是该系统也有缺点,多定位器支撑定位系统对控制系统的要求明显更高,如何保证所有的定位器协同运动成为关键。该系统的结构布局如图 13-14所示。

　　以上四类定位器支撑定位系统各有优缺点,需要在装配过程中根据部件的外形、质量、体积及支撑点等不同情况确定不同的调姿定位系统。

　　托架式调姿定位系统采用专门设计的托架固定大部件,定位器与托架连接,通过调整托架的姿态间接调整部件姿态,如图 13-15 所示。该系统中,由于部件与托架接触面积大,因此可以防止部件受力变形。但是托架需要针对不同的大部件专门设计,系统结构复杂,成本高,还需要采取一定措施防止部件在对接过程中滑移。当需要大批量生产时,可以考虑采用托架式调姿定位系统。

　　综上可知:分布式对接装配调姿定位系统的优点是装配面积较小,定位器结构相对简单;缺点是定位器与大部件接触面积小,对接装配过程中,需考虑定位器施加给大部件的作用力,以免大部件接触部位变形,损伤大部件。托架式调姿定位系统的优点是:对接部位压强较小,可较好避免大部件受力变形。

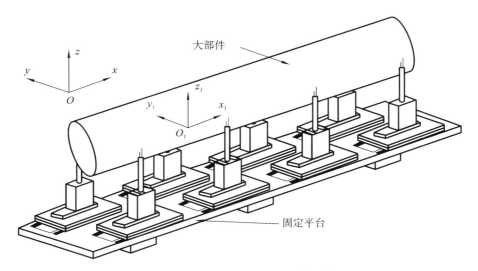

图 13-14 多定位器支撑定位系统示意图

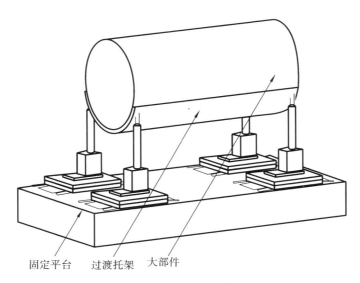

图 13-15 托架式调姿定位系统示意图

13.3 数字化装配位姿测量系统

现代航空航天装备性能不断提高,为满足其对装配提出的高精度、高质量要求,数字化装配位姿测量系统作为大部件调姿与对接的基础设备,获得了广泛的研究与应用。目前数字化测量技术主要有以下几种:激光跟踪仪测量技术、电子经纬仪测量技术、室内 GPS 测量技术。

13.3.1 激光跟踪仪测量技术

激光跟踪仪是近年发展起来的一种高精度、大尺寸测量仪器，汇集了激光干涉测距、光电探测等多种先进技术，能够实时跟踪并测量目标点的三维空间坐标。激光跟踪仪因其测量精度高、测量范围大、转站方便、操作简单等特点，在国内外航空制造企业中有着广泛的应用。激光跟踪仪一般由跟踪仪、控制器、用户界面、目标靶镜及附件等几部分组成。

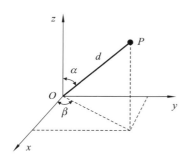

图 13-16　激光跟踪仪测量示意图

激光跟踪仪的测量原理是：在待测位置上安装一个目标靶镜，由激光发射器发出的激光射到目标靶镜后按原路返回到跟踪头，当目标以一定的速度移动时，跟踪头实时调整激光束方向以继续对准目标。激光跟踪仪通过自身的角度编码器测量激光束的水平方位角和垂直方位角，利用激光绝对测距仪测量目标靶镜球心到跟踪仪旋转中心的距离，从而得到空间点的坐标。

激光跟踪仪测量的空间坐标是以激光跟踪头旋转中心为极点、以竖直方向和水平方向的轴为极轴的极坐标系下的坐标。如图 13-16 所示，设激光跟踪头的旋转中心为 O 点，被测目标靶镜的球心为 P 点，O 点到 P 点的距离为 d，激光束的竖直方位角为 α，水平方位角为 β。称与上述极坐标系相对应的空间直角坐标系为激光跟踪仪测量坐标系，则 P 点在激光跟踪仪测量坐标系下的坐标为

$$\begin{cases} x = d\sin\alpha\cos\beta \\ y = d\sin\alpha\sin\beta \\ z = d\cos\alpha \end{cases} \tag{13-1}$$

激光跟踪仪在大型设备制造、装配中的应用最为广泛。最具代表性的激光跟踪仪有美国 API 公司、瑞士 Leica 公司、美国 FARO 公司的产品，这些公司的产品各具特色。例如，Leica AT901-LR 激光跟踪仪的测量半径达到了 80 m。激光跟踪仪在测量精度、测量效率、方便易用性等方面取得了很好的平衡，但激光跟踪仪测量需要目标靶镜，不能进行目标的自动识别和瞄准。在位姿测量过程中，激光跟踪仪需要操作人员将目标靶镜依次放在多个几何特征点处，测量每个几何特征点的三维坐标，然后根据多点三维坐标计算得到目标位姿（见图 13-17）。为了提高效率，可使用多台激光跟踪仪同时跟踪测量多个点的三维坐标（见图 13-18）。为了实现目标的位置与姿态测量，Leica AT901 系列激光跟踪

仪引入了 T-CAM 可变焦机器视觉系统,并配备具有 LED 特征标记 T-Mark 模块。在 15 m 范围内,T-Mark 固定在被跟踪物体上,T-CAM 机器视觉系统利用近似的平行投影成像模型,获取物体的空间姿态,并结合激光跟踪仪测量得到的 T-Mark 位置信息,得到物体的空间位姿数据。但其测量距离与对三维空间姿态角的测量范围有限。

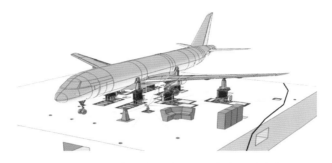

图 13-17　单台激光跟踪仪测量多点三维坐标

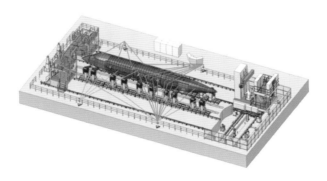

图 13-18　多台激光跟踪仪同时测量多点三维坐标

13.3.2　电子经纬仪测量技术

近几十年来,随着激光技术和控制技术的提高,经纬仪有了很大的发展和变化,结合了光、机、电的电子经纬仪(光电经纬仪)逐渐占了主流。与普通光学经纬仪相比,电子经纬仪将光学度盘改进成光栅盘或光学码盘,用光电转换元件(光电管或光电池)接收信号,经数据处理后实现水平角和竖直角读数的自动显示,并做自动记录。电子经纬仪坐标测量系统获取空间某点坐标的基本方法是前方交会法,采用电子测角技术,并结合单片机,实现了测角操作程序的自动化,不仅可以大大减轻测量人员的劳动强度,提高工作效率,还可以提高测量数据的可靠度和准确性(减小人为误差)。

当前大尺寸测量领域常用的经纬仪测量系统是由两台或两台以上的高精度电子经纬仪、基准尺、通信接口、联机电缆及微机等构成的空间角度前方交会测量系统。测量前由系统定向确定 A、B 处两台经纬仪（或多台）相对位置和姿态（见图 13-19），建立测量坐标系，从 A、B 处同时观测目标点 P，由 A、B 处两台经纬仪测得的方位角分别为 α_A 和 α_B，测得的俯仰角分别为 β_A 和 β_B。

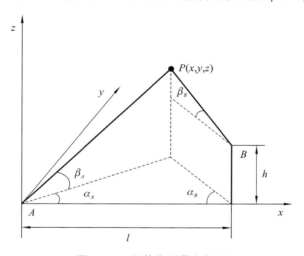

图 13-19　经纬仪测量坐标系

目标点 P 的测量坐标为

$$
\begin{cases}
x = l\,\dfrac{\cos\alpha_A \sin\alpha_B}{\sin(\alpha_A + \alpha_B)} \\[2mm]
y = l\,\dfrac{\sin\alpha_A \sin\alpha_B}{\sin(\alpha_A + \alpha_B)} \\[2mm]
z = \dfrac{1}{2}\left[l\,\dfrac{\sin\alpha_B \cot\beta_A + \sin\alpha_A \cot\beta_B}{\sin(\alpha_A + \alpha_B)} + h \right]
\end{cases}
\tag{13-2}
$$

经纬仪测量系统的优点是测量范围广（2 m 至几十米），测量精度高（20 m 范围内的坐标精度能达到 10 μm），受环境因素的影响小。20 世纪 80 年代开始，许多厂家都相继推出了多个商业化的系统，如 Leica 公司的 RMS2000、ManCAT、ECDS3 和 Axyz/MTM 等，中国人民解放军战略支援部队信息工程大学也推出了国产化的商业系统 MetroIn。而且目前已出现了带马达驱动的经纬仪（如 Leica 的 TM5100A），在重复测量时可不需人眼瞄准目标，实现自动化测量，系统的理论精度高，应用灵活。电子经纬仪系统测量精度与定向精度、仪器误差、瞄准精度、仪器稳定性、环境、计算方法、测量站点设置等因素有关。但是，电子经纬仪测量系统也存在一些问题：①目标坐标基于角度测量，当测量角度精度一定时，点位误差随距离增加呈线性增大；②测量精度随多个测量站点的设置变化较大,当测量站点位于最佳测点附近区域之外时,测量结果可靠性急剧下降;③人工逐点瞄准,劳动强度大,工作效率不高。

13.3.3 室内 GPS 测量技术

室内 GPS(indoor GPS,iGPS)是美国 Metris 公司开发的面向航空制造、数字造船的大尺寸非正交坐标测量系统,是一种综合了光电经纬仪空间角度前方交会坐标测量原理与 GPS 全局定位原理的新型坐标测量系统。iGPS 系统由信号发射机与光电传感器两部分组成,如图 13-20 所示。

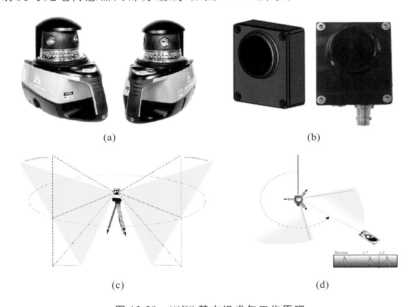

(a)   (b)

(c)   (d)

图 13-20   iGPS 基本组成与工作原理
(a)信号发射机;(b)光电传感器;(c)发射机发出两束激光,构成扇形激光平面;
(d)脉冲将角度测量转换成时间测量

iGPS 发射机发射两束激光,构成扇形激光平面(LP_1、LP_2)。发射机绕转轴高速旋转,使两个激光平面对整个测量空间进行扫描,发射的两个激光平面相对发射机旋转轴倾斜,形成一固定的空间角度。发射机每转一周,产生一个基准脉冲信号。当两个激光平面扫过具有特定几何形状的光电传感器(接收传感器)时,会产生两个脉冲信号。两个脉冲信号的峰值相对回转基准脉冲的时间差反映出光电传感器相对发射机的空间角度,从而将空间角度的测量转换成时间测量。当光电传感器检测到来自两个发射机以上发射的激光信号时,即可利用空间角度前方交会原理确定光电传感器的三维空间坐标。

发射机几何模型如图 13-21 所示,组网测量几何模型如图 13-22 所示。

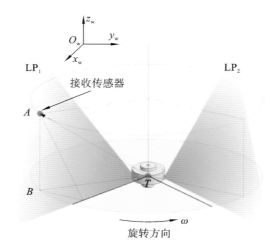

图 13-21　发射机几何模型

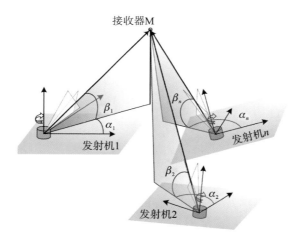

图 13-22　发射机组网测量几何模型

设两个激光平面在发射机坐标系 $O\text{-}xyz$ 下初始平面法向量为 $\mathbf{N}_1 = [a_1 \quad b_1 \quad 1]^{\mathrm{T}}$ 和 $\mathbf{N}_2 = [a_2 \quad b_2 \quad 1]^{\mathrm{T}}$，当发射机绕 z 轴以角速度 ω 转动时，每转一周便会产生一个基准信号，作为后续时间测量的时间原点，其所对应的角度范围为 $0 \sim 360°$。当激光平面 LP_1、LP_2 通过待测点 P 时，传感器产生两个脉冲信号。此信号与时间原点的差值记为 t_1、t_2（见图 13-23），称为特征时间。由 t_1、t_2 及 ω 便可求出激光平面通过 P 点时在发射机坐标系下的平面方程。这两个平面也就确定了 P 点在发射机坐标系 $O\text{-}xyz$ 中所通过的一条直线。如果有多个发射机就可以确定待测点的位置坐标。

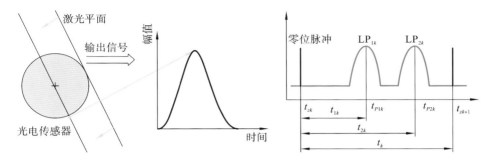

图 13-23　光电传感器时间-特征角度变换关系

其中 k 为发射机的编号。LP_{1k} 和 LP_{2k} 为发射机 k 两个激光平面在接收器上产生的电流脉冲的编号。以发射机 k 的空间零位脉冲为时间原点，则 LP_{1k} 和 LP_{2k} 所对应的峰值位置时间分别为 t_{P1k} 和 t_{P2k}，t_{zk}、t_{zk+1} 为零位脉冲时间；θ_{1k}、θ_{2k} 为测量系统测量的特征角度，其关系为 $\theta_{1k}=(t_{P1k}-t_{zk})/(t_{zk+1}-t_{zk})$，$\theta_{2k}=(t_{P2k}-t_{zk})/(t_{zk+1}-t_{zk})$，这两个特征角度是测量系统坐标测量所需要的测量值，代入测量数学模型中便可求出待测点坐标位置。

注意：

t_{Pik} 为第 k 个发射机的 LP_{ik} 激光平面扫过空间 P 点产生的峰值位置时间；

θ_{ik} 为第 k 个发射机的 LP_{ik} 激光平面相对自身坐标系的水平角。

设激光平面 LP 的初始平面法向量 $\boldsymbol{N}=[\,a\quad b\quad 1\,]^T$，平面旋转中心为 $\boldsymbol{T}=[\,t_x\quad t_y\quad t_z\,]^T$。使激光平面旋转轴与坐标系 z 轴平行。激光平面绕其旋转轴转过角度 θ，其相对 z 轴亦转过角度 θ。此时，激光平面法向量为

$$\boldsymbol{N}_\theta=\boldsymbol{R}_\theta\boldsymbol{N} \tag{13-3}$$

式中：$\boldsymbol{R}_\theta$——旋转矩阵，有

$$\boldsymbol{R}_\theta=\begin{bmatrix}\cos\theta & -\sin\theta & 0\\ \sin\theta & \cos\theta & 0\\ 0 & 0 & 1\end{bmatrix} \tag{13-4}$$

设发射机 k 坐标系 O_k-$x_k y_k z_k$ 到世界坐标系 O_w-$x_w y_w z_w$ 的转换关系为

$$\boldsymbol{X}_w=\boldsymbol{M}_k\boldsymbol{X}_k+\boldsymbol{T}_k \tag{13-5}$$

式中：$\boldsymbol{M}_k$——旋转矩阵；

$\boldsymbol{T}_k$——平移矩阵；

$\boldsymbol{X}_k$——任一点在第 k 个发射机坐标系下的坐标；

$\boldsymbol{X}_w$——任一点在世界坐标系下的坐标。

设空间待测点 $\boldsymbol{P}$ 的坐标为 $[\,x\quad y\quad z\,]^T$，LP_{1k}、LP_{2k} 经过 $\boldsymbol{P}$ 点时激光平面相对初始位置转过的角度为 θ_{1k}、θ_{2k}，在这两个时刻，$\boldsymbol{P}$ 点和 $\boldsymbol{T}$ 点都处于激光平面

LP_{1k}、LP_{2k}中，且 $\boldsymbol{P}-\boldsymbol{T}_k$ 与 $\boldsymbol{N}_{1k}$、$\boldsymbol{N}_{2k}$ 有如下关系。

$$\begin{cases}(\boldsymbol{M}_k\boldsymbol{R}_{1k}\boldsymbol{N}_{1k})\boldsymbol{\cdot}(\boldsymbol{P}-\boldsymbol{T}_k)=0\\(\boldsymbol{M}_k\boldsymbol{R}_{2k}\boldsymbol{N}_{2k})\boldsymbol{\cdot}(\boldsymbol{P}-\boldsymbol{T}_k)=0\end{cases} \tag{13-6}$$

式中：$\boldsymbol{P}-\boldsymbol{T}_k$——方向向量，$\boldsymbol{P}-\boldsymbol{T}_k=\begin{bmatrix}x-t_{kx}&,y-t_{ky}&,z-t_{kz}\end{bmatrix}^{\mathrm{T}}$。

最终，根据前方交汇原理可得到在 $O_w\text{-}x_wy_wz_w$ 坐标系下的联立方程组，即测量定位系统的算法模型。P 点坐标可由 $2n$ 个方程求解。一般情况下，该方程组可用最小二乘法求解。

$$\begin{cases}(\boldsymbol{M}_1\boldsymbol{R}_{11}\boldsymbol{N}_{11})\boldsymbol{\cdot}(\boldsymbol{P}-\boldsymbol{T}_1)=0\\(\boldsymbol{M}_1\boldsymbol{R}_{21}\boldsymbol{N}_{21})\boldsymbol{\cdot}(\boldsymbol{P}-\boldsymbol{T}_1)=0\\(\boldsymbol{M}_2\boldsymbol{R}_{12}\boldsymbol{N}_{12})\boldsymbol{\cdot}(\boldsymbol{P}-\boldsymbol{T}_2)=0\\(\boldsymbol{M}_2\boldsymbol{R}_{22}\boldsymbol{N}_{22})\boldsymbol{\cdot}(\boldsymbol{P}-\boldsymbol{T}_2)=0\\\qquad\qquad\vdots\\(\boldsymbol{M}_k\boldsymbol{R}_{1k}\boldsymbol{N}_{1k})\boldsymbol{\cdot}(\boldsymbol{P}-\boldsymbol{T}_k)=0\\(\boldsymbol{M}_k\boldsymbol{R}_{2k}\boldsymbol{N}_{2k})\boldsymbol{\cdot}(\boldsymbol{P}-\boldsymbol{T}_k)=0\end{cases} \tag{13-7}$$

式中：k——发射机编号；

$\boldsymbol{N}_{1k}$、$\boldsymbol{N}_{2k}$——发射机 k 两激光平面初始位置法向量；

$\boldsymbol{R}_{1k}$、$\boldsymbol{R}_{2k}$——两激光平面到初始位置的旋转矩阵，分别是特征角度 θ_{1k}、θ_{2k} 的函数；

$\boldsymbol{P}$——世界坐标系下待测点的位置；

$\boldsymbol{M}_k$——发射机坐标系到世界坐标系的坐标旋转矩阵；

$\boldsymbol{T}_k$——发射机坐标系原点在世界坐标系下的位置。

根据上述论述可知，要求解待测点坐标则必须解一个三元超定方程，我们可以通过最小二乘法将其解出，从而得到待测点坐标表达式。

由于 $\boldsymbol{M}_k\boldsymbol{R}_{ik}\boldsymbol{N}_{ik}$ 与 $\boldsymbol{P}-\boldsymbol{T}_k$ 均为 3×1 矩阵，故式（13-7）中的点乘可改写为矩阵 $\boldsymbol{M}_k\boldsymbol{R}_{ik}\boldsymbol{N}_{ik}$ 转置后相乘的形式，即式（13-7）可改写为

$$\begin{cases}(\boldsymbol{M}_1\boldsymbol{R}_{11}\boldsymbol{N}_{11})^{\mathrm{T}}(\boldsymbol{P}-\boldsymbol{T}_1)=0\\(\boldsymbol{M}_1\boldsymbol{R}_{21}\boldsymbol{N}_{21})^{\mathrm{T}}(\boldsymbol{P}-\boldsymbol{T}_1)=0\\(\boldsymbol{M}_2\boldsymbol{R}_{12}\boldsymbol{N}_{12})^{\mathrm{T}}(\boldsymbol{P}-\boldsymbol{T}_2)=0\\(\boldsymbol{M}_2\boldsymbol{R}_{22}\boldsymbol{N}_{22})^{\mathrm{T}}(\boldsymbol{P}-\boldsymbol{T}_2)=0\\\qquad\qquad\vdots\\(\boldsymbol{M}_k\boldsymbol{R}_{1k}\boldsymbol{N}_{1k})^{\mathrm{T}}(\boldsymbol{P}-\boldsymbol{T}_k)=0\\(\boldsymbol{M}_k\boldsymbol{R}_{2k}\boldsymbol{N}_{2k})^{\mathrm{T}}(\boldsymbol{P}-\boldsymbol{T}_k)=0\end{cases} \tag{13-8}$$

依据矩阵运算定律将式（13-8）展开并移项，可得

$$\begin{cases}
(M_1 R_{11} N_{11})^\top P = (M_1 R_{11} N_{11})^\top T_1 \\
(M_1 R_{21} N_{21})^\top P = (M_1 R_{21} N_{21})^\top T_1 \\
(M_2 R_{12} N_{12})^\top P = (M_2 R_{12} N_{12})^\top T_2 \\
(M_2 R_{22} N_{22})^\top P = (M_2 R_{22} N_{22})^\top T_2 \\
\quad\quad\quad\vdots \\
(M_k R_{1k} N_{1k})^\top P = (M_k R_{1k} N_{1k})^\top T_k \\
(M_k R_{2k} N_{2k})^\top P = (M_k R_{2k} N_{2k})^\top T_k
\end{cases} \tag{13-9}$$

进一步可整理为

$$\begin{bmatrix}
(M_1 R_{11} N_{11})^\top \\
(M_1 R_{21} N_{21})^\top \\
(M_2 R_{12} N_{12})^\top \\
(M_2 R_{22} N_{22})^\top \\
\vdots \\
(M_k R_{1k} N_{1k})^\top \\
(M_k R_{2k} N_{2k})^\top
\end{bmatrix} P =
\begin{bmatrix}
(M_1 R_{11} N_{11})^\top T_1 \\
(M_1 R_{21} N_{21})^\top T_1 \\
(M_2 R_{12} N_{12})^\top T_2 \\
(M_2 R_{22} N_{22})^\top T_2 \\
\vdots \\
(M_k R_{1k} N_{1k})^\top T_k \\
(M_k R_{2k} N_{2k})^\top T_k
\end{bmatrix} \tag{13-10}$$

解形式为 $Ax = b$ 的线性方程组,根据最小二乘法有此线性方程组的解为 $x = (A^\top A)^{-1} A^\top b$。故而,待测点坐标值可写为

$$P = \left[\begin{bmatrix}
(M_1 R_{11} N_{11})^\top \\
(M_1 R_{21} N_{21})^\top \\
(M_2 R_{12} N_{12})^\top \\
(M_1 R_{22} N_{22})^\top \\
\vdots \\
(M_k R_{1k} N_{1k})^\top \\
(M_k R_{2k} N_{2k})^\top
\end{bmatrix}^\top
\begin{bmatrix}
(M_1 R_{11} N_{11})^\top \\
(M_1 R_{21} N_{21})^\top \\
(M_2 R_{12} N_{12})^\top \\
(M_1 R_{22} N_{22})^\top \\
\vdots \\
(M_k R_{1k} N_{1k})^\top \\
(M_k R_{2k} N_{2k})^\top
\end{bmatrix} \right]^{-1}
\begin{bmatrix}
(M_1 R_{11} N_{11})^\top \\
(M_1 R_{21} N_{21})^\top \\
(M_2 R_{12} N_{12})^\top \\
(M_1 R_{22} N_{22})^\top \\
\vdots \\
(M_k R_{1k} N_{1k})^\top \\
(M_k R_{2k} N_{2k})^\top
\end{bmatrix}^\top
\begin{bmatrix}
(M_1 R_{11} N_{11})^\top T_1 \\
(M_1 R_{21} N_{21})^\top T_1 \\
(M_2 R_{12} N_{12})^\top T_2 \\
(M_1 R_{22} N_{22})^\top T_2 \\
\vdots \\
(M_k R_{1k} N_{1k})^\top T_k \\
(M_k R_{2k} N_{2k})^\top T_k
\end{bmatrix}$$

$$\tag{13-11}$$

由 $N_{ik} R_{ik} M_k P_w = 0 \Rightarrow \begin{bmatrix} n_{ik}^\top & 1 \end{bmatrix} \begin{bmatrix} R_{tik} & 0 \\ 0 & 1 \end{bmatrix} \begin{bmatrix} R_k & T_k \\ 0 & 1 \end{bmatrix} \begin{bmatrix} p_w \\ 1 \end{bmatrix}$,且 $R_{tik} = \begin{bmatrix} \cos\theta & \sin\theta & 0 \\ -\sin\theta & \cos\theta & 0 \\ 0 & 0 & 1 \end{bmatrix}$,有

$$\begin{bmatrix} n_{ik}^\top & 1 \end{bmatrix} \begin{bmatrix} R_{tik} & 0 \\ 0 & 1 \end{bmatrix} \begin{bmatrix} R_k & T_k \\ 0 & 1 \end{bmatrix} \begin{bmatrix} p_w \\ 1 \end{bmatrix} = 0 \tag{13-12}$$

得到:

$$n_{ik}^\top R_{tik} R_k p_w = -(n_{ik}^\top R_{tik} T_k + 1)$$

即

$$\begin{bmatrix} \boldsymbol{n}_{11}^{\mathrm{T}} \boldsymbol{R}_{t11} \boldsymbol{R}_1 \\ \boldsymbol{n}_{21}^{\mathrm{T}} \boldsymbol{R}_{t21} \boldsymbol{R}_1 \\ \vdots \\ \boldsymbol{n}_{1k}^{\mathrm{T}} \boldsymbol{R}_{t1k} \boldsymbol{R}_k \\ \boldsymbol{n}_{2k}^{\mathrm{T}} \boldsymbol{R}_{t2k} \boldsymbol{R}_k \end{bmatrix} \boldsymbol{p}_{\mathrm{w}} = - \begin{bmatrix} \boldsymbol{n}_{11}^{\mathrm{T}} \boldsymbol{R}_{t11} \boldsymbol{T}_1 + 1 \\ \boldsymbol{n}_{21}^{\mathrm{T}} \boldsymbol{R}_{t21} \boldsymbol{T}_1 + 1 \\ \vdots \\ \boldsymbol{n}_{1k}^{\mathrm{T}} \boldsymbol{R}_{t1k} \boldsymbol{T}_k + 1 \\ \boldsymbol{n}_{2k}^{\mathrm{T}} \boldsymbol{R}_{t2k} \boldsymbol{T}_k + 1 \end{bmatrix} \tag{13-13}$$

则可得待测点世界坐标系下的坐标为

$$\boldsymbol{p}_{\mathrm{w}} = - \left(\begin{bmatrix} \boldsymbol{n}_{11}^{\mathrm{T}} \boldsymbol{R}_{t11} \boldsymbol{R}_1 \\ \boldsymbol{n}_{21}^{\mathrm{T}} \boldsymbol{R}_{t21} \boldsymbol{R}_1 \\ \vdots \\ \boldsymbol{n}_{1k}^{\mathrm{T}} \boldsymbol{R}_{t1k} \boldsymbol{R}_k \\ \boldsymbol{n}_{2k}^{\mathrm{T}} \boldsymbol{R}_{t2k} \boldsymbol{R}_k \end{bmatrix}^{\mathrm{T}} \begin{bmatrix} \boldsymbol{n}_{11}^{\mathrm{T}} \boldsymbol{R}_{t11} \boldsymbol{R}_1 \\ \boldsymbol{n}_{21}^{\mathrm{T}} \boldsymbol{R}_{t21} \boldsymbol{R}_1 \\ \vdots \\ \boldsymbol{n}_{1k}^{\mathrm{T}} \boldsymbol{R}_{t1k} \boldsymbol{R}_k \\ \boldsymbol{n}_{2k}^{\mathrm{T}} \boldsymbol{R}_{t2k} \boldsymbol{R}_k \end{bmatrix} \right)^{-1} \begin{bmatrix} \boldsymbol{n}_{11}^{\mathrm{T}} \boldsymbol{R}_{t11} \boldsymbol{R}_1 \\ \boldsymbol{n}_{21}^{\mathrm{T}} \boldsymbol{R}_{t21} \boldsymbol{R}_1 \\ \vdots \\ \boldsymbol{n}_{1k}^{\mathrm{T}} \boldsymbol{R}_{t1k} \boldsymbol{R}_k \\ \boldsymbol{n}_{2k}^{\mathrm{T}} \boldsymbol{R}_{t2k} \boldsymbol{R}_k \end{bmatrix}^{\mathrm{T}} \begin{bmatrix} \boldsymbol{n}_{11}^{\mathrm{T}} \boldsymbol{R}_{t11} \boldsymbol{T}_1 + 1 \\ \boldsymbol{n}_{21}^{\mathrm{T}} \boldsymbol{R}_{t21} \boldsymbol{T}_1 + 1 \\ \vdots \\ \boldsymbol{n}_{1k}^{\mathrm{T}} \boldsymbol{R}_{t1k} \boldsymbol{T}_k + 1 \\ \boldsymbol{n}_{2k}^{\mathrm{T}} \boldsymbol{R}_{t2k} \boldsymbol{T}_k + 1 \end{bmatrix}$$

$$\tag{13-14}$$

由此可见,iGPS类似于经纬仪工业测量系统利用角度前方交会原理实现坐标测量,但又有所不同,其发射器网络一次标定后,不再需要经纬仪之间的互瞄来确定起始方向值。类似于传统 GPS 定位系统,iGPS 中经过标定后的发射机组网络犹如太空中的 GPS 定位卫星,为测量空间的光电传感器提供角度基准信号。光电传感器通过接收多个发射机的角度基准信号,利用角度前方交会原理,确定其三维坐标。多个光电传感器可同时接收信号,同时确定它们各自的空间位置,实现空间多点的并行测量与跟踪。iGPS 测量范围与精度取决于发射机的布局,其构建的三维测量场可以覆盖整个装配区域,并且只需一次标定即可同时开展多项测量、定位任务。

13.4 测量-匹配-调整的多自由度协调控制技术

大型部件自动对接系统包括对接辅助测量系统、对接数据处理系统、运动控制系统、调姿机构等多个独立的组成部分,如图 13-24 所示,需要一个集成的多自由度协调控制系统进行统一管理。

控制系统主要功能是定位器运动轨迹规划和多自由度协调运动控制。控制系统根据集成管理系统传递的大部件当前姿态与理论姿态规划调姿系统中每个定位器的每根运动轴的运动轨迹,并将规划结果上传至集成管理系统,当集成管理系统预演通过后,再驱动定位器运动,将部件调整至理论姿态。由于部件调姿涉及多运动轴,因此要求控制系统具有多轴协同运动功能。多自由度协调运动控制技术使用电子方式实现机械运动轴之间的协调同步,取代传统的

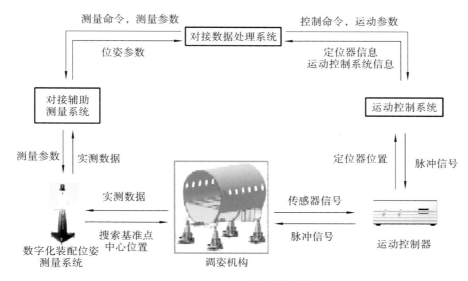

图 13-24　自动对接装配系统

机械凸轮或齿轮,使机械设计更为方便灵活,而且没有机械损耗,维护也更加方便。

自动对接装配系统六个组成部分既相互独立又紧密联系,形成一套工程化的自动对接控制系统。其中,对接工程数据集实现零件制造数据集、工艺数据集和检验数据集的集中和管理,是部件自动对接的数据集合。利用测量控制网建立统一的制造、安装、对接、检测基准,通过控制网将多台激光跟踪仪统一到全局坐标系中,形成测量场。对接辅助测量系统主要实现测量点可视化选取、测量点可测性仿真、激光跟踪仪实时控制、调姿基准点静/动态跟踪测量、位姿求解等功能。对接数据处理系统具有轨迹规划、调姿过程仿真、定位器运动学逆解、驱动指令发送等功能。运动控制系统实现执行机构运动控制、信息反馈、报警等功能。执行机构由部件调姿机构和辅助装配工艺装备等组成,是部件调姿的具体执行单元。

测量-匹配-调整的多自由度协调控制系统的模块结构如图 13-25 所示,各模块需实现功能如下。

(1) 工程管理模块。工程管理模块主要实现测量任务工程文件的新建、打开、保存和关闭,以及工程项目的添加和删除。系统提供新建工程向导,用户依次添加所需的硬件、飞机部件、辅助工艺装备等。保存测量任务后,用户只需再次打开此工程项目文化,便可查看所有相关的测量数据。

(2) 硬件通信模块。硬件通信模块负责建立系统与激光跟踪仪、装配控制软件之间的通信连接,完成激光跟踪仪测量数据和定位器状态参数的传递,发

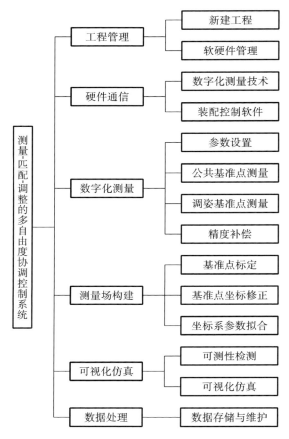

图 13-25　测量-匹配-调整的多自由度协调控制系统的模块结构

送飞机部件位姿参数、运动控制命令，以及接收定位器位置的反馈信息等。连接成功后，可选择断开系统与硬件的连接，中断与硬件的数据交换。

（3）数字化测量模块。数字化测量模块主要用于完成测量仪器的初始化、参数设置、精度补偿等正常使用时必要的操作，为测量场构建、基准点检测、部件装配等提供数据支持。

（4）测量场构建模块。测量场构建模块主要用于实现基准点标定、基准点坐标修正和坐标系参数拟合等功能。根据基准点的理论坐标和测量坐标进行粗差探测，并判定基准点是否含有粗差，对含有粗差的基准点进行多次标定和坐标修正。利用一定数量且不含粗差的基准点求解坐标系之间的转换参数，构成数字化测量场。

（5）可视化仿真模块。可视化仿真模块用于构建虚拟测量场景，辅助操作人员完成基准点布局规划和可测性检测，对数字化测量过程和部件对接现实场景进行模拟仿真,将操作人员关心的关键数据实时显示在操作界面上,以直观图形的形式指导操作人员工作。

(6)数据处理模块。数据处理模块主要用于实现大量的数值计算,维护和输出装配过程中用到的标准数据等功能,以及完成系统与动态链接库之间的数据传输,加快粗差探测、坐标系拟合的运算速度。需要维护的系统标准数据有装配工艺标准、基准点理论位置坐标、硬件默认参数、部件与工装的三维数字模型等。

13.5 运载火箭筒体构件柔性对接装配实例

运载火箭自动化对接装配系统针对火箭筒体总装对接装配的生产特点,实现柔性对接调姿,整个系统可分解为三大块子系统,分别是:调姿装备、伺服控制系统、局域空间定位系统。运载火箭自动化对接装配系统包括火箭自动对接装配的调姿装备及大尺寸部件测量设备,总体技术路线如图 13-26 所示,包括:局域空间定位系统测量模型与标定、目标位姿不确定度传递、全局发射机和光电传感器优化配置、调姿装备构型及自由度分配、调姿机构驱动单元运动误差分析及部件位姿调整精度分析、调姿机构位姿调整误差仿真、基于多轴联动的筒体空间位姿调整运动学分析等关键技术,最终实现运载火箭筒体构件的柔性对接装配。

13.5.1 系统研制

1. 适用于运载火箭筒体对接装配的多自由度调姿机构设计

笔者针对运载火箭的无工艺接口等结构特点,结合运载火箭现有的对接装配生产方式,充分考虑装配操作人员作业的便利性,通过对比串联和并联方案,最后确定基于多点支撑、冗余驱动的方式设计了调姿机构的原理结构,分析了机构的工作空间、承载能力和末端刚度特性,优化了机构驱动的布置形式,研制了适用于运载火箭的多自由度调姿机构,为运载火箭筒体构件自动定位调姿奠定基础。

实现过程如图 13-27 所示。

火箭级段的支撑方案如图 13-28 所示。

为了实现调姿对接,每级火箭筒采用 4 个定位器支撑,每个定位器具有 3 个自由度,因此总共有 12 个自由度。此多自由度调姿机构属于冗余支链的并联机构,多自由度提高了系统刚度,增加了调姿的安全保障,且与采用三定位器的调姿方式相比,具有更高的可靠性,即使 4 个调姿定位器中有一个出现故障,也不会导致部件掉落。

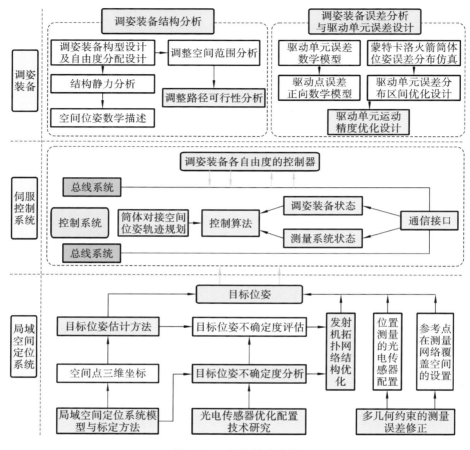

图 13-26　总体技术路线

2. 大尺寸部件装配位姿测量系统研究

　　iGPS 是一种超越传统测量的大尺寸空间测量系统,它为三维空间定位和测量提供了一种全新的解决方案。它是一种结合光电经纬仪空间角度前方交会测量与 GPS 定位原理的新型非正交坐标测量系统,可以实现在超大尺寸范围内低成本、高精度、并行在线精密定位与坐标测量。本例中,笔者应用 iGPS 作为火箭自动化对接时大尺寸测量系统,研制了激光发射机和接收器,如图13-29所示。

3. 多自由度调姿控制策略

　　结合开发的调姿装备、测量系统及控制系统,笔者通过建立部件位姿空间与定位调姿装置驱动输入关节空间的运动模型,研究对接筒体构件对接特征点的最佳位姿匹配技术,获得部件位姿调整量、对接装置驱动调整量的计算方法,

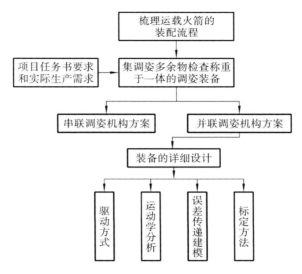

图 13-27　多自由度调姿机构设计实现过程

开发对接轨迹的规划算法，然后以轨迹规划算法计算出的轨迹为期望位置，以 iGPS 测量的实际位置为反馈信号，实现了多自由度自动定位调姿系统的协调控制。实现过程如图 13-30 所示。

13.5.2　测量-匹配-调姿对接实验

将设计开发的调姿装备安置于火箭装配厂房现场，用桁车吊装对接筒段和目标筒段放置在调姿机构上，调姿机构上的电动机和传感器通过电缆连接至调姿控制系统。在对接筒段的两侧各布置 4 台 iGPS 发射机，并在对接筒段的侧面粘贴接收器，接收器粘贴的位置需保证被一边 4 台发射机全部扫描到，实验现场的布置如图 13-31 所示。

为实现对运载火箭筒体的对接装配实验，笔者基于西门子 840D 数控系统开发了自动对接装配控制软件，该软件的启动界面如图 13-32 所示。在每次筒体上架后，对两段筒段测点、两个抱箍测点及两个调姿机构上的测点进行位置测量，获取当前对接任务的各组成部分相对于参考坐标系的位置信息，之后，将装配位置测量系统的测量参数输入对接程序（见图 13-33），程序自动进行最优位姿匹配计算，根据最优位姿匹配计算的结果求解出各伺服轴的运动量，便可在操作界面（见图 13-34）中完成自动对接装配。对接过程主要分为三个步骤，分别为筒段位姿粗调整、筒段位姿精调整及筒段对接。

筒段位姿粗调整具体过程如下：

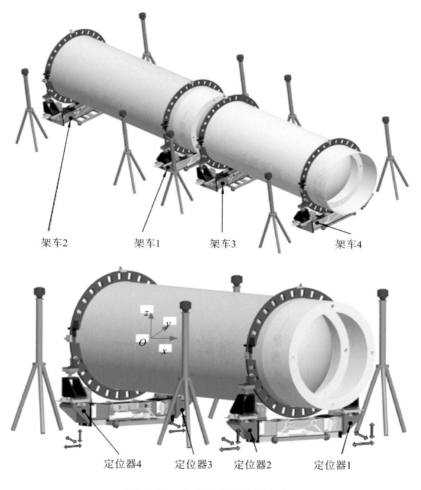

架车2　　　架车1　　　架车3　　　　架车4

定位器4　　　定位器3　　　定位器2　　　定位器1

图 13-28　火箭级段的支撑方案

（1）控制定位器调整对接筒段，保持对接筒段在固定筒段对接面发现方向 95 mm 处；

（2）调整对接筒段 Y 轴方向位置至计算的最佳位置处；

（3）调整对接筒段 Z 轴方向位置至计算的最佳位置处；

（4）调整对接筒段绕 X 轴方向的姿态至计算的最佳位姿处；

（5）调整对接筒段绕 Y 轴方向的姿态至计算的最佳位姿处；

（6）调整对接筒段绕 Z 轴方向的姿态至计算的最佳位姿处；

（7）相对于固定筒段对接面法线方向，调整至最佳位姿处。

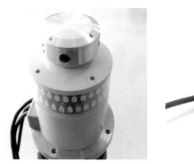

图 13-29　激光发射机与接收器

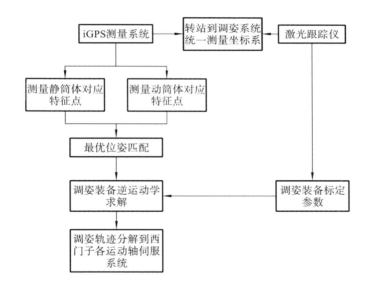

图 13-30　多自由度调姿控制实现过程

筒段位姿精调整具体过程如下:

(1) 通过 iGPS 对对接筒段上的 4 个测量站点进行位置测量;

(2) 通过对接软件读取 iGPS 测量数据后进行位姿精调整计算;

(3) 在固定筒段对接面法线方向 35 mm 处对对接筒段进行位姿精调整;

(4) 重复(1)~(3)步骤,至满足两段筒段的对接要求。

筒段对接过程具体如下:

(1) 沿固定筒段对接面法线方向进给 10 mm,并重复该过程 2 次;

(2) 沿固定筒段对接面法线方向进给 4 mm;

图 13-31　实验现场的布置

图 13-32　控制软件启动界面

（3）沿固定筒段对接面法线方向进给 1 mm，并重复至两段筒段完全对齐，对接任务结束。

实验过程中，进行了多次对接操作，均能完成"销—孔"对接任务。火箭两段筒段对接效果如图 13-35 所示。

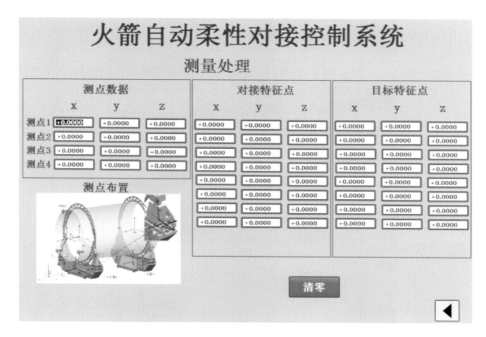

图 13-33 测量数据处理

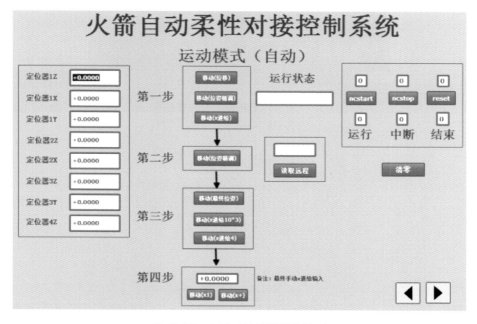

图 13-34 自动对接装配操作界面

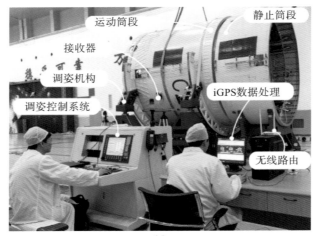

(a)

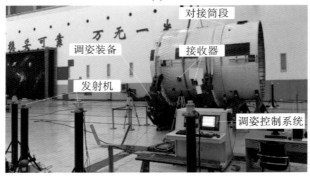

(b)

图 13-35　火箭两段筒段对接效果

（a）对接初始状态；（b）对接最终状态

第 14 章
航天智能生产线与智能车间

航天智能生产线/车间是智能技术在生产中的集成应用,是通过网络及软件管理系统使数控自动化设备(含生产设备、检测设备、运输设备、机器人等所有设备)实现互联互通,以进行状态(客户需求、生产状况、原材料、人员、设备、生产工艺、环境安全等信息)感知、实时数据分析,从而实现自动决策和精确执行命令的自组织生产车间。

14.1 大型复杂结构件智能涂装生产线

航天产品需要进行涂装的结构件具有品种多、形状复杂、尺寸跨度大的特点,尺寸最大可达 $\phi5200$ mm×130000 mm,最小仅 $\phi10$ mm×5 mm,形状有圆柱形、椭球形、锥形及各种不规则复杂形状,如图 14-1 所示。

图 14-1 典型航天器结构件

航天复杂结构件涂装一直依赖于手工喷涂、敞开生产方式,这种工艺效率低而且无法实现均匀涂装,并且污染严重,对环境和操作人员健康带来了很大的威胁。建设复杂结构件智能涂装生产线能够解决航天多品种、尺度跨度大的运载火箭复杂结构件涂装无法批量化生产的难题,实现柔性化、智能化、自动化绿色生产,提高涂装精度、涂装效率和涂装质量一致性。

14.1.1 大型复杂结构件智能涂装生产线布局与构成

智能涂装生产线的建设步骤包括:首先,对产品进行梳理,结合实际场地、产品种类、尺寸、规格等确定总体工艺布局;然后,在合理的工艺布局基础上,确定生产线的设备(包括机器人、大型结构件输送系统、涂装生产线总控)的功能和技术需求,并以其为中心制定建设计划;接着,按照计划逐步实施,包括涂装线基础建设、喷涂房等硬件设计和制造、机器人构型设计和仿真、输送系统开发和设计、总控技术开发;最后,完成设备的顺利安装和调试。

如图 14-2 所示,大型复杂结构件智能涂装生产线包括大件涂装生产线、中小件涂装生产线、机械化输送设备和电气控制系统。

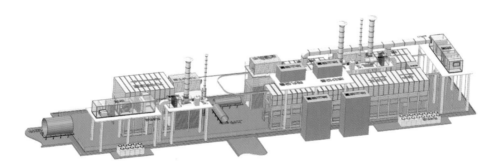

图 14-2　涂装生产线三维布局图

1. 中小件涂装生产线

中小件涂装生产线由喷砂室、抛丸室、清理室、底漆喷漆室、底漆烘干室、面漆喷漆室、面漆烘干室、中小件输送系统、输调漆装置、空调平台及风冷系统组成,满足尺寸在 7000 mm×1700 mm×3000mm 以内、质量在 2 t 以内的产品的自动识别与喷涂。

(1)底漆、面漆喷漆室采用干式喷漆室(擦净、喷漆、流平都在喷漆室内进行),该喷漆室由动静压混合室与喷涂作业室组成,喷漆室应确保室体密封良好,空调机组的进风均匀、无紊流现象。喷漆室内平均风速为 0.25～0.3 m/s。

(2)空调机组带有加湿及蒸汽加热系统,夏季温度不高于 28 ℃,冬季温度不低于 20 ℃,湿度控制在 60%±5% 以内。

（3）底漆、面漆烘干室采用直通式结构，采用蒸汽加热炉。烘干室烘干温度为 80～100 ℃（自动恒温）。烘干炉空炉升温时间短于 30 min，烘干炉外壁板温度不高于环境温度 7 ℃。

2．大件涂装生产线组成

大件涂装生产线由大件喷涂房、大件烘干房、变位工艺装备、输调漆装置、空调平台及风冷系统组成，满足尺寸在 $\phi5200$ mm×130000 mm 以内、质量在 3 t 以内的产品的涂装。

大件均在喷烘一体室内进行喷漆、烘干作业。喷漆作业时室内风速为 0.3 m/s；烘干状态下，通过加热炉热风循环加热，加热源为蒸汽。烘干时（室内温度为 80 ℃左右），供风系统的送风机启动，送风机送出的热风吹入室内，对工件表面进行烘干，通过热风循环系统以内循环方式加热工件。

3．机械化输送设备

（1）输送采用自行葫芦输送机，运行方式为节拍式自动控制方式。行走轨道采用铝合金轨道，环链葫芦采用进口环链葫芦（1.6 t/台），每台车组均采用 2 台葫芦，共 4 套小车组 8 台葫芦。自行葫芦线除上、下料工位为人工操作外，其他工位均为自动运行。

（2）地面输送系统由以下运动单元组成：①动力辊床，其框架主体由 t8/Q235A 钢板整体折弯、焊接成形；②支腿高度可调辊床；③变频调速轨道移行车；④偏心旋转辊床，可实现双向旋转运行，旋转角度为 90°。

4．电气控制系统

全线采用现场总线自动控制方式，实现了分区采集、集中控制。控制系统由断路器、交流接触器、热继电器等组成主线路；由控制变压器、控制仪表、时间继时器、启动停止按钮、旋转按钮、指示灯等组成辅线路。

14.1.2　大型复杂结构件涂装不同工艺参数之间的智能化匹配

喷涂线上关键工序为喷涂和固化两个工序。不同的油漆固化时间不同，不同形状、尺寸的产品喷涂路径、喷涂时间不同，通过喷涂和固化工艺参数匹配性研究确定最佳工艺参数，实现喷涂生产线连续运转和涂层厚度的控制。

1．涂层厚度与喷涂参数关系确定

大型复杂结构件的质量对其能运输的有效载荷的质量影响较大，涂层的厚度控制直接影响大型复杂结构件的质量，从而影响其对有效载荷的运输能力。因此，针对不同的大型复杂结构件，对工件转速、喷枪与工件间距离、喷枪移动速度、喷涂压力等喷涂参数进行研究，明确各喷涂参数与涂层厚度间的关系，根据不同产品涂层厚度要求选择合理的喷涂参数，有效控制涂层厚度十分重要。

机器人喷涂参数主要有喷枪速度、喷涂流量、喷涂距离、雾化压力和扇面压力，这些参数对涂层的膜厚和外观有较大的影响。雾化压力主要影响涂层的外观，而距离、流量和速度主要影响涂层的膜厚。如涂层厚度偏薄，可通过增加喷涂流量、降低喷涂速度、缩短喷涂距离等方式来增大膜厚；反之，则通过降低喷涂流量、提高喷涂速度、增大喷涂距离等方式来减小膜厚。

在漆膜调试阶段，为保证漆膜测量值的有效性和可比性，对试件喷涂面进行划块处理。在喷涂验证时，建立测量点与喷涂路径的对应关系，以便有针对性地调整不同区域的喷涂参数，达到调整漆膜均匀性的目的。表 14-1 所示为筒弹底漆机器人喷涂工艺试验情况。通过调整机器人喷涂参数及喷涂轨迹，将各涂层膜厚和外观质量控制在工艺范围内。反复贴板喷涂验证，直至满足工艺要求。

表 14-1　筒弹底漆机器人喷涂工艺试验情况

试 验 序 号		喷 涂 参 数					结　　果
		扇面压力/bar	流量压力/bar	雾化压力/bar	枪距/mm	喷涂速度/(mm/s)	
1	1 号机器人	1.5	3.6	3	250～300	360	外观橘皮现象严重，漆膜较干
	2 号机器人	1.5	3.6	3	250～300	360	
2	1 号机器人	1.8	5.5	2.7	220～250	400	外观橘皮现象轻微，膜厚为 90～100 μm，偏厚
	2 号机器人	1.8	5.5	2.7	220～250	350	
3	1 号机器人	1.8	5.5	2.7	220～250	500	外观合格，膜厚为 35～45 μm，满足要求
	2 号机器人	1.8	5.5	2.7	220～250	500	

通过将扇面压力、流量压力、雾化压力、枪距、喷涂速度进行三次迭代后，喷涂得到的膜厚和外观合格，此时筒弹底漆喷涂实物如图 14-3 所示。

2. 不同种类油漆固化时间与固化温度关系确定

不同油漆种类、不同形状和尺寸的大型复杂结构件在涂装生产线上混线生产时，为保证生产线的连续运行，需对不同种类油漆的固化时间、温度参数进行研究，保证油漆固化完全，涂层质量可靠，同时生产线可连续运行。确定参数的具体步骤如下。

1）统计油漆种类

对使用的底漆、面漆进行分析，根据油漆种类和底材的种类确定底漆、面漆固化试验的清单。

2）试板喷涂

按照《漆膜一般制备法》(GB 1727—1992)和企业油漆通用工艺的施工过程，在铁板和铝板上喷涂一定膜厚的油漆。

图 14-3 筒弹底漆喷涂实物

3）固化

涂装线的烘箱采用蒸汽加热法，温度过高，烘房温度不稳定；温度过低，固化时间会较长，生产效率低。综合考虑，将涂装线的固化温度选择为 60 ℃和 70 ℃。将喷好油漆的试板分别放置在 60 ℃和 70 ℃烘箱里，每块试板分别烘烤不同的时间，取出进行后续的干燥试验，直至油漆完全干燥。

4）干燥试验

不同时间固化的试验按照《漆膜，腻子膜干燥时间测定法》（GB 1728—1979）中的甲法（压滤纸法）和乙法（压棉球法）测试固化状态。没有固化时漆膜有粘连、失光、压痕等现象，完全固化的漆膜不会存在这些现象。

通过试验得出不同油漆在不同板材下，不同固化温度（60 ℃和 70 ℃）下的固化时间。表 14-2 所示为某企业底漆固化温度与时间，其中 963 过氯乙烯三防底漆的固化时间最短，常温下为 2 h，60 ℃下为 40 min，70 ℃下为 30 min，S06-N-1 聚氨酯厚膜底漆的固化时间最长，常温下为 24 h，60 ℃下为 245 min，70 ℃下 110 min。

表 14-2 底漆固化温度与时间

序　号	底漆种类	底漆牌号	固化时间/min，60 ℃	固化时间/min，70 ℃
1	特种高性能环氧底漆（岛礁）		90	60
2	锌黄过氯乙烯三防底漆	963	40	30
3	铁红过氯乙烯三防底漆	963	40	30

序　号	底漆种类	底漆牌号	固化时间/min,60 ℃	固化时间/min,70 ℃
4	红色环氧底漆	Intergard269	90	45
5	环氧富锌底漆	JEK-401	90	35
6	环氧锌黄底漆	JEK-403	75	35
7	聚氨酯厚膜底漆	S06-N-1	245	110
8	锌黄丙烯酸聚氨酯底漆	TB06-9	240	110

3. 不同形状、尺寸产品喷涂路径与喷涂时间关系确定

对不同形状、尺寸产品的喷涂（包括喷砂和喷漆）路径进行合理规划,可以保证所有需要油漆的位置都喷涂到位,喷涂路径顺畅,无重复运动浪费喷涂时间。

在研究过程中,针对装填训练筒弹、导弹发射箱、集装架、易碎盖等不同形状、尺寸的产品,探究了喷涂路径与喷涂时间及油漆喷涂质量的关系,并对喷涂路径进行不断优化,以达到以下喷涂目标:

（1）自动化涂装,实现部件表面无缝喷涂,漆膜覆盖率不低于95%（集装架不低于70%）;

（2）喷涂过程高效,涂层喷涂后附着力满足 GB/T 9286—1998（划格法）或 GB 1720—1979（划圈法）等级测定;

（3）自动化喷涂漆膜均匀、平整地覆盖基体材料,且无明显缩孔、气泡、针孔、流挂、流淌痕、波纹、干喷雾等缺陷;

（4）涂层系统厚度精确可控,厚度均匀性良好,喷涂后涂层厚度误差不超过目标厚度的±20%。

自动化涂装生产线喷涂机器人,自由度为6,装配在水平导轨上。喷涂过程中,由于圆形漆斑边缘的厚度比中间薄,实际喷涂时,两道相邻的行程会有一定的重叠。在重叠区域,喷涂厚度是两道行程单独喷涂产生的效果的叠加。两条轨迹之间的直线距离根据扇面压力、喷幅、枪距来进行调整,以达到漆膜厚度均匀的效果。

以装填训练筒弹为例,在喷涂过程中喷涂方案为横向喷涂,枪头路径为"几"字形,如图 14-4(a) 所示。圆柱体两侧面分别由南北侧两台机器人进行喷涂,顶部采用单侧（如北侧）机器人喷涂,则底部采用另一侧（南侧）机器人喷涂。圆柱体顶面由于有 4 根悬挂链条阻碍喷枪行走（见图 14-4(b)）,因此可避免两台机器人在喷涂过程中发生干涉。

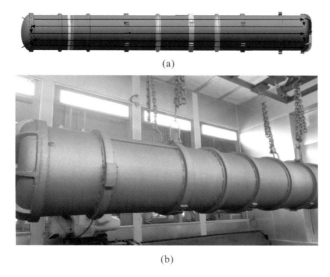

(a)

(b)

图 14-4　筒弹的喷涂

　　结合机器人喷涂特点和作业经验,通过喷涂试验、参数优化,最终确定喷涂路径与喷涂参数。第一轮喷涂试验一遍成形,喷涂完成后,确定喷涂参数并对漆膜进行观察和测厚,找出相应问题,对喷涂轨迹和方案进行优化,喷涂方式为:对每道环筋(其喷涂轨迹见图 14-5)两侧沿圆弧面分别补上一枪,枪头与环筋所在面夹角约为 45°;底部和顶部都采用两枪喷涂,将整体流量降低,改为两遍成形。最终确定的喷涂参数如表 14-3 所示,漆膜效果如图 14-6 所示,漆膜厚度控制均匀,覆盖率达到 100%。

图 14-5　环筋喷涂轨迹

表 14-3　简弹喷涂试验的喷涂参数

简弹部位	直线轨迹数量	速度/(mm/s)	枪距/mm	覆盖率	厚度/μm
圆柱侧面	5	600	230～250	100%	45～55
底面	2	400	230～250	100%	40～50
顶部	2	400	230～250	100%	40～50
环筋	2	500	230～250	100%	40～55

图 14-6　简弹喷涂漆膜效果

14.1.3　大型复杂结构件涂装生产线智能控制技术

涂装生产线控制系统可实现对生产工艺和运输过程的智能化和自动化控制，包括涂装工艺结构和重点工序工艺参数控制、关键质量指标检测与控制、生产线运行动态管理、智能化集散实时控制，以及各种标准参数数据库管理等。涂装生产线控制系统采用基于现场总线的工业以太网控制技术，集成了WINCC V7.0 监控软件、S7-400PLC、S7-300PLC、Profibus-DP、MP277 等先进的控制及通信技术，生产线能适应喷砂除锈、同类涂料及不同涂料涂装工艺流程的要求，实现喷涂等关键工序不同工艺参数之间的模糊适配、涂装产品的全线智能识别与跟踪。

生产线为底漆、面漆自动喷涂工位配置了两套工作站总控制系统，控制系统包括上位机、PLC、机器人控制系统和为工件识别站预留的接口。喷涂总控系统控制原理如图 14-7 所示。

为了适应不同操作要求，在系统总控工控机上设置有工作模式开关，因此，

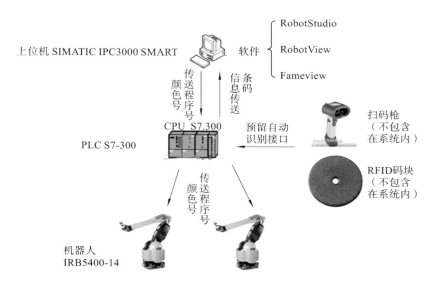

图 14-7　喷涂总控系统控制原理图

系统有两种工作模式。

（1）远程工作模式：烘干控制 PLC、抛丸控制 PLC、喷砂控制 PLC、自行葫芦控制 PLC、底漆上位机和面漆上位机等接受总控工控机调度，分别向总控工控机 IPC 发送工作状态指令，总控工控机 IPC 分别向各子系统发送工件和工艺信息，在总控工控机 IPC 上通过人机交互界面输入操作指令，各子系统按照总控工控机 IPC 发出的指令完成烘干、抛丸、喷砂、自行葫芦行走、底漆喷涂和面漆喷涂作业。

（2）本地工作模式：烘干控制 PLC、抛丸控制 PLC、喷砂控制 PLC、自行葫芦控制 PLC、底漆上位机和面漆上位机等分别由本地人机交互界面输入相应的操作指令调度，各子系统按照相应的指令完成烘干、抛丸、喷砂、自行葫芦行走、底漆喷涂和面漆喷涂作业。各子系统分别向总控工控机 IPC 发送工作状态指令，总控工控机 IPC 监控总体状态。

为了实现远程工作模式，在现有烘干控制 PLC、抛丸控制 PLC、喷砂控制 PLC、自行葫芦控制 PLC、底漆上位机和面漆上位机等子系统中需要增加远程操作模式和本地操作模式选项。当总控工控机 IPC 处于远程工作模式，且各子系统处于远程操作模式时，可实现系统总体远程操作。

在远程工作模式下，总控系统有两种运行方式。

（1）自动运行方式：系统整体处于全自动工作状态，扫描产品代码后，总控系统自动调度输送系统、喷漆系统、烘干系统、喷丸系统和抛丸系统工作，自动完成整个工作流程。

（2）手动运行方式：用户选择单一工艺过程，总控系统调度输送系统和相应的工艺子系统，自动完成该单一工艺过程。

中小件喷涂生产线总控工控机处于本地模式时，总控系统与各工艺子系统间通信断开，各工艺子系统单独运行，不受总控系统控制。

综上可知，喷涂生产线总控工控机处于远程工作模式时，首先扫描输入产品代码，然后判断总控系统运行方式，若采用自动运行方式，则通过人机交互界面，设置操作步骤，选择自动运行的工艺流程，总控系统将产品信息传递给被选择的工艺子系统并调度相应的工艺子系统，自动运行完成整个工艺过程；若采用手动运行方式，则通过人机交互界面，选择操作步骤，此时用户只能选择一种工艺过程，总控系统向该工艺过程子系统传递产品信息并调度相关子系统，完成该单一工艺过程，如图 14-8 所示。

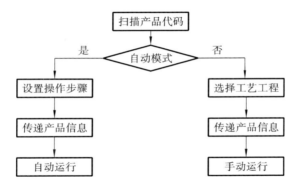

图 14-8　喷涂生产线处于远程工作模式时的运行方式

运载火箭复杂结构件智能涂装生产线，在运载领域已应用于多个现役型号运载火箭及新一代运载火箭。此外，在武器系统，该生产线已应用于集装架、发射筒、易碎盖等产品的涂装生产。

14.2　航天热处理智能车间

14.2.1　热处理智能车间内涵

热处理智能车间是针对目前航天产品智能制造的迫切需要，综合材料热处理、电子信息、计算机等多个学科先进理论和技术，基于物联网模式，对热处理生产管理全过程进行精密控制、精益化管理、区域协作的信息生产单元。热处理智能车间是现代信息化与传统产业高度融合产生效益的重要体现，能有效保证热处理品质，促进热处理节能减排，清洁生产。

国外高档热处理设备制造企业已经广泛使用计算机辅助生成技术、计算机模拟技术、模块化快速设计技术等技术,以及产品设计数据库 PDM 系统和企业经营管理 ERP 全过程管理体系等现代设计研发和管理手段,实现数字化、智能化热处理生产,并以此为基础开发新的生产模式和商业模式。

目前国内大部分热处理车间仍采用传统的制造模式,信息化程度较低,生产管理手段落后。以某航天企业热处理车间为例,其生产任务涉及黑色金属、有色金属、精密合金等材料的调质、淬火、回火、正火、退火等几十种工艺,其生产信息依靠人工手动记录,包含路卡号、工作令、图号、零件名称、材料牌号、数量、重量、厚度、技术要求、选用设备型号、加热温度、保温时间、冷却介质、操作者等信息,内容烦琐、手工记录工作量大,生产效率低下;另一方面,热处理生产数据(如设备利用率、各类材料热处理分布、加工单位分布等情况)统计分析能力薄弱,零件加工状态查询依靠人工现场查看,过程监督管理模式落后。

互联网、云计算、大数据等现代信息技术在工业生产中的广泛应用,催生了新的生产方式、产业形态,也为制造企业的发展提供了新途径、创造了新优势。热处理生产企业也抓住了智能制造的机遇,开展了智能车间建设,如丰东热处理有限公司的"无人化智能热处理工厂"项目成为国家工信部支持的全国首批智能制造试点示范项目,标志着热处理专业领域也步入智能制造队伍。利用丰东自主研发的 FMS 柔性生产系统、信息化物流及仓储系统、信息化生产管理系统,通过基于互联网的热处理工艺远程数值模拟(仿真)技术,热处理工艺数据库,热处理设备的远程监控、调试及维修诊断技术,可实现对设备的互联与集中监控,同时实现自动化排产、均衡化混流生产、加工工艺优化、生产过程实时监控、设备故障远程诊断等功能,从而达到热处理生产过程的智能化和无人化,有效提高热处理设备的利用率、生产效率,降低运营成本和产品不良率。

热处理的专业性决定了热处理现场数据的实时采集、全面过程控制、专业知识的积累和优化是目前热处理生产亟待解决的焦点问题。通过搭建热处理数字化生产平台,可以实现热处理生产全过程信息化监督管理,以生产管理系统为平台、组态软件为连接工具,制订热处理生产相关参数、记录工艺过程并实时监控所用设备,通过数据库系统和智能车间的执行层进行数据交换,集成热处理检验数据记录,积累热处理工艺与产品质量数据库,不断优化热处理工艺。

14.2.2 热处理生产管理系统

热处理生产管理系统可实现航天产品热处理生产的全过程(包括任务登记、自检、工艺制定、排产、生产、记录、检验、出货)科学管理,管理系统与设备集控系统实现集成,可通过设备监控模块,实时查看设备运行状态及工艺运行曲线；与现场视频系统集成，可实时查看关键工序的生产情况，也可按照生产记录时间调取历史视频记录，精确记录生产过程。热处理生产管理系统解决了以往存在的来料管理松散、工艺知识积累慢、人工排产效率低、手工记录易出错等问题，可加强热处理生产可追溯性，保证航天产品质量。

　　热处理数字化生产平台主要架构如图 14-9 所示。子功能包括由任务管理、工艺管理、作业管理、质量管理、设备管理，主要流程涉及入货检验、工艺编制、计划排产、生产记录、质量记录等热处理车间生产环节，可实现排产计划规范化、实时采集数据、合理控制加工质量，给后面质量统计分析、追溯奠定基础。该系统提供了产品热处理工艺优化功能，有助于提高热处理质量，为保障航天产品质量提供了支持。

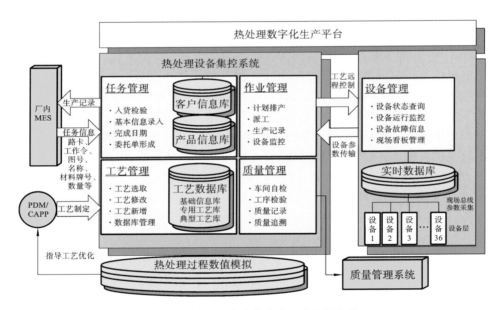

图 14-9　热处理数字化生产平台主要架构

　　热处理数字化生产平台为热处理车间生产管理提供了可实现实时、准确控制的基础设施，有利于企业提高管理水平，车间管理层可以及时监控车间生产线各环节生产情况，有效提高车间的生产控制执行力，以实施精益生产，加快热处理节能减排步伐，改善产品品质。热处理生产管理系统主要架构如图 14-10 所示，其典型界面如图 14-11 所示。

14.2.3　热处理设备集控系统

　　热处理设备集散控制系统（简称集控系统）集成了计算机技术、自动控制

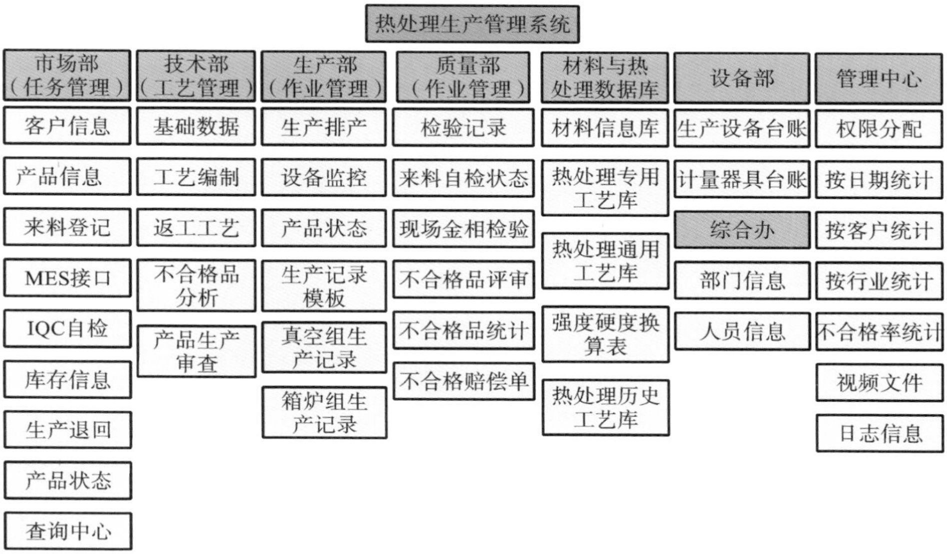

热处理生产管理系统

市场部 （任务管理）	技术部 （工艺管理）	生产部 （作业管理）	质量部 （作业管理）	材料与热 处理数据库	设备部	管理中心
客户信息	基础数据	生产排产	检验记录	材料信息库	生产设备台账	权限分配
产品信息	工艺编制	设备监控	来料自检状态	热处理专用 工艺库	计量器具台账	按日期统计
来料登记	返工工艺	产品状态	现场金相检验	热处理通用 工艺库	综合办	按客户统计
MES接口	不合格品 分析	生产记录 模板	不合格品评审		部门信息	按行业统计
IQC自检	产品生产 审查	真空组生 产记录	不合格品统计	强度硬度换 算表	人员信息	不合格率统计
库存信息		箱炉组生 产记录	不合格赔偿单	热处理历史 工艺库		视频文件
生产退回						日志信息
产品状态						
查询中心						

图 14-10　热处理生产管理系统主要架构

技术和网络通信技术，通过工业以太网对所有热处理设备进行生产过程的集中管理，可实现热处理过程的监视、控制、报警，实现对热处理温度、保温时间、真空度、气冷压力、冷却介质温度等工艺过程参数的采集、记录、显示与打印。

1. 热处理设备集控通信网络

根据热处理车间的生产布局，构建设备集控通信网络架构，实现对真空炉、气氛保护炉、烘箱、冰冷炉、箱炉、井炉、盐浴炉等设备运行数据的采集。热处理设备集控通信网络设计主要包括工业以太网网络拓扑结构设计、操作站/工程师站与工业以太网交换机之间的通信设计，以及控制器与工业以太网交换机之间的通信设计。

所有设备通过工业以太网进行通信及控制。热处理炉的温度、压力、油温等参数通过通信接口上传至网络通信器中，通过以太网上传至上位机软件进行集中监视及控制。工业以太网采用桥架的方式进行布线，通信系统提供 1∶1 冗余，通信速率不低于 100 Mb/s，网络设备采用对等通信方式，确保在线新增或删除网络设备而不影响其他工作设备的正常运行。

以某航天产品热处理车间真空组设备采集为例，其网络布局如图 14-12 所示。车间配备 2 台以太网交换机，以满足 48 台设备联网需求。热处理炉的温度和压力信号及配电系统相关参数通过 RS485 通信接口上传至网络通信器中，

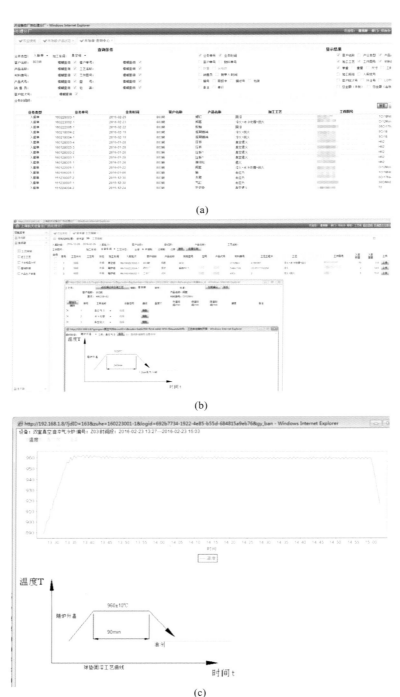

图 14-11　热处理生产管理系统典型界面

（a）查询中心界面；（b）工艺编辑界面；（c）实际曲线查询与工艺编制曲线对照界面

其余配置工控机的设备直接通过以太网接入研华 EKI 模块。EKI 模块通过网线以 MODBUS TCP 协议接入以太网交换机,上位工控机统一通过以太网交换机读入、写出数据,进行集中监视及控制。

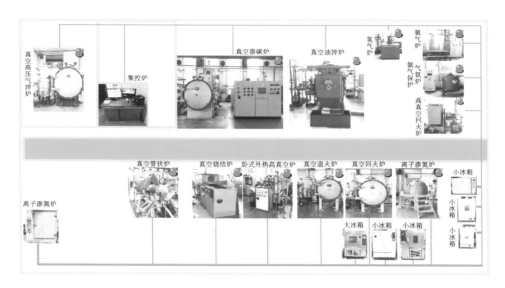

图 14-12　某航天产品热处理车间真空组设备网络布局示意图

2. 热处理设备数据采集与监控系统

热处理设备数据采集与监控系统集成了工业实时数据库,满足所有数据的记录需要,可由用户任意选定记录的参数、采样时间,并可对记录长度、记录的数据进行编排和调用;同时能够实现数据集控系统与生产、经营管理层系统的实时数据互联。对热处理设备数据采集与监控系统进行操作,可查看主界面、曲线查询界面、每台设备控制界面、参数回显界面、设置界面等,并可实现相关功能。

热处理设备数据采集与监控系统主界面如图 14-13(a)所示,设备列表清楚,可直观显示正在生产运行的设备,并能看到设定温度、测量温度、真空度、工艺程序运行情况等信息,便于设备监测、生产排产。每一台设备都有独立的曲线设置、查询、参数回显界面。图 14-13(b)所示为 Z01 真空高压气淬炉曲线编辑界面,可以查看当前设备运行状态,包括温度设定值、温度实测值、功率、工艺时间、剩余时间、工艺总段数、当前段、运行曲线号、电能等信息,还可以查看真空度曲线。

在车间显著位置可布置大屏幕,动态显示各台热处理炉运行状态。图

编号	型号	设备名称	资产编号	设定温度℃	测量温度℃	真空度 Pa	运行总段数	当前运行段	段剩余时间	程序剩余时间
Z01	WZDGQ-45	真空高压气淬炉	056	320.00	320.40	1.9E-1	5	4		2:14:30
Z02	WZST-45	真空渗碳炉	059							
Z03	WZC-20	真空油淬炉	020	0.0	234.2	1.0E+1	01	1	0.00	0.00
Z04	非标	氢气炉	036							
Z05	SL82-192	氢气炉								
Z06	FHZJ10-6	氢气保护气氛炉	021	284.0	273.3	1.2E+1				
Z07	VTO-300	高真空回火炉	026							
Z08	HL(JWTI)	离子渗氮炉								
Z09	WZH-45	真空回火炉	061	560.0	560.0	3.9E-3	0	1	191.80	191.80
Z10	WZT-30	真空退火炉	064	609.00	609.9	5.9E-1	3	5	72.10	92.10
Z11	HTO-133P	卧式外热高真空炉	063		156.6	H 0.0 / L 6.3		2		
Z12	HTO-114II	真空烧结炉	028							
Z14	非标	真空管状炉	030							
Z15	ZT-100D	大冰箱	025							
Z16	WD8-0.2	小冰箱	023							
Z17		白烘箱	024	200.0	200.0					
Z18	DGG-9140B	小烘箱1	068							
Z19	DGG-9140B	小烘箱2	069							
Z20	DGF-30021SVSH	中烘箱1	060							
Z21	DGF-30022	中烘箱2	065							

上海航天设备制造总厂二分厂热处理数据监控系统　2016/03/03　20:42:03

主页　曲线查询　退出

(a)

WZDGQ-45真空高压气淬炉曲线编辑　2016/03/03　20:46:33

参数回显

工作方式	自动
SV ℃	320.0
PV ℃	320.3
OP %	18.6
总时间	3:15
剩余时间	2:11:42
总段数	5
当前段	4
运行曲线号	5
电能 KW.h	38228.4

真空度曲线

16:23:35　2016/03/03　20:46:35　2016/03/03

主页　曲线查询　退出

(b)

图 14-13　热处理设备数据采集与监控系统界面

(a)热处理设备数据采集与监控系统主界面;(b)Z01 真空高压气淬炉曲线编辑界面

14-14所示为某航天产品热处理车间真空组安装的一块液晶显示屏,其中显示了真空组设备运行状态,包括温度、真空度、运行时间、结束时间、是否超温等信息,便于生产管理和监控。

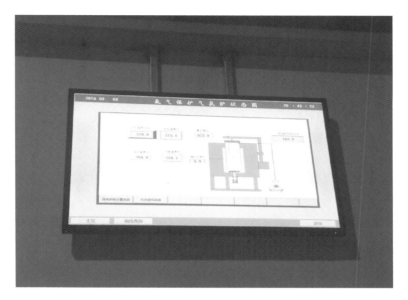

图 14-14　某航天产品热处理车间真空组大屏幕显示

14.3　航天智能焊接车间

焊接作为典型航天结构件连接的主要方法，在我国重要的航天制造企业中得到了广泛的应用。焊接技术在航天产品的生产制造中发挥着不可替代的作用。焊接产品涵盖了运载火箭推进剂贮箱、发动机、空间站舱体及对接机构、增压输送及发射车管路系统、武器装备发控机柜/发射箱/包装箱及导弹发射筒体等。

以运载火箭贮箱为例，焊接工序在贮箱产品主要生产环节中所占的比例超过了 50%，是贮箱这一核心产品制造的关键工序与核心制造技术。焊接工艺的重要性不仅体现在其在整个产品制造周期中所占的高比例上，更体现在焊接工艺直接决定了结构件的功能是否能够实现、是否能够满足设计要求（也就是说，焊接工艺直接决定了以运载火箭贮箱为代表的典型结构件的质量）上。选择以贮箱为主要产品的焊接车间进行智能化车间建设，在航天先进制造领域具有重要意义。

航天智能焊接车间运用信息物理系统、物联网和大数据技术，利用协同工艺设计、精益制造、透明运行管理等智能化平台，通过知识驱动的智能工艺规划与设计、焊接过程智能控制、智能优化调度排产、在线检测等关键技术，实现了工艺设计、车间生产制造、运营管控智能化，满足以运载火箭推进剂贮箱等为代表的宇航武器产品多品种、小批量、变状态、高质量、准时交付、高密度生产的需求,实现了装焊工艺设计定型周期缩短、生产效率提升、产品质量一致性提升、单位产出成本降低等目标,提升了国防科技工业特种焊接技术竞争力。

智能焊接车间首先实现生产的智能均衡,包括生产计划的均衡——核心装备生产计划没有冲突,负载尽量均衡,执行计划均衡——生产过程中工序计划均衡,车间每台设备尽可能均衡生产;同时通过核心资源建立产品"超市"拉动组件生产,通过物流配送设备自动配送,减少线边库存量、提高物流配送效率和准确性;通过在线检测改造、自动化检测设备提高焊接质量一致性,实现精益化焊接生产;通过将大数据分析技术应用于信息物理系统、工控网与信息网相融合,实现工艺的智能化、制造的智能化和管理的智能化,实现工业 4.0 的纵向集成。

14.3.1 智能车间布局优化

基于三维物流仿真系统对车间进行数字化建模的方法主要包括需求分析、概念设计、数据收集、车间概念模型建立、数字化建模仿真、试验设计、数字化仿真验证、文档和报告生成等步骤,如图 14-15 所示。

1. 需求分析

当有数字化仿真建模的任务下达时,在得知项目的背景和目的后,可以通过对工作人员进行问卷调查、进入生产现场学习调研、技术人员会议座谈等方式,了解物理生产系统的结构、构成单元、属性等,形成系统建模之前的建模假设条件,确定模型所需的精细程度,评估模型的性能指标。

2. 概念设计

在分析模型建立的要求和设立条件后,通过系统的操作执行手册和设备说明书等,利用功能结构图对系统进行功能分解。系统地梳理工厂各个环节,从功能上对机器、人员等各种生产要素进行分类,查找仿真设计的难点,对系统仿真进行可行性分析,若可行,则该系统被列为仿真对象,进行下一步的调查研究;若仿真意义不大、可行性不高,则不对其进行仿真或有效的假设,而是转换条件,提高其仿真意义,使其具备仿真的可行性。

3. 数据收集

系统概念设计形成的建模数据需求涉及车间布局、工艺流程、设备操作方法、操作时间、产品零件模型、产量及产品合格率等方面的数据,这些数据很多可以通过查看系统文件获得,有的数据符合某种概率分布的随机变量的抽样结果,则可以通过统计调查方式获得,还可以进行现场调研、参数估计等方式获得数据,在功能上相当于将可仿真的抽象概念进一步细化,使其具备建立数字化

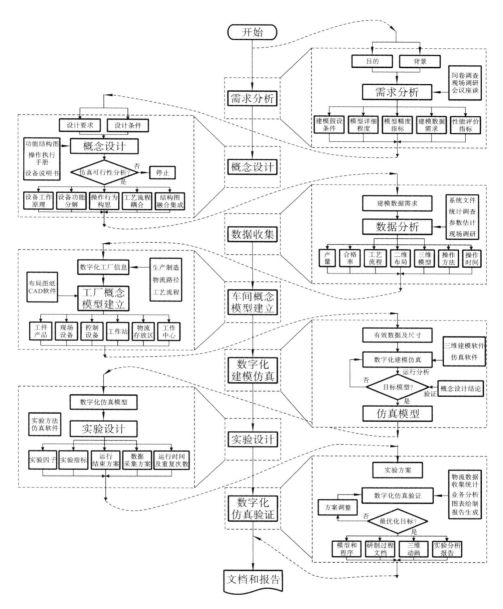

图 14-15　系统化仿真建模方法

模型的条件。

4. 车间概念模型建立

　　数据收集得到的仅仅是一些离散的数据,包括关于数字化车间工件产品、现场设备、控制设备、工作站、物流存放区、工作中心等的单元信息,需将其进行整合分类。建立起数据与数据之间的联系,依据产品全生命周期,按照现场生产制造工艺流程、物流路径等,形成数字化车间概念模型。

5. 数字化建模仿真

完成概念模型后,可以通过 UG、CATIA 等市面上常见的三维建模软件对车间内的生产要素进行建模。利用三维物流仿真软件可以进行数字化仿真模拟、运行分析,若模型与概念设计结论相符,且逻辑结构、运行分析等符合目标模型,具有代表现实物理模型的可行性,则输出仿真模型,否则继续修改仿真模型,直到仿真模型符合目标模型为止。

6. 实验设计

得出了三维模型之后,为了进行模拟仿真,必须设定验证的方案。不同的物流仿真软件有不同的设定方式,基本上都需要定义实验运行相关的参数,如根据运行时长决定开始和结束时刻,设定采集数据的方式并将其输出到特定的图表中。实验方案在验证完成后还需要根据反馈不断修改,目的是从多个角度模拟真实的实验条件,为之后的结果分析提供足够多的方案和对应的数据,提升真实性。

7. 数字化仿真验证

根据实验设计的方案进行数字化仿真验证,一般的三维物流仿真系统在运行分析后可以生成报告,此外还有一些配套的软件可以辅助进行分析。通过编制程序可以进行动态运行的呈现,但程序需要不断进行调整,所以仿真验证也要不断运行。收集仿真实验的数据并进行分析和处理,若经仿真运行后各实验指标均达到最优化目标和评价标准,则完成数字化仿真验证,得出实验结果和解决方案,生成文档和报告。

基于以上步骤,对智能焊接车间布局进行建模、仿真分析,如图 14-16、图 14-17 所示。筒段焊接仿真几乎到达了最大利用率,优化空间不大,因此可保留现有生产流程。而在贮箱总对接过程中,各个机器的利用率均达到了较高的水平,得到了充分的利用,但利用率较高的仪器都在超负荷运转,其前方物料进入的等待时间过长就是最好的佐证,因此需要提高人工熔焊和总对接焊接机器的生产效率或者增加设备的数量以进行优化,如将人工熔焊和总对接焊接机器的加工效率提高 15%,如图 14-18 所示。

14.3.2　智能系统建设

智能特焊车间系统建构如图 14-19 所示,包括数字化虚拟制造、车间运营管理、工业集成控制等系统平台,以及系统与系统之间的集成。

1. 数字化虚拟制造

通过建立虚拟制造平台,集成焊接工艺专家系统、PLM 系统、工艺仿真系

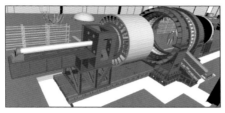
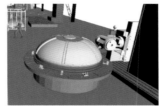
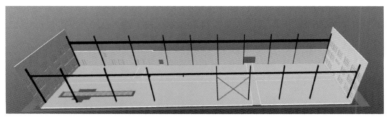

图 14-16　焊接智能车间三维模型

```
Resource Statistics
Name          Total  Cur  Average  Capacity  Max  Min  Util   Av_Time    Av_Wait     State
============================================================================================
R_cut2         105    1    0.72      1         1    0   0.722  17828.57   2768.57     Up   ----
R_preweld       34    1    0.98      1         1    0   0.979  74647.06   657380.28   Up   ----
R_joint         44    1    0.93      1         1    0   0.933  54981.82   482136.00   Up   ----
R_check         43    0    0.42      1         1    0   0.418  25200.00   0.00        Up   ----
```

图 14-17　贮箱整体焊接加工主要指标分析

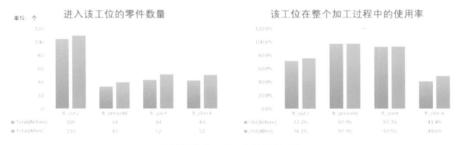
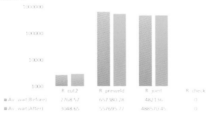

图 14-18　贮箱整体焊接加工主要指标优化分析

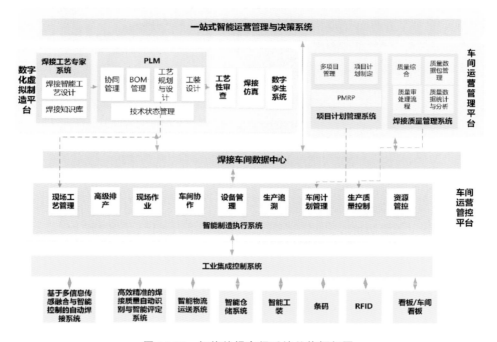

图 14-19   智能特焊车间系统总体框架图

统及数字孪生系统,实现从设计制造协同到 BOM 管理、工艺规划与设计、工装设计、工艺仿真及优化等焊接工艺全过程管理。通过虚拟制造平台的建设,改变传统的焊接工艺装备研制柔性不足、周期过长,焊接工艺专家系统不全面、应用程度不足,焊接工艺设计与优化以经验、试验为主及缺乏焊接知识共享的有效手段和工具的现状,显著缩短焊接工艺装备及焊接工艺设计研制周期。

通过 PLM 系统建设,实现设计制造协同;通过可视化协同会议、可视化桌面协同、数据协同、流程协同等技术实现设计与工艺问题的集中管控,实现焊接知识快速共享、快速交流和数据、流程的准确、及时发布;集成工艺审查系统,自动实现烦琐、反复的设计工艺性审查,识别设计模型中难以制造、可能产生制造质量问题及制造成本昂贵的区域,并给出相应的模型修改意见。

智能焊接工艺专家系统集成了目前最先进的焊接知识库和焊接工艺智能设计系统,可从根本上改变目前依赖主观经验、难于量化的焊接制造现状。基于知识的焊接工艺设计极大提升了焊接工艺的继承性和规范性,有助于减少过往焊接工艺设计过程中的大量繁杂劳动,以标准化、规范化的工艺设计流程,在计算机辅助下高效、高质地完成焊接工艺设计过程,为焊接生产流程提供有力的技术保障。

通过建立 PLM 系统,全面实现焊接工艺的智能化设计和工装的柔性化设计,实现基于三维的智能化焊接工艺设计、焊接工装设计,实现工艺设计过程中的焊接工艺数据(包括工序及内容、焊接参数)、焊接工艺资源(包括焊接工装、焊接设备、焊接材料)等的基于 BOM 的集中有效管控,以及审签、变更等管理过程的集中有效管理,为下游的生产系统及设备提供必要的、准确的工艺数据。

开发航天特种焊接技术的工艺仿真平台,可逐步改进现有的传统工艺模式。在该仿真平台的基础上可以获得多种焊接方法的焊接过程仿真结果(如温度场、流场、应力场);在其他辅助知识库模块的辅助下,还可以实现接头力学性能预测、焊接性分析、组织成分预测,发展航天产品数字化工艺设计的工艺新模式,适应高密度发射任务需求、满足航天产品智能化制造的生产模式。

构建智能焊接车间数字孪生系统,完整真实地再现整个车间生产过程,实现人因工程、工厂仿真,结合混线生产订单、产品工艺、物流的转运策略、轮班安排、生产线布局、人员安排等,通过仿真对生产线性能(包括物流瓶颈、产能和订单情况)进行分析和优化,从而在实际生产之前即能在虚拟环境中实现车间生产的优化、仿真和测试;实现焊接车间虚实结合,构建焊接车间生产线的三维模型,并实时动态展示各设备的状态、设备的保养信息、设备的加工信息等内容,实现实时动态地反映车间实际生产状况,并可同步优化整个车间流程,最终打造高效的柔性生产,实现快速产品交付。

2. 车间运营管控

建立智能化的运营管控平台,可改变现有生产计划靠经验、生产过程不透明、生产决策无法定量化分析、质量记录纸质化等问题,从根本上改变目前焊接车间的生产管理现状,缩短产品制造周期、显著提高产品质量,使生产效率较原有效率提高一倍以上。

以 MES 为核心,对车间内部制造资源、环境、计划、排产、流程进行管控;通过系统集成,与设备进行实时数据交换,形成制造决策、执行和控制等信息流闭环;通过对航天产品基于计划完成周期和解耦策略的优化排产技术及基于主动式数据挖掘的渐进调度技术在航天产业中的运用,实现航天产品智能计划排产与优化调度,提升产品型号研制效率。同时,有效利用采集的大量实时数据和历史数据,从中找出改善未来车间焊接制造业务的依据,特别是从焊接质量趋势、物流瓶颈、计划执行情况、设备运行历史等数据中发现可能影响未来生产过程的规律,为车间生产运营决策提供支持。

以 ERP 系统为核心,集成项目管理、全面质量管理系统,对车间供应链、库存、制造资源、环境、质量、项目计划、流程进行管控,实现对供应商、采购计划、采购、库存、存货计划和预测、库存业务等的管理;实现核心资源约束的多项目计划管理;实现企业总体项目计划与焊接部组件子任务的协同、不同任务-核心资源架构下的计划优化、多个项目资源约束下的计划协调;最终实现将资源均衡和焊接子项目计划下发到生产班组进行调度排产。通过系统集成,与生产现场数据、研发数据进行实时数据交换,形成信息闭环,对计划的执行进行反馈;同时,有效利用采集的大量实时数据和历史数据,从中找出改善生产计划等业务的依据。

构建一个全车间级的数据中心,实现车间不同应用系统之间的互联互通与数据整合,有效解决异构系统之间数据内容、数据格式和数据质量的差异化,为车间提供一个统一的数据存储、管理、分析平台,从不同系统、以不同方式获取生产过程中的产品、设备、刀量具、工艺等相关数据,建立由多个维度和指标组成的产品装配制造智能多维数据分析模型,以支持产品装配制造智能决策支持平台的搭建和对产品研制进度、质量信息、关键设备状态、生产经营状况、设备物资等的实时监控。

建立质量过程管理系统,在构建关键质量特性数据库基础上,建立一套与企业产品开发流程紧密结合并贯穿整个产品制造周期的闭环质量管理体系。通过多源信息融合、识别、质量信息流的协同管理等,对全过程的质量进行跟踪和追溯,实现全过程智能监控及基于知识的异常源智能诊断,提高中心检测信息的利用率、可追溯性和规范性,实现数据驱动质量,以提高航天复杂结构件的制造精度和质量稳定性。

实现智能化个体资源动态重组与协作规划,通过智能的项目计划管理解决多品种产品并行、生产计划多变、生产状态不稳定等问题,提高对生产扰动的响应速度,加强项目计划的调控能力,提高车间执行系统集成度和柔性。通过融合敏捷制造和智能制造的特征,在其组织、运行体制上以"智能化"个体资源动态重组及运行中的协同与合作为特征,建立生产计划与车间调度集成的排产模式,实现计划与车间生产之间快速协同与变更反馈。

3. 工业集成控制

通过分布式车间控制系统(包括条码、各传感器及现场网络数据的接口和通信控制接口),实现车间内部物物相连,以及与车间信息系统的互联互通。针对特种焊接智能车间多重加工设备建立多层级互联网络系统,通过通用总线数据、解析 PLC 协议、自动检测系统数据采集、添加传感器的数据采集等方式,实现加工程序下达、设备集中管理和监控的实时性与动态性,提高设备运行质量和效率。

(1)制造执行过程的数据采集。通过对制造现场工业网络的建设,实现对特种焊接智能车间加工过程、维护保养过程的数据采集,包含机床的运行状态数据、制造过程关键工艺参数、维护保养的过程数据与检测数据等。

（2）制造执行过程的数据分析与可视化。基于制造执行过程的数据采集，可以实现对生产执行过程的状态监控，全面实时地掌握智能焊接车间的运行状态，并通过对数据的分析，评估生产效率、质量合格率等关键指标，辅助生产管理人员及时调整调度策略、工艺人员进行产品工艺过程的优化、设计人员进行产品结构的优化、调度维护人员对设备进行更具针对性的预测性维护。

（3）制造执行过程的集中调度与分布式控制。相比于传统的完全离散性的制造现场资源，通过设备网络建设可以实现制造资源的灵活组态，根据设备、单元、生产线、车间等层面实现对制造过程的分级控制与集中调度。

（4）实现纵向集成的基础。一方面通过 DCS 系统建设可以向 MES 反馈制造过程及产品工艺的相关数据，辅助管理人员进行决策；另一方面，上层系统的调度指令可以高效地组织制造资源进行生产。

4. 纵向集成

如图 14-20 所示，建立车间信息网络，对车间 PLM 系统、ERP 系统、MES 等企业信息系统进行综合集成；建立车间工控网，通过设备互联、扫条码、人机交互等方式，实现物理环境之间各类元素的信息联通；建立信息网络与工控网络之间的联通，实现硬件设备和控制软件的集成、工艺设计和制造的集成、管理和控制的集成，实现面向产品设计、工艺、生产、制造、管理等产品全生命周期中所有环节的信息集成，以及产品制造过程中所有的行为活动、实时的制造数据、丰富的制造知识之间的集成，在车间内部实现所有生产、管理环节信息的无缝链接。同时，将车间内外所有分离的制造资源、功能和信息等集成到相互关联的、统一和协调的系统之中，使所有资源、数据、知识达到充分共享，实现集中、高效、便利的管理。

在智能特焊车间，通过纵向集成，实现车间运营、生产计划、工艺与制造、产线执行、生产设备自身五个层面的状态感知、自主决策到精准执行的闭环智能管控。

（1）实现智能化的焊接工艺设计平台、智能化的协同焊接制造平台、智能化的管理服务平台向智能决策平台反馈数据，同时智能决策平台通过分析决策对焊接工艺设计、运营管理、生产制造提供执行指令或建议。

（2）实现运营管理与 MES 及车间现场之间的实时反馈、闭环控制，当生产计划、产品设计变更时，虚拟信息及时反馈给 MES，并进一步向下传递；智能化的管理服务平台和 MES 交互，快速调整实际生产中的生产计划和排产计划；车间生产现场发生异常、生产计划无法完成时，实时反馈信息到 MES、ERP 系统，通过数据分析，MES 重新制定排产执行计划，同时 ERP 系统根据需求调整生产

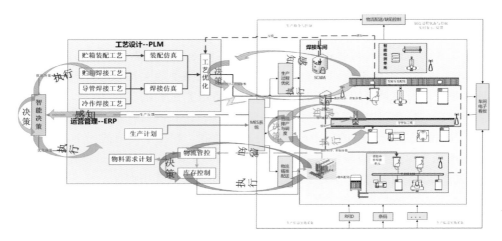

图 14-20　智能特焊车间纵向集成、闭环管控

需求计划及物流、供应链计划。

（3）通过工控网、信息网建设，MES实时采集生产现场信息，包括设备状态、物流状态、人员信息等，并结合现场数据进行分析、调度优化后确定排产方案，下达执行指令给车间现场进行生产执行。

（4）面向整个航天器结构件的制造过程，通过信息技术和仿真技术，设计虚拟的产品，编制相应的工艺，针对工艺进行生产计划安排，然后物理的车间按照设计、工艺、计划把虚拟设计变成现实产品；而通过物联网，现实生产过程、产品信息等又可以实时地反馈到虚拟3D车间中，通过对闭环反馈信息的分析，进一步提升产品研发和车间生产能力，并提供信息供经营分析决策用。

（5）数控设备通过传感器、PLC、嵌入式系统、生产线控制系统进行闭环控制。

14.3.3　关键工序自动化、智能化改造

通过焊接车间焊接设备的自动化改造与升级（包括增加激光焊缝轨迹跟踪、熔池视觉监测、搅拌摩擦焊恒压控制等自适应控制智能焊接功能），摆脱焊接过程对人工实时观察与调节的依赖，加强对焊接过程的自动化控制；通过建立多重加工设备，建立多层级互联网络系统；通过通用总线数据、解析PLC协议、自动检测系统数据采集、添加传感器的数据采集等方式，实现特种焊接车间设备的互联互通，有效提高生产效率、产品质量。

1. 基于激光跟踪的焊缝路径自适应控制装备

基于激光跟踪的焊缝路径自适应控制装备对搅拌摩擦焊设备进行改造，实现焊接的自动化，从而极大地提高焊接的工作效率，既可以减轻工人的工作压

力，又可以保证焊接质量的稳定性和一致性。智能化焊缝路径自适应控制装备结构包括激光发射器、CCD 摄像机、焊接机器人、机器人控制柜、自动化焊机、图像采集卡、PC 机等。智能化焊缝路径自适应控制装备通过对摄像机内参数进行标定、机器人手眼标定、结构光平面方程标定及图像处理等过程获得焊缝的结构光图像及焊缝特征点的三维坐标，并通过相关算法获得焊缝剖面形态、间隙、错边等信息，通过 TCP/IP 协议将数据信息转换成机器人能识别的语言，对机器人进行实时运动控制，实现机器人焊缝轨迹及焊接工艺参数（焊接电流和送丝速度等）的自适应调整功能。

2. 基于熔池视觉监测的熔化焊自适应控制装备

基于熔池视觉监测的熔化焊自适应控制装备，面向 VPPA（variable polarity plasma arc）焊、VPTIG 焊等多种焊接方式，集成了先进的熔池视觉监测控制系统，可对熔池形貌及特征参数进行实时准确的信息采集，并可进行自适应闭环反馈控制，调整焊接工艺参数，确保焊接质量一致性和稳定性。熔池视觉监测的熔化焊自适应控制装备通过观测焊缝熔池区域的视觉传感器，结合 TIG/VPPA 电弧光强和光谱特征，选择合适的减光、滤光系统，获取熔池图像，基于特定焊接工艺和焊接工件材料开发一套鲁棒性图像处理算法，提取焊缝熔池视觉特征，给出与焊接过程稳定和质量控制相关的特征信息。采用特定的响应曲线识别模型对 PID 控制器进行设计，通过特征信息的反馈，对焊接过程中的送丝速度、焊接电流等参数进行实时准确调整，获得最佳控制效果。

3. 恒压自适应控制装备

恒压自适应控制装备集成了恒压力控制系统，实现了恒压力控制搅拌摩擦焊工艺，可保证接头的全焊透、恒定的焊接顶锻力，确保了焊缝线能量输入的一致性和接头质量的一致性。采用新型高效力感应原理，恒压自适应控制装备将具有高灵敏度搅拌摩擦焊恒压力自适应控制智能刀柄与现有设备、信息反馈控制模块等集成，实现了焊接过程下压力的高精度、高灵敏度实时监测及自适应控制。智能刀柄由三部分组成：传感器、无线电能和信号混合模块、转换控制器。

4. 焊接缺陷的自动识别与智能评定装备

焊接缺陷的自动识别与智能评定装备集成了先进的实时检测系统，在焊接工位上集成了超声相控阵机械扫查机构，代替传统的手动扫查以实现焊缝质量在线检测。通过机械编码功能解决了与机械运动一致的数据同步采集及缺陷位置记录问题，同时利用同步数据传输与处理软件实现了检测系统与信息终端的连接。可按要求进行信息的采集、处理、储存和传递，通过搅拌摩擦焊焊缝制造过程质量控制与缺陷诊断系统，构建搅拌摩擦焊焊缝缺陷诊断流程框架，实现焊接缺陷追踪和信息数据监测,实现基于网络化高效管理的缺陷追踪及评定,实现焊件内部缺陷在线检测、实时分析、精准评定。

5. 智能物流运送系统

智能物流运送系统以物联网和智能控制技术为核心,覆盖特焊车间全部研发与制造流程,集柔性化搬运器具、智能存取数据终端、高性能堆垛机及智能轨道式导引小车(RGV)等于一体,实现了集成化信息流与物料流管理;解决了现有航天大尺寸复杂薄壁件的有序、安全及便捷存储,复杂多变性焊接过程的物料集成化管理,面向特焊车间的物流各环节信息的实时监控,以及资源系统利用率等方面的问题;为智能化特焊车间的建设提供先进的物流与仓储系统支持。

航天智能焊接车间应用在长征五号助推模块液氧箱、长征四号和长征六号共底贮箱的焊接过程中,缩短了贮箱生产准备时间,改善了零组件流转情况,改善了产品焊接质量及稳定性等,整体提升了贮箱生产效率约29%。

参考文献

[1] 刘家骓,李晓敏,郭桂萍.航天技术概论[M].北京:北京航空航天大学出版社,2014.

[2] 孙红俊.欧盟发布欧洲航天战略[J].中国航天,2017(1):34-36.

[3] 吴晓晓,石胜友,侯俊杰,等.航天云制造服务应用模式研究[J].计算机集成制造系统,2012,18(07):1595-1603.

[4] PILKAITE T, NENORTA V. Digital product definition data practices, June 5-7,2013[C]. Riga Technical University:Riga,2103.

[5] Technical product documentation-Digital product definition data practices:ISO16792:2006 [S/OL]. [2010-06-24]. http://std. samr. gov. cn/gj/search/gjDetailed? id=A23320615EA511BDE05397BE0A0A3B2A.

[6] 中华人民共和国国家质量监督检验检疫总局,中国国家标准化管理委员会技术产品文件,技术产品文件.数字化产品定义数据通则:第三部分数据及要求:GB/T 24734-2009[S].北京:中国标准出版社,2010:1.

[7] Dimensioning and tolerancing, engineering drawings and related documentation practices:ASME Y14. 5M-2009 [S/OL]. [2019-10-17]. https://max. book118. com/html/2018/0910/5323001202001313. shtm.

[8] QUINTANA V, RIVEST L, PELLERINR, et al. Will model-based definition replace engineering drawings throughout the product lifecycle? A global perspective from aerospace industry [J]. Computer in Industry, 2010,61:497-508.

[9] 冯潼能,王铮阳,宋娅. MBD 技术在协同设计制造中的应用[J].航空制造技术,2010(18):64-67.

[10] 冯潼能,王铮阳,孟静晖. MBD 技术在数字化协同制造中的应用与展望[J].南京航空航天大学学报,2012,44(B04):132-137.

[11] 高世一,吴瑞珉,陈卫东,等.激光焊接过程监测及焊缝质量检测技术研

究现状［J］. 世界钢铁，2010，10(3):55-58＋67.

［12］卢杰持，王春，钱名海.航天大型蜂窝复合材料构件的配合型面加工技术［J］.机械工程学报，1999,35(1):65-67.

［13］马瑛剑.聚甲基酰亚胺泡沫塑料［J］.化学与粘合，2010,32(4):44-47.

［14］马立，刘芮，胡培.PMI泡沫材料在航天器结构中应用的可行性研究［J］.航天器环境工程，2010,27(2):164-168.

［15］唐姝红，居建国.PMI高性能泡沫夹层材料在航天产品中的应用研究［C］//中国力学学会第十五届全国复合材料学术会议论文集（上册）.中国力学学会：中国力学学会，2008:445-447.

［16］高丽红，杨利.某型飞机用PMI泡沫夹层复合材料的设计［J］.航空工程进展，2010,1(4)：374-378.

［17］颜鸿斌，孙红卫，凌英，等.树脂基复合材料/泡沫塑料夹层结构成型技术研究进展［J］.宇航材料工艺，2004(1)：12-15.

［18］成思源，余国鑫，张湘伟.逆向系统曲面模型重建方法研究［J］.计算机集成制造系统，2008，14(10):1934-1938.

［19］赵毅，王明辉.基于Geomagic Studio的汽车连杆锻件逆向建模技术［J］.CAD/CAM与制造业信息化，2007，(10)：60-62.

［20］王春，解明君，王伟，等.大型不规则椭球回转面的曲面重构与仿真加工［J］.航空制造技术，2011(1/2)：139-142.

［21］王春，尤登飞，杨亮，等.一种大型夹层构件配合加工方法：ZL201010259576.1［P］.2012-09-26.

［22］WANG C，ZHANG X M，WANG X. Scanning and modeling of large thin-walled curved surface part［J］. Advanced Materials Research，201129,9(9):810-815.

［23］WANG C，ZHANG X M，TANG C. Manufacturing process of large scale sandwich structure with variable thickness of PMI foam core［J］. Advanced Materials Research,2011,299(9):816-819.

［24］SHIPSHA A. Failure of sandwich structures with sub-interface damage［D］. Stockholm:Royal Institute of Technology,2001.

［25］MILTON S，GROVE S M. Composite sandwich panel manufacturing concepts for a lightweight vehicle chassis［J/OL］. Materials for Lean Weight Vehicles，1997:1-9［2018-12-25］. http://www. tech. plymouth. ac. uk/sme/r＋d/chass. pdf.

［26］ZINNO A，FUSCO E，PROTA A，Manfredi G. Multiscale approach for the design of composite sandwich structures for train application［J］. Composite Structures，2010，92(9):2208-2219.

[27] KLEINEBERG M，HERBECK L，SCHOPPINGER C．Advanced liquid resin infusion-A new perspective for space structures［J］．DLR-Mitteilung，2004(1)，173-180.

[28] ASTROM M T．Manufacturing of polymer composites［M］．London：Chapman & Hall，1997.

[29] MAIER L，HU P，SEIBERT H．PMI foam cored sandwich components produced by means of different manufacturing methods［J］．Journal of Materials Engineering，2006，(5)：37-45.

[30] ZENKERT D，SHIPSHA A，BULL P，et al．Damage tolerance assessment of composite sandwich panels with localised damage［J］．Composites Science and Technology，2005，65(15-16)：2597-2611.

[31] TOMBLIN J，LACY T，SMITH B，et al．Review of damage tolerance for composite sandwich airframe structures［R/OL］．Springfield：National Technical Information Service (NTIS)，1999［2019-2-1］．https://doi.org/DOT/FAA/AR-99/49．DOI：DOT/FAA/AR-99/49.

[32] ALLEN H G．Sandwich construction today and tomorrow［J］．Sandwich Constructions I，1989：3-22.

[33] VARADY T，MARTIN R，COX J．Reverse engineering of geometric models—an introduction［J］．Computer Aided Design，1997，29(4)：253-268.

[34] CURLESS B．From range scans to 3D models［J］．ACM SIGGRAPH Computer Graphics，1999，33(4)：38-41.

[35] 林时茂.中国热处理与表层改性技术路线图［J］.金属热处理，2015，39(3)：208.

[36] 顾剑锋，潘健生.智能热处理及其发展前景［J］.金属热处理，2013，38(2)：1-9.

[37] 刘迨.三E热处理和智能热处理［J］.国外金属热处理，1994，15(3)：1-7.

[38] 顾剑锋，潘健生.智能热处理及其发展前景［J］.金属热处理，2013，38(2)：1-9.

[39] 潘健生，王婧，顾剑峰.我国高性能化智能制造发展战略研究［J］.金属热处理，2015，40(1)：1-6.

[40] 于浩，黄志雄，秦岩.低压片状模塑料模压工艺参数研究［J］.武汉理工大学学报，2006，28(3)：7-9.

[41] 陈元芳，李小平，金铁玉，等.SMC模压成型热性能参数测定与温度场数值模拟［J］.模具工业，2009，35(5)：49-53.

[42] 宋清华，肖军，文立伟，等.模压工艺对玻璃纤维增强聚丙烯复合材料层

合板力学性能的影响[J]. 复合材料学报，2016,12(33):2740-2748.

[43] 谢怀勤，刘文博，方双全. SMC 模压过程非稳态温度场数值模拟[J]. 哈尔滨工业大学学报，2003,2(35):122-125.

[44] 尚广庆，梁伟.金属激光选区熔化(SLM)技术及设备概况[J]. 苏州市职业大学学报，2018,29(3):17-21.

[45] 刘琦，梁晓康，陈济轮,等. 增材制造技术在国外航天领域的研究应用现状[J]. 导弹与航天运载技术，2016(6):103-106.

[46] 陶飞，张萌，程江峰,等. 数字孪生车间——一种未来车间运行新模式[J]. 计算机集成制造系统，2017,23(1):1-9.